智能测绘技术

陈翰新　向泽君　编著

中国建筑工业出版社

图书在版编目（CIP）数据

智能测绘技术 / 陈翰新，向泽君编著. — 北京：
中国建筑工业出版社，2023.3（2023.11重印）
ISBN 978-7-112-28374-3

Ⅰ. ①智… Ⅱ. ①陈… ②向… Ⅲ. ①人工智能-应
用-测绘学 Ⅳ. ①P2-39

中国国家版本馆 CIP 数据核字（2023）第 031596 号

人工智能正在掀起一场技术革命和产业革命。测绘地理信息行业紧跟时代步伐，在多学科的渗透与融合下，已步入智能化发展阶段。跨界融合、泛在感知、智能自主、精准服务是智能测绘的主要特征。本书是作者及所在团队（重庆市勘测院、自然资源部智能城市时空信息与装备工程技术创新中心）在测绘地理信息领域多年的研究实践积累，侧重于智能测绘技术的集成创新和综合应用，特别是智能测绘技术在实际应用中所遇问题的关键技术攻关和应用实践。具体而言，包括在点云数据获取与处理、航测图库一体化构建、实景三维建设、城市信息模型构建、变形监测等技术领域开展的技术探索和研发成果，并以在自然资源调查监测、生态修复与保护、建（构）筑物安全监测、历史文化遗产保护测绘、国土空间规划管理支撑服务等领域开展的典型工程项目为例介绍智能测绘技术的综合应用。

本书适合从事测绘地理信息及工程勘察设计技术研究、应用的专业人士阅读，也可供高等院校相关专业师生参考。

策划编辑：武晓涛
责任编辑：辛海丽
责任校对：李美娜

智能测绘技术

陈翰新　向泽君　编著

*

中国建筑工业出版社出版、发行(北京海淀三里河路9号)
各地新华书店、建筑书店经销
北京鸿文瀚海文化传媒有限公司制版
建工社（河北）印刷有限公司印刷

*

开本：787毫米×1092毫米　1/16　印张：28　字数：694千字
2023年3月第一版　　2023年11月第二次印刷
定价：**98.00**元
ISBN 978-7-112-28374-3
（40692）

前言

当前，全球数字化发展日益加快，时空信息和导航定位服务成为重要的新型基础设施。通过构建全球空间基础设施和时空智能技术体系，实现面向空天地海的地理信息数据智能感知、实时获取、自动处理和广泛应用。智能测绘技术创新推动了相关产业迅猛发展，为经济社会发展和生态文明建设等提供了强有力的保障服务。

智能化测绘时代已经悄然来临，其典型特征包括跨界融合、泛在感知、智能自主、精准服务等方面。在现代通信、物联传感、大数据、云计算、人工智能等科技发展推动下，测绘与其他学科深度融合，测绘地理信息行业正从信息化向智能化转型升级。

国内外众多专家学者在智能测绘仪器装备、人工智能算法、大数据挖掘等方面开展了广泛深入的研究与应用。本书在参考借鉴已有研究成果的基础上，对实际应用中所遇问题开展关键技术攻关，重点围绕测绘数据智能感知、分析处理、成果表达等技术方法进行系统阐述，并结合大量典型工程项目案例，介绍智能测绘技术的集成创新和应用实践，为智能测绘技术工程化应用提供系统性方法指导和技术参考。

全书共十章，第一章介绍现代科技发展及其对测绘的推动，由陈翰新、向泽君、杨伟、王昌翰、李超等编写；第二章回顾测绘技术发展历程，由向泽君、李莉、葛山运、滕德贵等编写；第三章阐述智能测绘的主要特征、技术体系、软硬件系统和应用前景，由向泽君、陈翰新、邓军、李莉、滕德贵、李超等编写；第四章点云数据获取与处理，由向泽君、谢征海、滕德贵、龙川、袁长征、李锋、明镜、苟永刚、李创、饶鸣、胡小林等编写；第五章航测图库一体化构建，由陈良超、周智勇、胡开全、张燕、马红、刘昌振等编写；第六章实景三维建设，由向泽君、周智勇、李锋、薛梅、詹勇等编写；第七章城市信息模型构建，由陈翰新、向泽君、李锋、薛梅、詹勇、任子豪等编写；第八章变形监测，由向泽君、陈翰新、滕德贵、李超、张恒、王大涛、王灵犀、袁长征、胡波、郭彩立、黄赟等编写；第九章综合应用案例，由陈翰新、向泽君、白轶多、李锋、薛梅、陈良超、黄承亮、李莉、林江伟、唐昊、苟永刚、刘浩、滕明星、马红、李晗、陈光、柴洁等编写；第十章总结与展望，由陈翰新、向泽君、杨伟、王昌翰、滕德贵等编写。

本书获得重庆市首席专家工作室基金、科技部及重庆市重点研发计划项目等资助。感谢对本书编著过程中给予大力支持的重庆市智能感知大数据协同创新中心、智能城市空间CIM+创新技术中心。在编写过程中，参考和引用了大量文献资料，在此对原作者深表谢意。

由于时间和能力所限，书中难免存在不足和错误，敬请广大读者批评指正。

3

本书内容框架

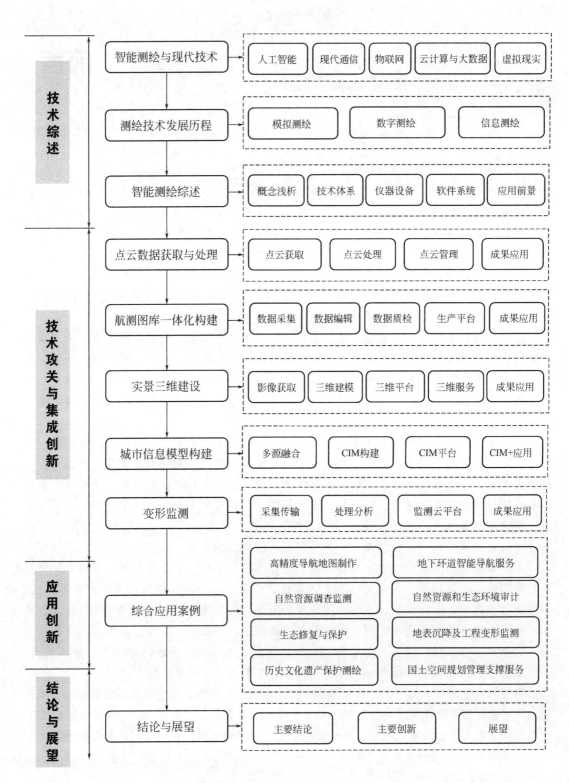

技术综述

智能测绘与现代技术 → 人工智能 | 现代通信 | 物联网 | 云计算与大数据 | 虚拟现实

测绘技术发展历程 → 模拟测绘 | 数字测绘 | 信息测绘

智能测绘综述 → 概念浅析 | 技术体系 | 仪器设备 | 软件系统 | 应用前景

技术攻关与集成创新

点云数据获取与处理 → 点云获取 | 点云处理 | 点云管理 | 成果应用

航测图库一体化构建 → 数据采集 | 数据编辑 | 数据质检 | 生产平台 | 成果应用

实景三维建设 → 影像获取 | 三维建模 | 三维平台 | 三维服务 | 成果应用

城市信息模型构建 → 多源融合 | CIM构建 | CIM平台 | CIM+应用

变形监测 → 采集传输 | 处理分析 | 监测云平台 | 成果应用

应用创新

综合应用案例 → 高精度导航地图制作 | 地下环道智能导航服务 | 自然资源调查监测 | 自然资源和生态环境审计 | 生态修复与保护 | 地表沉降及工程变形监测 | 历史文化遗产保护测绘 | 国土空间规划管理支撑服务

结论与展望

结论与展望 → 主要结论 | 主要创新 | 展望

目录

第一章
智能测绘与现代技术

科学技术是第一生产力,现代科学技术是推进经济社会实现跨越式发展的直接动力。科学技术化与技术科学化,使当代科学技术在物质生产中的地位和作用大大加强,已成为现代社会生产力发展的第一要素。促进和拓展现代科学技术的应用领域,使现代科学技术成为推进行业生产发展的直接动力,是时下现代科学技术发展的历史使命。人工智能、现代通信、传感与物联网、云计算与大数据、虚拟现实等都是具有新时代气息的现代科技形式,应当充分发掘潜力探寻切入点,规范、有序、高效地利用现代科技服务于人类社会的生产生活,助推经济社会的高质量发展。

行业理论方法研究和实践工作表明,现代测绘是一个技术密集型的行业,对各种地物、自然现象的数据采集、处理和分析表达离不开各种现代技术手段与技术装备。现代科学技术在提升测绘行业的生产实践效率和对经济社会发展的服务水平中发挥着日益重要的作用。纵观测绘行业的发展,经历了从模拟测绘、数字测绘到信息测绘的测绘技术转型发展,数字化产品生产服务技术体系日益健全,推进了地理信息产业的快速发展。但是,测绘技术领域在顺应现代化发展需求中还面临着系列问题和困境,诸如数据的实时获取、信息的自动化处理和服务应用的知识化[1]。充分借助和依托人工智能、物联网、大数据、虚拟现实等现代科学技术的支撑,推进测绘行业从信息化走向智能化,是本行业发展的必然选择,也是一项极其复杂的系统工程。因此,需要分析和认识人工智能、现代通信、物联网、云计算与大数据、虚拟现实等现代科学技术,厘清现代科技及其对智能化、现代化测绘发展的重要作用、意义。

第一节 人工智能

人工智能的兴起源于计算机科学的发展,自产生以来,不断地影响和改变着人类的生活、学习和工作方式,渐进地将人类引入一个自动化、智能化的全新时代。人工智能在给人们带来日益便捷生活的同时,也正在掀起一场深刻改变人类社会发展和生活模式的科技浪潮。毋庸置疑,人工智能已经站在了全球科技的最前沿,在 20 世纪的中后期已与能源技术、空间技术并称为全球的三大尖端技术[2],也有不少学者和科研人员认为人工智能与纳米科学、基因工程是 21 世纪尖端科学技术的前三甲[3]。近 50 年来,人工智能在机器学习、智能控制、图像识别、机器翻译、语言理解等诸多领域得到广泛应用，取得了丰硕的成果。世界各国政府和学界高度重视人工智能的研究与发展，一些主要大国已将人工智能的研究与发展上升为国家战略。当前，人工智能正处于蓬勃发展的良好态势，应用领域也越来越广，已逐步与各行各业融合交叉。新的时期，人工智能与测绘地理信息行业领域融合，将其理论、方法与技术运用于测绘地理信息行业，是一个良好的发展机遇，也是巨大的挑战，因此，有必要对人工智能的概念、内涵、发展历程、内容特点及应用领域有进一步的认知。

一、基本概念与内涵

（一）基本概念

人工智能（Artificial Intelligence，AI）中的人工，可理解为人造、人为。研究认为，从学科的角度，人工智能是指采用人工的方法，将人类智能的内在机制，即人类的某些意识、思维、行为过程等，借助计算机载体予以模拟、实现和扩展的科学，又称为计算机智能、机器智能等[3]。从技术的角度，人工智能是在理解智能的基础上，采用人工方法实现的智能。1983年，《大英百科全书》将人工智能定义为："是数字计算机或数字计算机控制的机器人在执行智能生物体才有的一些任务上的能力。"1991年，伊莱恩·里奇在《人工智能》一书中指出，"人工智能是研究如何让机器做目前人擅长的事情"。研究发现，人工智能技术能在较大程度上提升识别、计算和判断推理等方面的能力，有效避免、减少人为原因产生的错误、误差，从而提高效率和准确率。人工智能技术具有广阔的发展前景。

（二）内涵和外延

人工智能首次提出至今近70年，其内涵和外延研究不断拓展，近10年来发展尤为迅猛。究其根源，是大数据技术、物联网技术、云计算、传感技术等相互有机融合，对人工智能的发展产生了重要的推动力，从而使人工智能取得了实质性的进步与发展。现有研究成果表明，人工智能的内涵包含四大内容，即脑认知基础、机器感知与模式识别、自然语言处理与理解、知识工程[4]。脑认知基础阐明认知活动的脑机制，包括认知心理学、不确定性认知、人工神经网络、神经生物学、机器学习、深度学习等内容；机器感知与模式识别研究脑的视知觉，如物体识别、情景识别、生物识别等；自然语言处理与理解研究自然语言的语义、语境、语构、词法、句法、语义和篇章的分析等内容；知识工程研究如何用机器代替人，完成知识的表示、获取、推理、决策。人工智能的外延，主要是指机器人与智能系统，如工业机器人、农业机器人、太空机器人、服务机器人、国防机器人及智能交通、智能制造等。人工智能的目标是促使智能机器做到"会听""会说""会思""会动"，应当具备如人一样的学习、思维、感知和行为等功能。

二、技术内容与特点

人工智能研究内容繁多，涉及数学、物理学、计算机科学、心理学、逻辑学、哲学和认知科学、控制论等诸多领域，研究范畴包括自然语言处理、机器学习、人工生命、人工神经网络等方向[5]。结合现有研究成果，主要内容和特点介绍如下。

（一）技术内容

1. 认知建模

认知是人为了一定目的，在一定心理结构中对信息进行加工的活动过程。认知科学是研究人类感知和思维信息处理过程的一门学科。认知建模是人工智能研究的重要内容之一。

2. 机器感知

机器感知即让计算机具有类似于人的感知能力，如对视觉、听觉、触觉、味觉等的感知能力。目前对机器感知的研究，如计算机视觉、自然语言理解及模糊识别等，已经在人工智能中形成了一些专门的研究领域。

3. 机器思维

机器思维就是让计算机能够对感知到的外界信息和产生的内部信息像人一样进行思维性加工的活动。人的智能主要源自大脑的思维活动，机器智能也主要是通过机器的思维功能予以实现。

4. 机器学习

机器学习是人工智能研究的核心问题之一。机器学习就是使计算机能够像人一样自动获取新知识，在实践中不断地完善自我和增强自我能力。机器学习的基本方法很多，如归纳学习、发现学习、类比学习等。

5. 机器行为

机器行为是让机器能够像人一样具有行动和表达的能力，机器行为的研究，是机器人学的一项内容，是人工智能研究的一项重要领域。

（二）主要特点

研究表明，计算机的结构以及工作方式同人脑的组织结构和思维功能相比，尚有很大差别。必须通过人工智能技术才能够缩小差别。从长远角度，需要彻底改变计算机体系结构，研究制造智能计算机。现阶段依然是依靠智能程序系统来提高现有计算机的智能化程度。智能系统相较于传统的程序系统，具有重视知识、重视推理、采用启发式搜索、采用数据驱动方式、用人工智能语言建造系统等特点。

三、发展演进历程

人工智能的先驱约翰·麦卡锡（John McCarthy）在 1956 年的达特茅斯会议上，与马文·明斯基（Marvin Minsky）共同提出"人工智能"概念，认为"人工智能是研制智能机器的一门科学与艺术"，从此，人工智能正式诞生。将人工智能技术的演进[3] 简单归纳梳理为以下阶段。

（一）孕育期

20 世纪 40 年代，一些数学家和计算机工程师已经开始探讨用机器来模拟智能的可能性。1950 年，艾伦·图灵（Alan Turing）提出了著名的"图灵测试"，被众多学者、研究人员视为对机器智能进行测试的重要标准。1951 年，普林斯顿大学数学系的研究生马文·明斯基与其同学邓恩·埃德蒙（Dunn Edmund）一起，自主建立了世界上第一个神经网络计算机，该机器第一次模拟了神经信号的传递，对人工智能的发展奠定了重要的基础，是人工智能的一个起点。1955 年,艾伦·纽厄尔(Alan Newell)、克里夫·肖(Cliff Shaw)、赫伯特·西蒙(Herbert Simon)通过建立"逻辑理论家"的计算机程序,实现模拟人类解决问题的技能,后来被称为"搜索推理"。

(二)形成期

1956 年,约翰·麦卡锡与马文·明斯基等在美国达特茅斯学院组织的一次会议上,提出"人工智能"概念,标志着人工智能这门学科诞生。自此,在美国迅速开展了人工智能研究,产生了三个有代表性的研究小组:一是心理学小组,以纽厄尔和西蒙为核心,模拟人类用数学逻辑证明数学定理的思维方式,研制了逻辑理论机(Logic Theory Machine,LT)数学定理证明程序;二是 IBM 工程课题小组,以亚瑟·塞缪尔(Arthur Samuel)为核心,研制了具有自学习、自组织、自适应能力的西洋跳棋程序,该程序通过棋谱和下棋的实践不断积累经验和提高技艺,最终通过不断学习和实践战胜了塞缪尔本人和一名州冠军,这是机器人模拟人类学习研究和探索取得的一个重要成就;三是麻省理工学院小组,以明斯基和麦卡锡为核心,麦卡锡先后建立和研制了行动规划咨询系统、人工智能语言 LISP,明斯基发表了《走向人工智能的步骤》,将人工智能向前推进。此外,美国斯坦福国家研究所研制出第一台采用人工智能的移动机器人 Shakey 等。

(三)低谷期

人工智能发展到本阶段,受到计算机有限的内存和处理速度、可变性与模糊性、停止资助等因素影响,历经了长达六年的科研与发展瓶颈。

(四)稳步发展期

人工智能更多关注应用需求,人工智能的研究逐步取得更多的共识,质疑声逐渐减少。研究以坚实的理论为基础,控制论、生物学逐渐渗透到人工智能,产生了一系列应用良好的研究成果。1997 年,电脑深蓝(Deep Blue)战胜国际象棋世界冠军;2011 年,开发出使用自然语言回答系列问题的人工智能程序参加智力问答节目,打败两位人类冠军;2016 年 3 月,AlphaGo 战胜围棋世界冠军李世石。人工智能开始走向稳步发展。

我国人工智能研究起步较晚。1978 年,智能模拟纳入国家计划的研究;1981 年,成立中国人工智能学会(CAAI);1986 年,国家高技术研究发展计划列入了智能计算机、智能机器人、智能信息流处理等内容;1989 年,召开中国人工智能控制联合会议(CJCAI)。2017 年 7 月,我国决定实施《新一代人工智能发展计划》,十九大报告也提出推动互联网、人工智能、大数据与实体经济深度融合,从而使人工智能的研究和发展上升为国家战略。

四、应用领域

人工智能是集众多学科于一体的交叉学科。伴随科学技术和经济社会发展需求,人工智能技术已经在诸多领域得到应用,并取得了良好的成效。归纳现有学者的研究成果,人工智能主要的应用领域如下[6]。

(一)智能机器人

机器人存在于生产生活的很多方面。现代社会中,对一些复杂程度不太高的重复性操作,可以使用机器人代替人类。家庭生活中也有扫地机器人等,这些机器人具备基本的感觉、思考和反应等要素,能够根据人的指令从事相关工作,既保障了人类的安全,也提高了人们的生活质量。

（二）语音识别

语音识别是人工智能技术的一个重要领域，人们需要借助语言交流思想、表达情感，语音识别技术可以帮助实现人与计算机的交流。语音识别技术发展很快，是目前人工智能研究领域中最为成熟的技术。1952年，Bell实验室的Davis等实现了世界上第一台能识别特定10个英文数字的语音识别系统，拉开了语音识别研究工作的序幕。

（三）无人驾驶汽车

无人驾驶汽车综合运用环境感知、规划决策、现代传感、信息融合、自动控制等技术，依托计算机智能驾驶控制器，实现智能汽车的无人驾驶操作。美国于20世纪70年代开始对无人驾驶汽车进行研究，中国于1992年在国防科技大学诞生了首辆无人驾驶汽车。

（四）图像识别

图像识别是人工智能研究的重要分支，地位日益凸显。现代社会，随着人们交流方式的多样化，图像识别以其直观可视化的优点，越来越受到重视。图像识别是利用计算机功能实现对图像的处理、分析和理解，从而准确识别各种不同目标对象的技术。当前，图像识别技术在智能安防、社交、直播、图片美颜等领域应用较多，此外，也应用于金融领域的刷脸支付等。

（五）机器翻译

在经济全球化发展趋势下，国家交往之间对不同语言的交互翻译拥有迫切的需求，因此，机器翻译应运而生。机器翻译属于计算语言学的分支学科，近年来，伴随深度学习技术的研究和实践，机器翻译得到了深入发展，翻译的质量和准确度得到较大提升。百度、谷歌等将机器翻译进行了实践开发利用。

此外，在数据挖掘、智能家居、智能教育、智慧医疗、航空航天等领域，人工智能都得到了较好的研发和应用。

五、挑战与发展前景

随着人工智能在行业领域的应用逐渐广泛，其科学技术价值进一步凸显。但人工智能的研究和发展还不成熟，在一定领域内尚存局限，一些关键性的技术领域还需要针对性地突破，进而提升人工智能技术在更多行业领域的应用水平和范围。

（一）面临挑战

在人工智能技术研究和应用得到快速发展的同时，未来需更加重视面临的挑战和及困境。一是信息安全问题。信息安全已经引起人们的高度重视和关注，如大家熟知的网络安全技术问题，现阶段对病毒侵扰的防御能力还不够，容易出现网络信息安全问题，一旦遭到病毒的入侵和攻击，其损失和危害不可估量，这是人工智能未来必须突破的技术难题。二是信息数据处理水平还不高。如公安系统对犯罪嫌疑人的信息统计，就特别需要计算机人工智能的快速反应能力。而现实中，对这些特殊行业的应用，人工智能技术还受到一定的制约，需要进一步攻克技术难题，提升人工智能的信息处理水平。

（二）发展前景

人工智能的应用前景十分广阔。医学领域：如在医学智能诊断上，利用计算机人工智能的图像识别和大数据分析技术，能够有效节约患者的等待时间，减轻医患压力。人工智能可以帮助医生自动诊断，结论供医生参考，提高诊断的准确率和速度[6]。经济领域：未来在金融、证券、会计等领域人工智能技术将深入发展，高效、精准地计算分析，辅助行业管理人员和投资者等快速决策，进一步促进经济高质量发展[7]。教育行业：智能教育是未来国际交往的要素，智能教育的持续发展将缩短国家、师生等之间的距离，促进有效沟通，提升教育质量。还有如军事等领域，人工智能技术研发与应用都有良好的前景。在未来人工智能的研究实践发展中，需进一步做好信息采集，推进资源共享，加强人工智能的逻辑处理研究，优化选择应用途径和领域。

六、测绘行业应用

现阶段，人工智能研究及实践已经产生智能机器人、计算机视觉、语音识别、无人驾驶汽车、图像识别、机器翻译、深度学习等主要人工智能技术，这些技术在相关领域的研发和实践卓有成效。在测绘地理信息行业，图像识别、虚拟现实、计算机视觉、机器人等人工智能技术与现代测绘地理信息技术的融合应用将极大地促进行业的发展和转型升级[8]，前景广阔，可以实现的主要应用领域如下。

（一）地理信息采集

随着图像识别、计算机视觉等人工智能技术的研发和实践应用，出现了大量无人机、无人车、无人船、AR/VR 等高精度、智能化、实时性的地理信息数据采集设备，人工智能技术已经实现测绘数据采集与处理的一体化流程作业。将来，随着计算机人工智能技术的进一步发展，可以实现智能机器人在不同场景下的数据实时获取和采集，如此将逐步减少地理信息数据采集的技术人员数量，提高数据采集和处理的效率，实现数据采集与处理的一体化发展。

（二）遥感影像解译

遥感影像通过解译所获取的信息可以绘制各种专题图件，供相关部门使用。一直以来，遥感影像解译主要通过人机交互、目视解译等方式开展，采取人工智能方法实现遥感影像的自动解译是多年来的发展目标。随着人工智能技术的进一步发展，研究人员采用人工智能视觉技术与空间信息结合，将深度学习技术应用于遥感影像信息的解译，较大地提升了遥感数据的自动化解译、分析处理的能力和实践效果，应用于路网提取、土地利用分类等不同的场景。

（三）地图制图与更新

将计算机深度学习和机器视觉等人工智能技术运用于地图制图的综合取舍及地图的适时更新，能极大地推进地图制图技术的发展。近年，微软公司计划推出绘图机器人，宣称用户只要准确说出需绘制的物体名称，绘图机器人就能够自动匹配所用素材，构想出图像，对文本中一些尚未描述的细节，可实现自行添加，充分印证了人工智能的想象力。利用深度学习和机器视觉人工智能技术，既能自动综合取舍地图制图要素，还能自动提取和判读矢量数据与栅格数据。人工智能背景下的地图已成为位置服务聚合平台、无人驾驶汽车等应用的关键基础设施。

第二节　现代通信

通信技术是 20 世纪 80 年代以来国内外发展最为迅捷的技术领域之一，通信技术的快速发展为现代信息技术升级提供了强有力的技术支撑。通信的重要功能是实现不同地域之间的信息传递和交换，如何实现信息和数字资源等快捷、高质量传递、交换、处理及确保信息安全是通信信息技术领域和学界研究的重要关注点。现代信息技术如通信技术、控制技术、计算机技术的不断发展和有机融合，使信息的传递和应用范围不断拓展，也给不同行业、不同用户在更广的时空领域内传递、获取、处理和应用信息提供了可能，从而为更好地满足网络信息时代不同领域日益剧增的海量信息需求、推进现代通信技术的应用发展都带来了新的机遇。现代通信通常又名远程通信，其典型特征就是与计算机技术的紧密结合，通过计算机技术实现不同数字信号的交换与处理，主要的技术领域包含数字技术、微电子技术、光子技术、微波技术等。在现代通信技术领域，移动通信、光纤通信和卫星通信技术是被学界和业界广为认可的三大信息通信技术手段，均具有全时空通信功能，在推进行业发展和技术创新发展中具有举足轻重的作用。现阶段，伴随网络技术的发展和进步，现代通信技术已经实现了通过通信网络向不同用户提供多样化、现代化的通信新兴业务类型，逐渐产生和形成了通信业务数字网。一些国家正在实施"信息高速公路计划"，推进以激光、多媒体技术、光缆技术为核心的技术与不同通信手段的有机结合。现代通信技术行业和产业正快速发展，但信息传递过程中信息崩溃、病毒攻击、信息损坏、信息泄露、通信能力、抗干扰性等不同问题依然存在，需要不断加强研究和攻关。

一、基本概念与内涵

通信是指人与人、机器与人、机器与机器间传递、处理和再现信息的过程。通信各环节中涉及信息的发送者、信息的接收者和信息传输的媒体。从广义的角度看，通信是指采用某种方法，通过某种传输媒质将信息从一个地域传送到另一个地域的实现过程。简言之，通信即人与人之间的沟通方法。现代通信技术，是随着科技的不断发展，研究和探索怎样利用传递、处理和再现信息的最新技术持续优化通信的各种方式，让人与人的沟通更为便捷、有效，5G 就是其重要课题。

实现通信的方式很多且各不相同，但任务指向趋于一致。现代人们常用电话、传真、互联网等作为信息传递和交换的载体和媒介。现代通信是电通信的方式，即利用电信号将携带的需要传递的信息，通过各种信道予以传输，实现信息传递的目的。由于电通信不受距离的限制且能准确传递，因此得到了快速发展和广泛应用。

二、技术内容与特点

（一）技术内容

1. 通信技术

通信技术是物联网的基础，分为有线通信技术和无线通信技术。

有线通信技术一般借助电线或者光纤等介质来传输信息，通常会使用电信号或光信号来代表声音、文字、图像等信息。有线通信的应用领域非常广泛，具有抗干扰能力强、可靠性高、保密性强、通信距离远的特点，通信环境不受通视要求，但是工程环境较为复杂的场合，施工效率较低，且存在被损坏的可能性。智能测绘工程现场常用的有线通信方式包括 RS485 总线、以太网通信、光纤通信、电力线载波通信、控制器局域网（Controller Area Network，CAN）总线等[9]。

无线通信技术是利用电磁波信号能够在自由空间中传播的特性进行信息交换的一种通信方式。在移动中实现的无线通信又通称为移动通信。无线通信主要包括微波通信和卫星通信。微波是一种无线电波，它传送的距离一般只有几十千米。但微波的频带很宽，通信容量很大。微波通信每隔几十千米要建一个微波中继站。卫星通信是利用通信卫星作为中继站在地面上两个或多个地球站之间或移动体之间建立微波通信联系。所有无线信号都是随电磁波通过空气传输的。国内外比较成熟的无线通信技术有很多种，其中智能测绘中常用无线通信组网技术包括蓝牙、Wi-Fi、LoRa、NB-IoT、cat1/cat4、5G、ZigBee、超短波等[10]。

2. 通信协议

通信协议是指网络设备用来通信的一套规则，实现设备之间的相互通信，用于提升设备之间的兼容性。按照通信协议使用的网络范围，可将其分为局域网通信协议、广域网通信协议。其中，局域网通信协议用于建立采集器与局域网传感器之间的通信连接，实现局域网内数据的采集与控制；广域网通信协议用于建立采集器与远程服务器之间的通信连接，实现对工程现场传感器、采集器的远程采集与控制。

3. 卫星通信技术

卫星通信场景以卫星作为核心传输设备，适用于偏远地区以及环境较为恶劣地区，或布设其他网络通信方案成本较高、难度较大的地区。在这些地区中，移动信号基站分布稀疏、网络信号差，这种工程环境下，建立前置终端节点和后方监控中心之间的数据通信链路工程实施成本较高，可采用卫星通信进行数据传输。卫星通信技术适用于不需要传输图片或者实时视频，只需传输终端节点采集到的监测数据的工程场景，传输带宽需求较低，数据量较小。常用的卫星通信技术包括北斗短报文通信、天通卫星通信、海事卫星通信、铱星卫星通信、欧星卫星通信等技术。

4. 模拟通信与数字通信

在 20 世纪 60 年代，为解决交换局内中继线干扰等问题，出现了 PCM 技术（话音编码），接着数字程控交换机投入使用，从此开始用数字信号（瞬时幅度离散的信号）来交换和传递信息，信息传递发生了根本变革。

（二）主要特点

现代通信信息技术最大的特点就是数字化，因为在各行各业信息交流和传输中最为常见的就是数字化信息，直观且方便。数字光纤通信系统、数字微波通信系统、数字卫星通信系统、数字移动通信系统，以及数字网、综合业务网等，各种通信前面均冠以"数字"，即表明现代通信系统首先要实现数字化，由各种数字化的通信系统构成现在的各种信息网。数字化指的就是数字技术。简单地讲，就是各种信息经数字化处理。主要特点如下。

（1）数字信号便于存储和处理。这对于微型计算机更为重要，使计算机可以容纳更为丰富的内容。通信与计算机的结合，是现代通信技术与现代信息技术共同促进和发展的结果。

（2）数字信号便于传输和交换信息。计算机与电话交换技术的结合，出现了数字程控交换，由于光电器件的采用，使数字信号更加容易转换为光脉冲信号，传输的准确率也比较高。

（3）数字信号可以组成数字多路通信系统。主要是在有限的时间内传递相应的信息，数字信号是用时间上信号的有无来传递信息的，可以利用时间的空隙传输不同的数字信息。

（4）通信信息技术有利于组成数字网。由于通信中交换信息和传输信息都使用数字信号，因此，把各个数字交换的部分用数字传输连接起来便会形成一个综合性的数字网，再将各用户终端、业务数字化处理后统一至一个网络，从而组成综合的业务网。

（5）数字通信技术抗干扰性强，不积累噪声。电子学尤其是微电子学，是数字信息产业的重要基础，在很大程度上决定着硬件设备的运行能力强弱，具有较强的抗干扰性，数字信息传输时噪声相应也较小。

三、发展演进历程

通信技术的演进发展与各国经济技术进步紧密联系，快速的经济发展和信息交流、传递的需求推进了通信技术的不断进步，其演进发展历程，简要梳理成如下三个主要时期。

（一）初级发展时期

本阶段为通信技术的初级阶段，主要的研究和探索成果：1838 年，美国人莫尔斯发明了莫尔斯电报和有线电报，获得了信息传递的全新方式，开始了电通信时期；1864 年，英国人麦克斯韦建立了电磁理论，预言了电磁波的存在；1876 年，英国人贝尔利用电磁感应原理发明了电话；1888 年，德国人海因里斯·赫兹发现电磁波并证明了电磁理论，产生了无线电和电子技术；1896 年，意大利人马可尼成功实现全球首次无线电通信。后续产生了系列发明，如，1904 年英国电气工程师弗莱明发明了二极管，1906 年美国费森登研究出无线电广播，1907 年美国福德莱斯发明了真空三极管，1920 年美国康拉德建立了全球首家无线电广播电台，1924 年在布宜诺斯艾利斯和瑙恩之间建立了第一条短波通信线路，1933 年法国人克拉维尔建立了英法之间商用微波无线电线路。

（二）快速发展时期

本阶段以 1948 年香农提出信息论为基本标志，是近代通信技术快速发展时期。主要的研究和探索成果：1948 年香农建立了通信统计理论，为本阶段的标志性事件；1956 年越洋通信电缆铺设使用；1957 年第一颗人造卫星成功发射；1958 年第一颗通信卫星成功升天；1962 年第一颗同步通信卫星发射并开通国际卫星电话；20 世纪 60 年代阿波罗宇宙飞船登月成功、数字传输技术迅速发展，出现了计算机网络；1965 年美国贝尔生产了世界上第一台程控交换机；1969 年开通了电视电话业务；20 世纪 70 年代陆续投入使用商用卫星通信、程控数字交换机、光纤通信，推动了通信技术的快速发展。

（三）成熟应用时期

现代通信技术的发展以 20 世纪 80 年代以后光纤通信技术应用、综合业务数字网的崛起为典型标志，通信技术的研究发展，经历了从模拟到数字、从电路到 IP、从语音到多媒体的过程。自 20 世纪 80 年代数字网公用业务、个人计算机、计算机局域网等技术的出现，陆续研究制定了通信领域网络体系结构的国际标准；1980 年以后，移动通信进入通信历史舞台，从 1G 到 5G，从移动电话到高速上网，不断满足人们对互联网的新需求。20世纪 90 年代，开通了蜂窝电话系统，系列无线电技术相继出现、光纤通信技术快速发展并普遍应用，同时，国际互联网也得到了飞速发展；1997 年，全球 68 个国家通过签署国际协定，相互间开放电信市场。

我国的通信技术发展与通信事业紧密相连。新中国成立初期，我国的通信技术极为落后，连自动电话都很少，发展起点可谓一穷二白，发展面临诸多困境。经过 70 余年的发展，通信技术和通信事业都取得了长足的进步。一是通信网络和交换技术，通过进口东欧及苏联等国家的通信装备，不断消化、改进和吸收、创新，如今的部分通信技术如交换机已经占据了主导地位，并逐步实现"电信网、电视网、计算机网"的融合。二是有线通信技术的发展，通过引进设备、自主研发，在 20 世纪 80 年代初开始大量使用数字设备、因地制宜地采用了一批模拟设备。到 20 世纪 90 年代初，通信传输及交换数字装备占比达到99％以上。三是光通信技术的发展，主要包括 PDH 光纤通信系统、SDH 光纤通信系统、DWDM 光纤通信系统及 STTH 的发展等，2005 年，杭州和上海开通了世界上容量最大的适用线路即 3.2Tbps 超大容量光纤通信系统。我国的无线通信技术、移动通信技术、数据集互联网通信技术都经历了从国外引进、消化吸收和自主创新的发展历程，逐步赶上了世界发达国家通信技术的发展步伐。

四、应用领域

人类社会发展的诸多领域都与现代通信技术密不可分，现代科学技术的进步推动着通信技术不断提升和改革，通信技术的飞速发展极大地助推了人类社会的繁荣和发展。现就通信技术在医学、教育等领域的研究和应用情况进行简要阐释[11,12]。

(一) 在医学领域的应用

随着通信和网络技术的发展，通信技术在医学领域的应用日渐盛行，主要应用在远程会诊、远程治疗等关键环节。通信技术应用于远程医疗，目前正在渗透到医学的不同领域，诸如外科、皮肤医学、放射医学、家庭医疗保健、精神病学等。远程医疗能够有效地为边远地区开展医疗服务，合理配置医疗资源。同时，远程医疗可以减少地域限制，医生共同远程诊断病历，更好地开展临床研究，优越性较多。通信技术在远程会诊上的应用方式主要是借助电话、网站、邮件等工具，远程进行病例分析，研判病情，确定进一步治疗方式，远程会诊在各类医院都有应用，尤其是针对重大、疑难病症的协同诊断。

(二) 在教育领域的应用

现代通信技术的发展给教育教学带来了重大变革。现代通信技术在教育领域中的应用十分广泛，从幼儿园、小学、初中、高中到大学均较普遍，极大地方便了学校与家长、教师与学生等的联系，为教育更好地服务学生、服务社会奠定了坚实的基础，应用前景非常广阔，典型案例就是数字化学习的普及。在国家相关政策的指导与信息化技术的发展背景下，数字化学习的观念逐渐普及，通过建立互联网学习平台，网络学习的新模式受到了广大师生的欢迎。因而，现代通信技术在教育领域的应用推动了教育观念的改革，有利于提升师生的信息素养，更以全新的教学模式激发了学生的学习兴趣，促使教育质量有效提高。

（三）在日常生活中的应用

现代通信技术已经渗入人们生活的方方面面。典型的应用：一是固定电话。最为简单的形式就是两个不同用户，通过两部电话机用一对线路连接起来实现实时通信。二是移动通信。通信双方处于移动状态下也可以实现通信。三是互联网。用户利用互联网可以在任何时间、任何地点获取网络公开发布的信息。

五、挑战与发展前景

现代通信技术是全球经济社会发展的重要驱动力。现代通信业是国民经济的战略性和基础性产业，对于拉动经济增长、调整产业结构、转变发展方式和维护国家长治久安具有十分重要的作用。通信技术的广泛应用极大地促进了社会生产力的发展，使人们的生产、生活方式都发生了深刻变化。现代通信技术已深入国民经济和社会发展的各个领域，有力地推动了经济社会的协调发展，但发展中面临着不少突出的问题，亟需未来进一步研发和实践新的通信技术予以解决。

（一）面临挑战

现代通信技术的发展对于拉动国家、区域经济社会发展，调整区域产业结构、转变经济社会发展方式及维护国家安全都具有重要作用。大力发展现代通信，促进经济社会全面发展，是全球各国共同的发展战略决策。

现阶段，通信行业的发展还面临着诸多问题，一定程度上阻碍着经济社会的进步，需要加强研究和探索。主要表现在通信技术创新力量欠缺，服务意识较为薄弱，资源融合面临挑战，节能降耗潜力有待挖掘，通信信息安全尚存隐患等。因此，现代通信发展的驱动力是实现自主创新，关键是实现节能降耗，发展的必然是资源的有效融合，而根本是转变服务理念。

（二）发展前景

现代通信技术促进了人们的交流、联系、沟通，也促进了新时代下信息资源大量传播。归纳学者研究成果和行业研发成效，现代通信技术发展趋势体现为综合化、宽带化、智能化、个人化、网络全球化等特点。

1. 综合化

现代通信技术的综合化包含技术的综合化和业务的综合化。所谓技术综合化，表现为通信中的信号传输、信号交换、信号处理等功能实现均采用数字技术，实现数字传输与数字交换的有机结合，使电话、数据、电视等网络实现一体化。通信业务的综合化表现为将电话、传真、图像、文字等不同信息来源的通信业务，集成在一个网络内传输和处理，并实现在不同的业务终端互通。

2. 宽带化

伴随经济社会的快速发展，人们的物质文化需求日益增加，对现代通信业务提出了更多的需求，高速数据和文件传输、可视电话、会议电视等新的业务不断出现，较大程度上促进了新的宽带业务的发展，也推进了数字信号交换和传输。

3. 智能化

现代通信的智能化集中体现在现代通信的网络与终端、业务与管理全流程智能化，智能化的实现源自在现代通信中计算机技术、计算机软件技术的普遍使用，通信中的信号处理、信号传输、信号交换、监控管理、通信维护等环节引进更多的智能技术，建构形成智能化信息网，实现通信智能化，从而提升通信网络的应变能力，实时满足和服务不同用户对不同通信业务的需求。

4. 个人化

移动通信的及时出现，满足了个人信息交流的需求。经济社会的发展，使不同个体经常各地交流、移动，固定通信方式已经无法适应信息交流和传递的巨大需求，因此促进了移动通信的研发实践和使用。移动通信的形式很多，诸如无线寻呼、无绳电话、集群通信、模拟移动通信、数字移动通信、卫星移动通信等，进一步促进了人们信息交流的便捷化，实现了随时随地与他人的信息互通。

5. 网络化

顺应全球互联互通和各国、各地、各单位及不同个人间信息交流和实时关联的需求，国际互联网（Internet）在全球各地都得到了快速发展和使用。当前，互联网技术已经覆盖五大洲，是全球范围的公共网。全球互联网用户增长极快，互联网已经成为全球最为普遍的信息交流载体和形式。

六、测绘行业应用

数字信息化不断推动测绘工程的发展，也衍生出对于测绘精度的更高要求和标准。现有研究成果表明，通信技术的不断改革和发展也促进着测绘领域理论和方法的不断革新，现代通信技术在测绘领域应用及作用越来越突出。

4G、5G 现代通信系统的建立和发展确保了通信数据传输的可靠性和稳定性，通过在测绘工程中的应用，有效提升了测绘工程的测绘效率。随着通信技术的发展，测绘过程中终端掉线或数据包丢失的状况在迅速地减少，且现代通信的加密技术有效地保护了测绘数据的安全性和准确性，促进了测绘工程的发展。

北斗系统作为近年使用的新技术，具备着多种优势，在公路测量建设、工程变形监测和水下工程测量中被广泛应用。使用北斗测绘技术过程中，在保证测量精度的同时，人力成本显著降低，简单实用的优势为工作人员的测绘工作带来巨大帮助。北斗定位特别适合应用在人烟稀少的荒漠和高原。在使用北斗定位终端进行高精度测量工作时，既可以单台设备作业，也可以多台设备联合作业，在工程测绘中辅助实现放样测量、面积测量、隐蔽点测量等测绘任务。在道路测绘工程中，北斗定位技术可以在较短时间内获取精准的位置信息，从而辅助地形图的快速绘制。此外，在建筑测绘工程、变形监测工程、水下工程测量、地下工程测绘中北斗定位技术应用成效都很突出。

总体上，测绘工程中应用的通信技术正在变得多样化，无线通信技术结合其他地理信息系统，可以打破传统单一的空间测绘模式，实现了工作效率的整体提升，极大降低了测绘人员的工作强度，减少时间和资本的投入，为测绘产业带来新的发展方向。

第三节　物联网

传感与物联网是当今世界各行各业采集信息与获取信息的重要技术手段。信息采集需要依靠各种传感器。传感器本身的功能和品质决定了整个传感系统采集和获取的各种信息的数量与质量，高端传感器技术系统离不开高品质的传感器。物联网是在互联网的基础上延伸和拓展而来，是新一代信息技术的重要组成部分。物联网技术发展很快，在农业、工业、物流、环境、交通、安保、教育、旅游、国防、军事等领域都有极为广泛的应用，备受国家和行业的重视，尤其是在智能交通、公共安全、智能家居等领域的应用较为成熟并已经产业化发展。世界上不同国家、不同行业在物联网技术发展中都投入了大量的人力、物力、财力开展研究和开发，但在技术、管理、政策等诸多方面依然面临很多问题，如技术标准的统一协调问题、安全性问题等。近年来，传感器网络技术、物联网技术在测绘领域如隧道变形监测、静力水准数据处理、地球空间信息等方面都有较多的应用和技术融合，在未来经济社会建设发展中，应用将会更广泛、更深入。

一、基本概念与内涵

（一）概念认知

传感器是按照一定的精度把被测量对象信息，通过一定的程序转换为与之有确定对应关系及便于应用的某种物理、化学量的测量装置或者器件。传感器的作用在于感受被测对象信息并予以传送。

传感器是科学仪器等测量系统、自动控制系统中信息获取的首要环节和关键技术。在《传感器通用术语》GB 7665—2005 中将传感器定义为：传感器是指能够感受被测量并按一定规律转换成可用输出信号的器件或装置，通常由敏感元件和转换元件组成。传感器的定义具有较为明显的时代性，伴随科学技术的发展，出现了不同的新的传感技术产品，如智能传感器、网络传感器、模糊传感器，对传感器的认识也在逐渐深入。

（二）技术认知

传感技术是一种多学科交叉的综合性技术，涉及物理、化学、材料、电子、机械、生物工程等不同学科，在技术层面又关联传感监测原理、传感器件设计、传感器开发应用等不同技术。

传感技术与计算机技术、通信一起，被称为信息技术的三大支柱。从物联网的角度看，传感技术是衡量一个国家信息化程度的重要标志，传感技术是关于从自然信源获取信息，并对之进行处理（变换）和识别的一门多学科交叉的现代科学与工程技术，它涉及传感器、信息处理和识别的规划设计、开发、制造、测试、应用及评价改进等活动。

（三）内涵认知

物联网的概念，目前学术界尚无统一定义。1999 年，美国麻省理工学院的专家们认为，物联网就是将所有物品通过射频识别等信息传感设备与互联网连接起来，实现智能化识别和管理的网络。2005 年，国际电信联盟对"物联网"的含义进行了扩展，认为信息

13

与通信技术的目标已经从任何时间、任何地点连接任何人，发展到连接任何物品的阶段，而万物的连接就形成了物联网，即物联网是对物体具有全面感知能力，对信息具有可靠传送和智能处理能力的连接物体与物体的信息网络。全面感知、可靠传送和智能处理，是物联网的特征。

我国学者较为普遍认可的定义是，物联网是通过信息传感设备，按照约定的协议，把任何物品与互联网连接起来，进行信息交换和通信，以实现智能化识别、定位、跟踪、监控和管理的一种网络。

物联网目前没有明确、统一的定义，一方面说明物联网的发展还处于探索阶段，不同背景的研究人员、设备厂商、网络运营商都是从各自的角度去构想物联网的发展状况，对物联网的未来缺乏统一而全面的规划；另一方面说明物联网不是一个简单的技术热点，而是融合了感知技术、通信与网络技术、智能运算技术的复杂信息系统，人们对它的认识还需要一个过程。

二、技术内容与特点

学术界对传感与物联网的内容、特点开展了系列研究和实践，也取得了丰硕的理论与实践成果，本研究从当前学术界、行业领域普遍认可和接受的技术内容体系与特点进行阐释。

(一) 技术内容

现有研究认为，从体系架构上，物联网分应用层、网络层和感知层。应用层涉及云计算、数据挖掘、中间件等技术，是物联网的智能处理系统。网络层是互联网、广电网络、通信网络的融合，是物联网的传输系统。感知层以二维码、RFID、传感器为主，是物联网的识别系统。通过感知层，物联网可以随时随地获取物体的信息。传感与物联网的技术体系，主要包含感知技术、传输技术、支撑技术和应用技术，如图1.3-1所示。

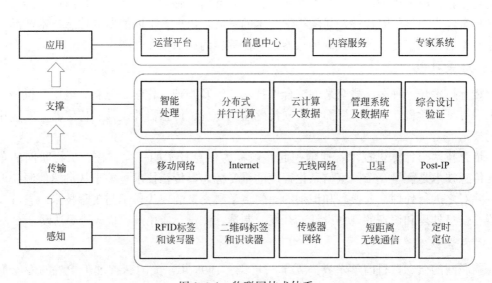

图1.3-1 物联网技术体系

1. 感知技术

能够用于物联网底层感知信息的技术，包括 RFID 与 RFID 读写技术、传感器与传感器网络、机器人智能感知技术、遥测遥感技术，以及 IC 卡与条形码技术等。

2. 传输技术

能够汇聚感知数据，并实现物联网数据传输的技术，包括互联网技术、地面无线传输技术、卫星通信技术等。

3. 支撑技术

用于物联网数据处理和利用的技术，包括云计算与高性能计算技术、智能技术、数据库与数据挖掘技术、GIS/GNSS 技术、通信技术、微电子技术等。

4. 应用技术

用于直接支持物联网应用系统运行的技术，包括物联网信息共享交互平台技术、物联网数据存储技术和各种行业物联网应用系统。

（二）基本特点

1. 传感器基本特点

研究普遍认为，传感器要感受被测非电量的变化，并将其不失真地变换成相应的电量，这取决于传感器的基本特征。传感器可以看成是二端口网络，传感器的基本特性可以用二端口网络的输入-输出特性来表示。传感器的基本特性变现为静态特性和动态特性。

静态特性是指当被测量的值处于稳定状态时，传感器的输出量与输入量之间所具有的相互关系。这时，输入量和输出量都与时间无关，所以它们之间的关系，即传感器的静态特性可以用一个不含时间变量的方程来表示。传感器静态特性的主要参数有线性度、灵敏度、迟滞、重复性、漂移和绝缘电阻等。动态特性是指传感器在输入量随时间变化时，其输出量随时间变化的特性。当被测量随时间变化时，传感器的输出量也是时间的函数，其间的关系需要用动态特性来表示。

2. 物联网基本特点

物联网技术具备如下特点：一是物联网是感知技术的集合体，不同传感器具备不同的监测功能，获取的信息、格式也各不相同；二是智能控制，物联网能够有效把传感器、智能技术结合，进一步与云计算、大数据等网络技术融合，从而不断拓展应用领域；三是立足于互联网，互联网是物联网的核心，通过有线、无线网络及智能设备的结合，传递信息，实现远程控制[13]。

三、发展演进历程

物联网已成为全球新一轮科技革命与产业变革的重要驱动力，它正在推动人类社会从"信息化"向"智能化"转变，促进信息科技与产业发生巨大变化。物联网科技产业在全球范围内的快速发展，与制造技术、新能源、新材料等领域不断融合，促进了生产生活和社会管理方式的进一步智能化、网络化和精细化，推动了经济社会更加智能、高效的发展。物联网发展经历了三个阶段[14]。

（一）大规模建立阶段

第一阶段是物联网大规模建立阶段。越来越多的设备在放入通信模块后通过移动网络、Wi-Fi、蓝牙、RFID、ZigBee 等技术连接入网。在这一阶段,网络基础设施建设、连接建设及管理、终端智能化是核心。

(二)快速发展阶段

第二阶段是快速发展阶段。大量连接入网的设备状态被感知,产生海量数据,形成了物联网大数据。在这一阶段,传感器、计量器等器件进一步智能化,多样化的数据被感知和采集,汇集到云平台进行存储、分类处理和分析。

(三)成熟应用阶段

第三阶段是成熟应用阶段。初始人工智能已经实现,对物联网产生数据的智能分析和物联网行业应用及服务将体现出核心价值。该阶段物联网数据发挥出最大价值,企业对传感数据进行分析并利用分析结果构建解决方案,实现商业变现。

我国政府高度重视和积极支持物联网技术的研究及产业化发展,物联网技术早已提升至国家战略地位并对物联网技术的发展进行了战略性规划,国家《信息产业科技发展"十一五"规划及 2020 年中长期规划(纲要)》重大项目中明确提出研究 RFID 和传感器网络技术,研究 RFID、传感器网络与信息通信网络的无缝结合和应用。科技部、工业和信息化部也在国家重大科技专项中设立了支持物联网技术研究和产业化发展的研究课题。部分城市如北京等先后编制了物联网五年发展规划,极大地推动了物联网技术的发展和在众多行业领域的实践应用。物联网是一个全新的行业,当前,我国物联网技术研发水平已位居世界前列,在全球具有重大的影响力。我国在 1999 年即开始了传感网的研究,国家投入数亿元开展物联网技术研发,在无线智能传感器网络通信技术、微型传感器、传感器终端等技术领域获得重大突破,现阶段已经形成了从材料、技术、器件、系统到网络的较为完整的物联网技术产业链,中国与德国、美国等一起成为物联网技术国际标准制定的主导国家。

四、应用领域

研究和实践显示,物联网技术应用领域广泛,在物流供应、农业畜牧、医疗卫生、教育、环境保护、工业生产等行业领域应用较多,对促进行业的技术进步和发展质量具有重要的推动作用。现列举典型应用予以说明。

(一)物流

物联网技术贯穿于物流体系的物品运输、物品仓储等各个环节,能够较好地实现减少库存、智能调度等功能,通过在输送的物品上设置相应内容的条形码标签,采取条形码扫描的方式获得信息,利用无线通信技术实现物品输送全程监控。

(二)教育

物联网应用于教学,主要表现在课堂教学、课后活动、校园监管等环节。物联网在课堂教学中改变了传统教学模式,通过提供大量的教学资源、采用传感器采集教学数据、提供安静的学习环境,提升学生的学习兴趣与课堂教学效率。课后活动的应用主要是教师收集课外活动信息数据,在校内开展多样化课外活动保障学生安全等。

(三)医疗

在医疗领域,采用 RFID 技术等对病患人员进行检查诊断,可以得到各项生理指标,指标数据通过有线/无线通信传输给相应人员。还可以在药品管理等环节进行标识处理，提升医疗物品管理的透明度、精准性。

（四）工业

物联网技术在工业生产领域应用十分广泛。在工业生产中，从原材料供应、生产计划管理、生产流程控制、产品加工精度等生产管理环节，利用智能化工业生产设备，通过设置安装传感器，并与终端控制连接，即可实现工业生产过程的远程控制。

五、挑战与发展前景

传感与物联网技术作为计算机技术的衍生品，近年来发展快速，并在不同行业领域得到应用，促进了不同行业领域的高质量发展，目前，存在的一些技术瓶颈和体制机制问题都需要不断研究和实践逐步解决，未来在传感器集成化、图像化物联网与人工智能有机结合等方面需要进一步研究和探索。

（一）面临的挑战

综合现有研究成果，传感与物联网技术发展尚面临如下问题，亟需在未来发展中研究和探索。一是行业生产标准不一。大型企业与中小企业物联网的技术标准不统一，尽管大型企业提供了标准，但中小企业未能被带动执行。二是技术标准不统一。因为不同的行业领域，生产技术原理、适配场合不同，更由于产品之间不具备兼容性，很难实现与其他领域产品相集成，因此，系统的建立难度大。三是物联网市场不统一。物联网市场发展空间很大且扩展很快，但目前市场零散，难以集成。

（二）发展趋势

1. 传感器技术发展趋势

研究普遍认为，现有实际利用较多的传感器是结构型传感器，在工业生产领域测量压力、流量、温度和位移等技术指标的电容型、振弦型、力平衡型传感器都属于结构型传感器。随着技术进步，新型材料的开发和制造工艺的精进，传感器技术的发展呈现如下趋势[15]。

（1）传感器固态化

现有研究和实践表明，传感器领域中，发展最快的是固态物性型传感器，包括电介质、强磁性和半导体三大类别。半导体传感器不易受外界作用影响且小型轻量、响应速度快，便于传感器的集成化和功能化，因而最受学界和行业领域关注。此外，铁电体、压电体、强磁性、热释电体等固态传感器也具有良好的发展态势。

（2）传感器集成化与小型化

随着传感器研发技术的快速发展，其应用领域也不断拓展。在扩散技术、蒸馏技术、光刻技术等半导体技术的支持下，传感器已实现从单功能、单元件向多功能、集成元件方向发展。已经成功生产使用了集成电力压力传感器、多功能气体传感器等。

（3）传感器图像化

现代传感器的研究，是从一维、二维、三维以至时间维度进行构思与设计，已经成功地研发制造出不同的二维图像传感器。如电荷耦合器固态摄像器件（CCD）、双极摄像器件（MOSID）、光导纤维图像传感器等。

（4）传感器智能化

智能化传感器发展，其主要特点体现为具有自我诊断、测量范围选择等功能，采用数字化运算处理具有减小误差、便于传递、易于扩展等优越性，只要改变软件就可以实现功能的扩展。

（5）传感器光学化

当前，微光电子技术正向传感器技术领域渗透，利用其信息的接收、显示、信号检测转换与远距离传输，利用波长、偏振角、相位等光固有的特性以及散射、折射、吸收等光传播特性。目前已经在产品形状、统计数、地貌测量等领域得到应用。

2. 物联网技术发展趋势

物联网是新一代信息技术的重要组成部分，能够将特定的空间环境中的所有物体连接起来，进行拟人化信息感知和协同交互，而且具备自我学习、处理、决策和控制的行为能力。在科技革命高速推进的背景下，学术界研究发展的趋势体现为[14]：

（1）物联网与人工智能的融合。研究表明，物联网和人工智能是相辅相成的两个领域，两者的进一步融合有助于相互促进和发展。人工智能能弥补数据采集和分析的短板，可以更好地实现图像处理、视频分析，创造更多的场景。

（2）物联网将以5G作为驱动力。研究表明，5G技术具有传输速率高的巨大优势，能够有效提升物联网的使用体验。随着人机交互性增强的数据和设备持续增长，与互联网主动连接并用于完成日常任务的设备日渐增多，而5G技术将为更多设备和数据流量提供通道。

（3）物联网的网络安全技术突破。网络安全是未来物联网技术需突破的重心。随着各行各业数据量的增加，潜在网络接入点规模的扩大，确保数据的安全就成为最迫切的技术问题，加强网络完全性研究，屏蔽物联网设备的黑客入侵和设置访问约束是未来应当研究突破的网络技术。

六、测绘行业应用

发展历程与现实需求表明，物联网技术与现代智能测绘相互促进，共同发展。物联网技术在测绘工程中的变形监测、隧道变形监测、智能化水准处理都已成功应用。测绘技术也在物联网中得到广泛使用，两者互相促进、同步发展。

随着物联网应用的推进，现代测绘技术将面临新的机遇与挑战。从空间遥感探测、快速实时定位、空间分析、虚拟现实、数据管理等，测绘技术的快速发展为物联网的应用与管理提供了广泛的空间平台，为物联网互联和对象位置信息的采集获取提供了有力的技术支撑。

物联网通过射频识别、红外感应器、全球定位系统、激光扫描传感设备构成前端感知网来感知对象，最终实现智能识别、定位、跟踪、监控和管理。在这种需求下，物联网就需要一种统一的能进行空间定位、空间分析的可视化地理空间平台。基础地理信息作为物联网各种对象的统一空间载体，具有极高的共享性和社会公益性，其信息源的数量和质量直接影响物联网应用的广度与深度。

测绘技术主要从空间定位、虚拟现实、移动地理信息及与物联网技术的互补等技术层面为物联网提供技术支撑。空间定位是物联网需求的核心技术领域，通过实现人机交互、机器间交互等助力发现对象目标，实现目标的识别、定位、监控、跟踪和管理。地理信息技术、GNSS 空间定位技术、导航技术与现代通信技术紧密结合，极大地提升了空间定位技术及精准度，促进了物联网技术的发展。虚拟现实与物联网技术结合，可以实现对被感知对象的重建，真实感强。移动 GIS 为物联网发展提供了移动平台，帮助用户精准定位，追踪对象，提供模拟决策，完成人机交互。

物联网快速发展的同时也促进了地理信息技术的发展，使国土管理、位置服务等领域发生了一定的变化。物联网的发展对移动智能平台也提出更高的要求，现在全球有大量的人员在从事这一研究。目前，仅参与欧盟智能系统平台研究计划的人员及组织已经涉及 20多个欧洲国家、近 300 个组织或机构，这必将加快移动智能平台的发展，也给地理信息技术的发展带来了前所未有的机遇与挑战。

第四节 云计算与大数据

随着经济社会的不断发展，云计算和大数据在我国得到了广泛的关注和应用。在互联网技术持续发展的过程中，云计算和大数据融合，对我国信息技术的深度发展具有巨大的推进作用，解决了信息技术发展中的系列难题，满足人们多元化的信息需求。云计算由分布计算、并行处理、网格计算发展而来，是一种新兴的商业计算模型。其中，云计算的"云"是指存在于互联网上的服务集群资源，包括硬件资源和软件资源。大数据是指一个包含海量数据集的数据，具有数量大、生成快、来源多等特征，传统的数据体系难以对其进行有效处理。随着互联网技术的不断普及，大数据信息逐渐渗透到当前人们的日常生产、生活过程中，成为现阶段社会发展建设不可缺少的重要元素。大数据依托于海量的数据分析，可以实现对某个集体现象的客观体现，表现出高价值性。科学技术的日益发展，促使当前的测绘、信息技术等面临工作模式的转变，大数据应用到现代测绘并有效融合，将促使测绘工作向数据化、信息化、科技化的方向发展，可以提升测绘地理信息技术应用效果；同时确保测绘工作可以更好地服务于经济社会发展和各项建设的顺利进行。

一、基本概念与内涵

（一）云计算

云计算是处理大数据的手段。当海量数据的规模巨大到无法通过目前主流的计算机系统在合理时间内获取、存储、管理、处理并提炼有效信息以帮助使用者决策，就需要云处理技术手段。云计算是指能够通过网络随时、方便、按需访问一个可配置的共享资源池的模式。资源池包括网络、服务器、存储、应用、服务等，能在需要很少管理工作或与服务商交互情况下被快速部署和释放[16]。云计算通俗的理解是，本地计算机只要通过互联网发送一个需求信息，远端就会有成千上万的计算机提供所需资源，并返回结果到本地计算机。

（二）大数据

关于大数据的概念，目前尚没有统一的定义。不同国家、不同学者认识略有差异，但核心要义趋于一致。麦肯锡指出，大数据指那些大小超过标准数据库工具软件能够存储、收集、管理和分析的数据；维基百科中的定义：在信息技术中，大数据是指一些使用目前的数据库管理工具或者传统数据处理应用很难处理的大型而复杂的数据集，其挑战包括采集、管理、存储、搜索、共享、分析和可视化。而 Gartner 认为，大数据是需要新处理模式才能具有更强的决策力、洞察发现力和流程优化能力的海量、高增长率和多样化的信息资产[17]。

二、技术内容与特点

（一）技术内容

1. 云计算技术

（1）虚拟化

虚拟化是云计算最重要的核心技术之一，为云计算服务提供基础设施支持，是信息、通信和技术（Information Communication Technology，ICT）服务迅速向云计算转移的主要推动力。虚拟化的最大优势在于增强了系统的灵活性，降低了成本，改善了服务，提高了资源利用效率。

（2）分布式数据存储

分布式数据存储技术通过将数据存储在不同的物理设备中，实现动态负载均衡、故障节点自动接管、高可靠性、高可用性和高扩展性。利用多台存储服务器分担存储负载和定位服务器定位存储信息，不仅提高了系统的可靠性、可用性和访问效率，而且易于扩展。

（3）资源管理

云计算资源管理技术能够高效地分配大量服务器资源，使它们更好地协同工作。云计算资源管理技术的关键包括：新服务的便捷部署和开放，系统故障的快速发现和恢复，以及通过自动化和智能化手段实现大型系统的可靠运行。

2. 大数据技术

（1）基础层

基础层主要提供大数据分布存储和并行计算的硬件基础设施。

（2）系统层

在系统软件层，需要考虑大数据的采集、大数据的存储管理和并行化计算系统软件几方面的问题。

（3）算法层

考虑如何能对各种大数据处理所需要的分析挖掘算法进行并行化设计。

（4）应用层

基于上述三个层面，可以构建各种行业或领域的大数据应用系统。

（二）主要特点

1. 云计算的特点

超大规模、虚拟化、高可靠性、通用性、高可扩展性、按需服务，是目前普遍被大众接受的云计算的特点。云计算的主要优势在于由技术特征和规模效应所带来的较高性价比。简单来说，就是通过廉价的普通机器即可建立集群，因而能提供高性价比的计算和存储服务。

2. 大数据的特点

归纳现有的研究成果，大数据的特征主要有以下几点：一是大体量，是指数据量的规模大；二是多样化，是指数据的类型和数据的来源多元；三是时效性，是指大数据在利用上，有时效要求和需求；四是高价值，是指大数据本身的资源、资产性质。

三、发展演进历程

云计算与大数据的发展演进，大致可以分为如下三个阶段。

（一）萌芽时期

20世纪90年代末到21世纪初，伴随数据挖掘理论和数据库技术的逐步成熟，一批商业智能工具和知识管理技术开始被应用，如知识管理系统等。

（二）成熟时期

21世纪前10年，Web2.0应用迅猛发展，非结构化数据大量产生，传统处理方法难以应对，带动了大数据技术的快速突破，大数据解决方案逐渐走向成熟，形成了并行计算与分布式系统两大核心技术，谷歌的GFS、MapReduce、BigTable等大数据技术受到追捧，Hadoop平台开始大行其道。

（三）大规模应用时期

2010年后，大数据应用渗透各行各业，数据驱动决策，信息社会智能化程度大幅提高。

近年来，云计算和大数据技术在我国的发展较为快速，取得了系列瞩目的成就，但由于起步较晚，相较发达国家，还存在一定的差距，因此，云计算和大数据技术成长与突破的空间还比较大。2014年末，国家发改委联合多个部门制定了中国大数据发展战略及未来发展的行动纲要。2015年，国务院出台《关于促进云计算创新发展，培育信息产业新业态的意见》并于年底启动了国家重点发展计划，设计了云计算与大数据专项内容和项目实施指南，国家将从基础理论、核心技术及行业实践应用等方面，提供发展所需的技术支持，还对云计算与大数据的未来发展和应用等给予了科学合理的部署安排。在产业发展上，百度、腾讯、阿里巴巴等行业重点企业带头开展云计算及大数据技术同设备的实际运用，技术成熟后，大力向各界推广使用。

四、应用领域

（一）云计算应用领域

当前，云计算有三大服务模式：一是软件即服务。云计算提供给用户的服务是具有特定服务功能的应用程序，例如Salesfoce公司提供的在线客户关系管理CRM服务。二是平台即服务。云计算提供给消费者的是客户用供应商提供的开发语言和工具、库、服务、工具创建或获取的应用程序部署到云计算基础设施上的能力，例如Google App Engine、微软的云计算操作系统Microsoft Windows Azure。三是基础设施即服务。云计算提供给消费者的是部署计算、存储、网络和其他基本的计算资源的能力，用户能够部署和运行任意软件，包括操作系统和应用程序，如亚马逊的弹性计算云 EC2 和简单存储服务 S3。

（二）大数据应用领域

1. 大数据医疗

除互联网行业外，医疗行业是让大数据分析最先发扬光大的传统行业之一。医疗行业拥有大量的病例、病理报告、治愈方案、药物报告等。如果这些数据可以被整理和应用将会极大地帮助医生和患者。数目及种类众多的病菌、病毒，以及肿瘤细胞，其都处于不断进化的过程中。在发现、诊断疾病时，疾病的确诊和治疗方案的确定是最困难的。未来，借助于大数据平台可以收集不同病例和治疗方案，以及患者的基本特征，可以建立针对疾病特点的数据库。

2. 金融大数据

大数据在金融行业应用范围较广，典型的案例有花旗银行利用 IBM 沃森电脑为财富管理客户推荐产品；美国银行对客户点击数据集为客户提供特色服务，如有竞争的信用额度；招商银行对客户刷卡、存取款、电子银行转账、微信评论等行为数据进行分析，每周给客户发送针对性广告信息，其中包含顾客可能感兴趣的产品和优惠信息。

3. 交通大数据

目前，交通大数据主要应用在两个方面：一方面，可以利用大数据传感器数据来了解车辆通行密度，合理进行道路规划包括单行线路规划；另一方面，可以利用大数据来实现即时信号灯调度，提高已有线路运行能力。科学地安排信号灯是一个复杂的系统工程，必须利用大数据计算平台才能计算出较为合理的方案。科学的信号灯安排将会提高30％左右已有道路的通行能力。在美国，政府依据某一路段的交通事故信息来增设信号灯，降低了50％以上的交通事故率。机场的航班起降依靠大数据将会提高航班管理的效率，航空公司利用大数据可以提高上座率，降低运行成本。铁路利用大数据可以有效安排客运和货运列车，提高效率、降低成本。

五、挑战与发展趋势

计算机、网络与信息技术的飞速发展，使大规模的数据呈指数级速度增长，数据增长规模已大大逾越常规软件和硬件的处理能力[18,19]。大数据时代面临的类型多元、规模庞大、高速增长、低价制度、低准确性等数据特性给大数据的应用带来诸多困境。同时，空天地一体化技术的发展，实时传感器传输的空间数据亦高速增长，地理空间数据集规模急剧扩张，因此，如何有效地对各类数据予以统计、解析、归类和汇总等处理，成为新时期云计算和大数据面临的难题，也是云计算和大数据技术研究及探索的不竭动力。

（一）面临挑战

1. 云计算技术面临的发展挑战

云计算是当前计算机技术发展的新兴方向，备受业界和各行业关注，学界和行业领域开展了系列研究及探索，应用领域日渐广泛，其优越性受到了社会的普遍认可。梳理现有研究成果，云计算技术的进一步发展，学界和行业领域的研究实践尚存如下主要困境，需要持续研究和实践突破。

一是数据安全性。通过云计算技术为用户建立数据维护服务器，将海量数据存储在异地大型的"数据中心"，较大程度地降低了用户的成本，但也带来了使数据遭到黑客入侵或他人窃取的安全隐患和威胁。如何支持、规范云计算，进一步加强安全防范有待进一步研究和探索。

二是数据多元性。云计算的核心任务是支撑不同领域的业务发展，而不同的业务类型对计算系统有不同的需求，因此，云计算的数据具有多元性，来源广泛。云计算数据量大，数据类型从结构化到半结构化、非结构化，极其复杂多样。同时，不同业务的不同数值精度的计算类型也要求配置各异的计算芯片指令集、架构等技术参数，常规的计算机CPU不能适应多元化数据计算场景需求，也需要更多类型的芯片支持云计算业务的发展需求。

三是数据迁移性。云计算领域，很多公用云网络被配制成封闭系统，对相互交互功能不支持。云计算公用网络之间缺乏集成，造成不同机构难以在云计算中联合IT系统从而提高云计算能力、节约成本，这是云计算数据实现迁移的技术障碍，云计算不同网络之间没有共同标准，企业用户难以从一家服务供应商转换到另一家服务供应商，服务弹性被大大降低，因此，需要研究和开发行业标准，为提云服务的供应商供设计和交互操作的技术平台，增强数据的迁移性。

四是数据隐私问题。现有的云计算技术服务供应商所能承接的数据服务业务类型都罗列于网站，用户根据需求选择不同的业务类型。用户确定使用的业务类型以后，需要在网站向服务供应商如实填写用户的真实情况和信息，于是造成用户信息的隐私安全受到威胁。在快速发展的云计算技术领域，如何确保用户的隐私安全，保证云计算使用用户的数据等隐私不被非法利用，需要进一步加强技术研究和法律规范的制定和完善。

2. 大数据技术面临的发展挑战

大数据是信息时代不断发展的产物，面对日益庞大的数据规模和指数级速度增长趋势，如何高效处理、安全运行，是大数据技术持续发展必须面对和解决的技术难题。

一是数据高效压缩与智能选择方法。大数据时代，不同用户不仅关注数据质量和运行速度，而且关注数据传输和处理计算。在类型多样的大数据应用中，不断追求数据获取的方式方法，面对现阶段数据采集、数据存储、数据传输、数据处理等不同应用，要满足精准高效处理、高质量无损数据压缩、最大限度减小数据规模，需不断研究和探索数据高效压缩技术方法。同时，需要实现数据选择中的智能化，自动选择有用数据，去除大量的无关信息数据，提高数据处理和计算的效率。为了适应大数据发展形势的需求，需要在当前数据处理整合模式和方法的基础上探索研究如何更高程度减少数据冗余，对海量数据高质量压缩处理，清除掉冗余数据、无用数据，从而提高系统空间存储数据的效率。

二是数据高效存储与智能管理方式。数据的有效存储是数据高效处理和计算运行的基础与前提，任何系统或技术平台所存储的数据随时间推移而不断累积增多，当前的数据存储不能实现灵活迁移，在各种设备和系统间无法自由流动转移。这就需要通过协同优化和配置，探索研发高效的数据模型，实现各类数据资源的实时提取。

三是数据完整传输与高效计算系统结构方法。现阶段网络技术高速发展，网络和大数据应用需求日益提升，在不同网络的规模和异构性快速拓展背景下，实现大数据跨域跨层处理数据和传输数据的难度愈加提高，保持数据的完整性传输即成为技术难点。当不同网络无法保证数据的实时和完整传输时，就会造成数据混乱。同时，大数据背景下提高数据处理的效率和降低数据处理的成本是关键点，因此需要不断研发数据完整性传输技术和高效计算系统结构方法。

（二）发展趋势

1. 云计算技术的发展趋势

学界的研究和行业领域的实践探索，使云计算技术经历了快速的发展，推进了不同领域的进步。针对云计算技术尚存安全性、并行计算等不同问题，未来发展趋势主要如下：

一是从公有云网络到行业云网络发展。国内云服务市场发展较为完善，现有云计算供应商将不同用户数据和信息存储于公有云面临数据迁移和安全性等一系列问题，传统行业对云计算需求快速增长，行业云服务是未来云计算发展的重要走向。二是数据价值将充分发挥。如何高效利用大数据充分发挥其价值是未来的发展走向，数据的价值将会随着云计算技术及产业的发展不断提升，建立流通规则和标准是促进云计算技术发展的关键。三是建立完善云计算大数据法律规章。通过法律规章的完善，实现技术及数据高效安全管理，促进数据的共享。研究探索数据收集、数据共享、数据开发及推广等数据共享标准。四是行业企业将成为开源的主导。开源是云计算的一种标准，未来时段学习开源技术、熟悉开源运行机制是云计算行业企业发展的趋势。

2. 大数据技术的发展趋势

经济社会的持续发展，科学技术的日新月异，学界及行业企业对大数据的研究和应用不断加深。未来大数据技术的发展方向，一是大数据可视化发展不断普及。大数据的平民化应用是大数据技术发展的必然趋势，尤其是可视化技术，对信息予以形象化处理，更便于信息获取。二是物联网技术与大数据技术的有机结合。物联网技术是未来社会发展的必然走向，互联网也会逐渐向物联网技术跨越，大数据与物联网技术的结合机遇与挑战并存。三是大数据技术与云计算技术的融合。云计算是一种基于互联网计算的方式，其计算能力可以作为一种商品进行互联网流通。未来大数据技术的发展将朝着智能化方向发展，而大数据的智能化最主要的技术都离不开云计算。四是数据技术的产业化发展应用。大数据技术的不断发展与转变，其应用将朝向资源化发展，数据技术的发展将区域产业化，以大数据技术更好地支撑企业的发展。

六、测绘行业应用

随着信息安全的不断革新及测绘地理信息产业的加速发展，人工智能、云计算、大数据等技术创新逐步改变着现有的技术体系。当前，测绘地理信息应用系统的种类和数量不断增加，数据类型日渐丰富，数据更新频率逐步加快，云计算与大数据技术在测绘地理信息中的应用也与日俱增。

云计算将大数据集成在一个固定的虚拟空间，促使大数据的安全性和稳定性增加。通过云计算技术，如矿山地理数据信息实现了分类保存与处理，能够较好地防止外界恶意病毒的入侵损害；同时，便于系统数据查询和分析，具有高度的可靠性和真实性。通过云计算开展测绘地理信息测绘工作，既为测量人员提供技术支持，也不受气候与区域环境的影响，能够全天候地完成测绘工作，且能保证测绘结果符合精度要求。云计算具有数据信息共享性优势，可以把数据传输到任何计算机主机，测绘人员可以在云存储空间调用所需数据，实现对数据的查找，对于不需要的信息，云计算过程中则不会被显示。云计算在测绘地理信息中的应用及数据的检查都表现良好，云计算与大数据是一个共同体，通过云计算、大数据与测绘技术的结合，可以极大地提高测绘的效率和准确性。

传统的测绘工作需要较多的测绘设备、资金及劳动力投入，大数据时代背景下，在测绘工作中借助和利用大数据、云计算的分析处理技术十分必要，可以有效提高工作效率、提升测绘结果的精准性。大数据技术运用于测绘地理信息工作可以加速城市建设的现代化，推动城市的信息化与智能化发展，能够助力地理测绘信息数据结构的完善。当前，信息化网络技术不断发展、不断壮大，适应新形势而产生的大数据分析技术为提升测绘地理信息工作效率提供了极大的便利和推动；同时，大数据技术与测绘地理信息工作、测绘方案相结合，可以有效解决测绘中的现存问题。

第五节　虚拟现实

虚拟现实技术是一种借助计算机所模拟的三维环境，能够有效创建和体验虚拟世界。随着计算机技术的快速发展，虚拟现实技术能够确保使用人员从视觉，听觉和触觉感官上均感受到视听环境，其涵盖较多方面技术类型，属于多技术综合集成技术。虚拟现实技术中用户拥有身临其境的感觉，在使用虚拟现实技术期间，用户能够对虚拟空间的虚拟物体进行浏览，并且应用虚拟现实技术所创造出的虚拟环境能够使用户感受到自身存在环境和活动。虚拟现实技术能够充分应用数据传输技术、计算机技术、立体显示技术、网络技术以及语音识别技术等，这样能够有效融合虚拟与现实，并且为现实活动与虚拟环境搭建交流平台。虚拟现实基于计算机技术对虚拟世界进行创造和体验，在实际应用期间能够包容多种信息，可以在此多维化空间内充分发挥出人类的感性认知和理性认知。

一、基本概念与内涵

（一）基本概念

"虚拟现实"（Virtual Reality）或"虚拟环境"（Virtual Environment）是人工构造的存在于计算机内部的环境。用户应该能够以自然的方式与这个环境交互（包括感知环境并干预环境），从而产生置身于相应的真实环境中的虚幻感，沉浸感，身临其境的感觉。虚拟现实系统中的"虚拟环境"，可能有下列几种情况：

第一种情况是完全对真实世界中的环境进行再现。如现实小区的虚拟再现、军队中的虚拟战场、虚拟实验室中的各种仪器等，这种真实环境，可能已经存在，可能是已经设计好但是尚未建成，也可能是原来完好，现在被破坏。第二种情况是完全虚拟的，人类主观构造的环境。如影视制作或电子游戏中三维动画设计的虚拟世界。此环境完全是虚构的，用户也可以参与，并与之进行交互的非真实世界，但它的交互性和参与性不是很明显。第三种情况是对真实世界中人类不可见的现象或环境进行仿真。如分子结构、各种物理现象等。这种环境是真实环境，客观存在的，但是受到人类视觉、听觉器官的限制不能感应到。一般情况是以特殊的方式（如放大尺度的形式）进行模仿和仿真，使人能够看到、听到或者感受到，体现科学可视化。

（二）主要内涵

虚拟现实概念包含三层含义：

（1）环境。虚拟现实强调环境，而不是数据和信息。

（2）主动式交互。虚拟现实强调的交互方式是通过专业传感设备来实现的，改进了传统的人机接口形式。虚拟现实人机接口是完全面向用户来设计，用户可以通过在真实世界中的行为干预虚拟环境。

（3）沉浸感。通过相关的设备，采用逼真的感知和自然的动作，使人仿佛置身于真实世界，消除了人的枯燥、生硬和被动的感觉，大大提高工作效率。

二、系统分类与特点

（一）系统分类

现有研究成果根据虚拟现实技术的特征，将虚拟现实系统分成如下四个主要类别。

1. 桌面 VR 系统

本系统使用个人计算机和低级工作站来产生三维空间的交互场景。使用中用户会受到周围现实环境的干扰而不能获得完全的沉浸感，但由于其成本相对较低，桌面式 VR 系统仍然比较普及。

2. 沉浸式 VR 系统

利用头盔显示器、洞穴式显示设备和数据手套等交互设备把用户的视觉、听觉和其他感觉封闭起来，而使用户真正成为 VR 系统内部的一个参与者，产生一种身临其境、全心投入并沉浸其中的体验。与桌面式 VR 系统相比，沉浸式 VR 系统的主要特点在于高度的实时性和沉浸感。

3. 增强式 VR 系统

允许用户对现实世界进行观察的同时，将虚拟图像叠加在真实物理对象之上。为用户提供与所看到的真实环境有关、存储在计算机中的信息，从而增强用户对真实环境的感受，又被称为叠加式或补充现实式 VR 系统。可以使用光学技术或视频技术实现。允许用户既可以看到真实世界，也可以看到叠加在真实世界上的虚拟对象，是把真实环境和虚拟环境组合在一起的一种系统，可减少构成复杂真实环境的计算，同时可对实际物体进行操作，真正达到了亦真亦幻的境界。

4. 分布式 VR 系统

指基于网络构建的虚拟环境，将位于不同物理位置的多个用户或多个虚拟环境通过网络相连接并共享信息，从而使用户的协同工作达到一个更高的境界。主要被应用于远程虚拟会议、虚拟医学会诊、多人网络游戏、虚拟战争演习等领域。

（二）主要特征

典型的 VR 系统主要由计算机软、硬件系统和 VR 输入、输出设备等组成。一般的虚拟现实系统主要由专业图形处理计算机、应用软件系统、输入输出设备和数据库来组成，基本特征如下。

1. 交互性

虚拟现实的交互性是指用户对虚拟环境中对象的可操作程度和从虚拟环境中得到反馈

的自然程度（包括实时性）。主要借助于各种专用设备（如头盔显示器、数据手套等）产生，从而使用户以自然方式如手势、体势、语言等技能，如同在真实世界中一样操作虚拟环境中的对象。

2. 沉浸感

虚拟现实技术的沉浸感又称临场感，是指用户感到作为主角存在于虚拟环境中的真实程度。影响沉浸感的主要因素包括多感知性、自主性、三维图像中的深度信息、画面的视野、实现跟踪的时间或空间响应及交互设备的约束程度等。

3. 想象力

虚拟现实的想象力是指用户在虚拟世界中根据所获取的多种信息和自身在系统中的行为，通过逻辑判断、推理和联想等思维过程，随着系统的运行状态变化而对其未来进展进行想象的能力。对适当的应用对象加上虚拟现实的创意和想象力，可以大幅度提高生产效率、减轻劳动强度、提高产品开发质量。

三、发展演进历程

虚拟现实技术简称 VR 技术，这一名词是由美国 VPL 公司创建人拉尼尔（Jaron Lanier）在 20 世纪 80 年代初提出的，但在 20 世纪末才兴起的综合性信息技术。VR 技术融合了数字图像处理、计算机图形学、人工智能、多媒体、传感器、网络以及并行处理等多个信息技术分支的最新发展成果。虚拟现实的研究探索简要历程如下。

（一）准备阶段

1929 年，爱德华·林克（Edward Link）设计出用于训练飞行员的模拟器。1956 年，摩登·海里戈（Morton Heilig）开发出多通道仿真体验系统 Sensorama；1965 年，伊凡·萨瑟兰（Ivan Sutherland）发表论文 "Ultimate Display"（终极显示）；1968 年，伊凡·萨瑟兰研制成功了带跟踪器的头盔式立体显示器（Head Mounted Display，HMD）；诺兰·布什内尔（Nolan Bushnell）开发出第一个交互式电子游戏 Pong。1977 年，丹·沙丁（Dan Sandin）、汤姆·德凡特（Tom DeFanti）和里奇·塞尔（Rich Sayre）研制出第一个数据手套 Sayre Glove。

（二）实际应用阶段

20 世纪 80 年代，美国国家航空航天局（NASA）组织了一系列有关 VR 技术的研究。1984 年，NASA Ames 研究中心的 M. McGreevy 和 J. Humphries 开发出用于火星探测的虚拟环境视觉显示器；1987 年，Jim Humphries 设计了双目全方位监视器（BOOM）的最早原型；1989 年，美国 VPL Research 公司创始人 Jaron Lanier 提出了 "Virtual Reality"（虚拟现实）的概念，即将现实世界存储在计算机内部，用户以自然的方式与世界进行交互，产生身临其境的感觉。

（三）全面发展时期

1990 年，在美国达拉斯召开的 Siggraph 会议上，明确提出 VR 技术研究的主要内容包括实时三维图形生成技术、多传感器交互技术和高分辨率显示技术，为 VR 技术的发展确定了研究方向。从 20 世纪 90 年代开始，VR 技术的研究热潮也开始向民间的高科技企业转移。著名的 VPL 公司开发出第一套传感手套命名为 "DataGloves"，第一套 HMD 命名为"EyePhones"。进入 21 世纪后,VR 技术更是进入软件高速发展的时期,一些有代表性的 VR 软件开发系统不断发展完善,如 MultiGen Vega、OpenSceneGraph、Virtools 等。

虚拟现实技术集场景漫游、感知、存在性、模拟人的感官等多功能一体,能给用户带来良好的交互式、真实、多感知性的三维体验。虚拟现实技术在我国发展快速,并在影视娱乐、医疗、教育、军事、国民教育、设计等多个领域广泛运用,但在应用程度上与国外发达国家相比尚存一定的差距。我国政府高度重视虚拟现实技术的研发,目前已经形成新的产业和文化,在实际应用中,虚拟现实技术产品回报的稳定性、用户的视觉体验等方面还存在一些尚未完美解决的技术问题。现阶段,虚拟现实技术产品还存在生产成本较高昂的困境,技术进一步推广面临障碍。虚拟现实技术产业化发展中,其产业工业园区建设还不足,与之相应的人才培养、设施设备还不够,一些设施设备硬件老旧,与虚拟现实的快速发展需求很不匹配,因此,需要国家加速改善,拓展和完善虚拟现实技术市场。另外,从微观角度,在军民融合的新时代,需要拓展虚拟现实技术应用范围,如进一步促进虚拟技术的民用化程度等;当前,为使虚拟现实技术形成助推经济社会发展的新动力,不断满足人们在生产、生活中对虚拟现实技术的需求,需要各级政府参与并配套政策扶持,逐步建立和形成虚拟现实技术的产业体系、市场体系、供求体系,从而持续地创新虚拟现实技术的发展需求和生产机制。

四、应用领域

虚拟现实技术当前主要应用于教育与训练、设计与规划、科学计算可视化、商业领域以及艺术与娱乐等领域较多。现简要介绍如下。

(一)教育与训练

虚拟现实技术能使学习者直接、自然地与虚拟对象进行交互,以各种形式参与事件的发展变化过程,并获得最大的控制和操作整个环境的自由度。

虚拟现实应用于教育是教育技术发展的一个飞跃。它实现了建构主义、情景学习的思想,营造了"自主学习"的环境,由传统的"以教促学"的学习方式代之为学习者通过自身与信息环境的相互作用来得到知识、技能的新型学习方式。主要应用于教学、培训领域,发挥其重要作用。军事领域研究是推动虚拟现实技术发展的原动力,目前依然是主要的应用领域。虚拟现实技术主要在军事训练和演习、武器研究这两个方面广泛应用。

(二)设计与规划

虚拟现实已被看作是设计领域中唯一的开发工具。它可以避免传统方式在原型制造、设计和生产过程中的重复工作,有效地降低成本,应用领域包括汽车制造业、城市规划、建筑设计等。

(三)科学计算可视化

科学计算可视化的功能就是将大量字母、数字数据转换成比原始数据更容易理解的各种图像,并允许参与者借助各种虚拟现实输入设备检查这些"可见的"数据。它通常被用于建立分子结构、地震以及地球环境等模型。

（四）商业

VR 技术被逐步应用于网上销售、客户服务、电传会议及虚拟购物中心等商业领域。它可以使客户在购买前先看到产品的外貌与内在，甚至在虚拟世界中使用它，因此对产品的推广和销售都很有帮助。

（五）艺术与娱乐

VR 技术所具有的身临其境感及实时交互性还能将静态的艺术（如油画、雕刻等）转化为动态的形式，使观赏者更好地欣赏作者的思想艺术，包括虚拟画廊、虚拟音乐厅、文物保护等方面。娱乐是 VR 系统的另一个重要应用领域，市场上已经推出了多款 VR 环境下的电脑游戏，带给游戏者强烈的感官刺激。

五、挑战与发展趋势

虚拟现实技术是利用具有创建能力和体验虚拟世界的仿真系统模拟生成一定的三维动态环境[20]。国内外学者对虚拟现实技术开展了很多研究、取得了重要进展并产生了系列成果，但现阶段在精准定位、眩晕感觉等方面仍然面临技术困境，亟须进一步研究和探索实践。

（一）面临挑战

由于虚拟现实先驱诺基亚公司退出了虚拟现实市场，虚拟现实技术的研发进入了技术的瓶颈期。

1. 多目标、广域、精准定位实现困难

市场上现有生产出来的虚拟现实产品均具有较高的定位精确度，伴随 Light House 技术在虚拟现实装置中的应用，促使其定位极为方便。但现有的虚拟现实装置，如果遇有障碍物阻挡，其信号的传递由于信号折射趋于复杂化，继而所获取的空间位置信息就会产生一定的偏差，在相对空旷的环境中虚拟现实装置的定位能力会有一定程度的下降。随着经济与科技的发展，多目标定位是多人团体参加活动的主流需求，实现多人之间的体验交流和舒适感，现有装置无法实现。同时，对于广域范围、复杂场景的准确定位，也是当前虚拟现实技术面临的技术困境，需要进一步研究和探索解决。

2. 用户使用装置体验的眩晕感无法彻底解决

现有市面上依托虚拟现实技术研发设计的产品装置，用户使用体验中均存在不同程度的眩晕感觉，舒适感欠佳，产品使用还产生眼睛疲劳状况，此种状况直接关联于虚拟现实技术产品构建的场景内容。构建的虚拟场景平缓性直接关系用户体验虚拟现实装置的耐受时间长短，通常在 5～20min，长的可达数小时，但都面临眩晕感和眼睛疲劳问题。研究表明，产生眩晕感和眼睛疲劳的原因是现有装置设计中体验者身体已移动但画面信息未同步运动，还有就是画面已动而身体未动[21]。因为虚拟现实技术通常局限在一个有限的空间范围，需要体验者身体与画面同步移动，体验感才会相对良好，这种协调性需要进行技术的革新和研发。

（二）发展趋势

虚拟现实技术发展较快，已在诸如医学、娱乐等领域得到成功的运用，结合现有的技术瓶颈，未来的研究和探索趋势[21-23]及内容如下。

1. 虚拟现实技术在三维游戏中的融合应用研究

近 10 年，游戏产业发展快速，产业规模渐次扩大。未来，游戏产业的发展将会以三维游戏作为主流。虚拟现实技术是三维游戏构建的基础平台，利用虚拟现实技术特有的对场景设计的仿真性、开放性等特征，可以集成多种游戏场景于一体，大幅度提升体验者的沉浸感。因此，未来研发中，虚拟现实技术在三维游戏领域大有前途，将成为未来一段时期游戏研发人员的重要目标。

2. 虚拟现实技术产业化发展，从业人员大规模增长

虚拟现实技术的重要特征在于给体验用户带来身临其境的强大感官感受，用户量增加很快，市场前景好，未来将以产业化推进发展。虚拟现实产业化发展需要大量的专业人才支持[24]。因此，随着虚拟现实技术产业化发展的推进，技术研发人员等从业人员会大幅度增加，从而带动区域就业，产生良好的社会效益，因此具有积极的意义。

六、测绘行业应用

虚拟现实技术的快速发展，使我国很多行业都开始应用虚拟现实技术，如军事领域、地理测绘、制造业、石油开采、游戏娱乐、教育、科研、工业设计等领域。测绘产品的动态化需要对地理现象的演化过程予以可视化和动态分析，虚拟现实技术是解决当前测绘产品问题的重要手段之一。虚拟现实技术在测绘地理信息领域应用越来越广泛，实现了地理信息的三维可视化与地理场景的虚拟再现，改变了测绘产品只有静态二维地图的现状，是当前研究的热点领域之一，促进了测绘学科及行业领域的发展。

人类在进入智能化和数字化时代之后，就越发凸显出数字地理系统的重要性，因此虚拟现实技术在数字地理测绘当中的应用也逐渐发挥出重要作用。通过虚拟现实技术的多感知通道编辑与三维场景模拟功能，能够形成较高真实度的三维地形仿真图像，全面反映出地理信息状态以及细节内容等。

传统的地理信息表达，是将现实世界中的三维地理空间实体及地理现象采取一定的数学方法转换到二维空间，以点、线、面积地理注记等形式呈现和表达。如果将 GIS 技术与 VR 技术有机结合，可以实现将 GIS 中表达的地理实体及地理现象以三维形式表示，其测绘地理信息产品更容易被人们认识和理解，更符合常规的生活方式，也更容易从系统中获得所需要的知识和信息。

地形三维的可视化技术目前正朝实时动态显示、交互式控制等具备良好真实感的场景画面显示方向发展。基于遥感影像的纹理映射技术和表现形式，能够促进内容呈现更为真实、地理信息更加丰富多样、时间上更具现势性，效果更直观、更接近实际。测绘产品的可视化发展，在显示方式上向虚拟现实迈进。在数据组织和功能结构上，向地理信息系统方向发展。功能的实现需要不断地产生遥感影像以及通过解译等方式获得地形数据。

虚拟现实技术还被广泛应用于高校测绘工程专业的实践教学[25]。新形势下，社会各业各界对测绘工程专业人才的需求逐步增长。由于测绘工程的实践性特点突出，将虚拟现实技术应用于测绘工程等专业的教学中，已取得初步的成效。但是在测绘工程专业的实践教学中，虚拟现实技术的应用还存在一些障碍，在不同高校测绘工程专业实践中的教学应用率还不高。因此，高等院校必须注重和引导测绘工程专业中多采用虚拟现实技术，模拟测量设备的操作流程，让学生在实际学习过程中更多地接触测绘仪器设备，在实践过程中不断地接受和掌握新的知识和新的技能。此外，通过建立测绘实验室等功能领域，让学生更多地接触虚拟工程项目，进行实际操作，能够有效地提升学生的实践动手能力，提高教学效果。

第六节　本章小结

现代测绘是一个典型的技术密集型行业，其快速发展离不开现代科学技术的强大支撑和有力推进。现代科学技术是推进经济社会实现跨越式发展的直接动力，是现代社会生产力发展的第一要素。当前，人工智能、现代通信、传感与物联网、云计算与大数据、虚拟现实等现代科技形式，在服务人类的生产生活、助推经济社会高质量发展、提升测绘行业企业的生产实践效率等方面，发挥着日益重要的作用。测绘历经了模拟测绘、数字测绘到信息化测绘的转型发展。人工智能、现代通信、传感与物联网、云计算与大数据、虚拟现实等现代科学技术不断地融入测绘行业，实现了智能化采集数据、解译遥感信息、综合制图，打破了传统单一的空间测绘模式，拓展了国土管理、位置服务等服务领域，极大地提高测绘的效率和准确性，实现了地理信息的三维可视化与地理场景的虚拟再现，但测绘技术领域在顺应现代化发展需求中还面临着系列问题和困境，诸如数据的实时获取、信息的自动化处理、服务应用的知识化等，因此，深度研究和依托人工智能等现代科学技术，不断提升我国测绘领域的自主研发、创新的能力和水平，推进测绘行业逐步智能化，是现代测绘行业发展的必然趋势和必经之路。

参考文献

[1] 陈军，刘万增，武昊，等．智能化测绘的基本问题与发展方向 [J]．测绘学报，2021，50（8）：995-1005.

[2] 王永庆．人工智能原理与方法 [M]．陕西：西安交通大学出版社，1998.

[3] 熊伟．人工智能对测绘科技若干领域发展的影响研究 [J]．武汉大学学报（信息科学版），2019，44（1）：101-105，138.

[4] 李德毅．AI—人类社会发展的加速器 [J]．智能系统学报，2017，12（5）：583-589.

[5] 史忠植．人工智能 [M]．北京：机械工业出版社，2016.

[6] 贲可荣，张彦铎．人工智能 [M]．3 版．北京：清华大学出版社，2018.

[7] 张储祺．计算机人工智能技术的应用与发展 [J]．电子世界，2017（2）：41.

[8] 杨东慧．计算机人工智能技术的应用与发展 [J]．数字技术与应用，2021，39（11）：109-111.

[9] 姚承宽．人工智能在测绘地理信息行业中的应用 [J]．河北省科学院学报，2018，35（4）：66-70.

[10] 王艺．有线通信技术和无线通信技术的对比探析 [J]．电子测试，2022，36（7）：83-85.

[11] 梁应敞，谭俊杰，龚晨，等．基于大数据的无线通信技术 [J]．中国科学：信息科学，2021，11：1946-1964.

[12] 金载春．信息通信技术在教育中的应用推动国家发展 [J]．世界教育信息，2015，28（15）：15，17.

[13] 王任直，孔梓任，冯铭．第五代移动通信技术在中国医学领域的应用展望 [J]．中国现代神经疾病杂志，2019，19（9）：615-617.

［14］ 王大亮. 物联网技术应用及主要特点 ［J］. 现代物业（中旬），2018（3）：30.

［15］ 袁春阳，张锟. 浅议物联网技术及其发展趋势 ［A］. 河海大学、山东省水利科学研究院、山东水利学会. 2021（第九届）中国水利信息化技术论坛论文集 ［C］. 河海大学、山东省水利科学研究院、山东水利学会：北京沃特咨询有限公司，2021：648-651.

［16］ 孙敏. "新型传感技术"知识讲座 第二讲 传感技术的特点及共性技术 ［J］. 自动化仪表，1986（4）：38-42.

［17］ 夏玲军，楼晓峰. 云计算及其面临的挑战 ［J］. 软件导刊，2010，9（10）：3-4.

［18］ 杨殿舜. 大数据技术进展与发展趋势 ［J］. 中外企业家，2018（1）：50.

［19］ 王超. 云计算面临的安全挑战 ［J］. 信息安全与通信保密，2012，（11）：69-71.

［20］ Zhao K，Jin B X，Fan H，et al. High-Performance Overlay Analysis of Massive Geographic Polygons That Considers Shape Complexity in a Cloud Environment ［J］. ISPRS International Journal of Geo-Information，2019，8（7）：290.

［21］ 王海龙. 虚拟现实技术行业的发展前景 ［J］. 电子技术与软件工程，2018，4（1）：122.

［22］ 吴才唤. 真人图书馆：现实瓶颈与虚拟现实技术应用研究 ［J］. 图书馆建设，2017，4（4）：51-56.

［23］ 石鹏明. VR虚拟现实技术在我国的现状及发展趋势 ［J］. 电子技术与软件工程，2019（13）：132.

［24］ 姚佳兴. 虚拟现实技术的应用现状与发展趋势 ［J］. 中国新通信，2018，20（5）：34-35.

［25］ 路莉. 未来必胜的虚拟现实技术 ［J］. 中国发明与专利，2016，5（2）：45-50.

［26］ 杨丽坤，付翔宇. 虚拟现实技术在测绘领域的应用研究 ［J］. 学园，2013（28）：194-195.

第二章

测绘技术发展历程

　　测绘学是以地球为研究对象，对其进行测量和描绘的科学。所谓测量，就是利用仪器设备测定地球表面自然形态的地理要素和地表人工设施的形状、大小、空间位置及其属性等；所谓描绘，则是根据观测到的数据通过地图制图的方法将地面的自然形态和人工设施绘制成图[1]。

　　测绘是一门古老的学科。自古以来，人类的祖先就一直在寻找描绘地球表面事物的工具和手段。人类社会滚滚向前发展，在经济社会发展对测绘提出更高需求的拉力和测绘自身科技发展形成推力的共同作用下，测绘从模拟测绘走向数字测绘，再从数字测绘走进信息测绘，如今正在向智能测绘的方向发展。

　　本章通过梳理、对比、归纳测绘在各个历史时期的主要特征、仪器设备、技术体系和产品服务，揭示了测绘发展的动力、路径和规律。

第一节　模拟测绘

　　20 世纪 90 年代以前属于模拟测绘阶段[2]。模拟测绘是测绘技术发展的初级阶段，因此也称传统测绘，主要包括"测量"与"绘图"两方面。模拟测绘主要是使用光学-机械的测量仪器测量，运用手工或机械模拟绘制各种比例尺地形图和专题图。

一、主要任务

　　模拟测绘时期的主要任务是建设国家等级控制网，完成国家基本比例尺地形图的测绘和地图的修测更新，填补无图区。

二、基本特征

　　静态、低效率、劳动强度大、更新周期长，是模拟测绘时期的基本特征。具体描述如表 2.1-1 所示。

模拟测绘基本特征   表 2.1-1

分类	内容
仪器设备	平板仪、光学经纬仪、光学水准仪、微波测距仪、立体测图仪、算盘、手摇计算机、对数表、司南等
技术手段	手工操作、手工记录、手工计算
作业方式	人挑肩扛、刀刻手绘，劳动强度大、工作时间长、生产效率低
测绘产品	纸质地图

（一）机械光学为主导

模拟测绘时期的测量仪器主要是光学和机械仪器，有平板仪、光学经纬仪、光学水准仪、微波测距仪、立体测图仪等。测量仪器设备和绘图工具以人工观测、记录和计算为主，辅以计算器及测量计算小程序来提高工作效率，用刻图和印刷制作地图产品。

（二）操作方法手工式

模拟测绘时期的作业手段，外业以人挑肩扛为主，受自然环境和天气因素影响较大，工作时间长、劳动强度大、测量精度低；内业以刀刻手绘为主，手工作业分量较重，工作效率低。在数据处理方面，人工计算速度慢、精度低，难以应对大量复杂的解算，因此主要采用模拟的方法还原地物关系。这一时期的技术方法有模拟法测图、模拟法摄影测量。

（三）产品内容单一性

模拟测绘时期最重要的测绘成果就是纸质地图，即白纸地图。白纸地图虽然具有便携性，但比例尺固定、不易修改更新、复制困难、形式单一。

三、仪器设备

测量仪器是测绘获取观测数据的工具，测绘学的形成和发展在很大程度上依赖测绘方法和测绘仪器的创造和变革[2]。模拟测绘时期测量仪器主要是光学和机械仪器，有平板仪、光学经纬仪、微波测距仪、立体测图仪等。

（一）光学经纬仪

模拟测绘时期最具代表性的测量仪器便是经纬仪。经纬仪是一种根据测角原理设计的测量水平角和竖直角的测量仪器，它使望远镜能指向不同方向，具有两条互相垂直的转轴，以调校望远镜的方位角和水平高度。测量时，将经纬仪安置在三脚架上，用垂球或光学对点器将仪器中心对准地面测站点上，用水准器将仪器定平，望远镜瞄准测量目标，就可以测出待测物体的水平角和竖直角。

1617 年，荷兰的斯涅耳（W. Snell）首次采用三角测量的方法来测地球的周长，利用测角的方式替代在地面上直接测量弧长，从此测绘工作不仅量距，而且开始了角度测量。1737 年，英国人西森（Sisson）制成测角用的经纬仪是现代经纬仪的原型（图 2.1-1），其关键的创新在于引入了望远镜，大大促进了三角测量的发展。1921 年，瑞士大地测量专家 Heinrich Wild 发明了第一台光学经纬仪 T2，极大地推动了光学测绘仪器的发展（图 2.1-2）。后续，基于 T2 改进的光学经纬仪直到 20 世纪 90 年代仍然在使用。20 世纪 40 年代出现的光学玻璃度盘，用光学转像系统可以把度盘对经位置的刻画重合在同一平面上，比起早期的游标经纬仪大大提高了测角精度，而且体积小、质量轻、操作方便。从 17 世纪末到 20 世纪中叶这一时期，光学测绘仪器发展迅速，测绘学的传统理论和技术方法也日趋成熟。

图 2.1-1　西森制造的经纬仪

图 2.1-2　Heinrich Wild 在测量觇标下进行测量

（二）光学水准仪

17—18 世纪，人类发明了望远镜和水准器。20 世纪初，在制造出内调焦望远镜和符合水准器的基础上生产出光学水准仪。光学水准仪的主要是用来测量标高和高程，原理是利用一条水平视线，并借助竖立在地面两点的刻有刻度的水准尺，通过人工观测、读数、记录，来测定地面两点间的高差。

（三）微波测距仪

微波测距仪是采用微波作为载波测量距离的仪器。微波是电磁波波谱中的一部分。从 20 世纪 40 年代开始，雷达以及各种脉冲式和相位式导航系统的发展，促进了人们对电子测相技术和高稳定度频率源等领域的深入研究。在此基础上，贝里斯特兰德（E. Bergstrand）和沃德利（T. L. Wadley）分别于 1948 年和 1956 年成功研制了第一代光电测距仪和微波测距仪。

（四）机械求积仪

模拟测图时代，有时候需要在纸质地图上量测不规则图形的面积。传统手工方法一种是采用图解拐点坐标来计算面积，另一种是将图形分割成无数三角形来计算面积。但这两种方法都存在效率低、精度差的弊端。

机械求积仪是根据机械传动原理设计，主要依靠游标读数获取图形面积，但笨重、粗大，求积结果精度低，还需要做大量的人工标记、计算工作。

（五）立体测图仪

19 世纪中叶，法国人劳塞达用摄影像片和"明箱"装置，采用"图解法"逐点测绘制作了万森城堡图，标志着摄影测量的诞生。后来，欧洲陆续诞生了立体测图仪。由于这些仪器均采用光学投影器、机械投影器或是光学-机械投影器来"模拟"摄影过程，用它们交会被摄物体的空间位置，所以称之为"模拟摄影测量仪器"。这一发展时期也被称为"模拟摄影测量时代"。模拟摄影测量时期，能够用来解决摄影测量主要问题的全部摄影测量测图仪，实际上都以"模拟原理"为基础，即利用光学机械模拟的装置，实现复杂的摄影测量解算[3]。从19世纪中叶起，模拟测量经历了漫长的发展过程，摄影测量技术的发展基本是围绕着十分昂贵的立体测图仪进行的[4]。到了20世纪六七十年代，这类仪器发展到了顶峰，如图2.1-3所示。

图 2.1-3　Wild 公司的 A10 模拟立体测图仪

四、代表技术

模拟测绘时期的代表技术主要包括模拟测图技术和模拟摄影测量技术。

（一）模拟测图

地球表面千姿百态，错综复杂，有高山、峡谷、平原、河流、房屋等，这些统称为地形。人们通常把地形分为地物和地貌两大类。地物是指地球表面上的各种固定性物体，又分为自然地物（如江河、森林等）和人工地物（如房屋、道路等）。地貌是指地球表面高低起伏的自然形态，如高山、平原、盆地、陡坎等。按照一定比例尺，用规定的符号将地物、地貌的平面位置和高程表示在图纸上的正射投影图，称为地形图。

模拟测图就是测绘人员使用平板仪、经纬仪、水准仪等仪器设备，在野外对地球表面局部区域内的各种地物、地貌的空间位置和几何形状进行测定，包括测量角度、距离、高差，并做记录，再使用半圆仪、比例尺等绘图工具模拟测量数据，按图式符号展绘到白纸或聚酯薄膜上，又称为白纸测图。它是过去相当长一段时期内大比例尺地形图测制的主要方法，其作业过程实质是采用解析法和极坐标法将观测值用图解方法转化为模拟式的图解图，如图2.1-4所示。

模拟测图的外业工作严格遵循"先控制后碎部"的原则，以图板为工具，以图幅为单元进行逐幅测量。绘图员边观察地形边绘图、边注记，在外业就基本完成地形图的绘制。由于受到测距精度和成图方法的限制，测站点的测量范围较小，碎部点测量精度低，总体工作效率低。

模拟测图的内业工作主要是利用三角尺、圆规等工具，手工对外业绘制的白纸图进行清绘、整饰、拼接，内业处理速度较慢，劳动强度高。手工绘制的点、线、面符号，线条难以均匀，手写的文字注记难以规范，易于造成点位精度损失，从而降低地形图质量。

模拟测图的主要工作都在野外完成，不仅工作量大，而且在作业过程中容易产生各类误差。由于作业周期长，劳动强度大、测量精度低等局限性，在实际生产中已被更先进的技术方法替代。

图 2.1-4 地面平板测图工作场景

（二）模拟摄影测量

摄影测量就是利用摄影技术拍摄物体的影像并识别和测量该物体的形状及位置的科学。

模拟摄影测量是利用光学或机械交会方法，直接将像点坐标交会成空间模型坐标。它主要研究摄影测量的基本原理，包括摄影过程和几何反转原理、恢复和变换光束原理、像片上地物地貌影像变形规律等，根据这些原理制造各种模拟测图仪器，包括纠正仪（利用单张像片生成影像图）、立体测图仪（利用像对建立立体模型测绘地形图）等仪器的结构原理、操作方法与成图过程等。

如图 2.1-5 所示，假设两张相邻的航摄像片覆盖了同一地面 $AMDC$，它们在左片 P_1 上的构象为 $a_1m_1d_1c_1$，右片 P_2 上的构象为 $a_2m_2d_2c_2$，两摄站点 S_1 和 S_2 间的距离为基线 B。如将这两张像片装回与摄影镜箱相同的投影器内，后面用聚光器照明，就

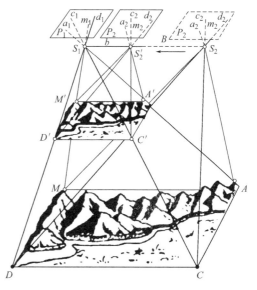

图 2.1-5 模拟摄影测量原理

会投射出同摄影时相似的投影光束。再把这两个投影光束安置在与摄影时相同的空间方位，并使两投影中心间的距离为 b（b 为按测图比例尺缩小的摄影基线），此时所有的同名投影光线都应成对相交，从而得出一个地面的立体模型 $A'M'D'C'$。这时，用一个空间的浮游测标去量测它，就可画得地形图。

在 20 世纪 50 年代早期，计算机无法进行大量数据的计算，对于制图和影像输出都采用模拟的技术方法来实施，因此这一时期的摄影测量被称为"模拟摄影测量"。

模拟法摄影测量存在着明显的缺点：一是模拟型测图仪器结构复杂，对仪器操作员素质要求比较高，受机械和光学加工的限制，不可能实现用像片来高精度测定点位；二是对原始资料有较大的限制，对模型比例尺有一定的约束；三是各种系统误差在模拟仪器上难以处理；四是成果产品单一，只能以影像或地形图的形式输出，且不便于修改和更新。

（三）统一测绘基准

测绘基准及其设施是国家为进行测绘工作建立与确定的起算依据、基本参数和基础设施。20 世纪五六十年代建立的测绘基准是苏联测绘基准在我国境内的延伸，采用的参考椭球等基本参数与我国地形实际并不完全相符，存在较大的系统性误差。新中国成立后，我国开始建立适应实际需求的测绘基准体系，先后建成全国统一使用的 1980 西安坐标系、1985 国家高程基准和 1985 国家重力基本网，为大规模测制地形图、编绘地图以及开展各种测量提供了统一的测绘基准。

五、产品服务

（一）测绘产品

地图是地理学的第二语言，是人类认识世界的重要工具。地图按照严格的数学法则和科学的制图综合法则，利用符号系统记录空间地理环境信息，反映自然和社会现象的空间分布、组合、联系与制约[3]。它适合人的视觉读图效果，无需专门设备就能使用，携带方便。

模拟测绘时期最主要的测绘产品就是模拟地图。一般将地图内容绘制印刷在纸张、薄膜、布匹等介质上，实现信息的存贮和传输。除此以外，模拟测绘时期的产品还包括特种地图产品，即表示在特种介质上并以特殊形式出现的地图产品，如地球仪、立体地图等。

模拟地图是通过手工或机械模拟绘制的，制图技师需要经过长期训练和日积月累，才能积累丰富的制图经验和娴熟的绘图技艺，加之传统手工制图的生产工艺复杂落后，成图周期长、劳动强度大、地图信息容量有限，地图产品具有静态局限性，不能有效反映具有时间特性的连续变化的地理环境，不能进行动态分析；模拟地图的比例尺固定，不易修改更新，复制困难，信息的传输与共享表达存在较大的局限性。

总体来说，模拟测绘时期的产品形式单一且质量不高，应用范围和服务对象比较窄。

（二）服务方式

模拟测绘的服务方式主要是被动地提供模拟地图给用户使用。传统测绘服务的典型方式是用户到测绘部门收集获取所需的地图，直接使用或是简单进行加工，如在地图上标注出感兴趣的内容。由于模拟地图具有较强的专业性以及信息负载限制，用户的专业知识和测绘专业知识不能很好地结合，用户的需求被局限在一定的范围之内，所以这种被动的服务方式并不能让用户完全满意[3]。

第二节 数字测绘

20 世纪 90 年代以后，测绘进入数字化时期。计算机在测绘行业中的应用得到了迅速发展，数字测绘的典型特征是电子化和数字化。在仪器设备方面，全站仪、电子水准仪、光电经纬仪、光电测距仪、电子求积仪等电子仪器设备层出不穷，提高了自动化水平；在测绘技术手段方面，全球导航卫星系统（GNSS）、全数字立体测图仪及遥感（RS）、计算机编图制图及地理信息系统（GIS）等新技术出现并用于测绘数据采集、处理、出图各环节，大大提高了测绘工作的效率。

在控制测量方面，卫星定位测量取代了三角测量、导线测量，控制点成果精度达到毫米级；在工程测量中，电子经纬仪、光电测距仪、全站仪、GNSS 接收机等数字化测绘仪器普遍使用，提高了测量精度和效率；在大比例尺数字化测图方面，从数据采集、数据传输到地形图编辑，实现了全数字化；在摄影测量方面，数字航空摄影测量系统取代了传统的光学模拟测量；在地图制图方面，数字地图设计与制作系统替代了传统的手工制图；测绘产品由纸质形式向地理信息数据库和地理信息数字化产品转变[4]。

一、主要任务

数字化测绘是计算机技术与测绘技术有机结合发展的产物，主要任务是利用计算机硬件和软件，通过信息技术和数字技术，将来源于星载、机载和船载的传感器以及地面各种测量仪器所获取的地理空间数据，进行采集、处理、分析、管理、显示和利用。

二、基本特征

数字测绘时期，通过构建数字化新体系，大幅提升了测绘生产效率，测绘成果更新周期明显缩短，4D 产品（数字线划地图 DLG、数字正射影像 DOM、数字高程模型 DEM、数字栅格地图 DRG）是最主要的数字化成果，如表 2.2-1 所示。

数字测绘基本特征　　　　　　　　　　　　　　　　　表 2.2-1

分类	内容
仪器设备（硬件）	全站仪、电子经纬仪、电子水准仪、光电测距仪、电子求积仪、全数字立体测图仪
软件	CAD 软件、GIS 软件、遥感软件
技术手段	计算机技术、GNSS、RS、计算机制图与 GIS 系统
作业方式	计算机辅助，工作效率大大提高
测绘产品	DOM、DLG、DRG 和 DOM

（一）测绘仪器电子化

数字测绘时期出现了很多较模拟测绘时期更先进的测量仪器，如精密测距仪、电子经纬仪、电子水准仪、全站仪、激光准直仪、激光扫平仪等，改变了传统控制网布网、地形测量的作业方法。三角测量被边角网、测距导线网所替代；光电测距三角高程测量代替

三、四等水准测量；精密测距仪的使用代替了传统的基线丈量；激光水准仪、全自动数字水准仪实现了几何水准测量中自动安平、自动读数和记录、自动检核测量数据等功能；电子经纬仪、全站仪的应用和出现，把野外数据采集、计算和绘图结合起来，形成了数据采集—数据处理—绘图的数字测图系统；GNSS技术的出现和不断发展，使常规地面定位不再局限于测角、测距等方式。测绘向着自动化、数字化方向迈进。

（二）数据处理计算机化

数字测绘时期，数据库技术、图形图像学算法、计算机可视化技术不断发展进步，各类测绘数据处理和可视化软件层出不穷。借助计算机强大的存储、计算、分析和显示功能，测绘人员运用计算机软件对数据进行半自动、自动化数据处理，并将处理分析结果进行可视化展示。

（三）测绘产品数字化

数字测绘产品的形式从传统的纸质地图变成了4D产品，即数字高程模型（DEM）、数字线划地图（DLG）、数字栅格地图（DRG）和数字正射影像地图（DOM），这是对传统测绘产品的一次革命，体现了测绘行业的最终目的不仅仅只是绘制地图，它还应该为社会各行各业提供所需的地表的空间位置数据，并利用对客观真实世界的各种数据来实现虚拟现实系统，可以把地表的情形以真三维、真尺度、真纹理真实地重建起来，用数字化的手段来提供基于地理空间位置的服务。

三、仪器设备

数字测绘与模拟测绘仪器设备对比见表2.2-2。

数字测绘与模拟测绘仪器设备对比　　　　　　　　　　表 2.2-2

序号	测距离	测角度	测高程	测面积	测时间
模拟测绘	皮尺/钢尺微波测距仪	光学经纬仪	光学水准仪	人工解析、机械求积仪	机械钟表
数字测绘	光电测距仪	电子经纬仪、全站仪	电子水准仪、GNSS	电子求积仪、GIS	电子钟表、GNSS

（一）电子经纬仪

电子经纬仪是集光、机、电、计算为一体的数字化、高精度的测量仪器，是光学经纬仪的电子化发展，采用了电子细分、控制处理技术和滤波技术，实现测量读数的智能化，广泛应用于国家和城市的三、四等三角控制测量，用于铁路、公路、桥梁、水利、矿山等方面的工程测量，也可用于建筑、大型设备的安装，应用于地籍测量、地形测量和多种工程测量。

（二）电子水准仪

电子水准仪，又称数字水准仪（图2.2-1）。它是在自动安平水准仪基础上，增加分光镜和读数器，采用条码尺和图像处理系统，取代人工读数的光机电测一体化的高科技测量仪器。目前，电子水准仪广泛应用于国家一等水准测量及地震监测，国家二等水准测量及精密水准测量，国家三、四等水准测量及一般工程水准测量。

（三）光电测距仪

光电测距仪又分为激光测距仪和红外测距仪。激光测距仪多用于长测程测距，测程可达数十千米，一般用于大地测量。红外测距仪用于中、短程测距，一般用于小面积控制测量、地形测量和各种工程测量。

与传统测距方法相比，光电测距仪具有测程远、精度高、操作简便、作业速度快和劳动强度低等优点，主要用于精确测量两点之间的距离，实现了"量距不用尺"，广泛应用于测绘、工业测控等领域。

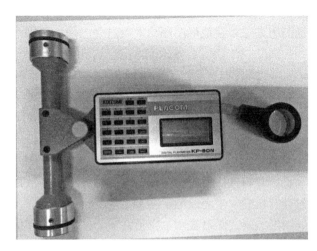

图 2.2-1　电子水准仪

（四）全站仪

全站仪，即全站型电子速测仪，是电子经纬仪、光电测距仪及微处理器相结合的光电仪器，具有角度测量、距离（斜距、平距、高差）测量、三维坐标测量、导线测量、交会定点测量和放样测量等多种用途，如图 2.2-2 所示。

与光学经纬仪比较，全站仪将光学度盘换为光电扫描度盘，将人工光学测微读数代之以自动记录和显示读数，使测角操作简单化，可避免读数误差的产生，且一次安置仪器就可完成该测站上的全部测量工作，实现了测量和处理过程的电子化、一体化，所以称之为全站仪，广泛用于工程测量领域。

1995 年底，南方测绘推出第一台国产全站仪 NTS-202。

（五）电子求积仪

随着电子技术的迅速发展，在机械求积仪的基础上增加了脉冲计数设备和微处理器，从而形成了电子求积仪（图 2.2-3）。电子求积仪可以直观地提供面积测量数据结果，其测量效率较高，逐步取代了机械求积仪。

图 2.2-2　全站仪

图 2.2-3　电子求积仪

（六）数字摄影测量工作站

数字摄影测量工作站的发展大体可分为三个阶段。第一阶段是概念试验阶段（20 世纪 60 年代至 80 年代末），第一台全数字化测图系统 DAMC 研制成功，该系统包括一台 IBM 7094 型数字计算机，透明相片的数字化扫描晒印机和一架立体坐标量测仪。第二阶段是商品化萌芽阶段（1988—1992 年），以 DSP1 商用数字摄影测量工作站为代表，其光学部件用于立体观察数字图像，可改正斜视、图像旋转。第三阶段是规模化生产阶段（1992 年至今），1998 年 6 月，我国具有自主知识产权的全数字摄影测量系统——JX4 数字摄影测量工作站研制成功，取代了昂贵的模拟和解析摄影测量仪器。此后我国自主研发的 DPGrid 革新了摄影测量的生产流程，将自动化处理与人机协同处理完全分离，结合先进的并行处理、影像匹配、网络无缝测图等技术，实现了航空航天遥感数据的自动快速处理和空间信息的快速获取，如图 2.2-4 所示。

图 2.2-4　数字摄影测量工作站

四、代表技术

数字化测绘技术体系是以空间数据资源和 3S（GNSS，RS，GIS）技术为核心，结合网络、存储等技术，实现数据获取与采集、加工与处理、管理和应用的数字化。3S 集成充分利用 GNSS、RS、GIS 各自的特点，将三者有机融为一体，取长补短，形成功能更强大的新型系统的技术和方法，是一门非常有效的空间信息技术。

（一）数字地形图测绘

数字地形图测绘以计算机及其软件为核心，在外接输入输出设备的支持下，对地形空间数据进行采集、输入、成图、绘图、输出和管理。数字地形图测绘实质上是一种全解析机助测图方法，在地形图测绘发展过程中是一次根本性的技术变革[5]。

扫描仪、数字化仪、解析测图仪、打印机等硬件设备和数据采集、数据传输、数据处理、图形编辑等软件推进了数字地形图测绘的实现。其编辑、输出功能强大，可以对地图内容进行任意组合、拼接，可以与航天航空影像结合，利用数字地图记录的属性信息派生出电子地图、数字地面模型等新的地图产品，也可以对数字地图进行任意比例尺、任意范围的输出。

数字地形图测绘系统主要由数据输入、数据处理和数据输出三部分构成。数据输入是数字测图的基础，它通过全站仪、RTK 等数据采集工具测定地形地物特征点的平面位置和高程，并将这些点位的信息传输到计算机中。数据处理是数字测图过程的中心环节，是通过计算机软件来完成的。主要包括地图符号库、地物要素绘制、等高线绘制、文字注记、图形编辑、图形显示、图形裁剪、图幅接边和地图整饰等功能。数据输出是数字测图的最后阶段，可在计算机控制下通过数控绘图仪绘制完整的地形图，可根据需要绘制规格和不同形式的图件。

根据数据来源和采集方法的不同，数字测图系统主要分为三种：一是利用全站仪或其他测量仪器进行的野外数字测图；二是利用手扶数字化仪或扫描数字化仪对纸质地形图进行数字化的测图；三是利用航摄、遥感像片进行数字化的测图[6]。

目前我国野外数字测图技术已经发展成熟，逐步取代了传统的图解法测图，其发展过程大体上分为两个阶段：第一阶段是数字测图发展的初级阶段，主要利用全站仪采集数据，同时人工绘制草图，在室内将测量数据传输到计算机，再由人工依据草图编辑图形文件，经过人机交互编辑修改，最终生成数字地形图。第二阶段是数字测图发展的中级阶段，这一阶段数字测图技术有两个共同特点，一是开发了外业数据采集软件，二是计算机成图软件能直接对接收的地形信息数据进行处理。野外数字测图具有自动化程度高、测量精度高、测站覆盖范围大、作业周期短等特点。图根控制测量和碎部测量可同时进行；在测区内可不受图幅的限制，作业小组可按河流、道路等自然边界线划分任务；在通视良好、定向边长较长的情况下，碎部点到测站点的距离与模拟测图相比可以放得更长。数字测图的内业工作主要依靠计算机及成图软件，具有成图周期短、成图精度高、成图规范且易于修改更新等特点。

（二）数字摄影测量

摄影测量的发展经历了模拟摄影测量、解析摄影测量和数字摄影测量三个阶段，无论技术如何发展，摄影测量这门学科的理论基础始终牢固不变——对于单张像片而言，物点、摄影中心、像点位于同一条直线上，由此建立的"共线方程"数学模型；对于由不同摄站拍摄且具有一定重叠度的两张像片（立体像对）而言，又增加了内方位元素和外方位元素等数学模型描述像对内部和外部的几何关系。

在模拟测量和解析测量的基础上，数字摄影测量的发展起源于摄影测量自动化的实践。随着计算机技术的不断发展，摄影测量人员使用计算机来处理复杂的几何解算和大量的数值计算。从广义上讲，数字摄影测量是从摄影测量和遥感所获取的数据中，采集数字化图形或数字化影像，在计算机中进行各种数值、图形和影像处理，研究目标的几何和物理特性，从而获得各种形式的数字产品和可视化产品[7]。

对数字化影像在计算机中进行全自动化数字处理的方法称为全数字化摄影测量，包括自动影像匹配与定位、自动影像判读。自动影像匹配与定位是对数字影像进行分析、处理、特征提取和影像匹配，然后进行空间几何定位，建立数字高程模型和数字正射影像。自动影像判读是解决对数字影像的定性描述，也称为数字图像分类。数字图像分类方法包含基于灰度、特征和纹理等的统计分类方法及基于知识构成分类的专家系统。

（三）全球导航卫星系统

全球导航卫星系统（Global Navigation Satellite System，GNSS）是包含若干卫星星座及增强系统的空基无线电导航定位系统，能够为用户提供地球表面或近地空间任何地点的全天候的三维坐标、速度以及时间信息。GNSS 实现全球地面连续覆盖，实时定位速度快、操作简便，功能多、精度高，可为各类用户连续地提供动态目标的三维位置、三维速度和时间信息，并具有良好的抗干扰性和保密性。运用 GNSS 进行测量，测站之间不需通视，定位精度高，观测时间短，可提供三维坐标，操作简便，搬运方便，可实现全天候作业，如图 2.2-5 所示。

图 2.2-5　GNSS 接收机

全球导航卫星系统不仅是国家安全和经济的基础设施，也是体现现代化大国地位和国家综合国力的重要标志。美国的全球定位系统（GPS）、欧盟的伽利略卫星导航系统（Galileo）、俄罗斯的格洛纳斯卫星导航系统（GLONASS）和中国的北斗卫星导航系统（BDS）共同构成了世界上四大 GNSS 系统。

北斗卫星导航系统（以下简称北斗系统）是中国着眼于国家安全和经济社会发展需要，自主建设运行的全球卫星导航系统，是为全球用户提供全天候、全天时、高精度的定位、导航和授时服务的国家重要时空基础设施。

2000 年 10 月 31 日，我国成功发射北斗导航试验卫星 01 星，为我国第一代北斗导航卫星定位系统的建设奠定了基础；2007 年 4 月 14 日，第一颗北斗导航卫星发射升空，中国正式合法拥有所申报的空间位置和频率资源；2012 年 4 月 30 日，北斗二号"一箭双星"成功首发，同年 12 月正式向亚太地区提供服务；2017 年 11 月 5 日，北斗三号系统首发双星，北斗卫星导航系统迈入全球化时代；2018 年底，中国北斗导航卫星系统基本建成，向全球提供服务；2019 年底，全球服务核心星座部署完成；2020 年 6 月 23 日，北斗三号全球卫星导航系统星座部署收官发射；2020 年 7 月 31 日北斗三号全球卫星导航系统正式开通。

北斗系统由空间段、地面段和用户段三部分组成。空间段由若干地球静止轨道卫星、倾斜地球同步轨道卫星和中圆地球轨道卫星等组成；地面段包括主控站、时间同步/注入站和监测站等若干地面站，以及星间链路运行管理设施；用户段包括北斗兼容其他卫星导航系统的芯片、模块、天线等基础产品，以及终端产品、应用系统与应用服务等。

（四）遥感技术

遥感（RS）是以航空摄影技术为基础发展起来的一门先进的空间探测技术，它运用现代光学、电子学探测仪器，不与目标物相接触，从高空或远距离处，接收地物辐射或反射的电磁波，通过分析、解译揭示出地物本身的特征、性质及其变化规律。遥感具有探测范围广、采集数据快、现势性强、信息量大等优势，被广泛应用于自然资源调查、生态环境保护、地图测制等对地监测工作中。

1957 年苏联发射了第一颗人造卫星，开启了遥感的新纪元。自 1980 年起，世界各个航天强国陆续向太空发射卫星开展对地观测，随着相机、传感器、成像、载荷等关键技术不断突破，遥感观测体系不断完善，卫星遥感应用越来越广泛。国外常见的商业遥感光学卫星有 IKONOS、SPOT、QuickBird、WorldView、RapidEye 等；微波卫星有 RadarSat、Terra SAR-X、ENVISAT 及 ALOS 等系列。

中国的遥感事业随着国力的增强而迅速发展，构建起了中国自主的遥感对地观测体系。2007 年，中国和巴西联合制造，并由中国发射 CBERS-02B 卫星，该卫星携带了 2.36m 高分辨率相机，该卫星于 2010 年 4 月退役；2011 年，中国发射了自主研制的资源系列 ZY-102c 卫星，载荷性能与 CBERS-02B 卫星相同；2012 年，中国第一颗民用高分辨率测绘卫星 ZY-3 发射升空，该卫星配备三线阵相机，实现三视立体成像，正、后视图分辨率为 3.5m；2016 年，ZY-3 02 卫星发射，与 ZY 星组网运行，前后向图像分辨率由 3.5m 提高到 2.5m；2013 年，高分项目第一颗卫星 GF-1 发射升空，2m 高分辨率，宽幅 800km；2015 年，发射 50m 分辨率地球静止卫星 GF-4；2018 年，发射具有陆地和大气综合观测能力的高光谱卫星 GF-5；2018 年，发射第一颗超大成像宽度的精密农业观测卫星 GF-6；2019 年，发射亚米分辨率的立体测绘卫星 GF-7。以 GF 和 ZY 系列为首的卫星发射、组网、应用与吉林一号、SuperView-1、珠海一号等商用卫星系列共同形成了以高分卫星为首的高分辨率遥感影像系统。资源三号 01、02、03 星以及高分七号卫星组成我国首个立体测绘卫星星座，能够更快、更好地完成我国国土测绘和全球测图工作，极大地丰富了我国测绘地理信息遥感数据资源。高分辨率卫星测绘已经成为国家重要的基础性战略资源[8]。

（五）地理信息系统

地理信息系统（GIS）是继文字和地图之后的第三种地理学语言。地理信息系统实质上是一种计算机系统，它是在计算机软硬件的支持下，对地理信息进行采集、存储、管理、运算、分析和可视化表达的计算机技术系统，为地理研究和地理决策提供服务。

地理信息系统诞生于 20 世纪 60 年代，最初由于计算机水平有限，GIS 只能完成一些最简单的制图和地学分析功能。20 世纪 70 年代以后，计算机集成电子技术取得进步，地理空间数据的录入、存储、检索和输出功能不断增强，地理信息系统与行业紧密结合，出现了土地管理等专题 GIS 系统；20 世纪 80 年代以后，地理信息系统得到更普遍的发展和推广应用，先后出现了 ArcInfo、MapInfo、MapGIS、GeoStar、SuperMap 等多种品牌的 GIS 软件。

五、产品服务

（一）测绘产品

数字测绘时期最典型的测绘成果就是 4D 产品。4D 产品包含数字高程模型（DEM）、数字正射影像（DOM）、数字栅格地图（DRG）和数字线划地图（DLG），以生产成本低、生产效率高、更新速度快等特点得到十分广泛的应用。

DEM 是区域地形的数字表示，它由规则水平间隔处地面点的抽样高程矩阵组成。DEM 数据通过一定的算法，能转换为等高线图、透视图、坡度图、断面图、晕渲图，以及与其他数字产品复合形成各种专题图产品；还可计算体积、空间距离、表面积等工程数据。

DOM 是利用扫描处理的数字化的航片或 RS 影像，经逐像元进行几何改正和镶嵌，按一定图幅范围裁剪生成的数字正射影像。它同时具有地图几何精度和影像特征，可用作背景控制信息，从中提取自然资源和社会经济发展信息，或派生新的信息。

DLG 是以点、线、面形式或地图特定图形符号形式表达地形要素的地理信息矢量数据集，可以是一种或多种地图要素进行跟踪矢量化，再进行矢量纠正形成的一种矢量数据文件。其数据量小、便于分层，能快速生成专题地图。这种数据满足 GIS 进行各种空间分析要求，被视为带有智能的数据。

DRG 是现有模拟地形图的数字形式，由模拟地图经扫描、几何纠正及色彩归化后，形成的栅格数据文件。本产品可作为背景，用于数据参照或修测其他与地理相关的信息，也可与 DOM、DEM 等数据集成使用，派生新的可视信息，还可以输出作为模拟地图。

（二）服务方式

数字化测绘主要以光盘、磁盘为介质载体提供 4D 产品和地图数据，能够根据用户需要从 GIS 数据库中提取任意范围、任意图层的数据进行组合与再加工，从而形成满足用户特定范围需求和内容需求的数字测绘产品。测绘数据的服务应用不受图幅分幅和固定比例尺限制，可分要素、分层、分级进行提供；数据存储在磁盘等介质上，存储容量大大扩展，易于进行更新修改。总之数字测绘时期的产品服务具有灵活性、可选择性、动态性等特点。

第三节　信息测绘

21 世纪，以计算机信息处理技术和网络传输的广泛应用为基础和标志的新技术革命将人类带进信息化时代。随着信息社会的到来，信息技术、空间技术、通信技术和光电技术飞速发展，社会经济发展对地理信息应用服务的需求迅速增长，对测绘产品的形式和内容提出了更高要求；与此同时，测绘行业自身的科学理论与技术方法不断创新和突破，仪器设备自动化水平不断提高，促使测绘朝着更高级、更现代化的信息化测绘方向发展[9]。在信息化浪潮的外部拉力和内部推力的共同作用下，测绘进入了信息化时代。

信息化测绘将多学科、多领域的信息化技术融会贯通于地理信息获取、处理、分析和应用的全过程，通过网络实时有效地向各类用户提供地理信息综合服务。相比数字化测绘，信息化测绘注重与多学科进行跨界、交叉和融合发展，从而实现地理信息的快速获取、更新和一体化管理，实现地理信息的价值挖掘和增值服务，为社会经济发展提供多尺度、多形式的测绘地理信息产品。

一、主要任务

信息测绘的主要任务是构建和维护现代测绘基准，综合运用各项先进技术获取空天地海一体化地理空间信息，按需提供地理信息服务。三维地理信息是信息测绘时期新兴的重要数据内容。

二、基本特征

信息测绘具有数据获取实时化、数据处理自动化、产品形式多样化、服务方式网络化、服务对象社会化等优点，基本特征如表 2.3-1 所示。

信息测绘基本特征　　　　　　　　　　　　　　　　　　　表 2.3-1

分类	内容
设备系统	无人机、倾斜数码航摄仪、调绘平板系统、集群式影像处理系统、多波束测深仪等
技术手段	现代测绘基准体系构建与维护技术、Web 地图引擎技术、综合导航定位技术等

分类	内容
作业方式	集成化、自动化、实时化
测绘产品	5D产品、地理空间信息综合服务、地表变化监测
服务方式	按需生产、按需服务、网络共享

（一）数据获取实时化

信息化测绘时期，3S技术、空间技术、计算机技术、互联网技术、4G通信技术深度融合，实现了空天地海一体化、室内外一体化数据采集、获取、处理与分析，且数据获取与处理实时、高效、快捷。地理信息不再仅仅局限于传统测绘与数字测绘时期单点式的测量结果，即若干离散点的经纬度、高程、夹角、边长等测量数据，而是以信息化的手段对大区域范围进行扫描、监测和建模，且以地理信息作为基底，可以在其上无限叠加整合多行业综合空间信息。地理信息的内涵与外延大大拓展，通过数据分析应用挖掘出更多数据价值。

（二）产品形式多样化

信息化测绘时期，测绘产品的形式更加丰富多样。除了数字测绘时期经典的4D产品以外，产品形式还包括遥感大数据、分布式地理空间数据库、互联网地图、基于GIS的行业应用系统等，地理信息与行业结合更加紧密，应用更加深入，多种形式的地理信息产品与应用系统紧密互嵌、不可分割。

（三）服务方式网络化

数字测绘时期，通常用复制拷贝、上传下载的方式提供测绘成果的分发服务。随着互联网和WebGIS技术的广泛应用，服务方式也发生了根本性变化。测绘产品既可以集中存储在一台服务器上，也可以分布式地存储在多台异地服务器上，通过建立地理信息一站式服务系统，建立集成化的地理信息门户网站提供地理信息数据访问。地理信息传输、交换和服务都在专网、局域网、广域网或互联网上进行，用户只需访问某个地理信息网站，就可以实现对地理信息的检索、访问和浏览，无需考虑数据的真实存储位置，实现了任何人在任何地方、任何时候都能享受地理信息服务的目标。

（四）服务对象社会化

模拟测绘和数字测绘时期，普遍存在"重数据、轻应用"的现象，测绘从业人员的关注点主要聚焦在测绘数据的精度和质量问题上。信息化测绘的本质是"提供服务"和"按需测绘"，服务方式必然要向需求市场模式转变。测绘从以"生产"为主转变为以"服务"为主，从"生产什么，用什么"转变为"需要什么，生产什么"。

信息化测绘在"数字中国""数字城市"建设成果的基础上，以信息服务为主导，按需提供实时有效的地理信息综合服务；信息化测绘服务，从"封闭"走向"开放"，从测绘系统内部走向各行各业，从公益性测绘保障走向地理信息产业市场，形成了企业、事业单位、政府机构和社会公众协同运作的开放机制，实现了信息服务的社会化。

三、仪器设备

（一）无人机

固定翼无人机是飞机机翼固定无需旋转，依靠经过机翼的气流提供升力的无人机型。固定翼无人机相比旋翼无人机，往往尺寸更大，对起降场地的要求更高，需要跑道辅助起飞降落，但由于载重相对更大，搭载的电池容量更大，续航时间也就更长。

为了克服固定翼无人机起降方式和场地的限制，衍生出了垂直起降固定翼无人机，该类无人机依托加装的旋翼进行升力的调节，到达指定航高后，将旋翼水平提供向前的推力，如图 2.3-1 所示。这样的起降和航飞方式，在保障了航摄效率的同时，也提高了航摄作业的安全性。

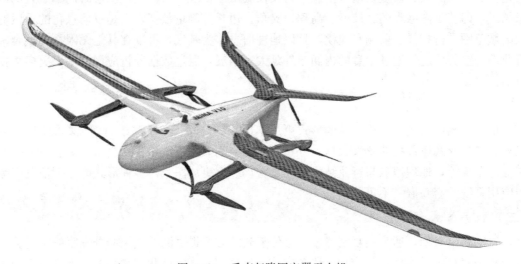

图 2.3-1　垂直起降固定翼无人机

多旋翼无人机也叫作多轴无人机，它不仅灵活、简单，可垂直起降，还可悬停、侧飞、倒飞，而且经济实惠，价格相对较低。根据螺旋桨数量，多旋翼无人机又可分为四旋翼、六旋翼和八旋翼。通常认为，螺旋桨数量越多，无人机飞行越平稳，操控越容易。

以四旋翼为例说明无人机的飞控原理。四旋翼无人机的四个旋翼，正反桨两两成对，分别向不同方向旋转，以此平衡扭矩。四个旋翼通过旋转向旋翼下方推送气流，通过地面的反作用力来举升和推进飞行。它的四个旋翼大小相同，分布位置对称，通过调整不同旋翼之间的相对转速，调整空气进入流量，从而调节拉力和扭矩，控制飞行器的悬停、旋转或航线飞行，实现对飞行器姿态的控制，如图 2.3-2 所示。

当前，随着无人机技术的不断进步，多旋翼无人机部件趋向于平台化、标准化的模式设计，极大地提高了多旋翼无人机的易用性与可维护性，能快速更换有效载荷以满足不同应用的需求。

（二）倾斜数码航摄仪

数字测绘时期，航空航天摄影测量技术主要针对地形地物顶部进行测量，若要获取地形地物侧面的纹理和三维几何结构等信息，就十分困难。垂直角度或倾角很小的航空或卫星遥感正射影像是最为常用的影像数据，从这些影像中可以清晰地获取地物的顶部信息特

图 2.3-2　多旋翼无人机

征，但却不能采集到地物侧面的纹理信息，因此不利于全方位的模型重建和场景感知。此外，影像上容易出现建筑物墙面倾斜、屋顶位移和遮挡压盖等问题，不利于后续的几何纠正和辐射纠正处理。

在此背景下，倾斜相机应运而生。倾斜相机是测绘领域近些年发展起来的一项高新技术产品，它颠覆了以往正射影像只能从垂直角度拍摄的局限，通过在同一飞行平台上搭载多台传感器，同时从一个垂直、前后左右四个倾斜五个不同的角度采集影像，将用户引入符合人眼视觉的真实直观世界，如图 2.3-3 所示。

图 2.3-3　PAN-U5 倾斜数码航摄仪

相对于传统航摄像机，倾斜相机具有很多独特优势。一是能更加真实地反映地物的周边情况。相对于正射影像，倾斜相机能让用户从多个角度观察地物，使用户能够更加清楚地了解地物的实际情况，极大地弥补了基于正射影像应用的不足。二是可以实现量测功能。通过配套软件的应用，可以直接基于生成的三维模型成果进行包括高度、长度、面积、角度、坡度等因子的量测，扩展了倾斜摄影技术在行业中的应用。三是可采集建筑物侧面纹理。针对各种三维数字城市应用，利用航空摄影大规模成图的特点，加上从倾斜影像批量提取及贴纹理的方式，能够有效降低城市三维建模成本。四是易于网络发布。应用倾斜摄影技术获取的影像的数据格式可以采用成熟的技术快速进行网络发布，实现共享应用。

（三）调绘平板系统

调绘平板系统采用模拟传统纸质调绘方式进行设计实现，平板电脑加载的电子影像地图等同于传统调绘时打印的影像，生成的电子调绘数据等同于手绘的调绘草图，鼠标或手指等同于调绘时使用的水彩笔。在调绘平板电脑中装载作业环境，加载作业底图，一般为纠正后带坐标的数字正射影像，外业调绘过程中，将经过实际确认过的点线面要素，选择作业环境中相应的要素符号进行定位定性表示，并进行相应的连线、文字注记等标注，便于内业依据调绘资料进行编辑整理成图，如图 2.3-4 所示。

图 2.3-4　调绘平板系统

调绘系统以平板电脑为载体，除了具有 GNSS 实时定位跟踪获取轨迹、摄像、录音等辅助调绘功能外，工作底图可以无极缩放，解决了纸质调绘片图面负载的问题；内业使用电子调绘片时，可以直接与采集的矢量数据套合判读，部分要素甚至可以直接使用，减少了内外业成果数据转换过程中的精度损失，提升了工作效率。同时，使用数字化调绘技术即使在小雨天也可作业，弱化了天气影响。

（四）集群式影像处理系统

集群式影像处理系统对影像数据处理的速度非常快，它将一个任务分割成若干个能独立运行的子任务，在物理上进行分散的"同时执行"而实现并行计算。

从结构上看，集群式影像处理系统由刀片服务器、磁盘阵列、工作站和千兆以太网交换机四大部分组成。每个刀片服务器即为一个计算节点，而磁盘阵列用于存储海量航空影像数据，工作站就是用于管理和分发任务的客户端，它们最终通过千兆以太网交换机等设备建立连接，集合成一个服务器集群来实现资源的共享。

集群式影像处理系统采用并行处理方式，基于多影像多基线匹配、多传感器匹配等新技术，可处理大重叠度影像的高性能遥感影像数据。软件可以进行多源遥感数据的综合处理，显著特点是数据吞吐量大、算法精度高、自动化程度高，可实现多任务调度与管理等，将生产、质检、管理等功能综合集成，从而提高了数字摄影测量以及遥感数据处理乃至空间信息提取的效率。

近年来，集群式影像处理系统被广泛应用于航空、航天等影像处理领域，大大提高了空中三角测量、数字地表模型自动提取、数字高程模型编辑、数字微分纠正、影像融合、镶嵌线自动提取、影像匀光、影像镶嵌与裁剪等数据处理环节的工作效率，优化了常规的工作流程，通过少量的人工干预即可得到数字地表模型、数字高程模型、正射影像等产品。

（五）多波束测深仪

多波束测深仪集合了现代信号处理技术、高性能计算机技术、高分辨率显示技术、高精度导航定位技术、数字化传感器技术及其他相关高新技术，如图 2.3-5 所示。它的工作原理是以"扇面"形式向水底发射数十、数百束声波，并接收从水底反射回来的回声波，然后处理回声信号，再绘制成水深图或地形图。多波束测深仪测深范围最大可达 12000m，横向覆盖宽度可达深度的 3 倍以上，精度可达水深的 0.3%～0.5%。一般采用姿态传感器和声速校正系统保证测量精度。

相比单波束测深系统每次测量只能获得船垂直下方一个点的水底深度值，多波束测深系统每一次测量都能获得与航线垂直的面内上百个甚至更多的测量点的水底深度值，而且能立体测深和自动成图，测量精度更高，特别适合进行大面积的水底地形探测。2006 年，哈尔滨工程大学成功研制了我国首台便携式高分辨浅水多波束测深仪。

图 2.3-5　多波束测深仪

四、代表技术

与数字化测绘技术体系相比，信息化测绘技术体系不论在技术层面、生产流程还是服务方式上都是一次重大的科学技术变革。它是以多元化、空间化、实时化信息获取为支撑，以规模化、自动化的数据处理与信息融合为主要技术手段，以多层次、网格化为信息存储和管理形式，能够形成丰富的地理空间信息产品，通过快速、便捷、安全的网络设施，为社会各部门、各领域提供多元化、人性化地理空间信息服务。

（一）现代测绘基准体系构建和维护

测绘基准体系是国民经济、社会发展、国家安全和信息化建设的重要基础，主要包括大地基准、高程基准和重力基准。随着测绘技术的进步，原来基于参心、二维、低精度、静态的坐标系统已经不能适应经济社会发展和国防建设的需求，迫切需要建立原点位于地球质量中心的坐标系统。

现代测绘基准体系构建和维护技术主要包括高精度 GNSS 控制网与精密水准网构建、似大地水准面精化、连续运行卫星定位服务系统构建、高精度卫星自主定轨与卫星精密测高技术等，是对传统测绘基准体系的继承和发展。世界各国都在不断建设和完善测绘基准体系，用高精度、广域、动态的地心坐标系统替代传统局域性和静态的参心系统。

我国利用现代测绘新技术和空间定位技术，建立起全国陆海统一的高精度三维地心动态测绘基准体系基础设施，即全面建成了 2000 国家大地坐标系，更新了国家大地基准、高程基准、重力基准及基准服务系统共同组成的现代测绘基准体系。基于全国统一的测绘基准体系，我国先后开展了 1∶50000、1∶10000 基本地形图的测制工作，建立了覆盖我国陆地国土的 1∶1000000、1∶250000、1∶50000 国家基础地理信息数据库，各省也建立了本辖区的 1∶10000 基础地理信息数据库，为国家和地方经济建设、社会发展和国防建设等提供了测绘支撑服务。

（二）综合导航定位

综合导航定位技术包括单点快速高精度定位技术、地下管线定位与探测技术、水下高精度定位技术、室内定位技术等，能够快速实现地上、地下、室外、室内、水下的高精度快速定位，是信息化测绘技术中的一项综合性应用新技术，能够极大地扩展导航定位的应用领域，极大改善现有导航定位的效率和方式。随着综合导航定位技术的进一步发展，人们可以获取地球上任何地点的精确定位信息。

（三）Web 地图引擎

在互联网发展之初，网页只能供用户静态浏览，而不能进行互操作。随着 Web1.0、Web2.0 技术的不断发展，静态网页变成可以交互操作的 Web 应用程序。WebGIS 正是通过互联网对地理信息数据进行发布和应用，实现数据的共享和互操作。地图引擎的核心功能包括地图显示，支持用户拖拽移动、放大缩小、点击查询等用户交互操作。

Web 地图引擎技术是将互联网技术与 GIS 技术相融合，实现地理信息数据的发布、空间查询与检索、空间模型服务、Web 资源组织，有力地推动了地理信息进入千家万户。

（四）地理设计

地理设计利用大量的信息技术、强大的计算工具，联合多方参与者，采用合适的方案应对当前人类所面临的气候变化、粮食安全、环境污染等各种挑战。目前，地理设计与城市规划、景观设计、环境保护、自然与文化遗产保护等领域深度结合开展实践应用。

作者所在团队研发的集景三维地理设计平台针对城镇规划设计需要，以高精度虚拟地理空间环境为依托，提供海量多源异构数据的分布式存储、调度及服务，支持方案参数化设计、实时模拟与综合评估，引领基于云门户和云盘的规划设计共享新模式，改变了以往测绘地理信息行业提供二维背景底图的单调服务模式，拓展了地理信息行业数据的应用和服务。

五、产品服务

（一）测绘产品

数字测绘时期生产的 4D 产品在满足空间信息服务需求方面存在现势性较差、社会信息不足、更新手段落后等问题[6]。信息测绘阶段，测绘产品由 4D 产品拓展到可视、可量、可挖掘的 5D 产品（可量测的实景影像产品，Digital Measurable Image，DMI）。5D 融合了已有的 4D 产品并提供各种集成服务。

信息测绘时期的产品，不再仅仅局限于那些具体的测绘产品生产，而是转变为地理空间信息综合服务。

（二）服务方式

模拟测绘和数字化测绘的服务方式基本上都是以提供数据为主导，测绘产品专业化生产并供专业用户使用，而信息化测绘真正以地理空间信息综合服务为主导，其服务方式从"数据提供"扩大到"网络服务"。随着信息技术飞速发展，Internet 网络和无线通信网络在全球迅速普及，测绘服务的方式发生了根本性变化。测绘成果可分布式地存储在各个地方，通过建立地理信息一站式服务系统，建立集成化的地理信息门户网站，用户只需访问一个网站，通过一个查询界面，就可以对分布在各地的地理信息进行检索、访问和浏览，实现任何人都可以在任何地方、任何时候享受地理信息服务。信息化测绘服务具有主动性、网络化、大众化、开放性、三维可视化、可量测和可挖掘的特点，让地理信息和测绘产品深入平常百姓家，让测绘和地理信息成为"全社会的共同需要"，例如大家熟悉的手机导航软件。

第四节　本章小结

模拟测绘时期，人们使用钢尺、光学经纬仪、光学水准仪、机械求积仪等机械光学仪器设备来测量地物的距离、角度、高程、面积。外业工作依靠人挑肩扛，内业工作采用刀刻手绘，测绘工作时间长、生产效率低，测绘产品形式单一，主要是纸质地图。

计算机技术、航空航天技术的发展推动测绘进入数字测绘时期。数字测绘时期，人们用电磁波测距仪测量距离，用全站仪测量角度和高程，用 CAD、GIS 软件进行数据处理和地图制图，测绘生产自动化程度大大提高，测绘生产产品更加丰富。

进入信息化测绘时期，出现了旋翼无人机、倾斜摄影数码航摄仪、调绘平板系统、集群式影像处理系统等先进的仪器设备。测绘生产按需服务，产品形式丰富多样，服务呈现网络化、社会化特征。

从科学历史发展的规律看，科技进步解决了现实问题，提高了社会生产力，同时又催生了其他问题；新问题的解决要依赖于科学技术的新发展，再产生问题，再解决问题，如此循环往复，促进测绘从模拟时代走向数字时代再走向信息化时代，当前测绘正处于走向智能时代的关键时期。

参考文献

[1] 宁津生，陈俊勇，李德仁，等. 测绘学概论 [M]. 武汉：武汉大学出版社，2004.

[2] 陈翰新，何德平，向泽君. 测绘兵器谱 [M]. 北京：测绘出版社，2020.

[3] 王铁军，刘显涛. 测绘产品从模拟走向数字的拓展 [J]. 测绘软科学研究，2001，7（4）：16-19.

[4] 马聪. 试论数字化测绘体系 [J]. 测绘通报，2001，(S1)，21-22，24.

[5] 潘正风，杨正尧，程效军，等．数字测图原理与方法［M］．武汉：武汉大学出版社，2002.

[6] 周显平．数字化测图与模拟法测图的比较与认识［J］．矿山测量，2010，(3)：12-14.

[7] 李德仁．摄影测量与遥感的现状及发展趋势［J］．武汉测绘科技大学学报，2000，25 (1)：1-5.

[8] 李劲东．中国高分辨率对地观测卫星遥感技术进展［J］．前瞻科技，2022，1 (1)：112-125.

[9] 李德仁，邵振峰．信息化测绘的本质是服务［J］．测绘通报．2008，5：1-6.

[10] 向泽君，徐占华，李霖．信息化测绘服务特征下单位生产组织体系规划［J］．测绘通报，2011，(5)：72-75.

[11] 向泽君，张治青，熊文全，等．经纬仪二倍半丝法视距测量的精度分析［J］．重庆交通学院学报，2004，23 (3)：75-76，81.

[12] 武汉大学．地理信息强国发展战略研究科研项目．

[13] 翁其中，许斌．摄影测量的发展现状及趋势［J］．测绘技术装备，2000，2 (4)：4-6.

[14] 侯小胜．浅谈对测绘技术发展过程的认识［J］．房地产导刊，2014，(16)：387-387.

[15] 《中国测绘史》编辑委员会．中国测绘史［M］．北京：测绘出版社，2002.

[16] 张燕．航测外业调绘系统的设计研究［J］．城市勘测，2013，(6)：93-95.

[17] 宁津生，杨凯．从数字化测绘到信息化测绘的测绘学科新进展［J］．测绘科学，2007 (2)：5-11，176.

第三章

智能测绘综述

第一节　概念浅析

一、概念内涵

智能测绘综合运用移动互联网技术、众源地理信息技术和现代测绘技术等手段实现基础数据采集，并利用云计算、数据挖掘、深度学习等智能技术实现测绘地理信息大数据管理，逐步实现测绘从信息服务到知识服务的转变[1]。

智能测绘是以知识和算法为核心要素，构建以知识为引导、算法为基础的混合型智能计算范式，实现测绘感知、认知、表达及行为计算。针对数字测绘、信息测绘既有算法和模型难以解决的高维、非线性空间求解问题，在知识工程、深度学习、逻辑推理、群体智能、知识图谱等技术的支持下，对人类测绘活动中形成的自然智能进行挖掘提取、描述与表达，并与数字化的算法、模型相融合，构建混合型智能计算范式，实现测绘的感知、认知、表达及行为计算，产出数据、信息及知识产品[2]。

二、基本特征

人工智能正在掀起一场技术革命和产业革命，测绘地理信息行业紧跟时代步伐，在多学科的渗透和融合下，已步入智能化发展阶段。

(一) 数据感知自动化

智能测绘时期，智能传感器和测量设备的智能性、实时性、可靠性越来越高，智能机器人、智能无人机、无人船、无人车、穿戴式装备、AR/VR 等地理信息数据采集设备大量涌现。以往需要实地测绘的地理信息数据采集工作逐渐由智能设备来完成。上天入海的智能设备实现了高度统一的内外业一体化、数据采集与处理一体化。人工智能技术的不断进步和广泛应用，推动地理信息数据采集向自动化、智能化和实时化方向发展，有效地降低了地理信息数据采集人员的工作强度，提高了地理信息数据采集效率，降低了劳动成本，实现数据采集与处理一体化。

(二) 数据处理智能化

基于深度学习框架用大量的样本对计算机进行训练，使计算机在深度学习后能够对遥感影像或点云数据上的特征地物进行目标识别、分类与提取。全方位提升数据的智能化处理与分析能力，已经应用于遥感影像的地物识别，不同期影像地物变化检测，路网、水体、建筑物边界线快速提取。

（三）地图制图自动化

在地图制图领域，如何实现地图制图自动综合取舍和快速更新一直是人们关注的焦点。运用计算机视觉和深度学习等人工智能技术将对地图制图产生巨大的影响，不仅可以实现制图要素的自动综合，而且能够实现矢量数据和栅格数据的自动提取和判读。利用深度学习技术、智能采集设备可以自动识别道路特征、提取建筑轮廓并绘制形状、识别道路图形标牌、电子眼、警示牌；在大数据技术的支撑下，可以自动挖掘出过期或新增的 POI 以及道路变化，让物理世界的变化更快速地映射到互联网世界，从而实现制图综合和联网更新。

（四）位置服务泛在化

计算机视觉、图像识别和深度学习的完善与迭代升级，有力地促进了人工智能与真实场景的结合。借助于更加高效的深度学习算法和超算能力，对大量实时产生的数据进行筛查和配准，不仅能够实现直接的地理定位，而且可以实现无地面控制的摄影测量，改变传统意义上的先控制、后测图的作业模式。国内外已经取得的创新研究成果表明，随着人工智能技术的快速发展和深度学习的不断应用，利用影像实现直接地理定位将成为可能，从而彻底改变传统的测绘作业流程，颠覆人们对传统测绘的认知。

三、构成体系

智能测绘体系的建立，将推动测绘数据获取、处理与服务的技术升级，从基于传统测量仪器的几何信息获取拓展到泛在智能传感器支撑的动态感知，从模型、算法为主的数据处理转变为以知识为引导、算法为基础的混合型智能计算范式，从平台式数据信息服务上升为在线智能知识服务。

（一）知识体系

智能测绘知识体系包括智能测绘的概念、术语、命题、陈述、原理、定律、定理等，并在此基础上形成系统性、逻辑性的知识体系与理论方法，为智能时代测绘行业发展提供新的理论依据。

（二）技术体系

在智能测绘原理与知识的基础上研究众源地理信息泛在获取技术、地理空间数据智能处理技术、空间地理信息真实表达技术、地理信息资源互联共享技术、地理信息增值知识服务技术，构建智能测绘技术体系，解决测绘生产实践应用中的关键问题。

（三）仪器设备

目前，以云计算、物联网、智能芯片、人工智能为代表的新兴技术为智能化测绘仪器设备的研制提供了可能性。智能全站仪、智能化 GIS 软件系统、智能化的单波束测深系统、测绘无人机、测量机器人、全组合智能导航系统、识图机器人以及利用智能设备和其所带的智能传感器开发的数据采集系统等仪器设备将进一步发展。

（四）应用系统

面向业务应用设计并研发出提高生产效率和服务水平的新一代智能化业务应用系统，是智能测绘的一个重要发展方向。要求针对特定的应用场景，厘清其中蕴含的信息处理机制，梳理先验知识，构建混合型的智能计算模式，研制具有一定智能水平的业务系统或平台。

目前的研究热点包括：时空数据按需搜索与协作服务系统、卫星在轨数据处理系统、天空地综合智能摄影测量系统、云端遥感影像智能解译系统、智能地理信息系统、空间型知识服务系统等，而诸如此类的众多单项智能化业务系统的有效集成，将形成面向全行业的智能化测绘技术体系。

第二节　技术体系

智能测绘的技术体系主要包括众源地理信息泛在获取技术、地理空间数据智能处理技术、空间地理信息真实表达技术、地理信息资源互联共享技术、地理信息增值知识服务技术五个部分。

一、众源地理信息泛在获取

泛在获取主要包含两方面的含义：一是进一步构建"空天地海"一体化高精度实时测绘体系，使测绘从静态到动态、从地基到天基、从区域到全局、从室外到室内、从被动式观测发展为智能观测，实现空间无缝的快速测图控制；二是随着互联网、通信技术对测绘的加速渗透，互联网地理信息产品得到广泛应用，引发了以众源地理信息获取为特征的新一轮测绘技术变革。

地理信息的更新可以是数据提供者，也可以是终端用户。通过计算机通信网络，实现整个传感器网络、专业人员和大众用户之间的实时互动，利用多种传感器来感知目标位置、环境及变化。因此，众源地理信息获取将进一步模糊专业测绘和非专业测绘的界限、数据生产者和用户之间的界限，引起人们观念和生活方式的转变。

二、地理空间数据智能处理

随着大数据时代的来临，地理空间数据正以前所未有的速度不断增长和积累，海量、多时态、多形态的地理空间数据对自动化处理、智能化处理提出了更高的要求。智能测绘时代的数据智能处理技术体系主要包括两方面的内容：

一是多源异构时空地理数据快速处理技术。利用大数据、云计算等先进信息技术构建数据资源池和计算资源池，将数据存储与计算任务分布式部署在由大量计算机构成的资源池上，使用户能够按需获取存储能力、计算能力和基础应用。同时，资源池还要解决异构多源和协同工作问题。

二是基于机器学习和数据模型的知识发现与创新技术。利用人工神经网络、支持向量机、遗传算法、集成学习、深度置信网等机器学习或深度学习方法对空间地物特征进行归纳分析，对样本数据进行学习并形成创新知识，为测绘地理信息的知识服务奠定基础。

三、地理空间信息立体表达

智慧城市是真实城市环境与虚拟城市环境的融合与协同，GIS 发挥重要的时空信息承载和纽带作用，并提供了有力的可视化分析方法和支撑手段。空间地理信息真实表达主要包含两方面的内容：一是随着移动测量技术和倾斜摄影技术的日渐成熟，实景三维技术将得到迅速发展和广泛应用。真三维数据真实、直观，更好地模拟了客观世界中的三维空间实体及其相关信息，极大地增强了用户体验。智能测绘时代，真实表达将进一步替代抽象表达，成为空间地理信息可视化的主要成果形式。二是随着人们对客观世界认知的要求越来越高，地理信息的可视化表达将具有更高的准确性和实时性。"空天地海"一体化对地观测传感网将建立事件智能感知模型、空天地协同规划模型、传感器自适应组网及网络资源应急配置方法，实现多源传感器数据在时间、空间和光谱域的高精度同化和多层信息融合及传感网资源的网络化协同服务，为用户实时或准实时地提供更为准确的空间地理信息。

四、地理信息资源互联共享

随着测绘地理信息的产业化，地理信息资源的互联共享面临着多源异构海量空间数据的存储与共享、分布异构地理信息系统纵横向集成、地理信息应用一体化服务等诸多挑战。

在智能化测绘时代，地理信息资源互联共享将主要有以下四种方式：一是基于 Web Service 的地理信息共享与空间数据互操作模式。它用统一资源标识符标识软件应用程序，其接口和物理位置可以通过使用扩展标记语言来进行定义、描述和发现。二是基于 Grid-Service 的地理信息资源共享与协同工作模式。它采用网格服务描述语言来描述服务，所有网格节点的资源统一以服务的方式对外提供。三是基于云计算的地理信息资源共享模式。它利用了云计算简单而强大的计算能力，其体系结构可分为基础设施层、平台层、软件层和应用层四个层次。四是基于网格集成与弹性云的混合式地理信息共享模式。它充分发挥网格集成和弹性云服务的优势，最大限度地缩短从地理信息获取到提供地理信息服务的周期，包括网格集成、弹性云服务和用户应用三个层次。

五、地理信息知识增值服务

知识服务是由用户目标驱动，面向知识内容和解决方案的服务。智能化测绘时代的服务将以测绘地理信息大数据为基础，以需求为导向，对地理信息进行增值服务和知识创新，向用户提供专业化、个性化的测绘地理信息产品，主要体现在两个方面：

一是地理信息增值服务。地理信息增值服务主要存在两种方式，通过对多源地理信息的综合分析产生新的信息或通过对地物特征进行归纳、对样本数据进行学习产生新的知识。地理信息增值服务将通过知识创新与发现为用户提供更优的决策支撑或解决方案。

二是个性化可定制知识服务。知识服务将注重显性知识和隐性知识的结合，突破多源空间与专题信息集成技术、地理信息统计分析技术、基于位置的服务技术等多项空间信息与应用软硬件平台，进一步提高服务的预测能力、决策能力、应变能力。

第三节 仪器设备

测绘仪器装备是获取地理信息数据的主要工具，各种智能化测绘装备是智能化测绘得以实施的重要保障。本节按照"天—空—地—水"的顺序介绍代表性智能仪器设备。

一、智能遥感卫星

通导遥一体化智能遥感卫星以"一星多用，多星组网，星地协同，智能处理，组网传输，按需服务"为核心理念，以遥感信息的实时化、智能化服务为牵引，如图 3.3-1 所示。通导遥一体化智能遥感卫星是由通信、导航、遥感等多载荷的集成与一体化协同布局构建而成的一种多功能卫星平台，在天基信息网络中担任关键节点，通过通导遥多载荷集成与协同应用，促进天基信息网络中其他通信、导航、遥感卫星节点的互联互通。在服务方式上，以数据获取、信息提取、信息发布一体化结合为目标，基于星地协同的全链路遥感信息实时智能服务体系，通过配合使用导航卫星、通信卫星、地面接收站、移动接收站、智能终端等，直接面向用户需求，通过星上智能任务规划获取数据，同时在星上完成导航信号增强、实时高精度定位、兴趣区域智能筛选、信息智能提取和智能高效压缩等，通过星地、星间传输链路将有用的信息准确高效地传递至用户移动终端，实现全球范围内的遥感影像从数据获取到应用终端分钟级延时的遥感信息实时智能服务。

由武汉大学牵头研制的新一代智能测绘遥感科学试验卫星珞珈三号 01 星，具有高分辨率遥感成像、在轨实时智能处理、导航接收与增强、星地-星间通信传输功能。通导遥一体化智能遥感卫星可以实现数据的快速传输和信息的聚焦服务，同时有助于促进天基信息系统的通信、导航及遥感卫星的一体化发展和应用，快速提高空间信息获取、传输、处理和分发的能力，实现信息的融合和高效利用，可为全球范围内提供通信、导航、遥感全方位、多层次的一体化服务。

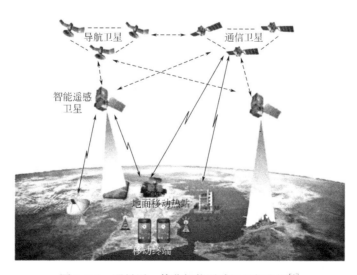

图 3.3-1 通导遥一体化智能遥感卫星概念图[3]

二、智能无人机集群

无人机是利用无线电遥控设备和自备的程序控制装置操纵的不载人飞机。可分为无人固定翼机、无人多旋翼机、无人垂直起降机、无人飞艇、无人直升机、无人伞翼机等。随着电子技术的飞速发展，无人机在远程遥控、续航时间、飞行品质上有了明显的突破，成为近几年新兴的测绘技术手段，并在测绘界被普遍认为具有良好的发展前景。

集群智能简称群智。单体无人机存在载荷有限的问题，通过无人机自行组网、搭载各类传感器来扩展无人机获取信息的能力，能够有效弥补缺陷。在获取局部信息后，单个无人机节点的数据将会最终洪泛至整个无人机网络中，使其成为一个动态整体。通过合理架构，对无人机系统大规模集群，提升系统鲁棒性，使其可承载更多复杂的信息，且易于均衡负载。

三、三维激光扫描系统

三维激光扫描系统主要由三维激光扫描仪、全景相机、惯导导航单元 IMU、GNSS 定位系统、里程计 DMI、计算机、电源供应系统、支架以及系统配套软件构成。三维激光扫描系统逐渐成为空间三维信息获取的主要手段，具有高精度、高分辨率、操作方便、实时的优点，可在夜间测量，作业效率高、成图周期短，能进行连续和动态测量。它的出现和发展为空间三维信息的获取提供了全新的技术手段，使三维数据从人工单点数据获取向着连续获取的方向迈进，不仅提高了观测精度和速度，而且使数据获取更加智能化和自动化，被称为测绘技术的一场革命。

相比传统数据采集，三维激光扫描系统可以搭载在运动载体上，在载体运动过程中完成目标定位测量，同时获取被测物体大量物理属性信息和几何信息，改变以往的测量工作模式，实现"一次测量，多次应用"的全息测量工作模式。

根据搭载平台的不同，可分为机载、车载、地面、手持式三维激光点云扫描系统，其基本组成包括激光扫描传感器、全景相机、惯性导航单元 IMU、GNSS 定位系统、里程计 DMI 等部件。

（一）星载激光雷达系统

星载激光雷达是 20 世纪 60 年代发展起来的一种高精度地球探测技术，早期的星载激光雷达多以测距为主，后逐渐应用在全球大气云层分布探测、植被垂直分布测量、海面高度测量，以及特殊气候现象监测。

美国 NASA 于 1996 年发射了 NEAR 和 SLA01 测距激光雷达，2003 年再发射了用于极地冰、云和陆地 ICESat；2006 年 NASA 和法国国家航天中心合作研制的 CALIOP 成功发射；我国于 2007 年发射的第 1 颗月球探测卫星"嫦娥一号"上搭载了 1 台激光高度计，实现了卫星星下点月表地形高度数据的获取，是我国发射的首例实用型星载激光雷达；2020 年 7 月，搭载了激光测高仪的资源三号 03 星发射成功；2022 年 4 月 16 日，中国发射的大气环境监测卫星搭载主动激光雷达载荷，可实现全球大气二氧化碳高精度探测。

（二）机载激光扫描系统

机载激光扫描系统集成了 GNSS、IMU、激光扫描仪、数码相机等光谱成像设备。其中，激光扫描仪利用返回的脉冲可获取探测目标高分辨率的距离、坡度、粗糙度和反射率等信息，而光电成像技术可获取探测目标的数字成像信息，经过地面的信息处理而生成逐个地面采样点的三维坐标，最后经过综合处理得到沿一定条带的地面区域三维定位与成像结果（图 3.3-2）。

图 3.3-2　SAL-1500 机载激光扫描系统

（三）车载激光扫描系统

车载激光扫描系统主要由激光扫描仪、全景相机、惯性导航单元 IMU、GNSS 定位系统里程计 DMI 等组成，系统集成度高、测量精度高且可多平台安放。车载移动测量系统在工作时，GNSS 为各类传感器提供统一的时间系统，测量车在行驶过程中的实时位置也通过 GNSS 来获取。全景相机在作业过程中，主要负责记录道路两侧的街景影像数据，同时激光扫描仪与大地坐标系 X、Y、Z 三个方向的夹角（横滚角、俯仰角、航向角）由 IMU 实时地获取，根据获得的位置与姿态信息，经过一系列的平移和旋转可以获得目标点在大地坐标系下的三维坐标值。当每个传感器的数据采集任务完成之后，将各类数据进行相应的处理后融合得到彩色三维点云数据。

车载三维激光扫描系统，国外代表性产品有天宝公司的 Trimble MX9 移动测量系统，徕卡公司的 MLS 移动测量系统，如图 3.3-3、图 3.3-4 所示。

图 3.3-3　Trimble MX9 移动测量系统

图 3.3-4　徕卡 MLS 移动测量系统

国内代表性产品有武汉立得空间信息技术股份有限公司的 MMS 移动道路测量系统、北京四维远见信息技术有限公司的 SSW 车载全景测量系统、上海华测导航技术有限公司的 Alpha 3D 车载激光扫描测量系统、征图三维（北京）激光技术有限公司的 SZT-R1000 车机载一体化移动测量系统、青岛秀山 VSurs-Q-RI 移动测量系统，如图 3.3-5～图 3.3-9 所示。

图 3.3-5　立得 MMS　　　　　　　　　　　图 3.3-6　四维远见 SSW

图 3.3-7　华测 Alpha 3D　　图 3.3-8　征图三维 SZT-R1000　　图 3.3-9　青岛秀山 VSurs-Q-RI

作者所在研究团队成功研制了集景移动测量系统（图 3.3-10），通过精确的标定，平面绝对精度 2.1cm，高程绝对精度 2.3cm，平面重复性精度 0.8cm，高程重复性精度 1.0cm，相对精度 1.5cm。

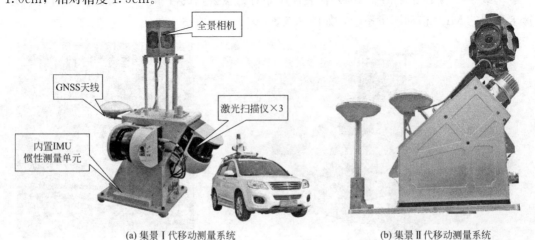

(a) 集景Ⅰ代移动测量系统　　　　　　　　(b) 集景Ⅱ代移动测量系统

图 3.3-10　自主研发的集景移动测量系统

（四）地面激光扫描系统

地面激光扫描系统由高精度的激光测距仪、反射棱镜，集成时间计数器、控制电路板，数码相机和 GNSS 等技术。

按测距原理地面激光扫描系统可分为基于脉冲、基于相位差和基于光学三角测量三种。基于脉冲式三维激光扫描仪，使用脉冲测距技术从固定中心沿视线测量距离，其扫描速度较慢，扫描精度受光线影响较小，测距范围一般可达几千米，适用于地形地貌测量、古建筑测绘等；基于相位差的扫描仪利用光学干涉原理进行测量，扫描速度较快，测量范围一般为几米到几百米，扫描精度受光线影响较大，主要用于隧道检测等；基于光学三角测量原理的扫描仪主要利用立体相机和结构化光源，通过获得两条光线建立立体投影关系进行测量，扫描距离一般为几米到数十米，主要用于工业测量。

目前，市场上主流的地面三维激光扫描系统有南方 SPL 系列（图 3.3-11）、FARO Focus 系列（图 3.3-12）、Leica ScanStation P 系列，Trimble TX 系列。南方 SPL-1500 地面激光扫描系统采用高性能激光器，测程 1500m，测量速度可达 200 万点/s。集 GNSS、指南针、温度传感器、高度传感器、双轴补偿器等多种传感器于一身，小巧轻便。内置上、侧双高分辨率相机，像素 1300 万，能够快速、全面获取真实的色彩信息。

图 3.3-11　南方 SPL-1500 地面激光扫描系统　　　　图 3.3-12　FARO Focus M70 地面激光扫描系统

（五）手持激光扫描系统

便携式扫描仪集成 MEMS 惯性传感器和多线激光雷达，体积小、重量轻，操作方便，采集作业效率高，适合室内、地下空间、隧道、小区的数据采集。目前国外代表性厂商有徕卡、3D Laser Mapping 公司、Rigel 公司等，国内有海达数云、立得空间、欧思徕智能、数字绿土等，国产手持便携式激光扫描仪如图 3.3-13 所示。

四、测量机器人

测量机器人又称智能型全自动电子全站仪，是一种集自动目标识别、自动照准、自动测角测距、自动目标跟踪、自动记录于一体的测量平台。它是在全站仪的基础上集成步进马达、CCD 影像传感器构成的视频成像系统，并配置智能化的控制及应用软件发展而成。

图 3.3-13　国产手持便携式激光扫描仪

测量机器人拥有高精度、高稳定性、高可靠性的优点，还能够在恶劣条件下自动找到目标棱镜，并精确定位棱镜中心位置，被广泛用于地铁、高铁、隧道、大坝、桥梁、边坡、基坑、矿山、超高层建筑的自动监测。

目前市场上主流的测量机器人有南方测绘 NS 系列、徕卡 TS/TM 系列、天宝 S 系列、索佳 SRX 系列、拓普康 GTS/GPT 系列。这些仪器都具有较高的测角精度和长距离测量能力，能够满足三角变形监测精度要求，适合大部分变形监测项目中高精度和长距离的需求。其中，徕卡测量机器人还支持自动目标识别和二次开发功能，可以使变形监测工作更加灵活和人性化。

南方 NS10 测量机器人，测角精度高达 0.5″，搭载了 6.0 英寸高清 LCD 触摸屏，采用了高性能的处理器以及智能化安卓操作系统，支持二次开发，兼具 WLAN、蓝牙、USB 以及 RS232 等多种通信方式，能够广泛应用于各类自动化测量领域，如图 3.3-14 所示。

徕卡 Nova TS50 新一代超高精度测量机器人集高分辨率数字图像技术、超镜站仪技术、压电陶瓷驱动技术以及超高精度全站仪技术于一体，不仅能够实现自动目标棱镜的搜寻和照准，而且可以在短时间内对多个监测点进行高精度的重复性观测，除此以外，还配备了强大的交互系统和二次开发功能，兼具蓝牙、WLAN、RS232 等多种通信连接方式，数据传输更加灵活，用户使用更加方便智能，如图 3.3-15 所示。

图 3.3-14　南方 NS10 测量机器人　　　　图 3.3-15　徕卡 Nova TS50 测量机器人

五、地基合成孔径雷达

合成孔径雷达（Synthetic Aperture Radar，SAR）是一种主动式的对地观测系统。SAR 利用合成孔径原理，实现高分辨的微波成像，具备全天时、全天候、高分辨、大幅宽等多种特点。根据 SAR 安装的平台，可分为星载 SAR、机载 SAR、地基 SAR，SAR 在灾害监测、环境监测、测绘、资源勘察等应用领域具有独特优势，可发挥其他遥感手段难以发挥的作用。

地基合成孔径雷达（GB-SAR）干涉测量技术是近十多年间发展起来的地面主动微波遥感形变探测技术。地基合成孔径雷达（GB-SAR）采用地基重轨干涉 SAR 技术实现高精度形变测量，通过高精度位移台带动雷达往复运动实现合成孔径成像，对不同时间图像相位干涉处理提取相位变化信息，实现边坡表面微小形变的高精度测量，常用于边坡、矿山、大坝、大型建筑物的变形和沉降监测以及地质灾害预警预报等。

地基合成孔径雷达按照扫描方式，可分为直线式扫描雷达、圆迹式扫描雷达和阵列式地基雷达三种方式。直线扫描地基合成孔径雷达通过收发天线沿着滑轨做往返直线运动，把同一目标区域不同时间获取的 SAR 复图像结合起来，比较目标在不同时刻的相位差，获得目标的毫米级精度位移信息。圆迹式扫描地基雷达通过收发天线在水平面内的圆周运动来进行圆弧扫描，旋转平台在旋转运动过程中，在指定位置输出触发脉冲信号，共有多个位置有触发信号输出。阵列式地基雷达在工作时，各个发射天线分时发射，而各个接收天线同时接收，通过微波开关切换，实现不同天线之间的收发通道组合，进而完成阵列天线的二维成像，一次完整的扫描时间为几毫秒到几秒。同直线式扫描雷达和圆迹式扫描雷达相比，阵列式地基雷达监测周期短。

目前，国内外地基合成孔径雷达的代表产品有荷兰 MetaSensing 公司的 Fast-GBSAR 地基合成孔径雷达，南方测绘公司生产的 S-SAR 系列产品、华测公司的 PS-SAR2000 地基合成孔径雷达。

南方 S-SAR M 型矿山监测边坡雷达主要用于露天矿山边坡稳定性监测，能够实现全天时全天候不间断精准监测，雷达视向变形监测精度可达 0.1mm，长达 2m 的轨道采集的单次数据更加完善，矿山边坡表面变形数据差分解算更加精确，是目前国内最为实用的边坡表面位移监测设备，如图 3.3-16 所示。

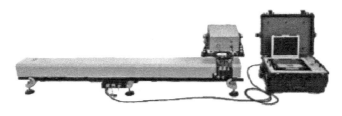

图 3.3-16　南方 S-SAR M 型矿山监测边坡雷达

华测 PS-SAR2000 型便携式合成孔径雷达监测系统（图 3.3-17）是一款 360°全方位扫描边坡雷达，具有非接触式测量、高精度实时测量、全方位扫描连续测量、全天时全天候不受云雨雾影响、可机动部署、架设维护简单、三维界面显示和预警等特点，可应用于大型露天矿边坡、地质灾害、山体滑坡、滑坡应急救援、铁路公路沿线边坡、隧道桥梁等的形变监测预警。

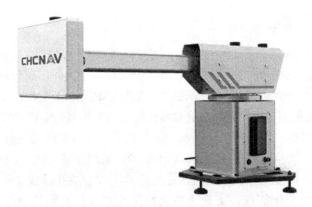

图 3.3-17　PS-SAR2000 地基合成孔径雷达

六、无人船水域测量系统

无人船水域测量系统是以海洋、内陆湖泊等水域为测绘对象，以无人船为载体，集成 GNSS 系统、陀螺仪、声呐系统、ADCP、CCD 相机、水下摄影机等多种高精度传感器设备。利用导航、通信和自动控制等软件和设备，在岸基实时接收、处理和分析无人船系统所采集的数据并以自控和遥控方式对无人船和其他传感器进行操作和控制。该系统可以最大程度填补水域测量、调查领域载人船无法到达或不易到达的危险浅滩、近岸等空白区域，真正做到高精度、智能化、高效益的工作模式。

在国内测绘地理信息领域应用比较广泛的无人测量船主要代表有广州南方测绘公司研制的 SU17 智能无人船测量系统（图 3.3-18）、上海华测导航公司开发的华微 6 号（图 3.3-19）。该系统能够自主航行并完成所测数据的实时传输与备份管理，可对行走区域的位置、水深、流速、水质等参数进行快速准确的测量采集，通过南方无人船专用软件后处理还可生成水下地形图以及计算库容或工程方量。

图 3.3-18　南方测绘 SU17 无人测量船

近年来，我国开展海岛（礁）测绘工程建设工作、近海海域海底地形及滩涂测绘调查工作、陆地水下地形测绘和监测工作，无人船都有广泛应用。

七、室内导航定位系统

　　NavVis是全球领先的室内定位导航系统（图3.3-20），该系统由基于多重传感器技术的移动扫描车、在任意浏览器内对全景空间和点云数据进行虚拟现实浏览的软件、基于计算机视觉和传感器融合技术的App组成，可轻松实现室内及地下等无GNSS信号空间的数字化、生成照片级点云展示，无需任何定位基础设施即可在数字化的建筑中实现精确定位。该技术可打通室内外导航的最后一公里瓶颈问题，低成本实现室内或地下高精度定位导航。

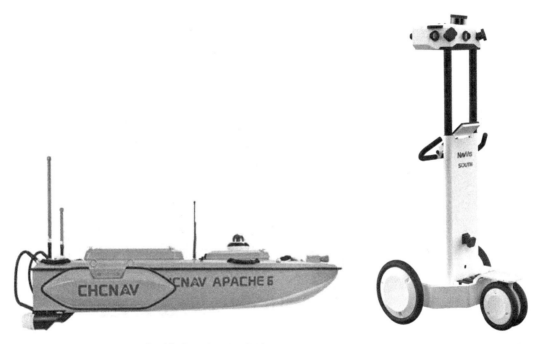

图3.3-19　华测华微6号无人测量船　　　　图3.3-20　NavVis室内导航定位系统

第四节　软件系统

　　智能化测绘地理信息通过相应的技术、能力和服务，随时随地解决各行各业时空信息方面的实际问题，满足用户对地理信息的动态需求。海量的时空信息数据处理需要智能软件作为支撑，在遥感影像、点云数据、实景三维和智能监测领域涌现出了一批优秀的智能化软件。

一、智能遥感处理软件

　　高分专项等国家重大战略性工程推动了国产遥感卫星自主创新性发展。ZY3、GF1、GF2、GF3、GF4、GF5、GF6 和 GF7 等国产遥感卫星相继发射，遥感卫星数据自主率和数据质量显著提高。国内卫星遥感能力的不断提升，带动国产遥感图像处理软件实现了跨越式发展。国产遥感图像处理系统从单机版转变为集群版，进而演化到遥感云服务平台。国产遥感软件图像解译方式由半自动化逐步发展到智能化。

随着人工智能技术的迅猛发展，遥感和深度学习等先进算法不断融合，从遥感图像中挖掘所需信息和知识更为实时与便捷。遥感应用商业形态逐步从单纯数据处理加工扩展到对各行业提供多样化的信息服务，国产遥感图像处理软件承担起了国内遥感产业化的重任。

目前，国内有苍穹智 KQRS AI、航天宏图 PIE AI、中科星图 GEOVIS iBrain、航天泰坦 TitanAnalysis、超图 SuperMap GIS10i（2020）、北京治元景行科技 EasyInterpretation、商汤 SenseEarth、阿里 AIEarth、吉威时代 SmartRS、国遥新天地 EV-Raster AI，国外有 ESRI、ENVI 等公司的遥感影像处理软件都集成了深度学习 AI 模块，支持模型自主训练，能够实现智能语义分割、目标自动检测、多年份遥感影像数据变化检测等功能（图 3.4-1～图 3.4-3）。

图 3.4-1　基于 AI 的遥感影像房屋解译

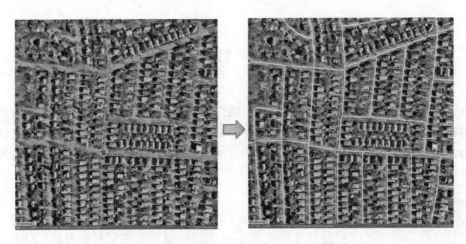

图 3.4-2　基于 AI 的遥感影像道路中心线提取

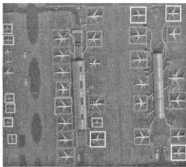

图 3.4-3　遥感影像 AI 目标识别

二、实景三维建模软件

相对于传统航测采集的垂直摄影数据，实景三维建模技术（倾斜摄影技术）通过新增多个不同角度镜头，从一个垂直、四个倾斜，五个不同的视角同步采集影像，获取到丰富的建筑物顶面及侧视的高分辨率纹理数据，可同时获得同一位置多个不同角度的、具有高分辨率的三维影像。

实景三维建模软件基于高清航测数据进行影像预处理、区域联合平差、多视影像匹配、空中三角测量等一系列计算，批量建立高质量、高精度的实景三维模型，具有自动化程度高、效率高、成本低、宏观性强等优点。目前国内外主流的三维建模软件有 INPHO、PhotoScan、Pix4D、ContextCapture、Mirauge3D、武汉天际航全自动建模软件 DP-Smart、大疆智图 DJI Terra 等。

针对重庆山地城市特点，本研究团队深入研究实景三维城市建设的机制、数据加工、平台建设、应用服务等内容，充分融合各种建模方式形成的建模成果，建立多尺度、多分辨率且更新及时的非关系型空间数据库，构建多维多源数据的生产、集成、发布、展示和应用一体化解决方案，成功研发了集景实景三维平台软件，支持在虚拟地理环境下开展辅助建设工程设计，为地质勘察、市政设计和建筑方案设计提供科学、直观的软件工具，如图 3.4-4 所示。

三、点云数据处理软件

激光雷达作为一种能够大规模获得地面三维数字信息的新技术手段，具有对像控测量依赖小、精度高、全天候、工作效率高、成果周期短等特点，被广泛应用在地形测绘、城市三维建模、公路选线、水利建设、应急救灾等领域。目前，国产软件激光点云数据处理软件有中国测绘科学研究院 LiDAR Station、武汉天擎空间信息技术有限公司 Li DAR Suite、北京数字绿土科技有限公司 Li DAR360、西安煤航 Li DAR-DP 等，国外主要有 Terra Solid、LP360、ENVI Li-DAR、INPHO SCOP++、Top PIT、REALM 等。

针对山地城市点云数据的特点及应用需求，作者所在团队在多源点云数据预处理、海量点云数据组织管理及动态更新等方面开展技术研究，自主研发了集景点云数据管理平台（图 3.4-5），实现多源海量点云数据的高质量融合、高时效性更新、高可靠性存储以及高效率管理。

图 3.4-4　集景实景三维平台软件界面

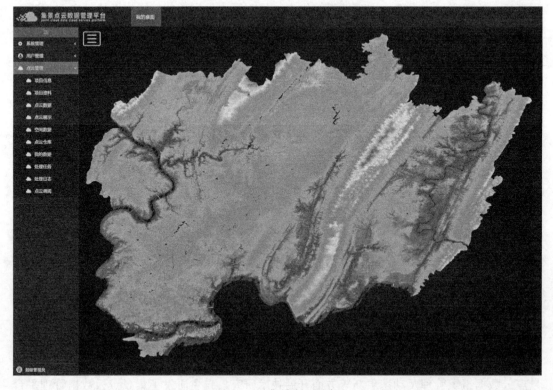

图 3.4-5　集景点云平台

四、智能安全监测软件

安全监测就是通过对变形体动态监测获得精确的观测数据，对监测数据进行综合处理，从而对各种工程建筑物在施工或使用过程中的异常变形作出预报，提供施工和管理方法，以便及时采取措施，保证工程质量和建筑物安全的各项工作。其任务是确定在各种荷载和外力作用下，变形体的形状、大小及位置变化的空间状态和时间特征。在工程测量中，最具代表性的变形体有大坝、桥梁、高层建构筑物、边坡、隧道和地铁等。

作者所在团队基于海量的智能感知物联数据，充分运用测绘地理信息、物联网、传感器、云计算、大数据等技术，成功研发了多层级体系架构的可配置、引擎式、分布式的智能安全监测综合管理平台，集成了当前国际国内先进的安全监测技术如测量机器人自动测量控制技术、激光光斑变形监测技术、自适应振弦式数据采集技术等；不仅提高了安全监测项目的实施效率，而且大幅度降低了监测成本，最重要的是保障了监测数据获取的高效性、准确性和完整性，切实提高了监测数据获取与服务管理效率，为城市精细化、智能化运维与管理提供支撑（图 3.4-6）。

图 3.4-6 安全监测大数据平台

五、雷达数据处理软件

雷达影像数据智能处理软件提供 SAR 图像智能解译、干涉叠加分析、极化雷达分析等功能，国外代表有瑞士 GAMMA 遥感公司开发的合成孔径雷达干涉测量处理软件 GAMMA，国内有航天宏图的 PIE-SAR、南方测绘的 Radar3D 等。

航天宏图 PIE-SAR 雷达影像数据处理软件支持国内外主流 SAR 传感器的数据处理与分析，提供高保真的深度学习滤波，自动化、高精度的 SAR 区域网平差，极化 SAR 分割分类等功能，已广泛应用于海洋、应急减灾、水利等领域。

南方测绘 Radar3D 预警软件是一款多传感器综合分析软件平台，支持海量数据的存储、计算与管理，能够管理雷达变形数据、GNSS 位移数据、位移传感器数据等专业监测数据以及视频图像、气象数据等辅助信息。此外，系统还集成了多种算法模型对滑坡险情进行预警（图 3.4-7）。

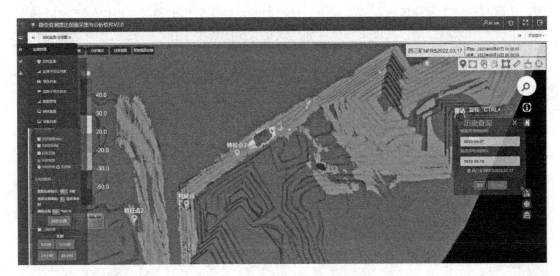

图 3.4-7　雷达图像采集与分析软件

第五节　应用前景

智能测绘时期，我国将建成实时时空信息体系，全面支撑我国政治、经济和社会发展战略需求；建成全时空导航定位、实时全球地理信息获取体系，实现全过程地理信息自主化与实时化；建成具有实时更新的时空信息基础设施，成为经济、社会、生活过程各类信息统一的基础设施；实现物理世界-数字世界-人类世界（CPH）实时信息的统一，融入各类物理过程数字化、控制智能化、决策自主化。

一、智慧城市基础设施建设

智慧城市基础设施建设的本质是新一代信息基础设施。时空信息基础设施、网络基础设施、感知基础设施和算力基础设施共同组成了新一代信息基础设施。具体而言，智慧城市基础设施建设包括国家综合定位导航授时（Positioning Navigation Timing，PNT）系统，全球快速/实时对地观测系统，空间目标和中高层大气环境天基观测系统、遥感辐射基准，时空信息基础设施，近地空间环境基础设施，空间知识基础设施建设等。智慧城市基础设施已经成为驱动经济社会发展的关键生产要素。

未来，将进一步推进以北斗卫星导航系统为核心的国家综合定位导航授时系统（PNT）建设，推动多极化合成孔径雷达（SAR）成像卫星星座建设，推动高清视频卫星组网与应用，研究和探索无缝自主导航定位、实时遥感监测、视频遥感、时空信息泛在关联、时空信息互联系统、知识服务等智能技术，并开展激光雷达、海洋测量、重力测量等高端测量装备研发。

二、智能汽车高精度地图应用

自动驾驶正在从封闭测试区向开放道路迈进，并最终实现智能网联汽车与智慧城市的协同发展。自动驾驶是当前热门的研究方向之一，具有广阔的发展前景。由于自动驾驶的行车环境具有地物复杂、场景多样、目标状态难预测等特征，而激光雷达作为近年来发展最快、性能最好的探测手段之一，具有抗干扰能力强、探测精度高等优势，可获取反映目标场景几何形状和距离信息的三维点云数据，被广泛应用于自动驾驶领域。

高精度地图（High-Precision Map），又称自动驾驶地图，不仅能够辅助智能汽车完成匹配定位，而且为自动驾驶系统提供车道级别的道路空间信息，帮助智能汽车实现厘米级的路径规划。高精度地图的逻辑数据结构应包含静态地图数据与动态地图数据两部分，高精度地图制作的主要流程包括原始数据采集、数据预处理、检测识别、质量检验和地图发布。原始数据一般由各种传感器获取，主要包括 GNSS、IMU 位姿、激光雷达点云、街景摄像和遥感影像等数据类型；数据预处理是指冗余数据去除、数据格式调整及坐标系转换等；检测识别是基于人工智能等技术方法提取各类地图要素；质量检测是在正式交付和发布高精度地图之前，对数据进行逻辑关系检查、数据精度检查等。利用移动测量车搭载激光雷达、GNSS /IMU 位姿传感器、全景相机、车轮测距器设备采集道路信息，作业效率高、道路信息采集全面，为高精度地图动态更新提供完美解决方案。

第六节　本章小结

人工智能正在掀起一场技术革命和产业革命，测绘地理信息行业紧跟时代步伐，在多学科的渗透和融合下，已迈进智能化发展阶段。人工智能时代，测绘正在逐步实现从信息服务到知识服务的转变。智能测绘是以知识和算法为核心要素，构建以知识为引导、算法为基础的混合型智能计算范式，实现测绘感知、认知、表达及行为计算。

智能测绘的技术体系主要包括众源地理信息泛在获取技术、地理空间数据智能处理技术、空间地理信息真实表达技术、地理信息资源互联共享技术、地理信息增值知识服务技术五个部分。智能测绘的基本特征包括数据感知自动化、数据处理智能化、地图制图自动化、位置服务泛在化。

在仪器装备方面，智能测绘的典型代表有通导遥一体化智能遥感卫星、智能无人机集群、三维激光扫描系统、无人船水域测量系统、室内导航定位系统等。在软件系统方面，典型代表有智能遥感处理软件、实景三维建模软件、点云数据处理软件、智能安全监测软件等。在应用前景方面，将建成高效能时空信息体系，提升全球空间信息的获取与处理能力，满足实时地理信息服务需求，促进测绘在智慧城市基础设施和智能汽车自动驾驶方面的应用。

参考文献

[1] 肖建华，彭清山，李海亭 . "测绘 4.0"：互联网时代下的测绘地理信息 [J]. 测绘通报，2015（7）：1-4.

［2］陈军，刘万增，武昊，LI Songnian，闫利．智能化测绘的基本问题与发展方向［J］．测绘学报，2021，50（8）：995-1005.

［3］李德仁，王密，杨芳．新一代智能测绘遥感科学试验卫星珞珈三号01星［J］．测绘学报．2022，51（6）：789-796.

［4］陈翰新，何德平，向泽君．测绘兵器谱［M］．北京：测绘出版社，2020.

［5］宋超智，陈翰新，温宗勇．大国工程测量技术创新与发展［M］．北京：中国建筑工业出版社，2019.

［6］刘先林．测绘装备发展的新趋势［J］．遥感信息，2015，30（1）：3-4.

［7］刘经南，郭文飞，郭迟，等．智能时代泛在测绘的再思考［J］．测绘学报，2020，49（4）：403-414.

［8］高井祥，王坚，李增科．智能背景下测绘科技发展的几点思考［J］．武汉大学学报（信息科学版），2019，44（1）：55-61.

［9］顾建祥，杨必胜，董震，等．面向数字孪生城市的智能化全息测绘［J］．测绘通报，2020（6）：134-140.

［10］张广运，张荣庭，戴琼海，等．测绘地理信息与人工智能2.0融合发展的方向［J］．测绘学报，2021，50（8）：1096-1108.

［11］姚承宽．人工智能在测绘地理信息行业中的应用［J］．河北省科学院学报，2018，35（4）：66-70.

［12］岳建平，丛康林．人工智能时代的测绘工程教育改革［J］．测绘通报，2020（9）：151-154.

［13］肖建华，王厚之，彭清山，等．推进"测绘4.0"，实现测绘地理信息事业转型升级［J］．地理空间信息，2017，15（1）：1-4，10.

［14］王星捷，郭科，张廷斌，等．新一代移动三维GIS平台研究［J］．测绘通报，2021（4）：85-89.

［15］顾建祥，董震，郭王．面向上海城市数字化转型的新型测绘［J］．测绘通报，2021（7）：131-134，139.

第四章

点云数据获取与处理

第一节　背景与现状

点，是人类认识世界最原始的概念，也是最简单的几何图形。点云，是通过一定的测量手段直接或间接采集的，且符合测量规则能够刻画目标表面特性的密集点集合，是继矢量、影像后的第三类空间数据[1]。点云包含了丰富的三维空间信息和属性信息，是现实世界三维数字化的一种表达方式，是现实世界映射到数字世界不可或缺的重要数据资源。

相比二维静态的遥感影像和矢量地图，点云数据具有以下特点：一是三维、高密度、非结构化[1]。点云中的每一个点，都具有精确的三维空间位置信息，体现了点云数据的三维特性；点云由无数个点呈高密度聚集而成，这些点共同构成了目标物的表面三维信息和属性信息；点与点之间彼此独立，没有显式的空间关联关系，因此常采用四叉树、八叉树、Kd-Tree 等索引构建方式来实现海量点云数据的组织管理与空间关系计算。二是具有一定的属性信息。如激光扫描点云具有强度和回波信息。强度信息反映了目标的反射能力，对地物目标表面材质分类具有一定参考作用；回波信息反映了激光的穿透能力，回波信息也可以辅助地物分类；此外，点云还具有反映地物表面纹理的 RGB 颜色信息，对点云数据的处理具有一定的辅助作用。三是非均匀空间分布。点云的成像方式、与地物表面的距离等差异性导致了点云在空间分布的不均匀性。点云密度分布的不均匀性对点云特征的刻画带来了一定的困难。

点云数据的获取主要采用三维激光扫描技术。三维激光扫描技术是从 20 世纪 80 年代发展起来的，该技术突破了传统测量方法主要依靠人工选点测量的局限性，自诞生以来在各行各业都得到了广泛应用。三维激光扫描直接对地球表面进行三维密集采样，通过激光脉冲主动发射并接受反射波，可快速获取具有三维坐标（X，Y，Z）和一定属性（反射强度）的海量、不规则空间分布三维点云，成为刻画复杂现实世界最为直接和重要的三维地理空间数据获取手段[2]。经过多年的积累与发展，三维激光扫描在硬件装备、三维点云数据处理以及应用三个方面取得了巨大的进步[2]。国内外先后发展出了星载、机载、车载、地面、手持等多种平台的三维激光扫描系统，点云数据获取的稳定性、精度等方面都大幅提升。三维激光扫描正在从低精度（厘米级）向高精度（亚毫米级），从几何与强度的采集走向几何与多/高光谱协同采集发展[2]。在三维激光扫描仪器设备方面，具有代表性的国内测绘科技公司有南方测绘、华测、立得空间、四维远见等公司。

在点云数据处理方面，主要包括海量点云数据的存储与管理、分类与分割、目标提取与三维建模等技术内容。由于点云具有重要的数据价值和广泛的应用领域，近年来三维点云数据获取与处理的相关理论、技术方法和工程应用都不断深入发展，加上计算机图形图像处理器水平大大提升，算力成本逐渐下降，使得三维点云数据在基础测绘、历史文化遗产保护、基础设施安全监测等领域的科研和工程应用中发挥了越来越重要的作用。

第二节　点云获取

一、点云获取方法

点云数据的获取主要通过三维激光扫描系统快速、连续和自动地采集物体表面的三维点云数据。按三维激光扫描仪所搭载平台的不同，可以划分为星载、机载、车（船）载、便携式、地面架站式扫描；按三维扫描仪的工作原理，可以分为单线激光扫描仪、多线激光扫描仪、固态激光扫描仪、结构光扫描仪和双目视觉系统等。

（一）地面静态架站式扫描

地面站扫描设备适合小范围数据采集，采用多站数据拼接方式进行数据融合处理，精度依赖于同名点的自动匹配以及外部控制点。常用于小区竣工、隧道测量等小范围数据采集。地面三维激光扫描技术具有以下一些特点：非接触测量；数据采样率高；主动发射扫描光源，可以全天候作业，不受光线的影响，工作效率高，有效工作时间长；分辨率高、精度高，测量精度可达毫米级。数字化采集，兼容性好；可与外置数码相机、GNSS 系统配合使用。

在采用地面三维激光扫描仪进行数据采集时，往往需要扫描多个测站才能获取完整的点云数据[10]，根据多站点云数据的拼接方式，可分为如下三种采集方法。

1. 基于地物特征点拼接的数据采集方法

根据每测站对待测物体进行数据采集时，获取的点云数据重叠区域内具有公共地物特征点的特性，进行后续数据处理。在外业数据采集时，扫描仪可以架设在任意位置进行扫描，同时不需要后视标靶进行辅助。在扫描过程中，只需要保证相邻两站之间的数据有30％左右的重叠区域。

数据处理主要通过选择各测站重叠区域的公共特征点计算旋转矩阵进行拼接。特征点选择完成后，软件可以计算出待拼接点云相对于基准点云的旋转矩阵，将两站数据拼接在一起。拼接结果再与剩余测站点云进行拼接。此方法外业测量简单灵活，布设方式灵活，但在地物特征不明显的情况下可能导致拼接误差较大。

2. 基于标靶的数据采集方法

采用的反射标靶可以是球体、圆柱体或圆形标靶，进行外业数据采集时，在待测物体四周通视条件相对较好的位置布设反射标靶，作为共同后视点。任意位置设站对待测物体扫描时，要求测站能同时后视到 3 个及以上后视标靶。扫描结束后，再对待测物体四周能后视到的标靶进行精扫，获取标靶的精确几何坐标。根据实际工作经验，在进行基于标靶的数据采集时，每站之间获取 4 个以上的标靶数据，在后期数据处理时能得到更好的点云拼接效果，如图 4.2-1 所示。这种方法不需要获取每个测站和标靶的测量坐标，内业点云拼接简单、快速，拼接精度较高。

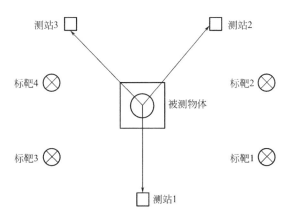

图 4.2-1　标靶与测站关系位置示意图

3. 基于"测站点＋定向点"的数据采集方法

此方法类似于常规全站仪测量的方法，也是最接近于传统测量模式的方法。该方法需要在已知控制点上设站扫描，各控制点的坐标需要采用其他的方法进行测量。外业具体数据采集流程：①在已知控制点上架设三维激光扫描仪，对仪器进行对中整平；②在另一与测站点相互通视的已知控制点上架设标靶，对标靶进行对中整平；③根据测量物体的特征，对三维激光扫描仪按一定的参数进行设置后采集被测物体点云数据；④在点云数据中找到标靶的位置并对标靶进行精细扫描，获得后视点标靶的相对坐标。利用仪器配套的软件，输入对应控制点的坐标，将点云数据旋转到需要的测量坐标系中。由于已知控制点都是在同一坐标下进行测量得到的，因此各站点云数据通过配准操作后叠加在一起，就形成了统一的整体数据。该方法点云拼接精度高，并可以直接得到相应的测量坐标系，适用于大面积或带状工程的数据采集工作。

（二）基于 POS 的移动测量

机载、车（船）载、部分便携式设备采用基于 POS 的移动测量技术路线。系统中集成了 GNSS 与 IMU 设备，组成 INS 系统。采集过程中，记录原始 GNSS 观测数据和 IMU 的三轴加速度与角速度，以及空速或轮速数据。系统内部通过 GNSS 的授时功能，为所有采集的激光点赋予精确的时间标记。这一技术路线在机载激光系统中得以应用，随着 INS 系统的日趋成熟和成本的降低，在车（船）载与部分便携式系统中也得以应用。

数据处理阶段，首先进行 POS 解算，获得带时间标记的 POS（时间、经度、纬度、高程、航向角、俯仰角、侧滚角）。然后，根据原始激光点（时间、测角与测距信息）与 POS 进行联合解算，解算过程中需要设备的标定参数（激光设备坐标系与 INS 坐标系的三轴偏移与旋转角）。

在机载采集中，GNSS 信号好，但一般物距比较大，通常采用地面控制点对 POS 进行修正，以提高点云精度。

在车载系统中，因受地形与城市建筑等影响，GNSS 精度不稳定，一般采用外部控制点或已有测绘成果对 POS 进行修正，以提高点云精度。

机载扫描覆盖范围大，扫描速度快，点云密度低，适用于超大范围作业。小范围的数据采集也可用多旋翼或固定翼小飞机采集。车载扫描数据特点为带状覆盖，扫描速度较快，点云密度高，适合高精导航地图采集、带状测图、市政园林普查、隧道测量等场景。

（三）基于 SLAM 的移动测量

便携式激光扫描其本质为一种移动测量，核心是获得任意时刻设备的 POS。传统的移动测量系统使用 GNSS＋IMU 硬件设备来获得 POS，而便携式设备通常采用 SLAM 技术来求解 POS（位姿估计）。SLAM（Simultaneous Localization And Mapping）同步定位与地图构建，最早在机器人领域提出，指机器人从未知环境的未知地点出发，在运动过程中通过重复观测到的环境特征定位自身位置和姿态，再根据自身位置构建周围环境的增量式地图，从而达到同时定位和地图构建的目的，如图 4.2-2 所示。

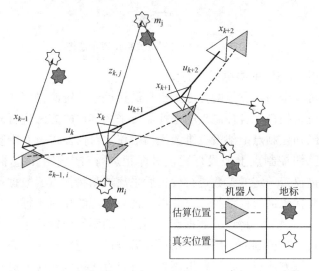

图 4.2-2　SLAM 系统原理

用一个状态向量 x_k 来表示机器人在 k 时刻的位姿（位置和机器人朝向），m_i 表示第 i 个路标的特征值，$z_{k,i}$ 表示机器人在 k 时刻对第 i 个路标的观测值，u_k 表示机器人从 $k-1$ 时刻运动，并且在 k 时刻到达状态 x_k 的运动控制向量。机器人在运动的过程中，就是依靠传感器获取的信息和自身的运动向量的信息来对状态信息求解的，从而实现位姿估计。

便携式扫描仪通常集成 MEMS 惯性传感器和多线激光雷达，体积小，重量轻，采集作业效率高，操作方便。但存在精度不高的先天不足，特别是在无法闭环的情况下，精度难以保障。一般适合室内、地下空间、隧道、小区的数据采集，如图 4.2-3 所示。

（四）基于结构光的高精度扫描

结构光测距是利用可控光源照射被测物体，通过对获取的光条纹图像的分析获得被测物体上光线对应的坐标深度信息的测量方法。其基本思想是利用光源和相机之间的几何信息帮助提取景物中的几何信息。利用光平面照射在物体表面产生光条纹，在拍摄的图像中检查这些条纹，光条纹的形态和间断性构成了物体各可见表面与相机之间的相对测量，如图 4.2-4 所示。这种方法的优点是可以减少计算的复杂性，扫描速度快，测量精度高。结

图 4.2-3 室内与地下空间点云

构光扫描仪存在测量景深的限制，设备的光学系统与被测目标只能保持相对固定的距离，限制了其应用范围，通常用于道路路面检测、隧道壁检测以及轨道相关检测扫描中。

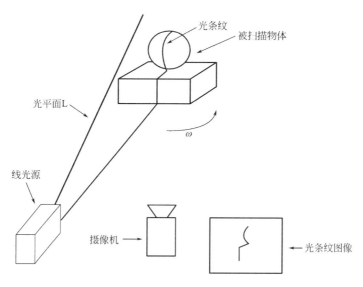

图 4.2-4 结构光原理

高端的结构光设备每秒可采集 14 万帧点云，每帧点云包括 2560 个点。在用于道路检查时，采集帧间距可达 2mm，帧内点间距可达 1.5mm。高程相对误差优于 0.5mm。搭载该设备的车载移动测量系统可以 100km 的速度采集 1 个车道的高精度、高密度点云，可用于道路路面病害检测。图 4.2-5 为武汉夕睿光电技术有限公司的结构光产品及利用该设备所获取的路面点云。

二、移动测量系统

作者所在团队多年一直从事三维激光扫描系统关键技术的研究，自主研制了集景车载移动测量系统[4][5]，如图 4.2-6 所示。

集景车载移动测量系统集成了 GNSS、IMU、LiDAR、全景相机等设备（图 4.2-7），其关键技术是对平台进行高精度的定位定姿。POS 数据与激光点云通过时间进行同步，可把激光扫描仪坐标系中的点云转换到 WGS84 坐标系中，进而获得点云坐标数据。经过严

图 4.2-5　结构光扫描仪及路面点云

图 4.2-6　集景车载移动测量系统

密的系统标定，系统整体精度优于 5cm；经过权威机构测试，平面绝对精度达到 2.1cm，高程绝对精度达到 2.3cm，相对精度 1.5cm，平面重复性精度 0.8cm，高程重复性精度 1.0cm。系统在道路竣工、带状测图、城市轨道交通点云采集、市政园林普查、城市风貌整治等方面得到大量应用。

图 4.2-7　集景车载移动测量系统主要组成部件

　　集景移动测量数据采集系统由运行在单片机上的设备控制软件模块、运行在工控机上的数据采集与服务模块以及运行在控制终端上的系统控制模块三部分组成。通过三个模块的配合，可控制激光雷达、IMU、相机、DMI、GNSS 各硬件设备的工作状态、工作模式，采集任务的状态和采集数据的情况。其工作原理如下：一是利用单片机对各种设备进行控制，特别是时间同步的 PPS 脉冲转发、GNSS 消息转发、DMI 设备脉冲采集计数时间打标及上传，相机曝光触发的脉冲发出以及曝光脉冲的捕获；激光雷达的时间同步脉冲与消息转发等。二是采集单片机消息，并对工控机时间进行同步；使用 Socket 与激光雷达连接并接收采集数据；与相机连接并记录采集数据；使用串口通信与单片机连接并记录采集数据；监听 Socket 控制端口的消息，接收控制终端的命令。三是使用控制端模块程序展示各传感器的工作状态，采集过程控制以及采集的数据的情况。关键技术如下。

（1）时间同步：由 GNSS 设备发出秒脉冲（PPS 信号），其整秒精度一般在 20ns 左右，在 GNSS 设备正常工作后，可定时发出 GPRMC 等时间信息，PPS 和 GPRMC 信息为移动测量系统的其他组件提供精确的时间同步信号。一般采用 UTC 时间或 GNSS 时间两种时间，经过闰秒处理后，这两种时间可以相互转换。采样单片机中断，在 PPS 脉冲到达时，时间 T 增加 1s，同时计算最近两次 PPS 的时间间隔（内部时钟计数），在其他信号到达时，可精确计算其精确时标，如图 4.2-8 所示。

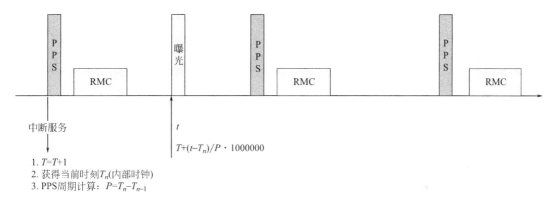

图 4.2-8　PPS 与时间同步时序

（2）POS 系统：系统集成了高精度的 IMU。其内置了三轴加速度计和三轴光纤陀螺仪，分别用于感知三个方向的加速度和角速度，同时集成了 GNSS 板卡，组成 INS 系统。POS 系统会实时输出导航数据，也可以进行 POS 后处理。为追求高精度，测绘中一般采用 POS 后处理技术。但是在完全的隧道环境下，只能采用纯惯性导航实时输出的导航数据，并需要融合里程计数据和外部控制点。POS 系统要正常工作，需要 GNSS 提供精确的授时和坐标信息。POS 首先在静止情况下进行粗对准，对准过程中传感器感知地球自转，并初始化位置和姿态，一般 5～6min 完成；然后进入精对准（该阶段可以开始行驶）；最后进入导航状态。如果采用后处理方法处理数据，只需要六个惯性传感器的原始数据与 GNSS 的原始观测数据，并且在开始和结束采集时，分别静止 5～6min（后处理软件需要这部分数据用于初始化）。

（3）激光扫描仪：系统集成了 300m 测程的国产单线激光扫描仪。激光发射频率为 600kHz，扫描线频为 50～200r/s，测距精度 0.8mm。线频与载体速度共同决定了扫描行间距，行内点间距由点频、线频、物距共同决定。集成激光雷达，需要为其提供 PPS 脉冲与 RMC 时间信息；同时根据设备的消息协议，开发数据记录与设备控制程序。设备返回的激光数据包含了时间、测距、角度、强度等信息。在数据解算时，需要用时间在 POS 中插值该时刻的平台 POS 数据。测距、角度与锥扫角（由设备标定实验获取）共同计算点云在设备坐标系中的坐标。

（4）相机：系统集成了 Ladybug5.0 全景相机，分辨率达到 8000×4000 像素，采用硬件触发方式曝光，采集频率可达到 5Hz。可采用时间曝光模式或里程曝光模式。集成相机需要向相机提供触发信号，由单片机根据时间定时触发，或根据里程计实时计算里程等距触发曝光信号；同时在设备曝光时刻，单片机采集相机的曝光信号，并在单片机中断程序中记录曝光时刻的精确时标。在数据后处理阶段，可根据相机触发时间，查找该时刻的平台 POS 数据，并根据相机的标定参数（相机坐标系与平台坐标系的三轴平移和旋转参数）还原设备的位姿，可用于点云着色和点云与影像精准匹配显示。

（5）里程计：系统集成了里程计，其为增量式旋转编码器，输出为 ABZ 三项差分电平，每圈可触发 720 个脉冲，使用结构件与车轮轴固连。集成里程计需要在单片机中对其 AB 两项进行处理，在 A 项的中断处理程序中检测 B 项的值，判断是前进还是后退，按固定时间间隔统计脉冲数就获得了里程计数据。在 POS 后处理中，可提高无 GNSS 部分的精度。也可在隧道环境下对纯惯性实时导航获得的 POS 数据进行优化。另外，在结构光设备中使用里程计作为曝光触发，即结构光设备收到里程计脉冲信号时立即曝光一次，获取一行点云。

（一）数据采集流程

移动测量系统的采集流程基本相同，集景移动测量系统的采集流程为：

（1）现场设备安装，安装位置选择 GNSS 信号无遮挡的开阔路段，便于系统初始化；

（2）系统上电并初始化，上电后，车辆静止 5～6min，进行 IMU 初始化；

（3）设备设置，可设置激光扫描仪的点频率，扫描线频率，相机的曝光设置（可设置按时间或按距离曝光）；

（4）开始采集，在进入测区前，开启记录扫描仪数据，在适当的位置分段。根据项目需求和扫描线频率以及现场车况控制采集速度，以控制点云行间距；

（5）采集过程中，同步采集 RTK 数据，用于 POS 优化；

（6）采集结束后，在开阔地带停车静止 5～6min；

（7）关闭电源，拆卸设备。

采集控制软件为平板电脑软件，图 4.2-9 为集景移动测量系统的控制软件。

数据精度主要在采集过程中进行控制，做好以下几点：

（1）在 GNSS 信号不好地带，快速通过；

（2）根据项目目标，选择合适的车道采集数据；

（3）驶出隧道后，在有条件的情况下，停车等待 GNSS 或 RTK 收敛；

（4）避免在有高压电线附近初始化系统；

（5）避开 GNSS 或 RTK 较差的时段，不同地区，不同季节可能不同；

（6）对于复杂测区，特别是高速路互通，注意线路规划。

（二）数据预处理

点云数据预处理流程如图 4.2-10 所示。

1. POS 数据处理

POS 数据处理是点云数据处理的关键。输入数据包括：基站观测数据、移动站观测数

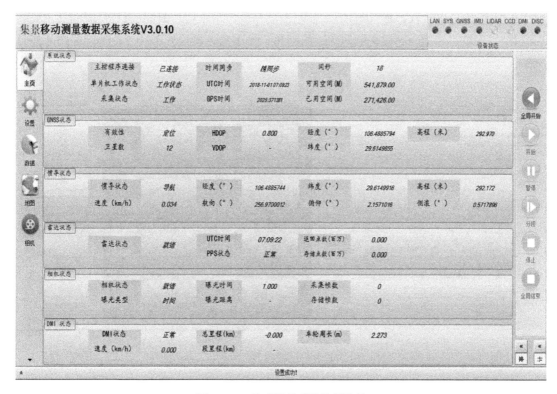

图 4.2-9　移动测量系统控制软件

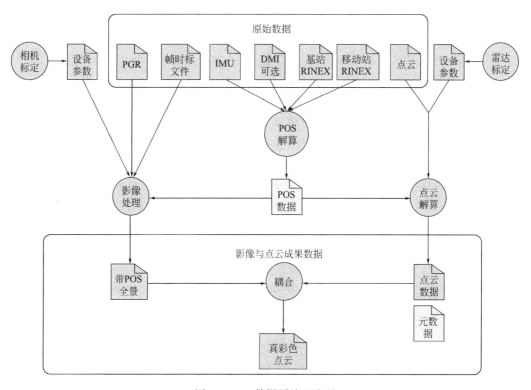

图 4.2-10　数据预处理流程

据、IMU 数据、里程计数据（可选）。输出数据包含以下字段：时间（UTC 时间或 GNSS 周内秒），经度、纬度、高程、航向角、俯仰角、侧滚角，输出频率为 200Hz，如图 4.2-11 所示。

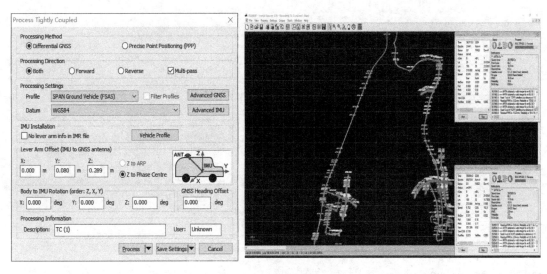

图 4.2-11　POS 处理界面

POS 处理常用软件有：诺瓦泰公司的 Inertial Explorer（缩写 IE）和 Applanix 公司的 POSPac。IE 软件可处理通用数据格式，POSPac 软件只能处理 Applanix 公司的 IMU 数据格式。

需正确设置天线相位中心到平台中心的杆臂参数，IMU 误差模型，处理模式（松耦合、紧耦合），平滑模式（向前、向后、双向）等参数。经过 GNSS 差分处理、融合 IMU 数据、平滑处理后得到 POS 数据。

2. 点云坐标解算

本节所述的点云处理是把点云从原始记录转换到 WGS84 坐标系中。点云原始数据中记录了在设备坐标系中的极坐标点（角度和测距）以及该点的采集时刻。

点云转换数学模型见图 4.2-12。其中（x，y，z）为设备坐标系中的坐标；（X_0，Y_0，Z_0）为扫描仪坐标原点在平台坐标系中的偏移，由设备安装确定；（α，β，γ）为设备坐标系的三个轴与平台坐标系三轴的夹角（从系统标定实验中获取），由此确定旋转矩阵 R_P^L；（X_p，Y_p，Z_p）为点云采集时刻的世界坐标（通常为高斯投影）；（heading，yaw，roll）为点云采集时刻的平台姿态，其确定旋转矩阵 R_G^P。整个转换过程实质为经过两次旋转和平移完成。第一次把点云从设备坐标系转换到平台坐标系，第二次从平台坐标系转换到 WGS84 坐标系。点云采集时刻的 POS 通过时间在 POS 数组中插值获取，因此时间同步很关键。在把坐标从设备坐标系转换到 WGS84 坐标系的过程中，需要使用站心坐标系作为中转，原因是 POS 数据中的三个姿态角度是参考导航坐标系定义的，因此需要在采集位置附近建立站心坐标系。在此基础上，三个姿态角度误差最小。

从数学模型中，分析影响点云精度的主要因素包括：

（1）时间同步精度，使用电路以及单片机中断处理，一般可以使系统时间同步精度达到微秒级别；

（2）系统标定的精度，系统标定影响三个角度的精度，对最终点云的精度影响较大，但可以通过精密的标定实验和算法得到提升；

（3）POS 系统的精度，POS 的精度主要受采集时刻 GNSS 卫星数、信号质量、信号遮挡情况等多种因素影响，其质量不好评估；一般采用同步采集的 RTK 数据，对 POS 数据进行优化。

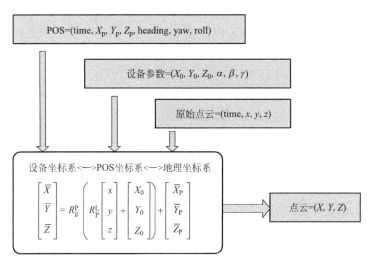

图 4.2-12　点云转换数学模型

点云处理软件通常由设备商提供，图 4.2-13 为集景移动测量系统点云处理软件。

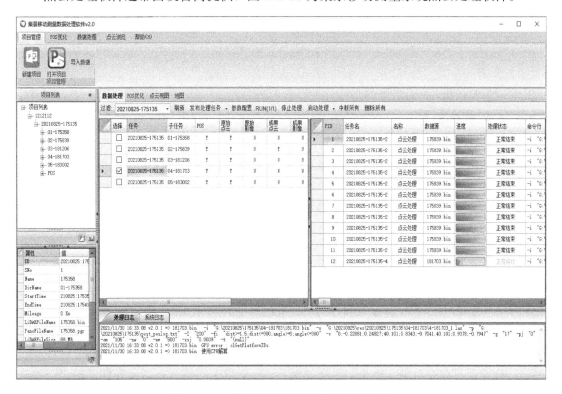

图 4.2-13　集景移动测量系统点云处理软件

三、点云精度提升方法

（一）激光扫描仪的锥扫角的标定

集成于车载移动测量系统的激光扫描仪通常为单线扫描仪，即由一个激光发射机和接收机组成。其反射镜高速旋转，以产生高速旋转的激光脉冲束。但是因为制造加工精度的问题，激光束一般不在一个平面上，而是在一个圆锥面上旋转。锥扫角定义为圆锥面与平面之间的夹角，如图 4.2-14 中∠LOA 或∠ROB。

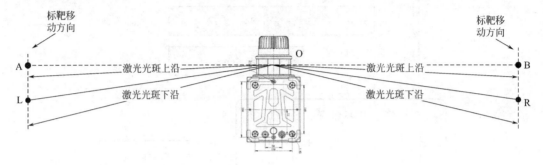

图 4.2-14　激光扫描仪锥扫角标定

为了精确测量锥扫角，在激光扫描仪两端相同距离处，水平移动标靶，同时观察实时采集的点云数据，确定激光光斑的边缘。取光斑两个边缘点的中心得到光斑的中心。图 4.2-14 中 L 和 R 点为两侧的激光光斑中心点。通过精密全站仪可测量∠LOR，计算锥扫角 $\alpha =$ （180°－∠LOR）/2。因此设备坐标系中点云坐标可修正为：

$$\begin{cases} x = d\sin\alpha \\ y = d\cos\alpha\sin(360°-\beta) \\ z = d\cos\alpha\cos(360°-\beta) \end{cases}$$

式中，α 为锥扫角，β 为激光的角度，d 为激光测距值。

（二）系统整体标定

系统整体标定的任务就是通过设计的实验，计算获得设备坐标系与平台坐标系之间的三轴安装角度与偏移，因偏移可以精确测量，所以主要任务是获得安装角度。设备坐标系指激光扫描仪自身的坐标系，采集的原始点云在这个坐标系中进行记录，一般以极坐标方式记录原始点云。平台坐标系一般指移动测量系统的坐标系，坐标原点定义为 IMU 的中心，三个轴线由其内部传感器定义，不能精确测量，只能由其生成的 POS 数据进行定义。WGS84 坐标系为带绝对坐标的坐标系。系统标定就是确定设备坐标系与平台坐标系的关系的过程，即激光设备或相机设备自身的坐标系原点在平台坐标系中的位置以及三轴与平台坐标系中三个轴的夹角。标定后的参数可获得旋转平移矩阵，用于把点云从原始数据转化到平台坐标系中；平台坐标系到 WGS84 坐标系的转换由 POS 确定的旋转和平移矩阵计算。

传统的标定方法存在两个方面的问题：①标靶没有一次性测量，内符合精度存在误差；②标靶架设存在对中、整平、量高的误差。针对以上问题，作者所在团队提出一站式移动测量系统标定数据采集方案（图 4.2-15）。具体为：沿着道路左右两侧分别均匀布设高度和距离不同、互不遮挡的标靶，标靶面垂直于行进方向，方便标靶点采集，对标靶进行对中整平，三脚架无需量高，在道路中间架设高精度全站仪，测量各标靶精确位置。标定数据采集测区为标靶区域前后各 10m，行车速度控制在 2～4km/h（保证标靶上的点密度），驶出和驶出测区时，车辆停止 30s，同时全站仪测量设备上的固定标记，该标记与设备原点的相对位置关系已知。所有测量坐标都是相对于全站仪的起算点，其内部相对误差小于 1mm，显著减小了控制点与 POS 的误差。在数据后处理阶段，使用车辆进入和驶出测区的两次静止时刻的测量坐标修正轨迹 POS，从而可以消除 POS 与标靶测量之间的系统误差（图 4.2-16）。

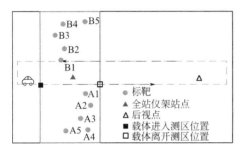

图 4.2-15　一站式标定方案

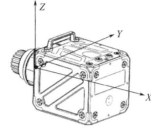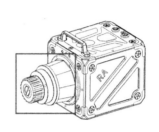

图 4.2-16　激光雷达坐标系及结构示意图

　　研究团队使用的激光扫描仪的扫描面被几组平面透镜包围，受到厂家制造工艺限制，透镜加工与安装精度不可能完全一致，所以其激光扫描平面不是一个理想的圆锥。根据车载移动测量数据特点，其重点关注的是道路两侧的空间数据，基于此，为了减小激光雷达结构引入的误差，提出了顾及雷达结构的移动测量系统参数标定方法，在系统标定过程中，分为道路左右两侧，即两组参数进行标定，有效提高了标定精度（图 4.2-17）。对于其他型号的激光雷达而言，仍然存在因制造工艺限制导致较大标定误差的问题，此标定方案可以为其他激光雷达设备的高精度标定提供参考。

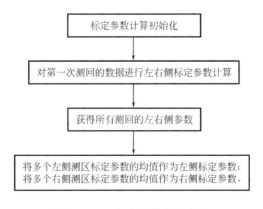

图 4.2-17　标定参数解算流程

　　标定算法是一个优化问题，目标函数为在点云中标靶中心坐标与实测坐标的中误差最小。一般可通过最小二乘法求解。作者所在研究团队利用点云测量点和标靶点坐标基于粒子群算法求解标定参数[6]。根据点云数据解算模型，认为当测量点和标靶点的距离最小时，标定参数接近真实解。计算时，模拟上万个粒子（每个粒子代表 1 个可行解），每个粒子的初始值随机生成，并用其速度表示每次迭代的修正值。记录每个粒子搜索路径中的局部最优解，所有粒子的局部最优解中最好的解为全局最优解。迭代时，引入随机性，防止所有粒子都向同一局部最优解收敛。在中误差小于阈值时，退出迭代，问题得解。该方法特点是：使用在标靶上的大量点共同参与计算，实现简单、鲁棒性强（图 4.2-18、图 4.2-19）。

图 4.2-18　标定标靶

图 4.2-19　点云标靶提取

（三）基于 RTK 的精度优化

车载移动测量系统在快速移动状态下的定位精度受到卫星信号的影响，传统"基站＋移动站"的方式使用的是单基站解算位置信息，网络 RTK 可以使用多基站，位置精度更高，基于此提出了基于网络 RTK 技术的精度优化方法[14]。具体内容有：①在传统单基站定位基础上，增加网络 RTK 天线，与系统固连，并测得天线位置；②外业采集时，同步采集网络 RTK 数据；③内业数据处理时，首先进行 POS 解算，然后对 RTK 数据进行过滤，最后选择精度较好的 RTK 数据从平面和高程两个维度分别对 POS 优化，从而提高了成果数据的精度。数学模型如图 4.2-20 所示。

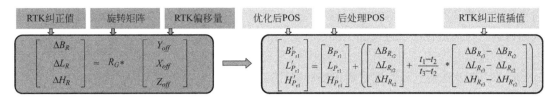

图 4.2-20 基于网络 RTK 技术的移动测量系统精度优化方法数学模型

其中，网络 RTK 数据过滤方法为：计算网络 RTK 数据与 POS 数据的差值作为纠正值，对当前 RTK 纠正值的前后一段距离或者时间内的数据进行均值滤波，作为当前 RTK 的纠正值。另外，在停车状态下，RTK 值在当前位置附近不断波动，结合 DMI 数据，找到停车时间段，取停车时间段内的 RTK 数据均值作为当前时间段中 RTK 的位置。

该方法有以下优点：①无需单独架设基站，扩大了作业范围；②减少了外业工作量，提高了效率；③降低了作业安全风险；④外业过程中可实时控制作业精度。

（四）无 GNSS 信号环境下的隧道数据采集方法

在面向轨道交通地下空间数据采集应用中，要解决该环境下无 GNSS 信号的问题，传统移动测量方法无法初始化设备，并无法获得高精度的动态导航定位数据。作者所在团队提出使用已有测绘成果的轨道线路与里程计实时模拟 GNSS 数据方式可对系统提供动态位置信息，使系统能够进行正常工作，同时可获得较高精度定位数据，数据处理过程中使用定位数据融合线路数据与外部控制点，对轨迹进行优化，获得厘米级精度的点云数据。

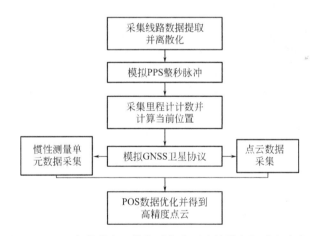

图 4.2-21 面向轨道交通数据采集应用中的精度提升方法流程

图 4.2-21 是无 GNSS 信号下点云数据采集方法流程，具体步骤包括：

（1）对从地形图中提取的采集线路数据重采样，得到离散采集线路数据。根据精度要求，从地形图中提取出采集线路数据，并按照一定距离间隔（如 0.1m，0.2m，0.4m，0.5m 或 1m 等）对采集线路数据进行重采样，最终得到离散的采集线路数据。

（2）模拟 PPS 整秒脉冲。使用单片机进行 PPS 信号模拟，为了消除单片机晶振误差对 PPS 信号的影响，可在单片机运行稳定后统计整秒的时间间隔，以该时间间隔为整秒间隔进行 PPS 信号的模拟。该 PPS 为系统提供统一的时间同步源。

（3）以一定的时间间隔采集里程计计数，当整秒 PPS 脉冲信号到达后，计算该整秒内里程计计数之和，并结合里程计每周的脉冲数量、车轮的周长 L，上一时刻位置及采集线路数据，在离散化的轨迹线路上插值计算当前时刻采集平台的位置。

（4）模拟 GNSS 卫星协议。在整秒 PPS 脉冲信号到达后，根据当前时刻位置生成 GPGGA 消息发送给点云数据采集程序和惯性测量单元。

（5）惯性测量单元数据采集。在模拟的 GPGGA 消息到达后，IMU 可进行初始化并进行组合导航，得到位置、姿态实时导航数据。

（6）在数据后处理阶段，使用外部控制点对 POS 数据优化以得到高精度点云。

受到采集线路数据精度、里程计计数精度、惯性测量单元精度等的影响，POS 数据可能存在一定的误差，为了得到更高精度的点云数据，可分为两个步骤对 POS 数据进行优化。首先，根据里程计计数数据对 POS 数据做初步优化，假设开始采集时刻为 T_0，起点位置为 P_3（L_3，B_3，H_3），在整秒 PPS 脉冲到达时，该整秒内里程计计数之和为 N，里程计每周脉冲数为 P，车轮周长为 L，则在该整秒内采集平台的前进距离为：$D = \dfrac{N}{P} \cdot L$，根据采集线路数据可得到当前 $T_0 + 1$ 时刻位置 P_4（L_4，B_4，H_4），若在 POS 数据中当前时刻对应的位置为 $P_4'(L_4'，B_4'，H_4')$，则对该整秒内的 POS 数据进行差值改正，获得改正后的 POS 位置；然后，为了进一步对改正后的 POS 数据进行优化，可在采集线路周边有效范围内选择少量人工控制点，并计算控制点与由改正后 POS 数据解算的点云数据中对应位置的坐标差，并根据该差值对 POS 数据进行第二次差值改正，获得更高精度的 POS 数据，从而得到更高精度点云（图 4.2-22）。

图 4.2-22　面向轨道交通数据采集成果

第三节　点云处理

一、空间组织

（一）八叉树组织

在点云显示以及邻域搜索中，通常以八叉树进行组织[7]。它把空间以中心为参照划分为

8个尺寸相同的子空间，每个子空间以同样的方法划分，直到子空间中的点云数量小于阈值或子空间尺寸小于阈值，则停止子空间划分，如图4.3-1所示。

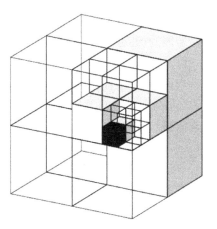

本研究用八叉树对点云数据进行组织和管理，主要方法为：把点云进行平面格网划分，根据点云密度设置适当的格网尺寸，一般机载数据250m、车载数据125m、地面站数据62.5m。对每一个格网建立八叉树，所有八叉树组成八叉树森林（图4.3-2）。对于单棵八叉树，对其坐标进行重排，满足以下条件：
（1）每个节点的坐标指针指向对应子树的第一个坐标；
（2）每个节点中的所有子树的坐标连续排列；（3）整棵树的坐标连续排列；（4）使用最小节点尺寸和最小

图4.3-1 八叉树的空间划分

节点点云数量阈值约束八叉树的层次；（5）每个点的其他属性（如颜色、强度值、回波信息、时间、地面高、分类、要素编码等）以与点云相同的顺序组织在单独的数组中。

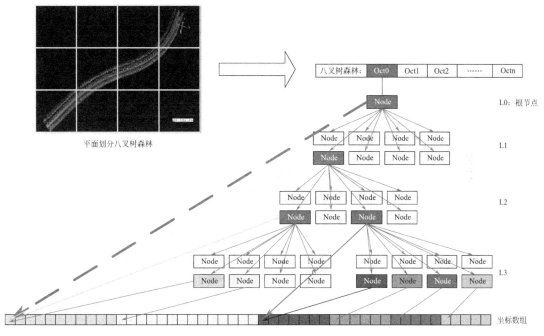

图4.3-2 集景点云工作站八叉树组织

采用以上方法构建的八叉树具备以下特征：（1）任意节点可直接访问该节点对应空间包含的点云；（2）整个坐标数据连续存储，可减少磁盘读取时间；（3）首次平面划分可缩小八叉树尺寸，减少八叉树的深度及其深度遍历的代价；（4）遍历过程无需遍历到叶节点就能访问坐标数据。

团队自主研发的集景点云工作站软件就使用了自定义点云格式，用上述的八叉树森林数据结构对点云进行组织，提供高效的空间与邻域搜索，以及属性、空间联合搜索过滤。其坐标数组、属性数组都以八叉树划分的顺序进行组织，使用内存映射机制访问数据；可做到按需加载，在空间搜索时，只需加载相邻区域的数据，极大地减少磁盘读写开销；同时对属性的访问通常是单独进行，只需加载需要的属性数据，进一步减少了磁盘开销。

以八叉树森林作为点云数据的基本组织结构，可以实现高效的空间查询，空间与属性联合查询。其中空间查询又分为屏幕坐标查询（如在屏幕平面上的拉框、斜拉框、圆形、多边形查询）和空间坐标查询（包括拉框、斜拉框、圆形、多边形、线缓冲查询）；在空间查询时，可加入属性过滤条件进行联合查询（比如查询多边形内的地面高在指定区间中的点云）。空间查询步骤为：（1）从八叉树森林中初步过滤出与查询对象相交的八叉树；（2）对过滤后的八叉树进行空间查询，从八叉树根节点开始递归查询，如果子节点完全包含于查询对象，则把整个子节点中的点云加入结果集；如果子节点与查询对象完全不相交，则停止对其子节点进行递归操作；如果子节点与查询对象部分相交，则对该节点的所有子节点进行递归操作；如果子节点为叶子节点，则对其所有点与查询对象进行空间判断，把满足要求的点加入结果集。空间、属性联合查询步骤为：（1）进行空间查询；（2）对查询结果进行属性过滤。

（二）细节层次

LOD 技术是三维软件中用于减少模型数据、提高显示效率的技术。其基本思想是：显示远离视点的模型时可以使用简化模型，显示靠近视点的模型时使用精细化模型。由于三维的透视效果，简化模型并不会带来视觉上的粗糙感，从而减少了渲染模型的体量，提升了显示效率。

集景点云工作站软件采用的 LOD 技术和策略如下：在建立八叉树点云文件时，以八叉树为单元建立对应的 LOD 文件。数据显示时，以八叉树作为单元逐层进行叠加显示，八叉树的每一个 LOD 层是对八叉树点云的一次采样，采样间隔满足表 4.3-1 所述要求。并把 LOD 层分为静态层和动态层，静态层表示预先生成到 LOD 文件的层；动态层表示没有预先生成，在显卡请求显示时，动态从原始八叉树坐标数组中生成。静态层一般包含 12 层，从 L0 到 L11 层，每层中的点云数量依次翻倍。L11 和 L12 层为动态层，分别占点云的四分之一和二分之一，静态层的 LOD 文件占所有点云的四分之一。

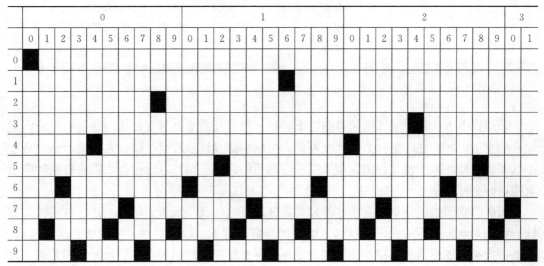

采样间隔为 32 的 LOD 采样示意　　　　表 4.3-1

采用以上策略的优点为：

（1）使用静态和动态 LOD 层可减少 LOD 文件大小，只需要预先生成四分之一点云的 LOD 数据，占用磁盘空间小。

（2）使用显卡的颜色数组对点云属性进行编码，可减少实时编码时间。

（3）近距离显示时，需要显示点云细节的动态 LOD 层的数量较少，需要加载整个八叉树坐标的开销不大。

（4）所有 LOD 层叠加后等于完整的点云，无重复，无冗余。

（5）以八叉树作为 LOD 的显示单元便于控制。

（6）在点属性更新后，对八叉树为单位的 LOD 各层中的点云属性编码进行更新。

（三）大规模可视化

基于点云八叉树和 LOD 构建技术，对点云数据构建八叉树索引并生成对应的 LOD 后，即可实现点云数据的快速渲染。在保证点云数据渲染流畅的前提下，为了最大限度地保证点云数据的渲染质量，在点云数据渲染过程中应用视锥体裁剪技术和多线程动态调度技术。对于渲染过程中的每一帧，首先获取场景中加载的点云数据集及其对应的八叉树索引，将八叉树索引及当前场景参数放入场景拣选队列，场景拣选线程对当前场景中的八叉树节点进行视锥体裁剪，判断节点是否在视锥体内。若在视锥体内，则根据视点到八叉树中心的距离值，确定 LOD 加载的层级，并逐层向 LOD 加载队列发送 LOD 加载请求，LOD 加载线程按照优先级（根据八叉树节点中心到视点的距离进行排序）从 LOD 加载队列中获取 LOD 索引并加载 LOD 数据，将已加载的 LOD 数据放入已加载的 LOD 数据队列中。渲染主线程根据场景拣选线程的拣选结果，从 LOD 加载线程的已加载数据队列中获得已加载的 LOD 数据合并到当前场景中，完成渲染。具体渲染流程如图 4.3-3 所示。将所有视锥体内的节点根据距离和层级进行排序并加入到优先队列中，优先读取和渲染距离较近、层级较小的点云，通过这种方式可以有效地保证点云数据的渲染质量（图 4.3-4）。

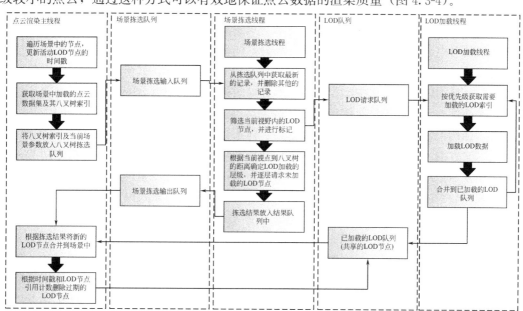

图 4.3-3　多线程加载流程

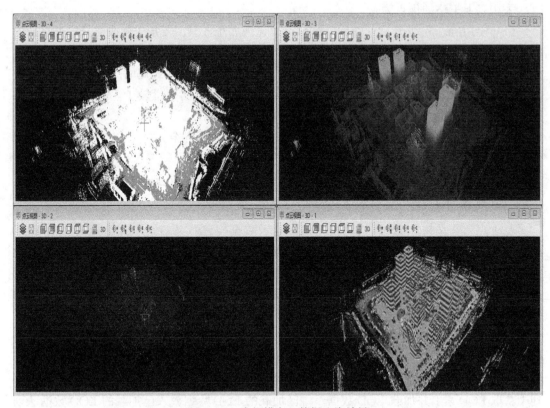

图 4.3-4　大规模点云数据渲染效果

（四）体素与特征

海量点云的分析需要大量使用邻域搜索，现在较成熟的技术有八叉树、体素[15] 和 K-d 树。八叉树、K-d 树的构建和邻域搜索需要较大的内存和计算开销。体素可大幅压缩点云数量，构建和邻域搜索效率高，本节总结了集景点云工作站中体素的应用方法。

体素是对点云进行的固定尺寸立方块划分，体素分析一般适用于车载或地面站扫描的高密度点云；通常划分尺寸为 0.1～0.3m。体素自身也带坐标，其坐标可以为体素包含点云的质心，或为体素的几何中心。体素的属性可表达为体素中点云的几何特征，如高程中误差、平面度、直线度等具有统计特征的量。

体素结构包含原始坐标数组、索引数组、体素数组和体素关联表构成（图 4.3-5）。坐标数组为输入的点云坐标串；体素数组是构建后的体素数组；体素与坐标数组之间的关联关系使用索引数组表达；体素关联表为哈希表，其键为三个维度坐标值与体素尺寸的计算结果 [式（4.3-1）]，其中（X, Y, Z）为点云坐标，S 为体素尺寸。同一体素中的点云计算获得的体素 Key 都相同。可以很容易获得体素的邻域，可快速进行邻域搜索。

$$\text{Key} = \lfloor X/S \rfloor \ll 40 \mid \lfloor Y/S \rfloor \ll 20 \mid \lfloor Z/S \rfloor \qquad (4.3\text{-}1)$$

该方法具有以下优点：（1）时间复杂度为 $O(n)$，构建速度快，可以达到每秒一千万点的构建效率；（2）内存开销小，主要是哈希表和索引数组的开销；（3）基于体素的邻域搜索、聚类、特征计算算法简单、效率高；（4）可设置体素内点数阈值，对孤立点进行滤波。

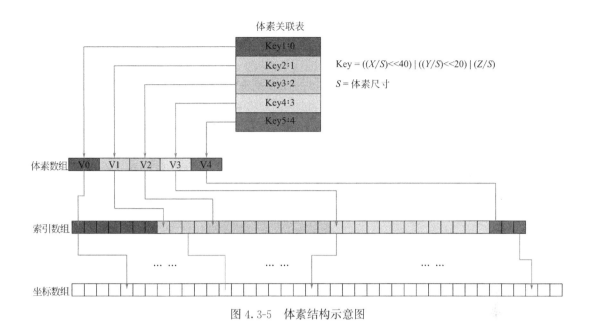

体素关联表

Key = ((X/S)<<40) | ((Y/S)<<20) | (Z/S)

S = 体素尺寸

图 4.3-5　体素结构示意图

使用体素作为分析算法的基础，常需要对体素的几何特征进行计算，其具体步骤为：（1）使用式（4.3-2）计算体素 V 中点云的协方差矩阵 M，N 为 V 中点数，V_c 为 V 的质心；（2）计算 M 的特征值 $\{\lambda_1，\lambda_2，\lambda_3\}$ 和对应的特征向量 $\{e_1，e_2，e_3\}$，其中 $\lambda_1 \geqslant \lambda_2 \geqslant \lambda_3$；（3）根据式（4.3-3）计算体素的三个几何特征值 $\{S_1，S_2，S_3\}$，分别为一维线性特征，二维平面特征，三维体特征，$\{S_1，S_2，S_3\}$ 中的最大者对应体素的几何特征（线状、面状、体状）；（4）e_3 为体素的法向量 V^N；（5）e_1 为体素的主方向 V^P；（6）计算体素高程均方差 V^{SDH}；（7）对体素进行粗分类（①水平分布，②垂直分布，③其他）。因此，体素 V 的特征可记为 $\{N，V_c，S_1，S_2，S_3，V^N，V^P，V^{SDH}，C\}$。

$$M = \frac{1}{N} \sum_{p_i \in V} (p_i - V_c)(p_i - V_c)^T \qquad (4.3-2)$$

$$\begin{cases} S_1 = \dfrac{\sqrt{\lambda_1} - \sqrt{\lambda_2}}{\sqrt{\lambda_1}} \\[2mm] S_2 = \dfrac{\sqrt{\lambda_2} - \sqrt{\lambda_3}}{\sqrt{\lambda_1}} \\[2mm] S_3 = \dfrac{\sqrt{\lambda_3}}{\sqrt{\lambda_1}} \end{cases} \qquad (4.3-3)$$

二、分类与分割

目标识别的关键是分类与分割[16]。点云分类和图像分类类似，实现原理是根据对应的标签将点云数据正确地识别出来。点云分割是按照规则对点云数据进行归类，通常将相同特征的点标记成一个类别。传统方法一般通过人工提取特征，特征提取后对点云进行分类分割，但这类方法依赖人工的专业水平和经验，过程较为复杂。

（一）地面滤波

地面滤波是从点云中去除地物点而保留地形点的过程，是点云处理的关键环节和基础。大量国内外专家学者对点云滤波算法进行了研究，目前主要的地面滤波算法可分为基于坡度的滤波算法、基于形态学的滤波算法、基于曲面拟合的滤波算法、基于不规则三角网的滤波算法、基于分割的滤波算法以及基于机器学习的滤波算法。

上述算法各有特点和适用场景，为克服单一算法的局限性，作者所在研究团队提出了一种将布料模拟滤波（Cloth Simulation Filtering，CSF）算法与渐进加密不规则三角网（Progressive Triangulated Irregular Network Densification，PTD）算法相结合的地面点云滤波算法。首先采用 CSF 算法获取地面种子点构建初始三角网，然后采用 PTD 算法对其余点进行判定，获取完整地面点云，算法基本流程如图 4.3-6 所示。

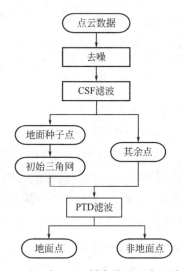

图 4.3-6　CSF 与 PTD 结合的地面点云滤波算法

经实际验证，本算法可对机载、车载、地面站等多种来源点云数据进行地面点滤波，如图 4.3-7～图 4.3-9 所示，滤波精度与适应性良好。

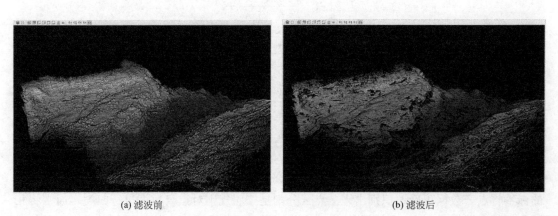

(a) 滤波前　　　　　　　　　　　　　(b) 滤波后

图 4.3-7　机载点云地面滤波前后对比

(a) 滤波前   (b) 滤波后

图 4.3-8 车载点云地面滤波前后对比

 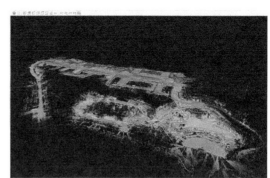

(a) 滤波前   (b) 滤波后

图 4.3-9 地面站点云地面滤波前后对比

地面滤波提取出的地面点云，可作为 DEM 生成、等高线绘制、土方量计算、表面积计算等应用的基础数据（图 4.3-10）。

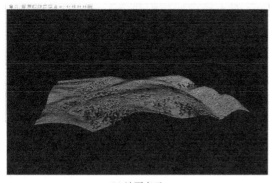 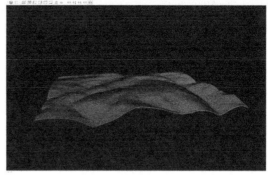

(a) 地面点云   (b) DEM

图 4.3-10 基于地面点云生成的 DEM

（二）点云分类

点云分类是根据点云特征将点云划分为不同的类别，根据这些特征获取方法不同，分类方法包括基于点的分类方法、基于传统机器学习的分类方法、基于深度学习的分类方法三大类。

1. 基于点的分类方法

1994 年，Chua C S[3] 等提出点签名方法，该方法的核心思想是基于旋转角计算签名的距离，该旋转角可以通过点的邻域与物体的交线所拟合的平面法向量与参考矢量定义，计算得到了点的签名后，再进行匹配实现分类。还有利用形状特征进行点分类的方法，比如使用二维数据生成的旋转图来进行提取等，可以进行多目标分类，但在物体被大范围遮挡时的效果不是很理想。还有学者提出了多目标的层次化提取方法，该方法利用点云的颜色、法向量、强度等生成体素来进行点云识别，可以在小规模场景中实现快速分类。

2. 基于传统机器学习的分类方法

基于传统机器学习的方法也有很多，一般都需要利用到点云的特征才能进行学习。比如一种用于机载点云的随机森林监督学习方法，该方法可以利用点云的几何、纹理等特征，结合随机森林监督学习方法进行城市地物分类。监督学习的方法还可以结合支持向量机、马尔科夫随机场等其他方法来进行分类。半自动学习方法也是常用的一种方法，有学者提出了一种结合 SVM 的建筑立面提取方法，该方法基于建筑的特征图像，从数据中生成二维特征图像，再结合 SVM 和特征属性进行分类，该方法在简单场景下分类效果较好，但不适用于复杂场景的多目标提取。

3. 基于深度学习的分类方法

基于点的分类方法和基于传统机器学习的方法一般都是通过人为定义的一些规则进行特征的组合，模型获取的多为浅层特征，虽然可以进行分类任务，但难以进行复杂任务处理。近年来，深度学习和人工智能发展迅猛，因此有很多研究者也将深度学习用于点云分类处理。如 C. R. Qi 等[17] 提出的 PointNet 网络结合了点云的单点特征以形成全局的签名，并使用对称函数解决点云的顺序问题，在室内物体分类、目标分割、语义场景分割等任务中取得很好的效果。在此基础上提出的 PointNet＋＋是可以更进一步捕获空间点局部特征的分层神经网络，该网络将点云分割成重叠的局部区域并分层，提取局部几何特征来形成高级别的特征，相比 PointNet，PointNet＋＋具有更强的识别细粒图案的能力和更强的复杂场景的泛化能力。为了更好地考虑点云颜色信息，Roman 等[18] 提出了一种利用 Kd-tree 从点云的颜色、强度、法向量等属性进行学习的 Deep Kd-Networks 方法，该方法将点云进行了结构化处理，考虑了颜色等属性，准确率较高，但该方法对噪声敏感，需要额外的计算开销。基于以上研究方法，Yangyan Li 等[19] 提出了 PointCNN 框架，这是一种通用的点云特征学习框架，可以利用多层感知机输入点云中学习，将无序的点云通过置换矩阵转成有序，取得较好的分类效果，但该方法是针对单一点云模型进行分类的，还难以解决目前普遍存在的面向复杂场景点云分类问题。

（三）点云分割

点云分割是三维点云数据处理的重要步骤。其目的是对点云数据进行有效地划分，将具有相似属性的点云划分为同一类。点云分割在目标检测、物体识别、三维重建和场景理解等领域都有重要的应用。点云分割的结果可以有助于从各个方面进行场景分析，如分类和识别对象，定位和三维重建。

目前，点云分割方法受到学术前沿研究学者的广泛关注，大致可分为基于边缘、基于区域生长、基于模型拟合、基于属性、基于图优化及基于机器学习六类。

1. 基于边缘的分割方法

边缘是三维点云具备的形状特征之一，边缘点云通常存在点云强度以及法向量不均匀的特点。基于以上特性，基于边缘信息的点云分割方法基本原理是通过计算出三维点云强度以及法向量变化激烈的点从而提取边界信息，最终实现场景点云分割。基于边缘的三维点云分割方法是根据图像领域的边缘分割方法发展而来，其根据点云的形状特征描述点云的轮廓，从而实现对三维点云的分割。

基于边缘的分割方法在处理简单场景的点云数据时速度较快，但由于提取边缘信息时易受噪声、密度的干扰，点云分割的精确度有所欠缺。因此，这种方法目前很少应用于密集或者大面积的点云数据集。

2. 基于区域生长的分割方法

基于区域生长的点云分割方法的基本原理是基于种子点以一定的生长规则向外生长，直至分割完毕。该类算法一般步骤主要分为两步：第一步根据曲率等特征选取初始种子点，第二步利用三维点云的曲率、法向量以及距离等特征对周边点云进行判定，合并相似点云，直到没有点云符合生长条件。目前，基于区域生长的三维点云分割方法已经广泛应用于自动驾驶[9]、智慧交通以及机器人控制等领域。

基于区域生长的点云分割方法由于其简单、高效且不易受噪声点影响，故其适用于处理大规模、复杂场景的点云数据。但是该算法初始种子点的选取以及生长条件对最终分割结果影响很大，并且不能准确识别物体边界，对非线性物体分割效果较差，容易出现过分割与欠分割现象。

3. 基于模型拟合的分割方法

基于模型拟合的分割方法的基本原理是利用原始几何形态的数学模型，将同一区域具有相同数学表达式的点云数据分割到一起。该方法一般包括两个单独的步骤：属性的计算；根据点的属性进行聚类。基于模型拟合的随机采样一致性估计算法（Random Sample Consensus，RANSAC）就是一种经典的模型拟合算法。

基于模型拟合的分割方法运用单纯的数学原理，分割速度较快且具有异值性，目前点云库中已经实现了基于线、平面、圆等各种模型。但这种方法的主要局限性在于只能处理简单场景下小规模具有几何形状的点云数据。

4. 基于属性的分割方法

基于属性的分割方法是一种鲁棒性较好的分割算法，该算法通常包括两个步骤：首先对点云数据进行特征提取，然后通过计算点的属性进行聚类。基于属性的点云分割算法比较灵活准确，且算法在运行过程中相对稳定，能够有效分割不同属性的区域。但该算法存在以下局限：过于依赖邻域点的定义及点的密度。在处理大量点云数据时比较耗时，因此在分割阶段逐渐不被采用。

5. 基于图优化的分割方法

基于图优化的分割方法将点云转换为图形结构，图中顶点对应不同的点云数据，每个顶点的边由相邻的点云连接，且为每条边赋予一个权值，利用它表示点云数据中点与点之间的相似性。该类方法需要使得同一分割区域内的点之间的相似性最大。

基于图优化的分割方法是一种更为完善与先进的点云分割方法。该方法能够有效处理复杂场景下的点云数据，且受噪声影响较小；由于其不受几何模型以及点云密度等诸多因素的影响，对密度不均匀的点云数据也能有效分割。但是，这类算法也存在以下问题：构造图和能量函数时算法较为复杂，无法实时处理点云数据；在某些情况下，需要使用特殊的传感器及获取设备。

6. 基于机器学习的分割方法

基于机器学习的分割方法近几年来较为火热，其在三维点云分割领域取得了重要进展。目前基于机器学习的分割方法和模型主要分为基于体素、多视图以及点云数据三类。

基于机器学习的分割方法能够有效分割大规模、复杂场景的点云数据，但其需要花费大量运行时间。该算法较为灵敏，其分割效果依赖于网络框架所提取的点云特征向量。

近年来，国内外研究学者针对点云模型提出了大量的点云分割算法，这些算法的提出促进了点云分割领域的发展，点云分割的效果也得到显著提升。但是目前仍存在以下问题：

（1）由于获取设备等硬件水平的限制，获取的点云数据通常是不完整的，且数据容易受到各类噪声点以及离群点的影响。

（2）点云之间也存在遮挡问题，导致目标点云数据丢失。

（3）通过激光雷达等三维扫描设备获取点云通常是无序、散乱分布的，其不具备拓扑结构，增加了点云不同区域特征的界定难度，影响散乱点云的分割效率。

目前常用的解决方案是根据点云的曲率，法向量、空间距离等基本属性对点云进行分割，但该方法不适用于堆叠物体，且在大规模复杂场景下易出现过分割以及欠分割的现象，从而影响点云的分割精度。因此点云分割依旧是三维点云数据处理领域研究的重点以及难点。

三、要素提取

（一）地面特征线提取

目前，主流的地面特征线提取方法是基于体素的特征线提取算法。其优点是：计算速度快，容错性强。一般可达到90％以上的正确率。下面以集景点云工作站软件中采用的提取方法为例，说明其具体方法。

地面特征线的基本特征可描述为：平面边缘有竖直的面状点云分布，两个面的交线为特征线。基本步骤为：（1）对输入点云建立体素，并计算体素特征；（2）计算边界点：如果体素 V_1 的粗分类为水平特征，且其邻域存在一个竖直特征的体素 V_2，则计算它们之间的边界点；（3）在边界点集合中进行线性追踪得到边界线。

线性追踪的方法是：（1）把边界点集合上建立体素，目的是进行邻域搜索；（2）从任意未标记的 P_i 点出发，搜索缓冲半径 B 内的邻域点，取邻域中未标记且距 P_i 最远的点 P_j，以 $L = \{P_i，P_j\}$ 为种子线开始搜索；（3）以 L 中最后点 P 点为参考点，搜索 B 范围内的点，对搜索结果进行过滤，满足方向约束条件（新点到 P 点的方向与 L 中最后部分的方向夹角小于阈值）则接受 P 点，加入 L 集合中；如果没有满足条件的点，可适当增加搜索半径，直到搜索半径超出阈值，则 L 为一条特征线结果，并设置该线周边 0.5m 范围内点的标记；（4）继续步骤（2）和（3），直到没有找到种子线。特征线搜索结果实例如图 4.3-11 所示。

同时，使用高程过滤后，以相同高程的点云组成特征点集合，可使用上述特征性跟踪算法进行等高线的生成。生成结果如图 4.3-12、图 4.3-13 所示。

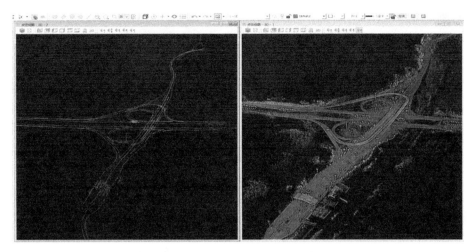

图 4.3-11　特征线搜索结果实例

图 4.3-12　等高线自动采集

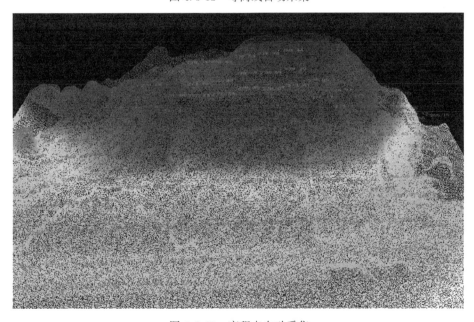

图 4.3-13　高程点自动采集

（二）杆状地物提取

1. 基于分水岭分割算法的行道树提取

基于分水岭分割的行道树提取方法充分挖掘车载点云中行道树及其邻近地物的空间邻域特征，将点云数据进行格网划分后投影为灰度图像，对灰度图像进行分水岭分割确定行道树轮廓，根据行道树轮廓从点云数据中提取完整的行道树点云。

在城市道路两侧的行道树主要有油松、银杏、梧桐树等，这些树木的共同特点是树干较为笔直，并且树干的对称性相对来说较为整齐。在车载激光点云中，这些树木结构差异明显：树干部分的点云在平面上分布范围较小，树冠点云呈圆状，与树干相比，其空间范围较大；树冠及树干部分点云高程差从树冠中心或者树干向树冠边缘逐渐减小。

在对车载点云数据进行地面点滤波，过滤了地面点云后，单棵行道树高程差分布如图 4.3-14 所示。图 4.3-14（a）展示了行道树点云模型不同位置的高程差，图 4.3-14（b）显示了单棵行道树点云的高程差分布波形图，横轴为单棵行道树树冠在 XOY 平面上的投影直径 D，纵轴为高程差值 ΔZ。可以看出，越靠近树冠中心或者树干，高程差值越大，也就越靠近波峰；距树冠中心或者树干越远，高程差值越小，越靠近波谷。

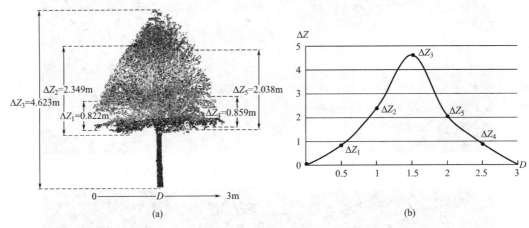

图 4.3-14　单棵行道树点云模型高差分布示意图

对于道路两侧距离较近的行道树，存在树冠连接在一起的情况，如图 4.3-15 所示，显示了相邻两棵树冠相连行道树点云模型，图 4.3-15（a）显示了相连行道树点云模型不

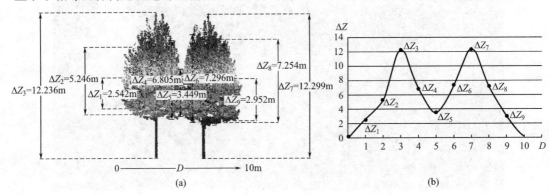

图 4.3-15　相连行道树点云模型高差分布示意图

同位置的高程差，图 4.3-15（b）显示了相连行道树点云模型的高程差分布波形图，横轴为两棵行道树树冠在 XOY 平面上的投影直径之和 D，纵轴为高程差值 ΔZ。分析可知，在两棵行道树树冠顶端，高程差值达到了最大值，在波形图中两个树冠位置到达了波峰，而在两个波峰之间，即两棵行道树相连的区域，高程差值到达了波谷。

综合上述分析，行道树点云模型在点云数据中具有明显的高程差异分布特征，能够与其他地物进行明显区分，本研究根据行道树点云模型高程差分布规律开展研究工作（图 4.3-16）。

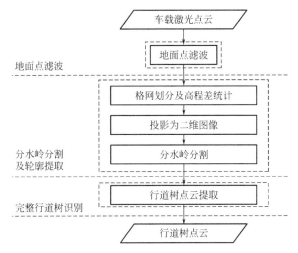

图 4.3-16　车载激光点云行道树提取算法流程

算法首先通过滤波去除原始点云中地面点及大部分噪声点；然后用二维格网划分点云数据，并计算格网中高程差；将格网点云按照高程差异投影为灰度图像；使用分水岭对灰度图像分割，提取出分割后单棵行道树点云轮廓；最后使用单棵行道树点云轮廓类识别出完整的行道树点云（图 4.3-17～图 4.3-19）。

(a) 实验街区点云数据　　　　　　　　　　　(b) 实验街区局部点云

图 4.3-17　城市街区实验数据

2. 基于分层聚类的杆状地物提取

首先利用布料模拟算法过滤出地面点云与非地面点云，对非地面点云按照预设的高程间隔进行分层，对每层点云数据进行聚类，然后根据杆状地物在高程方向连续延伸的特

智能测绘技术

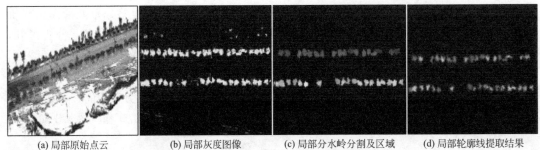

(a) 局部原始点云　　(b) 局部灰度图像　　(c) 局部分水岭分割及区域　(d) 局部轮廓线提取结果
　　　　　　　　　　　　　　　　　　　　　剔除结果

图 4.3-18　行道树提取算法过程

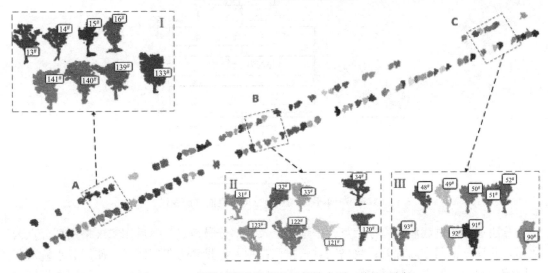

图 4.3-19　行道树提取结果及局部放大图（按 ID 赋色）

点，在高程方向对分层的聚类结果再次聚类，以识别出完整的杆状地物点云。算法流程如图 4.3-20 所示。

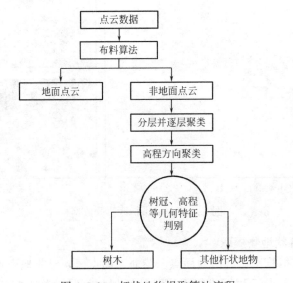

图 4.3-20　杆状地物提取算法流程

104

（1）参数配置

参数配置主要有布料算法 CSF 的相关参数及杆状地物提取的相关参数，如图 4.3-21 所示。

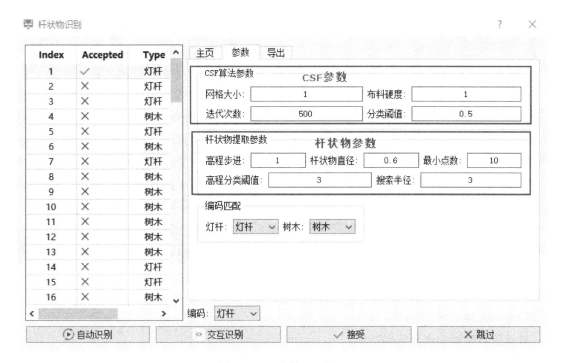

图 4.3-21　参数配置界面

（2）人工类别确认及修改

通过人工判读，可对自动识别错误的类别进行人工修改，如图 4.3-22、图 4.3-23 所示。

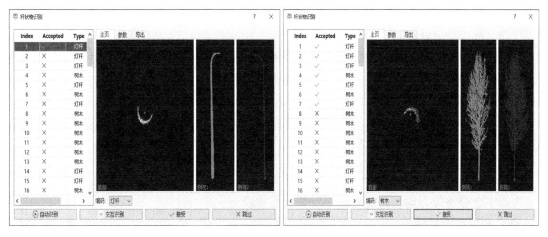

图 4.3-22　灯杆、树木地物

图 4.3-23　分类结果与点云数据的叠加显示

（三）小区场景地物提取

1. 建筑区典型地物点云空间特性

建筑区地物可分为地面（含低矮植被）、建筑物、杆状物、树木及其他地物类型，其具体特性如下（图 4.3-24）：

（1）建筑物点云特征

建筑物外形较为规则，高度较大，点云集中在建筑物外立面，投影到 XOY 平面后呈线性连续分布，立面投影区域点云密度大，建筑物内部点云密度小。此外，由于建筑立面一般垂直于地面，点云法向量与 Z 轴夹角（下文称法向量垂直角）集中在 90°左右，标准差较小。

（2）地面点云特征

地面点云高程值较小，投影到平面后呈面状分布，点密度较小且分布均匀，法向量垂直角分散分布，标准差较大。

（3）杆状地物点云特征

电杆、路灯等杆状地物一般垂直于地面且有一定高度，投影面积小，点密度较大。立杆部分与附属部件（如灯泡、摄像头等）法向量垂直角差异较大。

（4）树木点云特征

树木具有一定高度，且树冠范围较树干大，单棵树木投影后呈近似圆形分布，投影范围内点密度分布较为均匀，法向量垂直角标准差较大。

2. 点云多层次语义特征

根据各类地物的空间特征，结合建筑立面提取的需求，构建点云单点语义、格网语义和区域语义三类特征，具体如下：

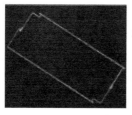

(a) 建筑物点云

(b) 地面点云

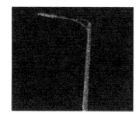

(c) 路灯点云

(d) 树木点云

图 4.3-24　建筑区典型地物点云及平面投影

（1）单点语义特征

对于点 P，将其高程值 P_Z 作为单点语义特征，即：

$$P = \{P_Z\}$$

基于该特征，通过设置低点阈值 Z_{low} 可将低于该值的非建筑点云剔除；若大于高点阈值 Z_{high} 的点全部为建筑立面点，则可将该阈值以上的点标记为建筑立面点。

（2）格网语义特征

将点云进行平面投影并按一定尺寸划分格网 G，计算格网内的点云密度 G_D、最高点与最低点高差 G_H 作为单元格网的语义特征，即：

$$G = \{G_D, G_H\}$$

由于建筑物具有一定高度且在立面处的点云投影密度较大，可将格网密度或高差低于一定阈值的非建筑立面点云剔除。

（3）区域语义特征

将满足格网语义特征阈值要求的格网定义为兴趣格网，相互连通的兴趣格网集合定义为一个对象区域 A，对每个区域采用安德鲁算法（Andrew's Algorithm）计算凸包，统计凸包范围内格网总数 A_T 以及兴趣格网数量 A_C，并按下式计算兴趣格网比例 A_R：

$$A_R = \frac{A_C}{A_T}$$

建筑物对应区域 A_C 较大但 A_R 较小；杆状物及树木对应区域 A_C 较小但 A_R 较大。此外，由于建筑立面点云法向量垂直角标准差 A_N 明显小于其他地物，可作为立面点云提取的一个重要特征。综上，将 A_C、A_R 以及 A_N 作为对象区域的语义特征，即：

$$A = \{A_C, A_R, A_N\}$$

以上定义的点云单点语义、格网语义及区域语义分别代表地物的单点特征、局部特征和整体特征,形成了点云多层次语义特征描述因子。

3. 算法步骤

本方法基于多层次语义特征描述因子,提出一种建筑立面点云提取算法[8],算法思想如下:首先通过单点语义特征,即点的高程值剔除低于建筑物的点云,同时提取出一定高度以上仅包含建筑物的高层建筑点云;然后将剩余点云及高层建筑点云投影到 XOY 平面并按一定尺寸划分格网,根据格网语义特征选取兴趣格网;最后对兴趣格网进行连通性分析得到对象区域,并基于区域语义特征实现建筑立面点云的精确提取。算法流程如图 4.3-25 所示。

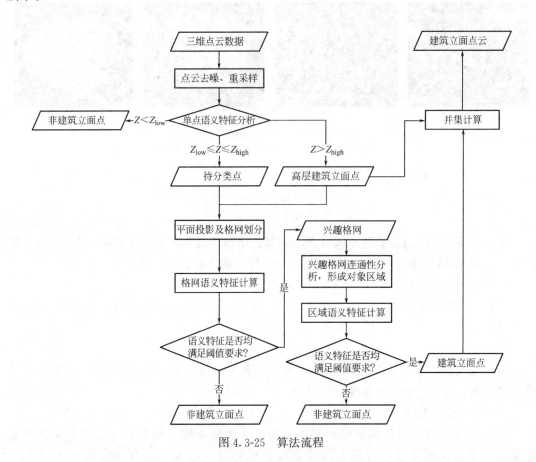

图 4.3-25　算法流程

(1) 数据预处理

数据预处理主要是通过裁剪、滤波等方式剔除点云中的噪点,减少对后续数据处理的干扰;此外,按一定采样间隔进行重采样,去除过密点云,提高运算效率。

(2) 基于单点语义特征的初步分类

设置低点阈值 Z_{low} 剔除低于该值的非建筑点云;设置高点阈值 Z_{high} 提取高于该值的建筑立面点,即:

$$p(P_Z) = \begin{cases} \text{非建筑立面点,} & P_Z < Z_{low} \\ \text{待分类点,} & Z_{low} \leqslant P_Z \leqslant Z_{high} \\ \text{高层建筑立面点,} & P_Z > Z_{high} \end{cases}$$

（3）点云平面投影及单元格网划分

将步骤（2）得到的待分类点以及高层建筑立面点投影到 XOY 平面，投影计算公式如下：

$$[X',\ Y',\ Z']=[X,\ Y,\ Z]\begin{bmatrix}1\\1\\0\end{bmatrix}+[0,\ 0,\ h]$$

式中，X、Y、Z 为点云原始坐标；X'、Y'、Z' 为投影后坐标；h 为投影面高程，一般取 0。投影后即可按一定间隔 d 进行格网划分，设点云平面坐标最大值和最小值分别为 X_{min}、X_{max}、Y_{min}、Y_{max}，则格网的行列数 R、C 分别为：

$$\begin{cases}R=(X_{max}-X_{min})/d\\C=(Y_{max}-Y_{min})/d\end{cases}$$

设点 i 坐标为 $(x_i,\ y_i,\ z_i)$，则对应格网行列号 r_i、c_i 为：

$$\begin{cases}r_i=\text{floor}\left(\dfrac{x_i-X_{min}}{d}\right)\\[3mm]c_i=\text{floor}\left(\dfrac{y_i-Y_{min}}{d}\right)\end{cases}$$

其中 floor 表示小于该值的最大整数，且行列号从 0 开始计数。

（4）基于格网语义特征的二次分类

设格网 I 内的点数为 N，对应三维点云坐标为 $(X_{Ii},\ Y_{Ii},\ Z_{Ii})$，$i=1,\ 2,\ \cdots,\ N$，则该格网的点密度 G_{DI}、高差 G_{HI} 分别为：

$$G_{DI}=N/d^2$$

$$G_{HI}=\max_{1\leqslant i\leqslant N}Z_{Ii}-\max_{1\leqslant i\leqslant N}Z_{Ii}$$

设置点密度阈值 G_{D_th} 和高差阈值 G_{H_th}，并基于以下准则选取建筑物立面对应兴趣格网：

$$g(G_D,\ G_H)=\begin{cases}\text{兴趣网格}, & (G_D>G_{D\_th})\wedge(G_H>G_{H\_th})\\\text{非兴趣网格}, & \neg\left[(G_D>G_{D\_th})\wedge(G_H>G_{H\_th})\right]\end{cases}$$

（5）基于区域语义特征的精确分类

对兴趣格网进行连通性分析得到多个对象区域，设区域 J 包含的兴趣格网数量为 S，对应凸包范围内格网总数为 T，则该区域语义特征 A_{CJ}、A_{RJ} 分别为：

$$A_{CJ}=S$$

$$A_{RJ}=\frac{S}{T}$$

计算区域内点云法向量及垂直角，并统计垂直角标准差 A_{NJ}，然后设置各特征阈值 A_{C_th}、A_{R_th} 及 A_{N_th}，基于以下准则进行建筑立面点云的精确分类：

$$a(A_C,\ A_R)=\begin{cases}\text{建筑立面区域}, & (A_C>A_{C\_th})\wedge(A_R<A_{R\_th})\wedge(A_N<A_{N\_th})\\\text{非建筑立面区域}, & \neg\left[(A_C>A_{C\_th})\wedge(A_R<A_{R\_th})\wedge(A_N<A_{N\_th})\right]\end{cases}$$

查询平面投影位于建筑立面区域内的点云，与步骤（2）提取的高层建筑点云取并集，即得到满足多层次语义特征的建筑立面点云（图 4.3-26、图 4.3-27）。

(a) 低层建筑区   (b) 高层建筑区   (c) 超高层建筑区

图 4.3-26　建筑区点云数据

 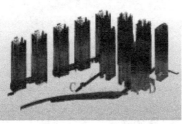 

图 4.3-27　建筑物立面提取结果

第四节　点云管理

随着激光传感器及搭载平台的发展，点云数据的获取方式不断丰富，多平台协同采集、多源点云融合应用的场景与需求也不断增多。不同来源的点云在覆盖范围、密度、精度以及坐标系统等方面存在差异，如何对多源点云进行融合处理与集成管理，形成点云大数据资源，并提供多元化、便捷化应用服务，是一项具有重要现实意义的课题。作者所在研究团队立足测绘地理信息行业点云数据特点及应用需求，从多源点云数据预处理、海量点云数据组织管理以及点云数据动态更新等方面开展技术研究，自主研发了集景点云数据管理平台，实现多源海量点云数据的高质量融合、高时效性更新、高可靠性存储以及高效率管理。

一、设计思路

针对目前多源三维激光点云融合与管理过程中存在的问题和痛点，通过多源点云数据融合处理以及海量点云数据组织管理两方面的关键技术研究，形成完整的多源点云数据融合与管理技术体系；同时搭建底层基础云环境，实现计算与存储资源虚拟化；构建点云数据流式处理引擎，实现多环节可配置一体化处理；在此基础上研发点云数据管理平台，为开展多元化、个性化应用服务提供平台支撑。平台建设总体技术路线如图 4.4-1 所示。

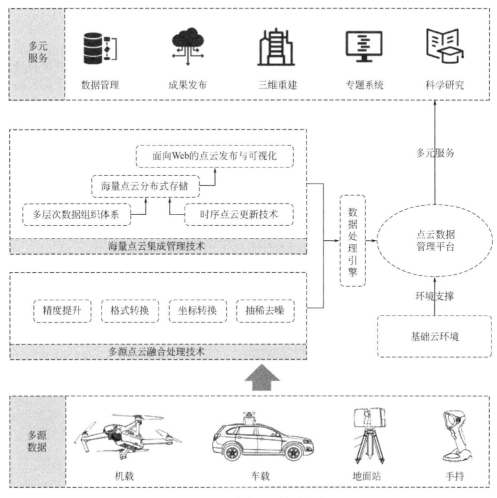

图 4.4-1　平台建设总体技术路线

二、关键技术

　　作者及所在研究团队在多源点云融合处理、海量点云组织管理以及点云数据流式处理引擎设计等方面开展技术创新，形成了一系列关键技术。

（一）多源点云融合处理

1. 点云文件快速读写与格式转换

　　目前，不同设备、软件生产的点云数据格式不尽相同，为了进行多源数据融合，需要对不同格式的点云数据进行转换，转换过程涉及数据的读取与写入。点云文件中包含大量浮点数类型的点位坐标数据，计算机对浮点数的读取与转换效率较低，导致海量点云读取与写入耗费大量时间。为提高读写效率，设计了一套点云数据读写与转换框架，并提出了一种基于对照表的快速转换浮点数字符串方法，本方法在逐字节扫描点云文本文件的过程中，把浮点数转换为整数，然后通过查表的方法快速把任意数字转换为字符串。整个过程主要进行加法运算，并且没有函数调用，减少了运行开销，显著提升了读取效率。基于该技术实现了各种格式点云数据的快速读写与转换，突破了海量点云格式转换与读写过程中的性能瓶颈。

2. 基于异构并行计算的海量点云坐标转换技术

针对目前海量点云数据坐标转换运算速度慢、效率低、容易卡顿且不能批量自动化处理等问题，提出一种基于异构并行计算的海量点云坐标转换方法。该方法通过内存映射读取点云文件，根据点云坐标系和最小外接矩形自适应选择平面、高程转换参数模型，并将点云进行多层级子集划分，对子集点云采用 GPU 并行计算方式进行平面、高程转换处理，最后将各子集点云合并输出，完成坐标转换。算法流程如图 4.4-2 所示。

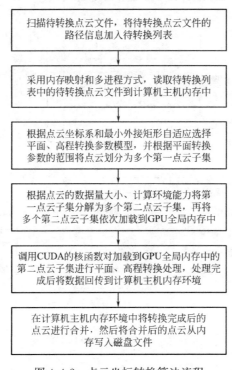

图 4.4-2　点云坐标转换算法流程

该技术极大提升了海量点云数据坐标转换的处理效率和自动化程度，为城市级大范围点云数据坐标转换提供了先进技术手段。

3. 点云数据抽稀与去噪

三维激光扫描设备获取的点云数据体量大、冗余度高，为降低数据冗余度，节约存储空间并提升后续处理效率，需要对点云进行重采样；另外由于扫描设备误差、扫描对象材质特性以及环境因素等影响，点云数据中不可避免地存在噪声点，为提升数据精度及成果质量，需要对点云进行去噪处理。

考虑到效率与点云特征保留两个方面的因素，提出一种基于多级体素及局部特征的抽稀方法，基本思路是首先把空间点云划分为边长为 s 的一级体素（$s=1024d$，d 为二级体素边长），每一个体素记为 Cell，统计每一个 Cell 中包含的点，保存在链表中；然后将每个 Cell 中的点云划分为边长为 d 的二级体素，如果二级体素中点数大于最少点阈值，则使用位数组标记该体素有效；计算各有效二级体素的局部特征，根据不同特征自适应设置抽稀阈值进行抽稀，最后把抽稀点输出到 O，算法流程如图 4.4-3 所示。

図 4.4-3　点云抽稀与去噪流程

(二) 海量点云组织管理

1. 多源点云组织与索引构建策略

　　为满足海量多源点云数据的快速高效查询调度、动态更新及可视化要求，需要对大范围点云进行合理的区块划分，然后对每一区块点云构建八叉树及空间索引。由于不同设备获取的点云数据特点不同，采取的点云组织策略也有所区别，针对机载 LiDAR、车载移动扫描系统以及地面架站式扫描仪三类典型搭载平台获取的点云数据特点，设计多源点云数据多层次组织策略：机载 LiDAR 点云数据覆盖范围广，单位面积内的点云密度较稀，为了避免因为点云范围过大导致八叉树索引过深，对机载点云采用标准图幅进行分块，再对每块点云分别建立八叉树；车载点云一般为带状结构，直接构建八叉树结构会出现不平衡现象，为此首先沿 POS 轨迹进行测段划分，然后再对每个测段构建八叉树；地面架站式扫描仪一般用于小区、建筑物等小范围的点云数据采集，为保证目标地物的完整性，根据采集范围和地物分布特征，选取道路、河流、围墙、植被分界线等线状地物作为依据进行分区，然后构建八叉树，对小范围点云则作为整体进行八叉树构建。在对点云进行区块划分并分别建立八叉树结构的基础上，采用规则格网及四叉树结构为点云八叉树建立空间索引，提高数据查询和请求效率。整体组织体系如图 4.4-4 所示。

　　基于该技术实现了海量点云数据的高效组织与查询调度，并满足了前端可视化发布的需求。

2. 海量点云分布式存储管理体系

　　点云数据在入库、处理、存储以及调阅过程中会产生多种形式和状态的数据，例如按处理过程可分为原始数据、过程数据、成果数据；按时效性可分为历史数据、现势数据；按数据使用频率可分为热数据、温数据和冷数据。此外，除了点云数据，还有相关的元数据、图片、影像、矢量图纸、三维模型、文档资料等其他数据。为了对上述多源多类型的海量数据进行规范化管理与存储，同时满足易用性、安全性与保密性要求，建立了一套基

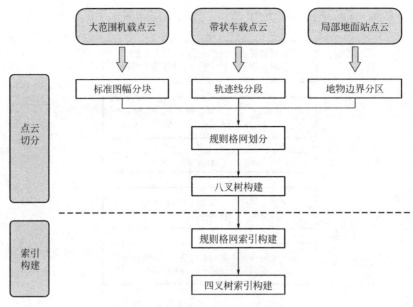

图 4.4-4 多层次点云数据组织体系

于云环境的数据分布式存储管理体系。在分析点云数据从入库到发布的全过程基础上，设计了数据流转过程与对应的处理节点，如图 4.4-5 所示。

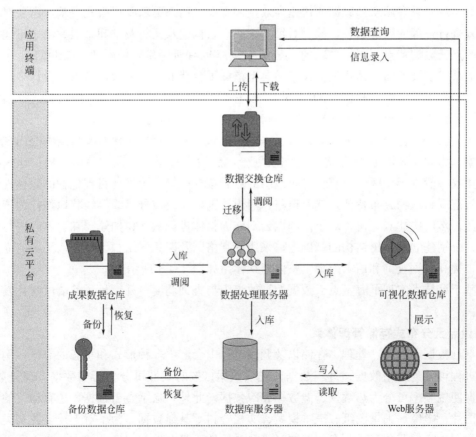

图 4.4-5 点云数据存储管理流程

与传统服务器模式相比，基于云环境分布式数据存储与管理体系具有以下优势：①所有服务器和仓库均通过云管理平台进行创建和资源分配，并可根据使用情况动态调整，最大程度利用计算及存储资源；②各节点相对独立，避免相互干扰和任务堵塞，节点之间通过高速局域网实现数据高速传输，提升数据处理效率；③可根据用户的业务需求和数据体量快速分配与之相适应的数据处理服务器和存储仓库，满足不同单位和用户的个性化需求，保持各自业务和数据的相对独立。

3. 基于空间边界的时序点云动态更新技术

由于现实世界的不断变化，为确保点云数据的时效性，需要定期或按需对点云数据进行更新。在已有点云数据的前提下，当特定区域发生变化，只需获取该区域的局部点云数据，经处理后融入已有点云数据中，并将对应范围的原有点云作为历史数据存档。

为实现点云数据的精准更新，提出一种基于空间边界的点云局部更新技术，首先获取变化区域的点云数据，经抽稀、去噪、坐标转换等预处理步骤后得到与原有数据相匹配的点云；然后采用点云空间边界提取技术或人工绘制方式得到更新点云的空间边界；基于该空间边界在待更新点云数据中进行空间查询，得到对应范围内的点云，并分离出该部分点云作为历史数据；最后将更新点云作为现势数据融入待更新点云，完成该局部区域的点云数据更新，如图 4.4-6 所示。

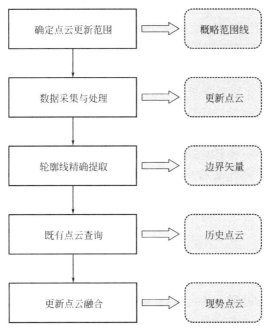

图 4.4-6　基于空间边界的点云动态更新流程

基于该技术实现了点云按需更新、精准更新，满足现势数据时效性与历史数据可追溯性要求，同时最大限度降低数据冗余，节约存储资源。

（三）点云数据流式处理引擎设计

为提高点云数据集成处理效率，并实现处理环节、处理参数可配置，设计了点云数据流式处理引擎。

梳理多源点云集成的主要处理环节，形成相对独立的功能模块，明确各模块的主要功能，如表 4.4-1 所示。

点云集成处理主要功能模块   表 4.4-1

模块名称	主要功能	输入	输出
数据读取模块	读取多种格式的点云数据	• 点云文件	内存中的点云数据
数据输出模块	按指定格式输出点云数据	• 内存中的点云数据	点云文件
元数据提取模块	提取点云数据点数、颜色、强度、空间范围、中心点、缩略图等属性信息	• 点云数据 • 需要提取的属性字段	点云元数据信息
格式转换模块	将点云文件从格式 A 转换为格式 B	• A 格式点云	B 格式点云
坐标转换模块	将点云数据从坐标系 A 转换到坐标系 B	• 坐标系 A 中的点云数据 • 坐标系 A 到坐标系 B 的转换模型和转换参数	坐标系 B 中的点云数据
抽稀去噪模块	对点云数据进行重采样，降低密度并剔除噪点	• 待处理的点云数据 • 重采样方式 • 参数阈值	抽稀去噪后的点云数据
八叉树构建模块	对点云数据进行区块划分并构建八叉树结构	• 待处理的点云数据 • 区块划分方式 • 八叉树深度 • 节点最大点间距 • 节点最大点数	八叉树构建完成后的点云数据

在模块划分的基础上，对每个模块的输入参数进行标准化设计，所有参数均通过 JSON 格式进行组织。在实际数据处理过程中，往往需要多个模块组合进行处理，为此，设计了一种基于管道的数据处理模式，可以根据需求将不同处理模块进行组合，形成一个任务管道，后台服务将根据管道中的功能模块以及参数设置进行数据处理。

基于底层基础云平台，将各功能模块进行分布式部署，通过 RPC 框架实现各功能模块间的相互通信与调用，在此基础上采用上述任务管道搭建点云数据处理引擎，引擎可根据数据处理任务的数量和优先级别，以及当前各计算节点的负载等情况进行任务分发，最大程度利用计算资源，提高处理效率。

三、平台研发

基于上述关键技术，研发了集景点云数据管理平台，平台总体架构如图 4.4-7 所示。

底层为分布式架构的基础云平台，具备高性能、高可靠、弹性扩展等特点，为业务平台建设与运行提供支撑。业务平台采用三级架构体系，分为数据层、服务层和应用层。

数据层负责各类点云数据以及矢量、影像、地图等专题数据及其他相关信息的存储。其中点云按不同处理阶段分为原始数据、成果数据、备份数据及可视化数据，基于底层云环境划分不同的仓库进行分布式存储；数据库存储系统的业务数据及其他属性信息，实现系统内的数据关联与信息交换；地图等专题用于辅助点云空间分布展示与查询。

服务层提供数据入库、处理、调阅及保障系统正常运转所需的各类服务。数据入库后，系统首先将数据从共享目录迁移至原始数据仓库，然后对其进行标准化处理，主要包括元数据提取、坐标转换、去噪、抽稀、空间范围线与缩略图提取、多层次"瓦片"点云

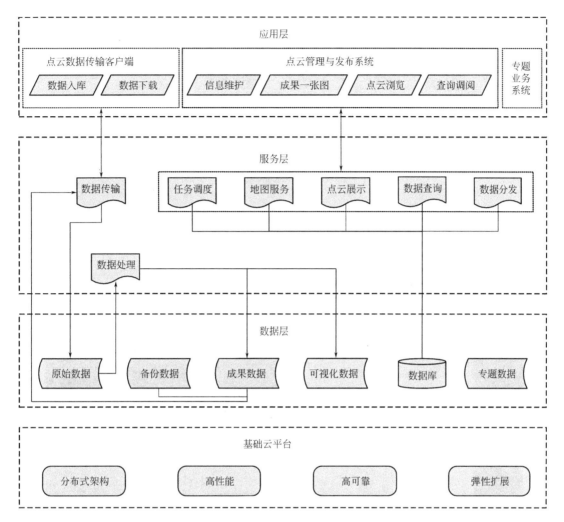

图 4.4-7 平台总体架构

生成等内容。用户可根据实际情况灵活配置处理步骤，任务调度系统负责所有数据处理任务的调度。在数据调阅与使用时，系统通过地图服务、点云展示、数据查询以及数据分发等服务为应用层提供支撑，地图服务提供电子地图用于展示点云的空间位置分布，同时为点云查询、数据调阅提供功能入口；点云展示服务根据浏览器端的空间视角、缩放级别等实时查询对应的点云可视化数据，同时渲染设置、空间量算等操作请求进行快速响应，满足前端展示需求；数据查询服务根据用户输入的查询条件检索对应的点云数据；数据分发服务用于响应用户的数据调阅请求，通过审批后系统将相关点云数据分发至指定位置，并通知申请用户进行下载或在线处理。

应用层实现与不同角色用户的功能交互，包括点云数据传输客户端（图 4.4-8）、点云管理与发布系统（图 4.4-9）以及针对不同应用需求定制开发的专题业务系统。点云数据传输客户端负责点云数据的上传下载，点云管理与发布系统实现点云基本信息录入、空间分布展示、点云可视化、数据处理任务配置、点云查询与调阅等功能，两端共用一套用户信息。此外，可基于云服务平台进行定制化业务系统开发，满足多元化应用需求。

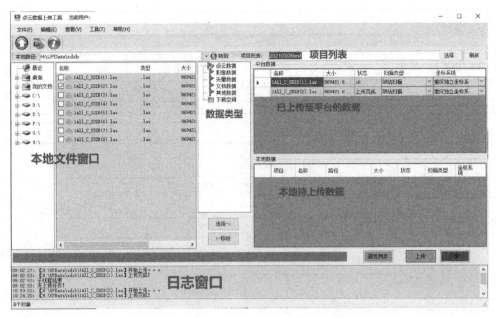

图 4.4-8　客户端主界面

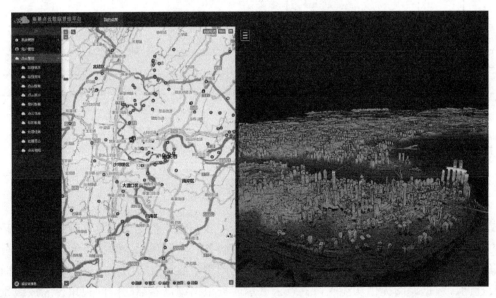

图 4.4-9　系统主界面

第五节　成果应用

一、道路竣工测量

车载移动测量系统应用于道路竣工测量，极大地提高了作业效率，降低了外业劳动量和劳动强度，通过扫描采集大量的点云数据，再现了测区的地形地势，相较于传统的作业方法优势明显。

　　贵阳中环路已通车，按传统手段开展竣工测绘危险系数较高、无法正常作业，采用集景移动测量系统进行外业作业，采集贵阳中环路约 60km 的点云数据（图 4.5-1）。外业工作花费三个夜间进行扫描作业，内业工作花费两周时间对进行数据处理。通过 95 个外业控制点，对数据进行质量控制，生成 1：500 带状测图数据（包括路沿、路灯、指示牌、隔音墙、路面高程点等要素），整体精度达到规范要求。

图 4.5-1　贵阳中环路扫描点云数据

二、隧道竣工测量

　　某隧道竣工测量项目需要获取可靠的点云数据来绘制隧道地形图，点位精度要求较高。该隧道单向长度约 3.5km，双向隧道间以及隧道两端通视困难。

　　为解决隧道内 GNSS 连续失锁、车载三维扫描精度难保证的问题，在隧道口和隧道内部布设了若干个控制标靶，利用控制测量方法采集隧道内标靶坐标，对点云进行纠正，从而提高点云数据精度。技术路线如图 4.5-2 所示。

　　共布设标靶 32 个，标靶平均间距 250m，在对点云数据使用标靶进行纠正后，平面和高程精度都达到了 5cm 以内，满足该项目的精度要求（图 4.5-3、图 4.5-4）。

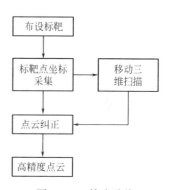

图 4.5-2　技术路线

图 4.5-3　控制点标靶

图 4.5-4 公路隧道扫描点云

三、轨道交通工程测量

对重庆市已开通的轨道交通线路进行点云数据采集。车载移动测量系统依赖于 GNSS 信号，但重庆为典型的山地城市，地形复杂，大多地下隧道环境中，导致车载移动测量系统无法以传统的方式进行地铁隧道的数据采集。

通过分析 GNSS 在移动测量系统中的工作原理，使用已有测绘数据和 DMI 数据模拟 GNSS 协议，实现了城市隧道、地铁环境下大规模高精度三维空间数据的快速采集。基于已有测绘数据和控制点进行成果数据纠正，提高了成果数据的精度。该方法打破了卫星信号对移动测量系统的限制，适用于在已有测绘成果数据支撑下无 GNSS 信号情况的三维空间数据的快速获取。

使用该技术已经完成了重庆市轨道交通 1、2、3、4、5、6、10 号线共 300 多千米的点云数据采集，在此基础上建立了重庆轨道交通安防监控指挥平台，为轨道交通的安全运营、设施管护、公共安全指挥提供了基础空间数据支撑，如图 4.5-5 所示。

图 4.5-5 重庆轨道交通安防监控指挥平台

四、园林绿化调查测绘

移动测量系统可以快速获取行进道路两侧的高精度三维离散点云信息，通过后处理软件的自动提取或者人工交互提取可以获取两侧的市政设施、行道树位置等信息，能够提高市政设施、园林绿化调查工作的效率与精度。

作者所在研究团队对工业园区 90 余千米的数据开展采集，使用点云工作站进行路沿、边界线、行道树、高程点等要素提取，如图 4.5-6 所示。外业 3 天，内业 6 人两周完成。比传统方式节约大量人力投入和作业时间。

图 4.5-6　市政园林绿化扫描点云

第六节　本章小结

点，是人类认识世界最原始的概念，也是最简单的几何图形。点云是继矢量、影像后的第三类空间数据，包含了丰富的三维空间信息和属性信息，是现实世界三维数字化的一种表达方式和重要的数据资源。

本章梳理总结了点云数据获取、处理、分析和管理的技术方法。具体而言，点云数据获取主要有静态架站式扫描、移动测量系统扫描两种方式。作者所在研究团队自主研发集景车载移动测量系统，提升了快速移动场景下点云数据的获取精度。点云数据处理主要包括点云的空间组织、分类与分割、要素提取等内容。作者所在研究团队立足测绘地理信息行业点云数据特点及应用需求，从多源点云数据预处理、海量点云数据组织管理以及点云数据动态更新等方面开展技术研究，自主研发了集景点云数据管理平台，实现了多源海量点云数据的高质量融合、高时效性更新、高可靠性存储以及高效率管理。研究成果成功应用于贵阳中环高速公路竣工测量、重庆主城区轨道交通工程测量、某公路隧道竣工测量和园林绿化调查测绘，产生了良好的社会效益和经济效益。

参考文献

[1] 杨必胜, 董震. 点云智能处理 [M]. 北京: 科学出版社, 2020.

[2] 杨必胜, 梁福逊, 黄荣刚. 三维激光扫描点云数据处理研究进展、挑战与趋势 [J]. 测绘学报, 2017, 46 (10): 1509-1516.

[3] Chua C S, Jarvis R. Point signatures: a new representation for 3D object recognition [J]. International Journal of Computer Vision, 1997, 25 (1): 63-85.

[4] Zejun Xiang, et al. An Illumination Insensitive Descriptor Combining the CSLBP Features for Street View Images in Augmented Reality: Experimental Studies [J]. International Journal of Geo-Information, 2020, 9 (6): 362.

[5] 向泽君, 滕德贵, 袁长征, 等. 基于多层次语义特征的建筑立面点云提取方法 [J]. 土木与环境工程学报 (中英文), 2021, 43 (4): 99-107.

[6] 陈翰新, 向泽君, 朱圣, 等. 移动测量平台激光雷达旋转与平移参数计算方法 [P]. 中国: CN103644917A, 20140319.

[7] Feifei Tang, Zejun Xiang, et al. A multilevel change detection method for buildings using laser scanning data and GIS data [C] // 2015 IEEE International Conference on Digital Signal Processing (DSP). IEEE, 2015, 7: 21-24.

[8] Ronghua Yang, Leixilan Pan, Zejun Xiang, et al. A Global Registration Algorithm of the Single-Closed Ring Multi-Stations Point Cloud [C]. The ISPRS Technical Commission III Midterm Symposium on "Developments, Technologies and Applications in Remote Sensing". Beijing, China, 2018.

[9] Ronghua Yang, Xiaolin Meng, Zejun Xiang, et al. Establishment of a New Quantitative Evaluation Model of the Targets' Geometry Distribution for Terrestrial Laser Scanning [J]. Sensors, 2020, 20 (2): 555.

[10] 明镜, 向泽君, 龙川, 等. 车载移动测量系统装备研制与应用 [J]. 测绘通报, 2017 (9): 136-141.

[11] Ronghua Yang, Xiaolin Meng, Yibin Yao, et al. An analytical approach to evaluate point cloud registration error utilizing targets [J]. ISPRS Journal of Photogrammetry and Remote Sensing, 2018, 143: 48-56.

[12] 龙川, 苟永刚, 明镜, 等. 车载移动测量系统研制与应用实践 [J]. 测绘通报, 2021 (4): 120-125.

[13] 张婕, 龙川, 殷飞, 等. 基于粒子群算法的地面移动测量平台系统标定方法研究 [J]. 城市勘测, 2015 (1): 97-100, 118.

[14] 李锋, 詹勇, 龙川. 海量车载激光点云组织与可视化研究 [J]. 城市勘测, 2020 (1): 93-97.

[15] 邹兵, 陈鹏, 刘登洪. 一种基于栅格投影的快速地面点云分割算法 [J]. 城市勘测, 2021 (3): 112-116.

[16] 袁长征, 滕德贵, 胡波, 等. 三维激光扫描技术在地铁隧道变形监测中的应用 [J]. 测绘通报, 2017 (9): 152-153.

[17] Charles R Q, Su H, Kaichun M, et al. PointNet: deep learning on point sets for 3D classification and segmentation [C]. Proceedings of 2017 IEEE Conference on Computer Vision and Pattern Recognition. Honolulu, USA: IEEE, 2017, 77-85.

[18] Roman Klokov, Victor Lempitsky. Escape from cells: Deep kd-networks for the recognition of 3d point cloud models. arXiv preprint arXiv: 1704. 01222, 2017.

［19］Li Yangyan，Bu Rui，Sun Mingchao，et al. PointCNN［EB/OL］. 2018-11-01.

［20］黄志. 移动测量激光点云数据精度评价与快速校正方法［J］. 城市勘测，2022，2：11-15.

［21］韩冰，张鑫云，任爽. 基于3D点云的卷积运算综述［J/OL］. 计算机研究与发展：1-33［2022-07-26］.

［22］徐景中，贾潇冉，程昭文. 基于分层聚合的行道树点云树干检测方法［J/OL］. 激光与光电子学进展：1-15［2022-07-26］.

［23］刘睿，钱堃，施克勤. 动态环境下基于语义分割的激光雷达回环检测算法［J］. 工业控制计算机，2022，35（7）：56-58.

［24］李秋洁，童岳凯，薛玉玺，等. 基于YOLACT的行道树靶标点云分割方法［J］. 林业工程学报，2022，7（4）：144-150.

［25］高庆吉，李天昊，邢志伟，等. 基于区块特征融合的点云语义分割方法［J/OL］. 计算机工程：1-11［2022-07-26］.

［26］卢健，贾旭瑞，周健，等. 基于深度学习的三维点云分割综述［J/OL］. 控制与决策：1-17［2022-07-26］.

［27］惠振阳，程朋根，官云兰，等. 机载LiDAR点云滤波综述［J］. 激光与光电子学进展，2018，55（6）：7-15.

第五章

航测图库一体化构建

第一节　背景与现状

一、背景

经过几十年的发展，测绘地理信息技术在数据获取和处理方面有了很大的进步，无论是地面数据获取还是航空航天等数据获取方式，从基础设施搭建到仪器设备研发，以及数据处理软件开发等方面都有了深厚的技术积累，有效提高了数据获取和处理的能力。但现有的数据获取和处理方式也存在一些壁垒，例如，一方面数据采集和处理分散，不同数据类型需要不同的软件，造成作业流程复杂、数据转换繁琐等问题；另一方面，测绘成果以基本比例尺地形图为主，成果形式比较单一，成果的进一步深化应用和转换困难，难以满足更高的应用需求，成为制约测绘地理信息服务自然资源管理的瓶颈。随着地理国情普查及监测、第三次全国国土调查（简称"三调"）及年度变更调查、国土空间规划执法监督等一系列国家重大项目的实施，对传统基础测绘的工艺模式和应用拓展提出了综合程度更高、针对性更强的需求。

作者所在研究团队面向省（市）级 1∶1000 至 1∶10000 比例尺全要素航测图库一体化建设与服务的重大需求，重构了测绘生产技术流程，研究了天基-空基立体影像、倾斜摄影遥感影像等多源多尺度数据的协同处理与制图表达等关键技术难题，研发了具有自主知识产权的图库一体化软件平台，解决了生产过程中存在的制图数据与建库数据不一致的矛盾，优化了成果数据的服务模式，更好地为自然资源管理和应用提供支撑。

二、现状

测绘生产涉及数据采集、编辑、质检、转换和入库等多个环节，要提高测绘生产效率，关键在于提高各个环节的效率，并对各环节进行有效衔接和组织。

数据采集是测绘生产过程中的前置环节，需要投入大量的作业人员参与生产。传统的航测手段适合大区域范围的数据采集，是基础测绘生产的主要技术手段，相关的技术积累和技术路线已经比较完善。大部分地区基础测绘生产都采用该方法。但航测手段受自然地理环境、天气条件以及禁飞区的限制，在山区、高山区或禁飞区组织实施传统航测作业困难，导致这些区域无法生产相关的测绘产品。为此，立体卫星测图提供了新的技术解决办法。我国的资源三号卫星影像立体测图在西部山区有比较好的应用，可以满足 1：25000 基本比例尺地形图的生产，高分七号卫星可实现 1：10000 比例尺的立体测绘。近几年，无人机航摄系统快速发展，成本低、操作便捷、机动性强，利用无人机倾斜摄影技术使得成果数据从二维升级到三维，全方位、立体化还原地物特征，采用二维和三维联动的方式进行测图，在城市密集建筑区或者小范围的修补测和更新工作中具有很好的应用价值。机载激光点云技术具有数据获取速度快、空间和时间分辨率高，受天气影响小，可全天候主动快速获取数据，利用激光点云可快速完成数字高程模型的大规模生产，在多个城市取得了很好的应用。目前，大部分研究聚焦在整合多种采集技术来快速获取数据的生产流程优化上面。

制图数据注重要素的符号表达，在要求表达合理、直观的前提下兼顾美观，对要素的符号化表达要求高，而对空间位置和属性要求较低；入库数据侧重于位置和属性信息，要求数据满足严格的拓扑关系，并保证属性的完整和正确。大多数情况下，制图数据和入库数据分开生产，制图数据和入库数据矛盾多，各项数据的采集、编辑工序复杂，工作量大，人工交互多，同时会导致数据重复冗余，数据更新困难等问题。将制图数据和入库数据通过统一的数据组织和符号化方案，实现两者的有机统一，可以优化生产作业流程。为了实现制图和入库的一体化，需要从符号库入手，建立满足图库一体的符号化规则体系，优化编辑和质检的功能，形成图库一体的生产流程。

图库一体是智能化测绘的要求。本研究旨在整合已有测绘生产技术，重构测绘生产技术流程，实现高效生产，通过自主探索和研发，实现数据制图和入库一体化，作业模式内外业一体化，避免了传统测绘作业模式下地形图制图和入库数据重复生产、分开管理等问题，形成了一套完整的多源航测图库一体作业体系。

第二节　数据采集

一、规则库与符号库

图库一体化的实现需要以数据组织作为基础，研制建库与制图一体化的符号化方案，通过制图表达技术做到实体数据在几何、属性、符号上的统一，满足建库与制图两种需求。首先依据地形图图式，对点、线、面符号，制作要素分层分类编码方案；然后搜集利用已有的 GIS 符号库和样式库，在 GIS 软件中建立制图表达符号库，形成一体化制图表达规则库，保证制作的符号符合国家标准。注记则研发自动化工具根据规则库中定义的注记样式和要素属性自动生成，并实现与图面要素的冲突避让和联动更新。

（一）规则库

规则库的主要用途是管理符号化规则、注记创建规则等，包括规则对照表、图层属性表、图层顺序表、名称注记设置表、说明注记设置表、其他设置表等内容。

1. 规则对照表

规则对照表主要存储环境中要素的名称、国标编码、所属图层、制图表达对应情况，是自动符号化显示的主要依据。规则对照表的制作需要注意避免同一图层的同一代码，不能无条件对应于多于一个制图表达规则，必要时需要利用制图表达条件字段加以区分，要素命名规则如表5.2-1所示。

要素命名规则 表 5.2-1

字段名称	字段类型	可否为空	描述
fcode	文本	不可	要素国标编码
fname	文本	可	要素名称
elayer	文本	不可	要素图层
rulename	文本	不可	要素对应的制图表达名称
fieldname	文本	可	要素制图表达条件字段
fieldvalue	文本	可	要素制图表达条件字段内容；表示只有当条件字段为该内容时，才进行对应的制图表达符号化

2. 图层属性表

图层属性表用于设置图层的属性，如图层所属点线面类别，图层在压盖时的权值级别。在默认的设置中，注记和点类不应被压盖，线和面认为可以被压盖。所以注记和点类的权值设置到100，普通的线面设置为2，等高线设置为1。图层属性表如表5.2-2所示。

图层属性表 表 5.2-2

字段名称	字段类型	可否为空	描述
ID	数字	不可	图层序号
layername	文本	不可	图层名
layertype	文本	不可	图层类别：点、线、面、注
annoCoverValue	数字	不可	图层压盖权值

3. 图层顺序表

根据图层的排列方式调整要素的遮盖关系（表5.2-3）。比如，图廓整饰在最上层，水系面在下层。

图层顺序表 表 5.2-3

字段名称	字段类型	可否为空	描述
ID	数字	不可	图层序号：从1开始增加，该序号同时决定图层排列优先顺序，值小的在上面
layername	文本	不可	图层名
class	文本	不可	图层类别：点、线、面、注

4. 名称注记设置表

名称注记设置表用于设置各名称注记要素在标注时使用的标注字段、标注样式、标注目标图层、注记放置方法、注记掩膜设置等信息（表5.2-4）。

名称注记设置表　　　　　　　　　　　　　　　　　　　　　　表 5.2-4

字段名称	字段类型	可否为空	描述
要素编码	文本	不可	要素国标编码
要素名称	文本	可	要素名称
要素层名	文本	不可	要素图层
注记内容	文本	不可	标注的属性字段名或内容:如[NAME]
注记条件	文本	可	标注的条件。属性字段值需满足此条件才执行标注
注记样式	文本	可	注记样式名称
注记颜色	文本	可	注记颜色:"ByFeature"表示标注与要素颜色一致;也可指定具体颜色如"K100"
注记层	文本	可	目标标注图层
注记放置	文本	可	注记放置方法 0:整体;1:多部分;2:分散注记
注记掩膜	文本	可	注记掩膜 0:无掩膜;1:晕圈;2:框

5. 说明注记设置表

说明注记设置表用于设置名称注记以外的要素在标注时,使用的标注属性字段、标注条件、标注样式、标注目标图层、注记放置方法、注记掩膜设置等信息。

6. 其他设置表

其他设置表用于设置环境需要的其他参数(表 5.2-5)。比如用于设置环境比例尺,样式文件路径等。

其他设置表　　　　　　　　　　　　　　　　　　　　　　表 5.2-5

字段名称	字段类型	可否为空	描述
fName	文本	不可	条件的名称
fValue	文本	不可	设置的内容

(二) 符号库

设计并开发全要素符号库,能够满足基础测绘地形图的需求。在制图表达上具有丰富的几何效果、符号位置控制、制图表达图层设置、强大的制图表达编辑功能,支持复杂的符号化要求,使得制图更加人性化和智能化,通过灵活地使用基于规则的结构对数据进行符号化,这些结构与数据一同存储在地理数据库中,实现图库一体存储与表达,如表 5.2-6所示。

图库一体化制图表达示例　　　　　　　　　　　　　　　　表 5.2-6

要素名称	库体数据	制图表达
路标	.	
河流流向	.	

续表

要素名称	库体数据	制图表达
石质无滩陡岸		
加固斜坡	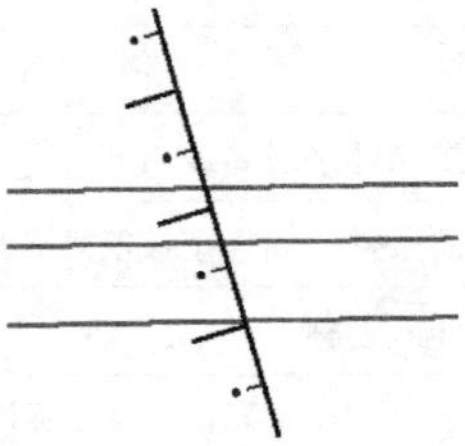	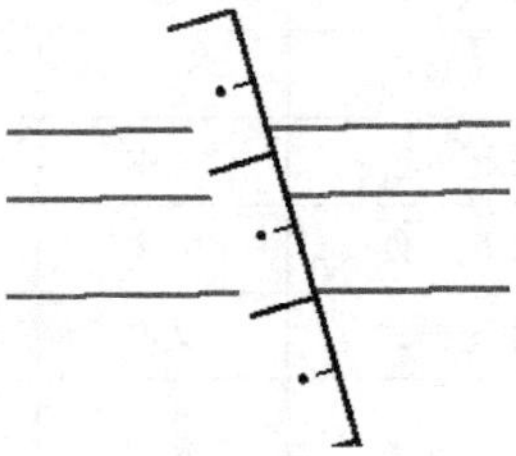
改良草地	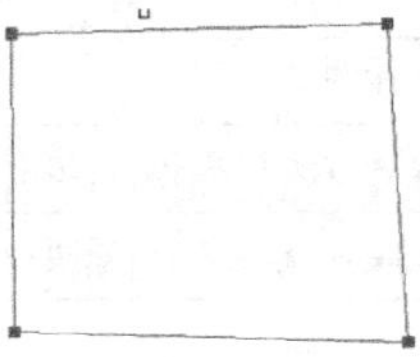	
无线电杆、塔	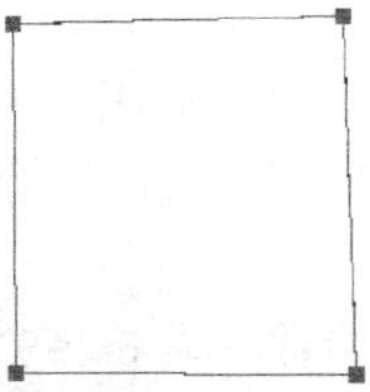	
普通注记	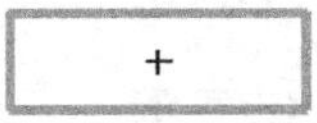 +	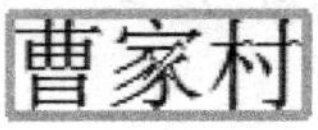 曹家村
多部分注记	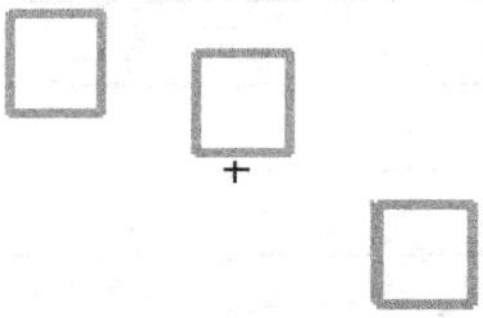	 曹家村
方框掩膜	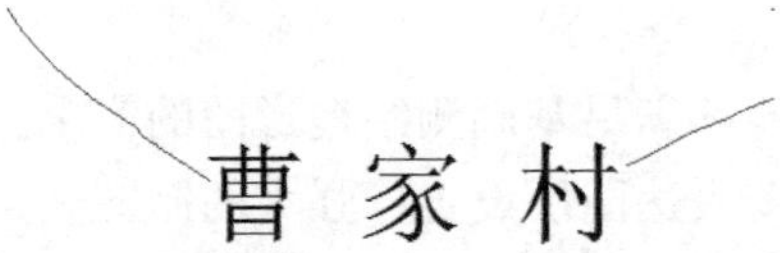 曹家村	方框掩膜
晕圈掩膜	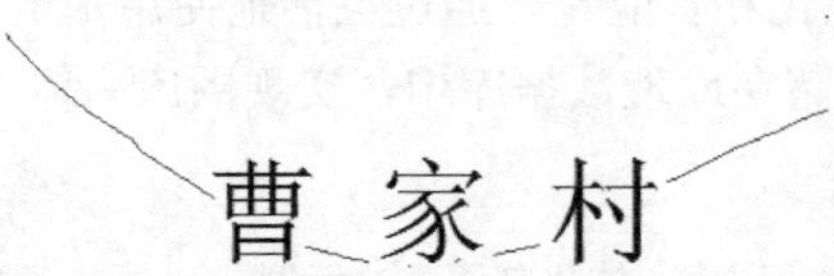 曹家村	晕圈掩膜

二、立体像对模型采集

(一) 房屋采集

房屋采集支持直角化和自动补点，直角化提高房屋采集的规则程度，如图 5.2-1 所示。自动补点可以有效提高采集效率，四点房屋只需采集三个点即可。

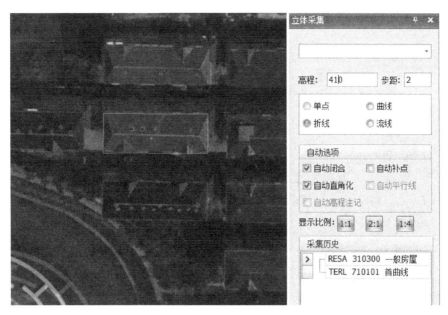

图 5.2-1　房屋直角化采集

（二）道路采集

选择对应的道路类型，沿道路边线进行采集，如图 5.2-2 所示。道路采集支持全要素采集，采集数据直接入库，减少后期数据处理的工作量。

图 5.2-2　道路采集

（三）等高线采集

等高线一般采用流线采集，支持锁定高程，配合手轮脚盘，可以快速采集地形特征，如图 5.2-3 所示。高程可以自定义设置，结合步距和快捷键，实现高程值的快速调节。

图 5.2-3　等高线采集

三、实景模型采集

（一）房屋采集

房屋采集数据应当包含房屋角点的空间三维坐标、要素编码及相关扩展属性。基于实景模型采集房屋数据通常有五点房采集法、房角点采集法、基于墙面采集法、房屋切片法、自动提取法等多种方法。

1. 五点房采集法

对于常规的普通建筑房屋，只需要在房屋上点选五个点，程序即可自动生成房屋，如图 5.2-4 所示。

2. 房角点采集法

依次采集房屋各个角点，房角点采集完成后再对房屋结构、楼层等相关属性信息进行采集。

3. 基于墙面采集法

"以面代点"测量，只需要采集清晰面上的任意一个点，计算机程序自动拟合计算出房角点。采集过程中直接采集墙面，不再需要房檐改正。该方法主要用于局部被植物遮挡比较严重的房屋（图 5.2-5）。

图 5.2-4　五点房采集法示意图

4. 房屋切片法

针对楼层轮廓形状不同的房屋分层进行采集，得到不同的轮廓切片（图 5.2-6）。

图 5.2-5　基于墙面采集法示意图

图 5.2-6　房屋切片法示意图

5. 自动提取法

将光标放在建筑的某一水平点，程序根据该点所在的水平面自动截取生成房屋轮廓（图 5.2-7）。自动提取出来的矢量虽然达不到人工采集的效果，但是在很多情况下可以进行辅助研判，提高测图效率。

图 5.2-7　自动提取法

（二）道路采集

实景模型中的植被或高层建筑经常会对测图产生影响，为了进行道路数据的准确采集，对植被遮挡严重的区域，可以剔除植被覆盖部分再进行采集，如图 5.2-8 所示。

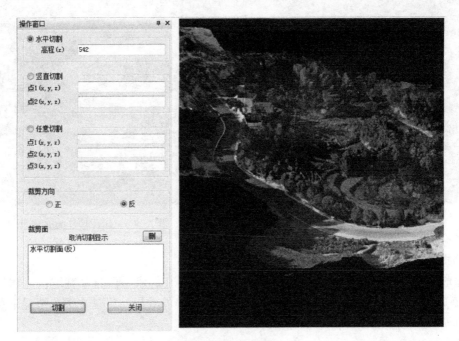

图 5.2-8　植被剔除

（三）高程点采集

支持自动提取实景三维模型高程点，如图 5.2-9 所示。

图 5.2-9　高程点采集

（四）等高线采集

利用高程点构建三角网并生成等高线或者手绘等高线，如图 5.2-10 所示。

图 5.2-10 等高线采集

第三节 数据编辑

一、空间要素几何拓扑自动处理

测绘数据中包括许多点、线之类的几何数据，这些数据需要满足实际情况和严格的拓扑要求，比如，电线的节点应该和电杆重合，线不能有伪节点和悬挂点等。基于模型立体采集的数据成果和外业实际测量的数据成果，并不一定可以满足这些要求。采集数据后，需要根据实际的情况对采集到的点、线之类的几何数据进行编辑，使最终的成果满足要求。

测绘数据包括众多不同种类的几何数据，如基本比例尺地形图测绘涉及 8 大类接近500 个种类；基础性地理国情监测内容分为 10 个一级类、59 个二级类、143 个三级类；第三次全国国土调查工作分类分为 12 个一级类、53 个二级类，而且不同种类的几何数据的编辑过程也存在差别。

为解决以上问题，本研究提出一种空间要素几何拓扑自动处理方法，其基本思想如下[1]：首先，获取测绘数据，该测绘数据包括地物对应的几何数据；然后，根据几何数据的属性特征进行分类，并确定各个物体几何对应的处理参数，构建不同种类的数据集，该处理参数包括优先级和搜索距离；最后采用设定的处理方法，按照优先级依次处理数据集中的几何数据。处理方法包括：首先遍历数据集中的几何数据，根据搜索距离确定待处理几何对应的参考几何,并根据参考几何对应的几何数据构建参考数据集,然后遍历参考数据集,确定待处理几何对应的目标几何,并根据目标几何对应几何数据编辑待处理几何。

二、道路网中心线自动提取

本研究提出一种道路网中心线提取方法,其基本思想如下[2]:首先采集每条道路的边线信息,构建道路网;然后根据道路的边线信息将道路网拆分成多个边线单元;再分别建立每个边线对单元的约束三角网,并根据约束三角网提取每个边线对单元的中心线;最后,按照连接规则连接每个边线对单元的中心线,生成道路网中心线。该方法将道路网拆分成多个独立的边线对单元,提取每个边线对单元的中心线,大幅度降低了提取中心线道路的复杂程度,提高了提取中心线的效率,且使道路网更加细化,精确度更高。

三、线要素自动构面

本研究提出一种新的线要素自动构面方法,其基本思想如下:

第一步,判断输入的线要素是否相交。如果相交,则将所有线要素合并为线网,再对线网进行打散处理,去除重复节点,获得所有不重复的节点和线段;如果不相交,则执行下一步。

第二步,定义线段数据结构和节点数据结构。线段数据结构包括线段标识、线段实体、线段起点、线段终点、线段正方向和反方向是否被搜索标志之一或其任意组合;节点数据结构包括节点标识、节点实体、节点连接的线段和节点连接各线段的方位角之一或其任意组合;遍历线段和节点,组成有向图。

第三步,判断节点连接线段的个数是否为1个。若某个节点连接线段的个数为1个,则去除该节点和该节点连接的线段,并迭代,直至获得不包含悬挂线段和节点的有向图;否则,执行下一步。

第四步,选取任一节点作为起始节点,选取与起始节点连接的任一线段作为当前搜索线段,将搜索线段前进的方向作为搜索方向,并判断该搜索方向是否为正方向,若是,则标记该线段正方向已搜索;否则标记该线段负方向已搜索;且判断当前搜索线段在当前搜索线段上的另一节点上的方位角与在该节点上所有连接线段的方位角的大小;若当前搜索线段在当前搜索线段上的另一节点上的方位角是该节点上所有线段中最小的方位角,则将该节点上最大方位角的线段作为下一搜索线段;否则,将次小于当前搜索线段的方位角的线段作为下一搜索线段;直至回到起始节点,搜索到的所有线段形成多边形。

第五步,重复第四步,若搜索到已标志相同方向线段时停止搜索,即可不产生重复面要素。重复第五步,直至搜索到所有多边形。

四、面状符号填充和自动避让

植被面填充是地形图生产和制图的重要环节,地形图生产要求植被填充间距适中、分布均匀同时兼顾美观,填充点遇到电线、注记等重要地物时,要挪动位置,满足制图压盖的要求。植被点填充有两种方式,一种是直接放置实体植被点符号;另一种是先构植被面,然后在面内用符号化显示的方式填充点符号,填充点依附于面存在。第一种方式一般用于传统制图数据的生产，植被填充只用来满足制图的需要。随着计算机制图技术的发展和对地形图的要求越来越高，地形图不仅要满足制图的需求，还要满足入库的要求，植被按照范围线构面，为了避免制图数据和入库数据分开生产，就需要第二种填充方式。同时，植被面填充符号的难点在于复杂形状植被符号的填充和遇到地物的自动避让，手动填充和处理避让不仅费工费时，而且最终的填充效果可能因人而异。

本研究提出了一种面状植被符号自动填充和基于规则的自动避让方法[4]，实现了计算机制图过程中植被面自动填充植被符号，提高了地形图生产效率。首先判断植被面的形状，根据植被面的形状确定对应的填充方法，获得初步填充结果；然后针对面边缘处局部超出边界的植被符号，根据植被符号大小调整边缘处的符号点的位置，使符号全部位于面内；再根据地形图制图的压盖要求，确定针对点线面和注记要素的植被符号避让规则；最后在避让规则的约束下计算植被符号要调整的位置，最终得到避让后满足地形图制图要求的面状植被符号填充结果。

选取地形图某一区域进行验证，面状植被符号填充及自动避让前后效果如图5.3-1、图5.3-2所示。

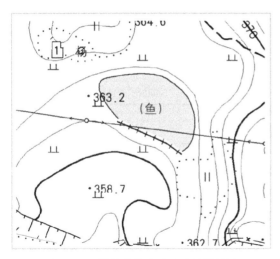 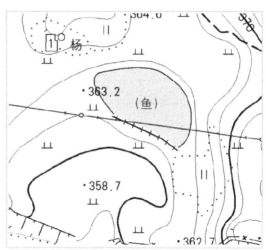

图5.3-1 植被符号自动避让前效果图　　　　图5.3-2 植被符号自动避让后效果图

第四节 数据质检

一、质检体系

数据质量检查采用"规则-模型-方案"的质检体系进行组织和实现。

线面不能相交是质检中经常用到的功能，例如，道路不能穿过房屋面，等高线不能穿过静止水系等。本研究中线面不能相交的质量检查项包括：围墙线不允许穿过房屋面、植被线不允许穿过房屋面、地貌线不允许穿过房屋面、道路线不允许穿过房屋面、水系线不允许穿过房屋面、等高线不允许穿过静止水系面六项。

将线面不能相交抽象为一个"规则"，通过程序实现线面不能相交的检查，即实现一个线面不能相交的"模型"，这个模型有检查数据输入接口和错误输出接口，只要输入线要素和面要素，通过检查模型，就可以输出错误列表。

构建了检查模型以后，通过读取检查项确定输入数据，检查完即可输出错误列表。

将所有检查规则抽象后，编程实现相应的检查模型，确定检查项，再根据具体的需要形成一套质检体系。

二、检查规则模型

检查模型分为拓扑检查、几何检查、属性检查和注记检查四类，每类含有的检查模型如表 5.4-1～表 5.4-4 所示。

拓扑检查   表 5.4-1

ID	检查模型	名字
1	AreaNoGaps	层内面不能有裂缝
2	AreaNoOverlap	层内面不能重叠
3	AreaCoveredByAreaClass	层间面被面层压盖
4	AreaAreaCoverEachOther	层间面必须相互重叠
5	AreaCoveredByArea	层间面压盖
6	AreaNoOverlapArea	层间面不能重叠

几何检查   表 5.4-2

ID	检查模型	名字
1	ElevationPointAndDEM	点线矛盾
2	ContourElevationAnomaly	等高线高程异常
3	FlowDirectionCheck	流向检查
4	AreaAngleCheck	面小角度检查
5	LineAngleCheck	线小角度检查
6	LineNoIntersectArea	线面不能相交

属性检查   表 5.4-3

ID	检查模型	名字
1	LayerFieldCheck	图层字段检查
2	AttributeCheck	属性检查
3	MinLineCheck	极小线检查
4	MinAreaCheck	极小面检查
5	IllegalGBCheck	非法 GB 码检查
6	HYDA_HYDLAttributeCheck	面状河流和结构线属性检查

注记检查   表 5.4-4

ID	检查模型	名字
1	AGNPAndPACCheck	AGNP 层行政区划代码检查
2	AnnoTopoCheck	注记关系检查
3	AANPAndEntityCheck	地名与实体对应检查
4	TERLAnnoCheck	计曲线注记检查
5	AnnotationLayerCheck	注记对应图层检查
6	AttributeAnnoCheck	属性注记内容检查

本研究通过计算机编程实现了拓扑检查 31 项、几何检查 32 项、属性检查 22 项、注记检查 6 项。这些检查模型既可以覆盖制图和入库数据的检查要求，又可以根据实际工程的需要灵活配置检查方案，满足各种比例尺和要求的生产检查质量控制，具有良好的灵活性和可扩展性。

第五节　生产平台

通过整合测绘现有数据获取和采集技术，针对多产品生产工艺，研制满足 3D 产品、地理国情监测、国土"三调"及典型重点要素产品内外业一体的地理信息生产平台，包括采集编辑、数据质检、移动作业和数据交换等模块，研发了智能化航测图库一体化生产平台，满足 1∶1000 至 1∶10000 比例尺全要素地理信息产品生产。

一、平台设计

（一）总体架构

本研究基于成熟的大型关系型数据库和地理信息系统软件，针对数字地形图数据生产中入库和制图的需要，设计符合地形图数据高效应用的符号库系统和制图表达系统的体系结构，开发地形图数据的整理、管理、更新、编辑、检查、制图表达等一系列功能，并按照航测生产体系的分工设置要求组合集成各系统功能模块，研发出功能关联性紧密、操作高效、运行稳定的智能化航测图库一体化生产平台，平台总体架构如图 5.5-1 所示。

（二）模块设计

系统功能模块结构如图 5.5-2 所示。

（三）业务流程

本平台的生产流程采用"先内后外"的生产模式，内业生产人员在平台上采集道路、河流、房屋、等高线、高程点等地物地貌要素，经过初步编辑后，切片导入到外业调绘子系统，外业调绘人员现场调绘属性信息和漏采地物，调绘成果提交给内业作业人员，内业经过编辑和质检得到最终的图库一体成果，图库一体成果可以通过数据交换子系统导出满足各种需求的制图数据和入库数据。系统的业务流程如图 5.5-3 所示。

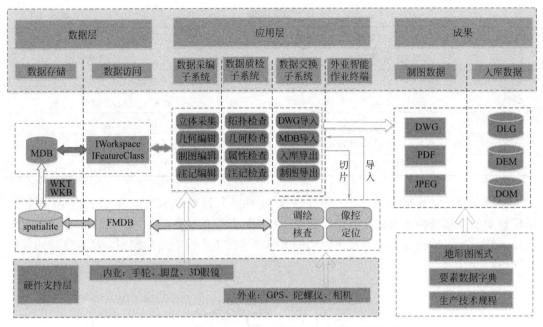

图 5.5-1　智能化航测图库一体化生产平台总体架构

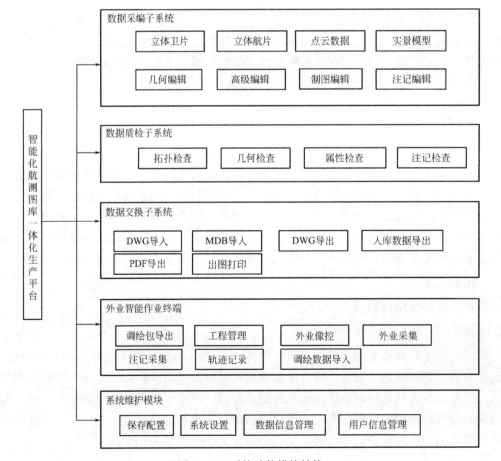

图 5.5-2　系统功能模块结构

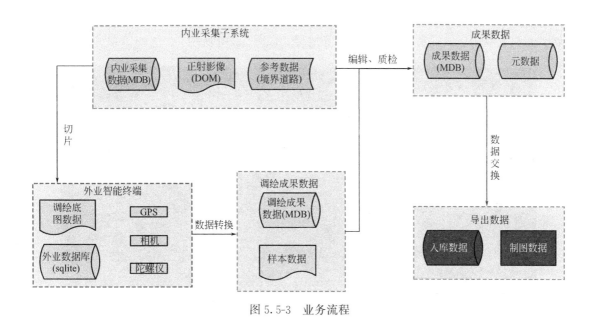

图 5.5-3 业务流程

二、外业智能作业终端

外业作业是测绘生产中的重要环节，原始数据获取后，需要外业摆设控制点，内业采集数据后，需要外业现场调绘或补测，成果数据也需要外业实际测量检查精度。

（一）像控测量

实现像控点布设、航片查看、选点、刺点、拍照等功能，主界面如图 5.5-4 所示。

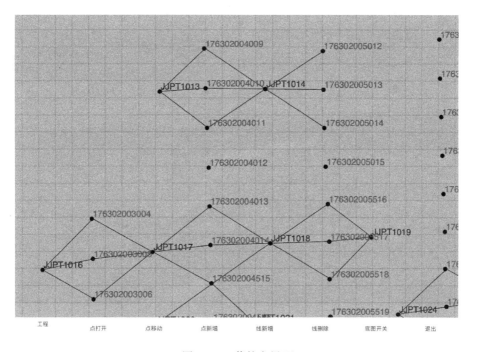

图 5.5-4 像控主界面

点击像控点即可查看参与布设航片具体情况，支持同一航向相邻照片同时查看或旋转，直观查看刺点位置是否有树木遮挡等情况，如图 5.5-5 所示。

图 5.5-5　航片查看

选择刺点功能，在对应的航片位置点击刺点，如图 5.5-6 所示。

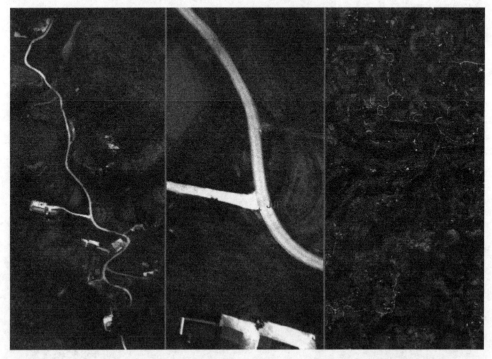

图 5.5-6　刺点位置

（二）外业调绘

调绘主要功能有工程、挂接点、随记、常用、要素、量算、注记、简注、属注和搜索功能，主界面如图 5.5-7 所示。

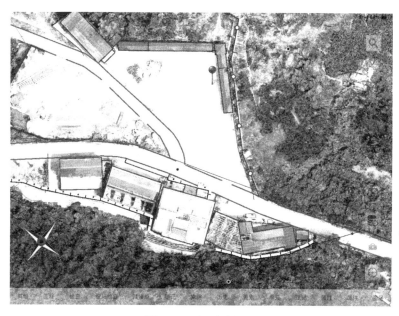

图 5.5-7　调绘主界面

（三）外业修补测

通过连接便携式 RTK，获取 RTK 的状态信息，即可获得高精度的定位信息，如图 5.5-8 所示。

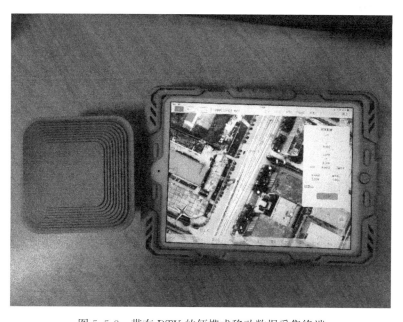

图 5.5-8　带有 RTK 的便携式移动数据采集终端

三、数据采编子系统

数据采编子系统包括数据采集和数据编辑模块，采集模块实现对多源遥感数据的采集，采集数据可直接编辑入库；数据编辑模块主要对数据的几何、属性和图面进行处理、修改和维护。

数据编辑功能主要是实现数据的采集和对数据处理、修改和维护。数据采集就是根据影像等已有数据，创建新的要素。采集的要素在几何图形和空间属性上往往存在错误或不够完善的地方，需要通过后续的编辑对其进行修改。数据编辑模块可以为灵活的制图表达和数据入库提供支撑。数据采编子系统界面如图 5.5-9 所示。

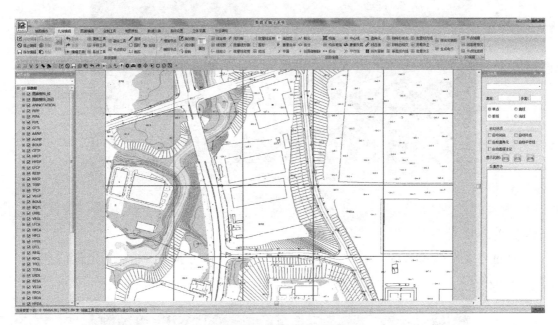

图 5.5-9　数据采编子系统

四、数据质检子系统

质检模块包含常用的检查功能，包括针对图层级和要素级的拓扑空间检查、几何检查、属性检查和逻辑检查。数据质检模块针对基础测绘、地理国情普查、第三次全国国土调查数据进行检查，界面如图 5.5-10 所示。

五、数据交换子系统

在测绘生产项目中，经常需要利用各种历史数据和外部数据，通常这些数据的格式和要素属性与当前系统有很大不同，需要经过匹配识别进行加载转换。同时，本平台生产的成果数据需要提交形成作业单位需要的制图数据、入库数据。数据交换模块是数据利用和共享的前提。数据交换子系统主要实现数据导入和数据导出的功能，界面如图 5.5-11 所示。

图 5.5-10 批量质检

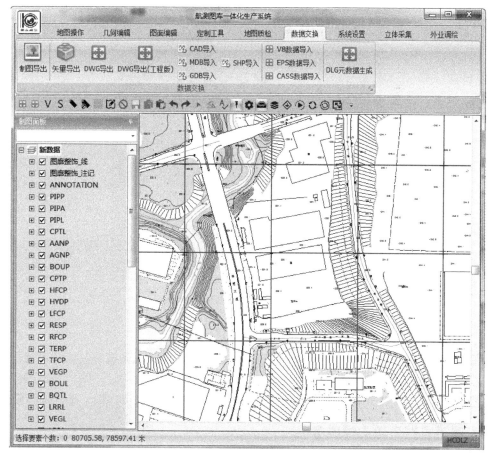

图 5.5-11 数据交换子系统

第六节 成果应用

一、基础测绘全要素生产

基础测绘生产是测绘地理信息生产过程中的重要任务，在保障各行业高质量发展中发挥着基础性、保障性和先导性的作用。以往的基础测绘按照固定的图示要求和生产规范生产，生产的成果以制图数据为主，不适合提供多样化、精细化和个性化的应用。本研究重构了基础测绘全要素生产的工艺流程，实现了制图和入库数据的一体化生产，有效提高了数据的深化应用。

（一）重庆全市域 1∶5000 比例尺数字地形图测绘

本研究成果应用于重庆市全市域 1∶5000 数字地形图测绘项目，完成了全市域 8.24万 km² DLG、DEM、DOM 的生产，如图 5.6-1 所示。基于平台实现了航测内外业全流程的数字一体化，革新了通用航测生产手段，有效提高数据处理的智能化程度和劳动生产率。

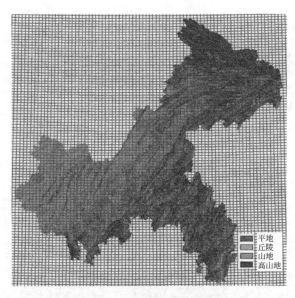

图 5.6-1 测区地形类别分布图

（二）重庆市"十三五"基础测绘数据资源建设

基于本研究成果完成了重庆市"十三五"基础测绘数据资源建设，包括全市规划建设管理区 16480km² 1∶2000 DLG、DOM 和 DEM 生产，为建设"一带一路"、长江经济带，全面落实重庆市"十三五"各项重要工作部署，建设国家中心城市提供了基础保障服务。

二、专题类自然资源支撑服务

研究成果为年度基础性地理国情监测、第三次全国国土调查市级核查、违法建筑专项治理等重大专题项目提供了支撑服务。

（一）年度基础性地理国情监测

地理国情主要是指地表自然和人文地理要素的空间分布、特征及其相互关系，是基本国情的重要组成部分。做好国情国力常态化、业务化的动态更新，是全面了解国情、把握国势、制定国策的基础性工作。第一次地理国情普查于 2015 年基本完成，形成了一套覆盖全市 8.24 万 km^2 的地表覆盖、地理国情要素、地理单元和地形地貌的普查数据成果，普查成果已广泛应用于规划、国土、林业、农业、水利、市政、交通等领域，为政府科学决策、行业管理以及信息化建设提供了重要的信息与服务支撑保障作用。

新形势下，党中央、国务院对地理国情监测工作作出重要战略部署：从 2016 年起，地理国情信息获取进入常态化监测阶段。为保证重庆市地理国情数据的现势性，规范常态化地理国情监测工作，结合重庆市实际，重庆市人民政府办公厅印发了《重庆市地理国情数据动态更新管理办法》，对重庆市地理国情数据动态更新工作做出了规定和要求。本研究成果应用于年度基础性地理国情监测工作，有力支撑了地理国情数据的更新、编辑、质检和入库工作，如图 5.6-2 所示。

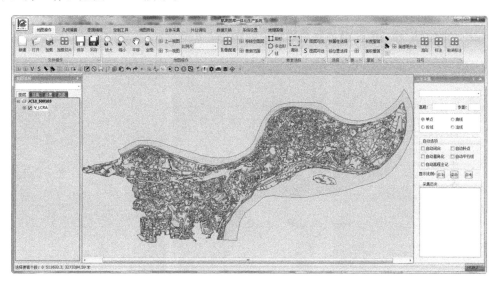

图 5.6-2　地理国情监测

（二）第三次全国国土调查市级核查

根据《第三次全国土地调查实施方案》（国土调查办发〔2018〕3 号）要求，应建立土地调查成果的市级自检、省级检查、国家级核查三级检查制度，每一阶段成果需经过检查合格后方可转入下一阶段。其中区县级地方人民政府对本行政区域的土地调查成果负责，需组织对调查成果进行 100% 全面自检，并根据自检结果组织成果全面整改，编写自检及整改报告后汇交市级检查和汇总，形成市（地）级检查报告报送至省级土地调查办公室组织全面检查，确保全省调查成果整体质量。省级在调查成果完整性和规范性检查的基础上，重点检查成果的真实性和准确性，并将通过省级检查的县级调查成果及检查记录一并报送全国土地调查办，由全国土地调查办组织对通过省级检验合格的县级调查成果进行全面核查。

本研究成果应用于重庆市第三次土地调查市级核查项目，核查范围为渝中区、大渡口区、南岸区、璧山区、大足区、綦江区、涪陵区、江津区、合川区、南川区、黔江区、石柱县、酉阳县、城口县共 14 个区县，面积合计 29877.78km²。

（三）违法建筑专项治理

违法建筑是滋生在城市肌体上的"毒瘤"，各级政府对此高度重视。根据中央城市工作会议和《中共中央国务院关于进一步加强城市规划建设管理工作的若干意见》（中发〔2016〕6 号）要求，各级地方政府针对违法建筑治理均制订了相关的法规、规章等政策文件，设置了违法建筑治理的工作机构，明确了各职能部门的职责和分工，组建了监管力量和拆违力量，全国已形成违法建筑查处整治的雷霆之势。

本研究成果支持利用倾斜摄影技术快速巡查测量违法建筑，即通过倾斜摄影技术得到包括实景三维模型、真正射影像、DSM 等多种形式的成果，综合运用规划核实竣工测量图及房屋面积测量图，结合二三维一体化展示技术对违法建筑进行多角度分析排查，识别疑似违法建筑并获取其房号、面积、长度、高度、纹理细节等信息。该技术通过多角度、多成果、多时期数据的可视化分析，实现了对违法建筑的多角度、全方位巡查和非接触性量测，极大地提高了违法建筑排查的准确率以及整治到位的有效性，且通过与放线和竣工资料对比，验证其量测精度满足执法需求，如图 5.6-3 所示。

图 5.6-3　违法建筑示例

三、重点要素特色化服务

（一）生态保护红线划定评估及勘界

重庆市依据《自然资源部办公厅生态环境部办公厅关于开展生态保护红线评估工作的函》（自然资办函〔2019〕1125 号）文件要求，结合"三调"成果数据、永久基本农田、森林公园、饮用水水源保护区、现行土地利用总体规划、现行城市（镇）总体规划、现行村规划以及重大基础设施工程规划等资料，开展了生态保护红线评估工作，重点研判现行生态保护红线内冲突矛盾情况。

本研究成果支持多种数据叠加分析，重点突出矛盾情况，有力支撑生态红线的评估工作，外业智能作业终端支撑了红线的现场踏勘工作，方便直观查看实地情况，结合内外业数据，支撑内业核定与外业勘查，确定合理准确的界线。

（二）林长制试点核查

党的十九大把生态文明建设和建设美丽中国提升到全局的高度，要求把生态文明建设作为一个系统工程，全方位、全地域、全过程地开展生态保护与整治。

重庆作为长江上游的生态保护屏障，区位优势突出，战略地位重要。基于本研究成果以重庆主城区"四山"范围内建设情况调查获取的建筑物信息及违法建筑信息为基础数据，采用内业数据分析结合外业实地核查的工作模式，协助完成明月山林长制试点核查工作，如图5.6-4所示。相关技术和成果在2022年8月重庆极端高温（45℃）引发的森林火灾救援中，发挥了重要作用。

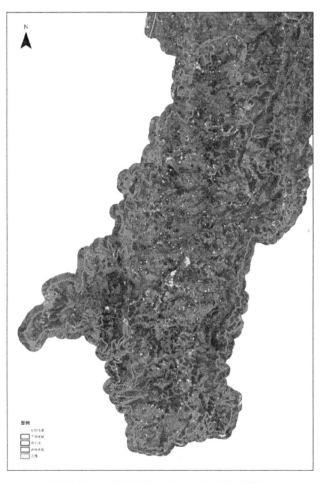

图 5.6-4　明月山林长制试点区域排查情况

第七节　本章小结

本研究重构了航测图库一体化生产流程，通过研究图库一体的符号表达、基于规则驱动的要素显示、图库一体数据全流程生产体系等相关技术，构建了图库一体的技术体系，研发了智能化航测图库一体化生产平台，整合了数据采集、编辑、质检、交换等多个环节，实现了多源遥感数据的协同采集，支持立体航片、立体卫片、实景模型、点云等常用数据；针对作业过程中人工干预多、工作量大的环节，开发了智能化数据处理算法，实现了数据的高效处理。

通过积极探索项目的服务模式，拓展项目成果应用方向，成果已应用于基础测绘全要素生产服务、重大专题项目要素服务、重点要素特色化定制化服务，并且应用于重庆市基础测绘数据资源建设、基础性地理国情监测、第三次全国国土调查市级核查、违法建筑专项治理、生态保护红线评估及勘界、林长制试点核查技术服务、市政设施调查监测等多个方面，为自然资源管理和应用提供了有力支撑。

目前，在无比例尺地理空间实体数据自动处理、实现无尺度的数据自动综合处理、建立按地理实体分级的无尺度时空数据库、提高成果数据拓展应用能力等方面，还有较多的研究内容和较大的提升空间。

参考文献

[1] 陈翰新，周智勇，刘昌振，等. 居民地制图综合方法 [P]. 中国：CN113190639A，20210730.

[2] 陈翰新，刘昌振，周智勇，等. 道路网中心线提取方法 [P]. 中国：CN109934865A，20190625.

[3] 向泽君，蔡怂晟，等. 基于超像素的高分遥感影像分割算法 [J]. 计算机工程与设计，2020，41 (5)：1379-1384.

[4] 向泽君，黄磊，等. 基于 IFCM 聚类与变分推断的遥感影像分类 [J]. 计算机工程与设计，2019，40 (7)：2059-2063.

[5] 向泽君，徐占华，饶鸣，等. 利用数据打包发布海量栅格瓦块地图的方法 [J]. 测绘通报，2014，(6)：75-78.

[6] 向泽君，罗再谦，李波. 基于连续全景影像航向与俯仰角速度的计算与应用 [J]. 测绘通报，2012，(9)：52-54，58.

[7] 黄磊，向泽君，等. 结合 mRMR 选择和 IFCM 聚类的遥感影像分类算法 [J]. 测绘通报，2019，(4)：36-41.

[8] 徐占华，向泽君，等. 一种激光点云与 Ladybug 全景影像的融合方法 [J]. 测绘通报，2019，(S2)：78-81.

[9] 徐占华，向泽君，等. 移动智能终端城乡规划一张图系统设计与实现 [J]. 地理空间信息，2014，12 (6)：161-162.

[10] 徐占华，向泽君. 吉信地理信息云服务平台应用及实践 [J]. 测绘与空间地理信息，2014，37 (8)：11-14.

[11] 汪蓓，向泽君，等. "图游·重庆" 系列地图的设计思想研究 [J]. 城市勘测，2017，(4)：114-117.

[12] 郭鑫，向泽君，等. 移动互联网在线地图服务平台搭建研究 [J]. 城市勘测，2012，(1)：10-12.

[13] 徐占华，梁建国，向泽君. 重庆市公开版地图数据库设计研究 [J]. 测绘与空间地理信息，2010，33 (5)：75-77.

[14] 楚恒，陈良超，王昌翰，等. 一种高保真 IKONOS 卫星遥感影像融合方法 [J]. 测绘通报，2008，(11)：34-37.

[15] 梁建国，徐占华，向泽君. 论地图应用开发与市场监管 [J]. 城市勘测，2008，(5)：14-17.

［16］陈良超，周智勇，刘昌振，等 . 一种空间要素几何拓扑自动处理方法［P］. 中国：CN112396673A，20210223.

［17］陈良超，向泽君，谢征海 . 三维模型数据标准技术研究与应用［J］. 测绘科学 .2009，34（S1）：174-176.

［18］陈良超，李锋 . 海量 3 维数据高效组织及集成研究［J］. 地理信息世界，2012，10（4）：53-57.

［19］陈光，陈良超，何兴富，等 . 一种高分影像城区主干道半自动提取方法［J］. 遥感信息，2017，32（3）：109-114.

［20］刘昌振，马红 . 一种复杂道路网中心线自动提取算法［J］. 城市勘测，2019，（4）：145-147.

［21］张燕，周智勇，胡开全，等 . 一种面状植被符号填充和基于规则的自动避让方法［P］. 中国：CN109887401A，20190614.

［22］魏世轩 . ArcGIS 制图表达的图库一体化数据到 AutoCAD 制图数据的全要素转换研究［J］. 城市勘测，2017，（4）：208.

第六章

实景三维建设

第一节 背景与现状

一、背景

实景三维是对一定空间范围内人类生产、生活和生态空间进行真实、立体、时序化表达的数字空间，是新型基础测绘的标准化产品，是时空信息新型基础设施，为经济社会发展和各部门信息化提供统一的空间基底。按照表达内容和层级，实景三维分为地形级、城市级、部件级。其中，地形级实景三维是城市级和部件级实景三维的承载基础，重点是对生态空间的数字映射。城市级实景三维是对地形级实景三维的细化表达，主要由实景三维模型、激光点云、纹理等数据经实体化并融合实时感知数据构成，重点是对生产和生活空间的数字映射。部件级实景三维是对城市级实景三维的分解和细化表达，重点是满足专业化、个性化应用需求[1]。

传统航测、倾斜摄影、贴近摄影等技术手段为三维城市建设提供了多源多尺度的数据源。

传统航测一般指镜头垂直地面拍摄的一种常用航空摄影测量方式，常用于制作 4D 产品。

倾斜摄影是近年来测绘领域发展的高新技术，它打破了传统只能从垂直角度拍摄的局限性，通过在一个飞行平台上搭载多个相机，同时从一个垂直、四个倾斜共五个不同视角同步采集地面影像数据，获取丰富的地物顶部及侧面的高分辨率纹理。它不仅能够真实地反映地物情况，高精度地获取物方纹理信息，还可通过先进的定位、融合、建模等技术，生成真实的三维城市模型。因此，倾斜摄影测量常用于大范围、快速、自动构建实景三维模型。

贴近摄影是面向对象的摄影测量，它以物体的"面"为摄影对象，利用旋翼无人机贴近摄影获取超高分辨率影像，进行精细化地理信息提取，因此可高度还原地表和物体的精细结构。相比较现有的垂直航空摄影测量、倾斜摄影测量对 XYZ 三维空间进行摄影，贴近摄影测量是针对"面"（三维空间任意坡度、坡向的面）进行摄影。贴近摄影测量创造了一种全新的摄影测量方式，被称为"第三种测量方式"。

实景三维模型的主要表现形式是 Mesh 三维模型（Mesh Three-Dimensional Model），

Mesh 三维模型是基于航天/航空遥感影像、激光点云等数据构建的连续三角面片模型。国内相关专家学者指出，Mesh 三维模型建设已经拥有了百亿级市场，但当前大规模开展 Mesh 三维模型建设还存在着飞行效率低、处理速度慢、精度差、无结构等诸多问题。为了使 Mesh 三维模型更好地满足用户测绘级需求，应该从基准制定、航摄仪研发、计算资源调度策略、深度学习数据后处理等实景三维建设中各个环节入手，真正实现结构化、实体化、单体化。

近年来，基于倾斜摄影开展自动化实景三维建模的技术得到了快速发展，实景三维城市模型正在成为数字孪生城市的重要来源。国内相关院士专家指出，目前实景三维中国建设项目的推进已具备技术基础。首先，在数据获取上，倾斜摄影技术日臻成熟，在航空摄影领域，应用大飞机、直升机进行影像采集的经验日渐丰富，能够快速获取城市级范围的倾斜影像；其次，在数据处理上，随着多家商用实景三维建模软件的推出，三维建模的效率得到大幅提升。大量的倾斜摄影影像被采集，海量的实景三维模型被构建。在成果应用上，实景三维产业已从萌芽期逐渐进入蓬勃发展阶段，相关的应用也得到了快速拓展和发掘。

基于倾斜摄影方式获取实景三维模型最大的特点是真实感强、自动化程度高，成本低。因此，倾斜摄影实景三维建模已成为获取城市全貌的重要手段。但是，这种建模方式获取的模型也存在缺点：首先，倾斜摄影原始影像来源高空拍摄，必然存在遮挡，在接近地面或存在遮挡的区域，建模效果不佳，甚至无法建立有效的三维模型；其次，实景三维模型通常是按格网块组织的"表皮"模型，各要素特征类没有被分割，信息没有被提取，因此给应用造成困难；最后，模型成果数据量通常为人工建模的 20 倍，给数据传输、数据加载展示带来压力。

二、现状

倾斜摄影测量技术已有几十年的发展历程，具有代表性的倾斜摄影仪器装备有美国 Pictometry 公司的 EFS/POL 系统，以色列 VisionMap 公司的 A3 系统，微软公司的 UCO 系统，徕卡公司的 RCD30 系统等；国内第一款倾斜摄影相机 SWDC-5 研发成功后，上海航遥的 AMC 系列倾斜相机、中测新图的 TOPDC 系列倾斜相机相继推出，并涌现出广州红鹏 AP 系列、成都睿铂 RIY 睿眼系列等一批轻小型无人机倾斜相机。

倾斜摄影航摄装备的发展，带动了后处理软件的不断更新，具有代表性的有法国 ASTRIUM 公司的街景工厂（StreetFactory）、美国 Pictometry 公司的 Pictometry 系统、基于 INPHO 软件的 AOS 系统、以色列的 VisionMap 软件，以及 Bently 公司旗下的 ContextCapture 实景建模系统。国内自主研发的倾斜摄影后处理软件有大疆智图、香港科大的 Altizure、中科北纬的 Mirauge3D 等。

目前，国内主要采用单一数据源的倾斜影像在城市建成区进行实景三维建设。尽管基于单一数据源的实景三维模型制作技术发展迅猛，然而，单一数据源建模在大规模应用上仍存在物力成本高、资源利用效率低、建设周期长等问题。在实际生产中，大规模实景三维建模通常会遇到如下几类问题：一是规模化生产往往需要运用多种数据源的影像，目前仍缺乏对于影像综合获取方案的系统研究；二是不同机型、不同传感器、不同航线设计方式的航摄影像在像幅、色调、时相、分辨率、重叠度上存在差异，数据处理难度大；三是不同数据源建立的模型存在精度不一致、分辨率不一致，甚至坐标系不一致的情况，给模型拼接、集成带来困难；四是涉及数据量巨大、流程环节繁杂、软硬件资源及人力物力消耗大。因此，现阶段规模化实景三维建设的关键在于解决多源影像建模流程中涉及的一系列整合、优化和集成等问题。

重庆于2019年4月首次实现并公开发布全市域8.24万km²的多源多尺度实景三维模型。其中，0.4m分辨率实景三维数据覆盖全市，0.2m分辨率实景三维数据覆盖主城规划区，0.08m分辨率实景三维数据覆盖主城建成区，0.05m分辨率实景三维数据覆盖29个远郊、近郊区县建成区。这是重庆首次实现全市域不同数据源、不同尺度实景三维成果全覆盖，也是全国首个实现省级全域覆盖实景三维建设的城市。

第二节　影像获取

一、常规影像获取方法

依据航摄角度的不同，航摄影像的获取可分为传统正射摄影和倾斜摄影。传统正射摄影一般指镜头垂直地面拍摄的一种常用航空摄影方式，常用于制作数字正射影像（DOM）、数字线划图（DLG）、数字高程模型（DEM）和数字栅格地图（DRG）等4D产品；倾斜摄影技术是近几年来测绘领域发展的高新技术，打破了传统只能从垂直角度拍摄的局限性，通过多个传感器从不同角度获取地物的多视角影像，常用于大范围、快速、自动构建实景三维模型。相比于传统航摄，倾斜摄影获取的影像纹理更丰富、数据量更大，生产的实景三维模型效果更好，成本也更高。常规航空摄影流程如图6.2-1所示。

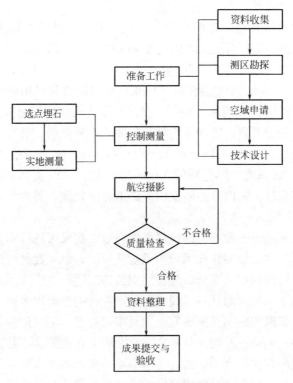

图6.2-1　常规航空摄影流程

152

对航空摄影时常用的倾斜航摄仪进行研究，分别从适配的飞行平台、飞行高度和影像分辨率三方面进行比较分析，得出结论如表 6.2-1 所示。

常用倾斜航摄仪比较　　　　　　　　　　表 6.2-1

相机	适配飞行平台	飞行高度（m）	最高分辨率（cm）
Pictometry 相机系统	运 5 运输机	900	13
VisionMap A3 相机系统	PC-6 型飞机	2000	8
徕卡 RCD30	运 12 运输机	600 以上	6
SWDC-5	直升机	300	5
PAN-A5	直升机	300	5
PAN-U5	直升机	300	5
RIY-DG3	无人机	300 以下	3

二、多尺度影像获取方法

作者所在研究团队以重庆为试验区，研究适用于实景三维重庆建设的多源多尺度影像数据获取方法。

重庆地处我国西南和长江上游，位于四川盆地东部，东、南、北三面有中高山环绕，中西部丘陵广布，东部多山地，地貌类型多样，地势沿河流、山脉起伏较大，且各区县城市建成区多依山就势而建，高楼林立，落差大、间距小，呈现典型的"大城市、大农村、大山区、大库区"的特点。因此，需要针对不同区域特点采取不同的影像获取方法，以满足全市域实景三维模型建设的工作需求。研究提出了顾及地形和地物特征的多源多尺度影像获取方法，通过综合分析航摄面积、建筑密度、高差、空域条件、航摄窗口、影像获取周期、成本等影响因子，因地制宜地采取传统影像收集、直升机、小型载人飞机和无人机等多种航摄手段，综合使用 A3 航摄仪、SWDC-5、RIY-DG3 等多种航摄仪获取多源多尺度影像数据，保障不同尺度、不同级别的应用需求，同时也盘活了存量影像数据，实现数据增值利用。

（一）全市大范围影像获取

重庆全市域大范围的实景三维模型主要是为了满足大范围地形地貌特征、山水格局特点的展示，全市域影像获取影响因子分析如表 6.2-2 所示。

全市域影像获取影响因子分析　　　　　　　表 6.2-2

序号	航摄影响因子	分析结果
1	航摄面积	约 8.24 万 km²
2	建筑密度	较小，主要集中在主城区及远近郊区县建成区
3	高差	大，最大可达 2723m
4	空域条件	困难
5	航摄窗口	7～9 月
6	航摄周期	约 2 年
7	成本	高

可以看出，全市域范围广、面积大，影像获取周期长、成本高，且地形复杂，区域高差大，航摄组织困难。若重新进行航摄，需要 2 年左右，获取周期长。综合考虑以上航摄影响因子，从应用需求出发，在全市域 8.24 万 km² 范围，综合利用已有往年的 0.4m 分辨率常规航摄影像进行实景三维模型制作，不仅能够满足全市域实景三维模型的建设需求，而且可实现常规航摄影像的再利用。

（二）主城区范围影像获取

重庆主城规划区面积约 6000km²，地形主要以丘陵为主，缙云山、中梁山、铜锣山、明月山呈南北纵贯其中，嘉陵江、长江自西向东经流而过，形成了独特的"一岛两江三谷四山"的自然山水格局。主城规划区影像获取影响因子分析如表 6.2-3 所示。

主城规划区影像获取影响因子分析　　　　　　　　　　　　表 6.2-3

序号	航摄影响因子	分析结果
1	航摄面积	约 6000km²
2	建筑密度	主要集中在主城建成区
3	高差	较大
4	空域条件	非常困难
5	航摄窗口	7～9 月
6	航摄周期	约 1 年
7	成本	较高

综合考虑天气、空域、航线方向、地表起伏等因素，在航摄任务实施过程中，往往只能将航线设计为南北航线，项目应用塞斯纳 208 飞机搭载 DMCⅢ 数码相机的方式获取主城区约 6000km² 分辨率 0.2m 的航空摄影影像，以满足重庆市主城区的基础测绘、城乡规划等实际应用。

（三）主城建成区影像获取

重庆素有"山城"的美誉，主城建成区建筑密集，大多依山就势而建，地形起伏大，建筑鳞次栉比，落差较大。主城建成区影像获取影响因子分析如表 6.2-4 所示。

主城建成区影像获取影响因子分析　　　　　　　　　　　　表 6.2-4

序号	航摄影响因子	分析结果
1	航摄面积	约 1300km²
2	建筑密度	较大
3	高差	建筑落差大
4	空域条件	非常困难
5	航摄窗口	7～9 月
6	航摄周期	2～3 个月
7	成本	较高

此外，主城建成区是重要的经济活动区域，对实景三维模型的精细度要求较高，同时综合考虑主城区存在机场，空域协调难度非常大，要求航高较高。综合考虑以上因素，将

主城建成区按照空域限制大小分为 2 个区域。对于空域限制较高的区域，采用皮拉图斯 PC-6 搭载大像幅、长焦距的 A3 航摄仪进行航摄，可获取主城建成区 0.08m 分辨率的倾斜影像；对于空域限制相对较小的主城区南端，采用直升机搭载 SWDC-5 数字航空倾斜摄影仪，获取主城建成区 0.05m 分辨率的倾斜影像，以满足城市、乡村精细化管理、国土空间规划建设、历史文化资源保护等工作需要。

（四）区县建成区影像获取

远近郊区县建成区大多分布于长江两岸，依山就势而建，建筑密集，高度落差较大，但受空域管制较小。远近郊区县建成区影像获取影响因子分析如表 6.2-5 所示。

远近郊区县建成区影像获取影响因子分析　　　　　　　　　表 6.2-5

序号	航摄影响因子	分析结果
1	航摄面积	约 600km²
2	建筑密度	较大
3	高差	渝西区县建成区高差较小，渝东北、渝东南区县建成区高差较大
4	空域条件	限制较少
5	航摄窗口	7～9 月
6	航摄周期	2～3 个月
7	成本	相对较低

为了保证获取影像的分辨率一致，需要依据地形、建筑物高度实时调整航高，再综合考虑影像获取效率，研究提出采用罗宾逊 R44 搭载 PAN-A5 或 PAN-U5 倾斜数码航摄仪的方式获取区县建成区 0.05m 分辨率的航摄影像。

（五）重点小范围区域影像获取

为满足应急抢险、违法建筑排查、历史文化资源保护、精细管控等特殊工作需求，需要获取重点小范围区域的高分辨率航摄影像，其影像获取影响因子分析如表 6.2-6 所示。

重点小范围区域影像获取影响因子分析　　　　　　　　　表 6.2-6

序号	航摄影响因子	分析结果
1	航摄面积	小
2	建筑密度	小
3	高差	较小
4	空域条件	限制少
5	航摄窗口	全年
6	航摄周期	短
7	成本	低

针对部分重点区域范围小、空域限制少、航摄周期短等特点，研究团队充分利用无人机轻便灵活、易于操控、空域限制较小的特点，搭载轻小型 5 镜头倾斜相机，结合"同架次变航高无人机遥感影像获取方法"，获取重点小范围区域的优于 0.03m 分辨率的倾斜影像，制作更为精细的实景三维模型。

第三节 实景三维建模

一、数据预处理

(一)影像匀光匀色

在航空航天遥感图像的获取过程中,由于设备本身的局限和外部环境的干扰,影像色彩存在以下问题:对于单一来源影像,航摄仪本身的原因可能导致影像偏色和亮度不均匀现象,大气衰减、云层、烟雾可能导致影像存在雾霭遮挡特征地物的现象,太阳光照角度、地形起伏及城市中建筑物遮挡可能导致影像上的阴影现象,拍摄时间和太阳光照条件不同可能导致影像间色调不一致的现象;对于不同来源不同尺度的影像,由于航摄仪本身各种参数不同、获取时间不同,造成影像之间色彩、亮度、色调各不相同。综上所述,影像的色彩一致性处理主要为了解决单幅影像内部以及多幅影像之间存在的色彩不一致问题。影像的色彩差异不仅影响视觉效果,降低制作正射影像的质量,而且在进行三维建模时也会降低模型的质量。

近年来,航空遥感色彩一致性处理逐渐成为图像处理的研究热点,也成为各大遥感影像处理软件和普通影像处理软件在处理各类影像数据过程中存在的一个处理模块。商业软件尤其具有特色和针对性,例如:Photoshop 软件可以对单张影像整体的色调、亮度、对比度以及影像中部分地物的色调、亮度、对比度进行调整,能够很好地处理影像偏色和亮度不均的问题;ERDAS IMAGINE 遥感图像处理系统对卫星影像的薄云薄雾去除和大气校正有比较大的作用,但对传感器有较大限制,要求传感器视角较小且能获取绿、红和近红外波段;GeoDodging 是武大吉奥公司匀光匀色处理的工具软件产品,它是针对影像匀光和镶嵌处理的工具软件,主要是通过影像接边的自适应羽化改正解决整体影像色调一致性问题;法国 ASTRIUM 公司的像素工厂软件(Pixel Factory)具有强大的数据应用和分析功能,支持包括卫星影像和航摄影像在内的多种传感器拍摄的图像,在影像的匀光匀色处理过程中,具备大气辐射校正功能,能在一定程度上过滤影像表面的水汽。

本研究在综合使用上述软件的基础上,通过对单张影像匀光、雾气去除,影像阴影区域进行弱信息恢复的研究,提出一种针对多幅多源多尺度影像进行匀光匀色的综合解决方案。

1. 影像弱信息恢复

在彩色航空图像成像过程中,由于成像技术、成像条件等各种因素的限制和影响,存在一定的降质现象。图像阴影就是由成像条件引起的降质现象,在航摄过程中,地物遮挡或地形起伏遮挡形成。航空影像的光源可视为只有一个无穷远的点光源(太阳),根据物体光照模型,物体被感知的光照强度由环境光、漫反射光和镜面反射光组成,则阴影产生的光学机理为:

$$I = k_a I_a + k_d I_l \cos\theta + k_s I_l \cos^n \alpha$$

式中,$k_a I_a$ 为泛光,用于模拟从环境中周围物体散射到物体表面再反射出来的光,k_a 是漫反射系数,I_a 是入射的泛光光强,与环境敏感程度有关;$k_d I_l \cos\theta$ 光源直射光线的漫反射光，k_d 是漫反射系数，与物体表面性质有关，I_l 是光源强度，θ 为入射光与物体表面法线之间的夹角；$k_s I_l \cos^n \alpha$ 是镜面反射光，k_s 是镜面反射光系数，α 为反射光与视线间的夹角，n 为高光系数。

在航空影像中，弱信息区域的阴影通常被分为本影和投影两大类，本影是指障碍物本身一部分没有被光线照射的地方，投影是指照射光线被障碍物遮挡的背景区域。航空影像中的阴影主要是由成像光线被障碍体完全或者部分遮挡而形成。阴影的结果是所投影地表的表面光照强度降低，但不改变地表、目标表面的光照特征，如纹理特征及光照强度方向统计特征等。阴影区域的灰度值一般要比周围的成像区域的灰度值小。弱信息区域的阴影部分颜色具有一定特性：（1）影像弱信息区域属于图像中的局部黑区域。对遥感图像的阴影区域进行统计表明，阴影区域内的灰度方差一般小于其他非阴影区域，不同阴影区域之间的灰度值具有较强的一致性。（2）阴影颜色一般是比较均匀的，而且分布基本上有规律可循。阴影在颜色上偏蓝，泥土、植被往往是偏绿、偏红或偏黄。（3）相对于影像上的非阴影区域，阴影区域由于不能得到摄影光源的直接照射而依靠环境散射和目标反射成像，因此航空影像中的阴影区域具有色调、饱和度较高而亮度较低的明显特征。（4）在非阴影区域，蓝光波段和绿光波段有很高的相关性，在阴影区域，绿光波段相对于蓝光波段急剧减小。（5）阴影的亮度特性与摄影光源、被摄目标及环境的材质、光照条件等有关。视觉上看，阴影区域相对较暗，实际上很复杂，包含浅阴影、深阴影、不同色调阴影，并且阴影与暗色调物体易相混淆。

航空影像中阴影的存在会影响（弱信息区域中）目标识别、地物分类、影像匹配、实景三维重建等。通过对上述弱信息区域形成的基理以及在光谱上的一些特性分析，本研究基于 WorldView Pro 进行弱信息恢复，根据图像局部和整体的影像特征信息进行色阶梯度优化处理，同时对图像中地物的边界信息进行保留，在不改变整体色彩的条件下完成阴影、高亮部分数据信息的保留，实验结果如图 6.3-1 所示。

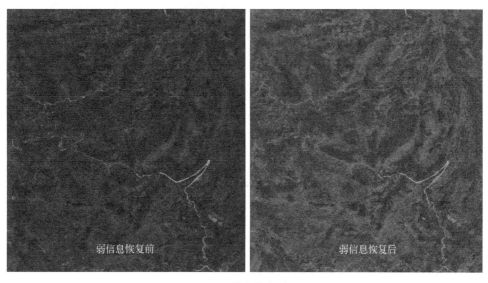

图 6.3-1　弱信息恢复前后对比

2. 影像去雾及单幅影像匀光

对于地处丘陵地带、盆地地带，四面环山的地形在大气中容易积聚大量的水汽和水滴成分，形成雾气很难散去，薄雾在大区域集中、小范围内离散分布，呈无特定形状的非均匀状态，反射率较高，成像后灰度值普遍较大，在图像波谱信息上表现为高频成分。雾霭影像是由于空气中的水汽和分子等浑浊成分遮挡导致拍摄影像的地物模糊或者被全部遮挡。传感器接收到的光线还混合着经过大气分子反射的周围地表的光线，都使得传感器接收到的光线并不是真实的地物反射光线，导致影像降质，其对比度和颜色都失真，对影像地物的判读有很大的影响。处理雾气方法一般有：（1）通过利用数学模型进行影像亮度变化程度的模拟，接着利用模拟出来的结果对影像不同局部范围进行相应的补偿，进而获取亮度、色彩都反差均匀的影像；（2）通过缨帽变换处理，雾霭在图像上的特点是变化比较平缓，其频率分量较低，图像中景物则变化急剧，在图像上表现为高频成分，去除雾霭就是要通过过滤高频成分，提取云层的干扰值，再减去干扰值，从而恢复原本地物的反射强度信息；（3）利用传统光学晒印中 Mask 匀光原理，模拟光照背景，消除背景得到地物影像，可以消除较浅或者小范围的雾霭，对于大范围或者较深的雾霭则无能为力。在实际的研究过程中，若影像中雾气较为稀薄，有较好的处理效果；如果云雾较厚，完全覆盖测区，则不能完全消除。

本研究去除雾气采用的方法是在大气模型的辐射传输方程基础上，通过构建有雾影像的结构方程，着力研究基于像素统计信息评估方程参数的方法，从而解决图像的雾气去除问题。通过实验得到雾气去除前后的对比效果如图 6.3-2 所示。

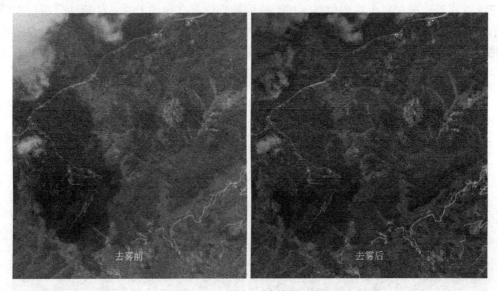

图 6.3-2　雾气去除前后对比

在获取的航空影像中会存在偏色情况，一些地物在航摄瞬间反映出的强曝光，会造成一幅影像存在严重的偏色现象，亮度不一致，需要对影像进行匀光处理。匀光主要是为了解决单幅影像内部亮度分布不均匀问题。目前，常用的影像匀光方法可分为三类：统计信息法、数学模型法和频率域滤波法。统计信息方法是利用影像的统计信息进行匀光（例如直方图、均值和方差等）；数学模型法利用数学模型估计影像的光照趋势变化，对影像的不同部分进行补偿；频率域滤波法是利用频率域滤波器模拟影像内亮度分布的匀光方法，较为经典的是 Mask 匀光法，该方法是一种典型的频率域滤波法，采用高斯低通滤波器模拟影像的亮度分布作为背景影像，将原始光照不均匀影像与获得的背景影像做相减运算，然后进行对比度拉伸，增强影像细节反差，达到匀光的目的。

在实际的研究过程中，首先对影像的低频信息进行提取，其次通过自适应的阈值分割技术有效地规避一些高亮地物对低频信息的干扰，获得连续、起伏平缓的光照信息；最后应用 MASK 匀光技术的原理消除图像光照不均现象。通过对摄影瞬间由水面强曝光引起的影像亮度信息不均匀的影像进行实验，结果如图 6.3-3 所示。

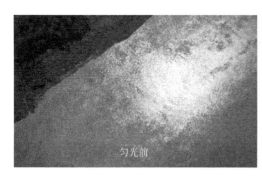

图 6.3-3　匀光前后对比

3. 多源多尺度影像匀色匀光处理

针对多源影像色彩一致性处理问题，在实际研究过程中，提出了一种影像色彩归一方法，该方法利用覆盖全测区的卫星影像或降低分辨率后的航摄影像制作第一正射影像来确定色彩主基调，通过空三获取影像定位定姿参数，结合数字高程模型和下视影像降低分辨率制作第二正射影像。参照色彩主基调对第二正射影像进行匀色处理，根据影像定位定姿参数，将匀色后的第二正射影像色彩信息逐像素迁移至所有视角的原始倾斜航摄影像。

该方法在进行大范围、多时相、多视角和多源遥感影像时具有很大优势，能够最大限度地降低人为主观因素所导致的色调差异，改善多源多时相影像色彩归一处理的整体效果，显著改善后续空三加密、立体测图、正射影像制作、实景三维建模质量及工作效率，解决由天气、时间、航摄仪不同等因素引起影像色调、亮度、反差等存在不同程度的差异问题。

方法技术思路为：（1）分析判断获取影像质量，确定符合生产要求且色彩均匀的影像；（2）将影像导入软件中看是否需要特殊多边形进行处理；（3）建筑物或者地势较高的地形在航摄造成的遮挡，进行弱信息恢复，使得影像色彩增强；（4）在航摄时，天气的原因，天空中存在雾气，严重影响影像的质量，需要对其进行雾气去除；（5）在航摄瞬间，获取的影像存在强光现象进行匀光处理；（6）影像镶嵌；（7）制作色彩迁移模板；（8）色彩迁移，将调好色的模板影像色彩迁移至原始影像。

通过上述方案，得到最终影像匀色后结果，匀色前后对比如图 6.3-4 所示。

（二）POS 数据解算

定位定向系统（POS）集 DGNSS 技术和惯性导航系统（INS）技术于一体，可以获取移动物体空间位置和三轴姿态信息。POS 主要包括 GNSS 信号接收机和惯性导航装置

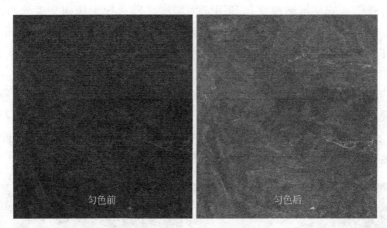

图 6.3-4　整体匀色前后对比

IMU 两部分，也称为 IMU/GNSS 集成系统。将 POS 系统和航摄仪集成在一起，通过 GNSS 载波相位差分技术获取航摄仪的未知参数及惯性测量单元 IMU 测定航摄仪的姿态参数，经 IMU、DGNSS 数据的联合后处理，可直接获得测图所需的每张像片 6 个外方位元素，POS 原始数据利用 Inertial Explorer 软件，选择该架次距摄区最近的基站数据进行解算，按照载波相位测量差分 GNSS（DGNSS）定位技术，精密计算每一张像片于曝光时刻的机载 GNSS 天线相位中心的 WGS84 坐标系框架坐标。POS 数据处理应严格遵循如图 6.3-5 所示流程。

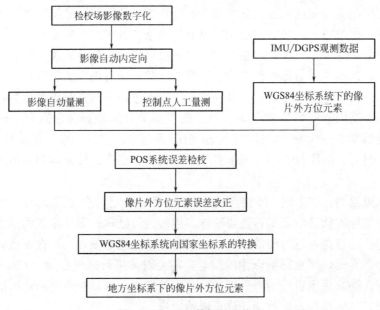

图 6.3-5　POS 数据处理流程

GNSS、IMU 及航摄仪三者之间空间关系的确定如下。

（1）摄影中心空间位置的确定

在机载 POS 系统和航摄仪集成安装时，GNSS 天线相位中心 A 和航摄仪中心 S 有一固定的空间距离，设机载 GNSS 相位中心 A 和航摄仪投影中心 S 在地面空间辅助坐标系中的坐标表示为（X_A，Y_A，Z_A）和（X_S，Y_S，Z_S），若 GNSS 天线相位中心 A 在像空间辅助坐标系 S-uvw 中的坐标为（u，v，w），利用像片姿态角 ψ，ω，κ 所构成的正交变换矩阵 R，则 GNSS 相位中心 A 和航摄仪投影中心 S 坐标之间的关系可以表示为：

$$\begin{bmatrix} X_A \\ Y_A \\ Z_A \end{bmatrix} = \begin{bmatrix} X_S \\ Y_S \\ Z_S \end{bmatrix} + R \begin{bmatrix} u \\ v \\ w \end{bmatrix}$$

（2）航摄仪姿态参数确定

从上述公式可以看出，机载 GNSS 天线相位中心的空间位置与航摄像片的 3 个姿态角 ψ，ω，κ 有关，IMU 获取的是惯导系统的侧滚角 ψ，俯仰角 ω，航偏角 κ，由于系统集成时 IMU 三轴陀螺坐标系和航摄仪像空间辅助坐标系之间总存在角度偏差（$\Delta\psi$，$\Delta\omega$，$\Delta\kappa$）。因此航摄像片的姿态角元素需要通过转角变换得到。航摄像片的姿态角多构成的正交矩阵 R 满足下列关系式：

$$R = R_1(\psi, \omega, \kappa) \cdot R_2(\Delta\psi, \Delta\omega, \Delta\kappa)$$

式中，$R_1(\psi, \omega, \kappa)$ 为 IMU 坐标系到地面物方空间坐标系之间的转换矩阵；$R_2(\Delta\psi, \Delta\omega, \Delta\kappa)$ 为像空间坐标系到 IMU 坐标系之间的转换矩阵；（$\Delta\psi$，$\Delta\omega$，$\Delta\kappa$）为 IMU 获取的像片姿态参数，为 IMU 坐标系与像空间辅助坐标系之间的偏差。

最终，得到像片的三个姿态角元素，即可得到摄站的空间位置信息，从而得到航摄像片的 6 个外方位元素。

（三）测区划分

当前常用的实景三维建模软件如 ContextCapture、PhotoScan、DJI Terra 等，数据处理量都存在一定的上限。因此，面对较大的测区、较大的影像数据量时，依据软硬件的数据处理能力，对测区进行合理高效的划分，将较大的测区划分为若干子分区显得至关重要。子分区划分的合理性，直接影响整个测区的建模效率、计算机资源的利用率、像控点的布设，划分过大，空三通过率降低、建模效率降低；划分过小，会造成计算资源的浪费，同时会增加像控点布设的数量。

综合考虑计算资源的合理利用、像控点布设、建模效率等因素，提出以下几点测区划分原则。

（1）航飞时间相近原则

划分的子分区内航摄影像的获取时间应尽量一致或相近，即尽量将同架次或同一时间获取的影像划分为一个子分区。若分区内航摄影像的获取时间相隔较远，会因为航摄地物的变化而导致"同物异谱"的现象，影响影像的匹配精度，进而影响后续的空中三角测量精度。

（2）航高一致原则

划分的子分区内航摄影像的获取高度应尽量一致或相近，这样有利于分区内影像的匹配。

（3）地形一致原则

应保证分区内的地形一致，地形起伏较大或导致航摄比例尺的变化，影响影像的匹配精度和匹配效率。

(4) 不跨江河原则

水面属于弱纹理地物,当测区内包含大面积江河、湖泊或水库时,应先将水域面积超过像幅的 2/3 的影像剔除掉。在划分测区时,若分区横跨江河,影像剔除后,会导致测区内航线的不连续,产生空洞,影响后期影像匹配效率和匹配精度。

(5) 计算量最大化原则

划分分区时,应根据软硬件的数据处理能力,尽量将子分区划大,这样不仅有利于计算资源的最大化利用,提升数据处理效率,而且可有效减少像控点的布设数量,节约成本。以内存为 64GB 的工作站为例,对于像幅大小为 11608×8708 的航摄影像,Context-Capture 实景建模系统处理的最优影像数量在 12000 张左右,最大不超过 15000 张。

依据以上测区划分原则,对获取的多源多尺度影像进行测区划分。全市域经度跨度较大,共划分为 3 个分区,主城区划分为 7 个分区,主城建成区划分为 5 个分区,远近郊区县共划分了 83 个分区,如图 6.3-6～图 6.3-8 所示。

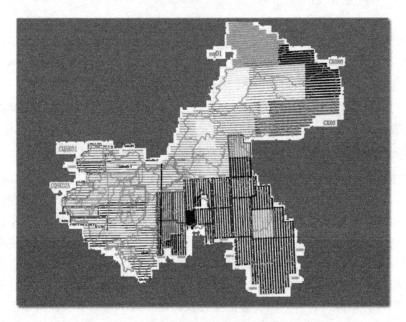

图 6.3-6　全市域 0.4m 分辨率航摄影像空三分区

(四)像控点布设测量

像控点布设是摄影测量控制加密和测图的基础,野外控制点选择的优良程度和指示点位的准确程度直接影响成果的精度。因而野外工作对像控点的布设以及点位的选择至关重要。

1. 像控点布设方案

(1) 传统航摄像控点布设方案

传统航摄像控点布设依据相关规范,多采用区域网布设方案,遇像主点落水、航摄漏洞等特殊情况时,应视具体情况以满足内业加密和立体测图的要求为原则布设控制点。区域网布点可根据航摄分区、地形条件等情况划分,并力求网的图形呈方形或矩形,其大小

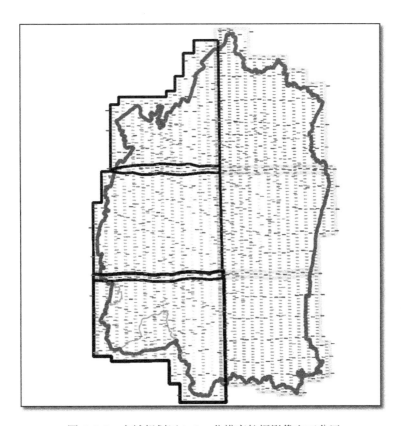

图 6.3-7　主城规划区 0.2m 分辨率航摄影像空三分区

图 6.3-8　主城建成区 0.08m 分辨率航摄影像空三分区

和像片控制点间的跨度主要依据成图精度、航摄资料条件以及对系统误差的处理等因素确定。

以覆盖重庆市主城规划区的 2017 年航摄影像为例，航片像元尺寸为 0.0039mm，地面分辨率约为 0.18m，焦距为 92mm，相对航高约为 4240m，平均航向重叠度为 62%。则航线方向相邻控制点的间隔基线数可根据下式估算：

$$M_s = \pm 0.28 \times K \cdot m_q \sqrt{n^3 + 2n + 46}$$

$$M_h = \pm 0.088 \times \frac{H}{b} m_q \sqrt{n + 23n + 100}$$

式中，M_s 为加密点的平面中误差（mm）；M_h 为加密点的高程中误差（m）；K 为像片放大成图倍数；H 为相对航高（m）；b 为像片基线长度（mm）；m_q 为视差测量的单位权中误差（mm）。

据估算，在丘陵地形区域航线方向像控点间基线数宜设置为 3 条，山地地形区域基线数宜设置为 9 条、高山地地形区域基线数宜设置为 13 条。测区主要地形类别为山地和高山地，部分区域为丘陵。考虑带有精度较高的 POS 数据可用于辅助空三解算，可以提高空三解算精度，故按像控点间基线数 9 条进行像控布设，丘陵地形区域加密布设像控点至基线数为 5～6 条，同时在区域网不规则的凸凹转折处、补飞航线三度重叠处增加摄像控点。测区内所有像控点全部按平高点施测。

此外，还遵循以下几点布设原则：

① 每个分区有 2 个以上平高检查点。

② 不规则区域网，除按上述间隔要求布点外，区域凸角点和凹角点处应加布平高控制点。

③ 像主点及标准点位落水时，若落水范围的大小和位置不影响立体模型连接，可按正常航线布点；若航向三片重叠范围内选不出连接点，可在落水像对附近加布平高控制点，必要时采用全野外布点。

（2）倾斜摄影像控点布设方案

倾斜摄影像控方案布设的试验研究主要以 SWDC-5 获取的框幅式倾斜影像为基础，并以无人机获取倾斜影像数据进行交叉验证，通过考察最终模型成果的精度情况来确定合适的像控方案。

SWDC 试验区共 22 条航带，每航带约 45 幅下视航片。根据传统航测外业规范的像控点航向基线数跨度估算方法，航线内间隔 13 条基线布设一个像控点时，可以达到 1∶1000 比例尺的精度。以这个基线跨度为基础，形成第一套共 12 个像控点的区域网布点方案；同时考虑倾斜摄影属于有 GNSS/IMU 辅助的航空摄影，在第一套方案的基础上适当放宽，形成第二套共 6 个像控点的区域网布点方案；此外，还对像控点进一步抽稀，形成了只在测区四角布控的 4 个像控点的第三套区域网布点方案。三种像控方案具体情况如下。

方案一在试验测区的边角及内部共布设了 12 个像控点，航线内基线数跨度约为 13 条基线，像控点的平均间距约 800m。方案一的像控点分布情况如图 6.3-9 所示。

方案二在试验测区的边角共布设了 6 个像控点，航线内基线数跨度约为 20 条基线，像控点的平均间距约 1200m。方案二的像控点分布情况如图 6.3-10 所示。

方案三在试验测区的边角布设了 4 个像控点，像控点间距为 1500～2300m，平均间距

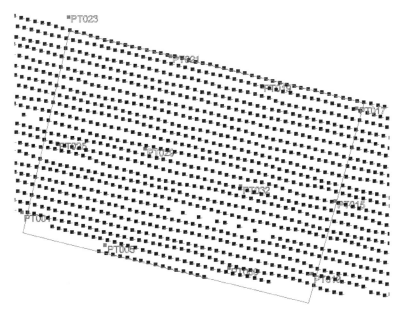

图 6.3-9 方案一的 12 个像控点分布情况

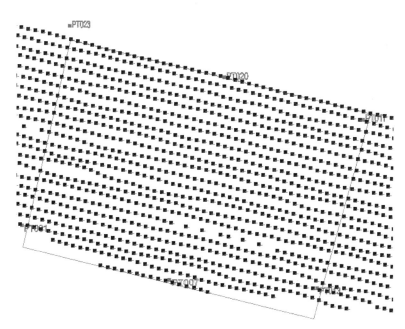

图 6.3-10 方案二的 6 个像控点分布情况

为 1900m。像控点分布情况如图 6.3-11 所示。

试验采用不同点间距、不同密度的三种像控方案，分别进行倾斜航摄影像的空三处理和真三维建模。考虑基于真三维建模的应用场景多为房屋建筑较多的平地、丘陵地带，试验选取的精度检核区域也对应了平地和丘陵两种地形条件（如图 6.3-12 所示，其中 46-56-Ⅱ-Ⅰ 为平地地形，46-56-Ⅱ-Ⅱ/46-56-Ⅱ-Ⅲ/46-56-Ⅱ-Ⅳ 为丘陵地形），研究试验分别在平地区域选取了 40 个特征点、在丘陵区域选取了 18 个特征点，从实景三维模型上量取特征

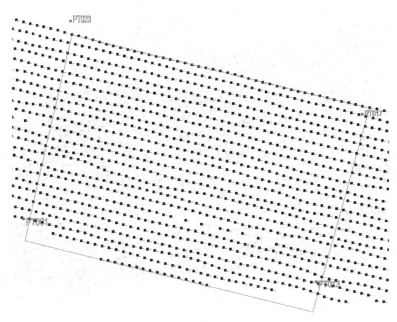

图 6.3-11　方案三的 4 个像控点分布情况

点的平面高程坐标，以该区域已有的 1：500 比例尺线画图为基准，考察模型精度情况。特征点分布情况如图 6.3-12 所示。

图 6.3-12　模型精度检核点位置分布

基于三种像控方案生产的实景三维模型精度统计对比情况如表 6.3-1 所示。

实景三维模型精度情况统计　　　　　　表 6.3-1

布设方案	平面精度（m）		高程精度（m）			
	平地及丘陵地形		平地地形		丘陵地形	
	中误差	最大值	中误差	最大值	中误差	最大值
方案一	0.266	0.782	0.110	0.22	0.322	0.97
方案二	0.274	0.783	0.141	0.29	0.368	1.01
方案三	0.297	0.953	0.233	0.34	0.412	1.34

可知，在平面精度上，方案二与方案一的平面精度仅相差 0.008m，方案三相比于方案一的精度相差约 0.031m。在高程精度上，方案二与方案一相差最大约 0.046m；方案三相比于方案一，精度降低最大约 0.12m。三种布设方案生产的实景三维模型的几何精度呈现逐级下降的趋势，且方案二与方案一精度相近，方案三精度下降比较明显。

综上所述，从像控点数量、模型精度考虑，方案二的布设方案适用于框幅式倾斜影像。A3 数字航摄仪是新一代步进式分幅成像的数字航摄仪，一次扫摆可覆盖旁向 2～3 条航线，视角广、冗余度高，因此在布设像控点时可适度放宽。

2. 像控点测量

（1）像控点位置选择

像控点位置选择主要遵循以下四点原则：

① 应布设在航向及旁向六片（或五片）重叠范围内，使布设的像控点尽量公用。

② 距像片边缘不得小于 20 个像素。

③ 位于自由图边的像控点应布设在距图廓线 4mm 以外。

④ 像控点应选在影像清晰、接近正交的细小线状地物交叉点、地物拐角点或固定的点状地物上，实地辨认误差应小于图上 0.1mm，同时满足平面和高程控制点对点位目标的要求，并且选取的像控点必须是地面点。

（2）常用像控点测量方法

① RTK 测量

重庆市域建有永久性参考站的区域，信号覆盖区域可采用网络 RTK 技术进行像控点联测以提高作业效率。在 RTK 观测记录时，每一点必须初始化两次，且记录的观测值各方向坐标互差小于规范要求方可结束测量。每点均须量取仪器高两次，两次读数差不大于 3mm，取中数输入 GNSS 控制手簿中。RTK 经纬度记录精确至 0.00001″，平面坐标和高程记录精确至 0.001m，天线高量取精度至 0.001m。

② 静态 GNSS 测量

在网络 RTK 信号未覆盖的区域，像控点测量采用静态 GNSS 观测。GNSS 静态观测以已有高等级控制点为起算点，已知点间用 GNSS 双频机观测 60min 以上，采样率为 10s；固定站与流动站之间用 GNSS 双频机观测 45min 以上，时段中任一卫星的有效观测时间不少于 15min，其中不包括 PDOP＞5 的观测时间，每时段中观测的有效卫星总数不少于 4 颗。

③ 数字化像控测量技术

本研究采用数字化像控测量技术，作者所在研究团队自主研发的"航测外业数字一体化平台系统"，实现了像控测量全数字化，支持影像无级缩放，通过立体窗口和点位微调等功能实现精确刺点，显著提高了像控测量作业效率，同时提高了刺点精度。传统像控点整饰，需要在像片正面针刺，像片背面绘制局部放大的详细点位略图，并简要说明刺点位置和比高，刺点者、检查者，签名及日期。在航测外业数字一体化平台系统中，由于影像可以无极放大，可以不用绘制点位略图。同时提供属性信息输入界面，自动生成像控说明注记的统一格式。刺点信息直接标注于影像之上，通过设置信息显示和隐藏，而不会产生影像的遮挡。刺点完成之后，将刺点区域影像和像控信息叠加保存为 JPG 图片，以便后续使用（图 6.3-13）。

图 6.3-13　试验区像控点成果

（五）空中三角测量

获得多源多尺度影像数据后，需要根据不同的数据来源采取不同的空中三角测量策略，既要保证空中三角测量的精度，又要确保处理效率。

传统影像空中三角测量采用严密的光束法区域网平差，其数学模型基础为共线方程：

$$x - x_0 = -f \frac{a_1(X_A - X_S) + b_1(Y_A - Y_S) + c_1(Z_A - Z_S)}{a_3(X_A - X_S) + b_3(Y_A - Y_S) + c_3(Z_A - Z_S)}$$

$$y - y_0 = -f \frac{a_2(X_A - X_S) + b_2(Y_A - Y_S) + c_2(Z_A - Z_S)}{a_3(X_A - X_S) + b_3(Y_A - Y_S) + c_3(Z_A - Z_S)}$$

式中，(x, y) 为像点坐标；(x_0, y_0) 为像主点坐标；f 为摄影时刻像片的主距；(X_A, Y_A, Z_A) 为像点所在物方空间坐标系下的坐标；(X_S, Y_S, Z_S) 为影像外方位元素中的线元素；a_i、b_i、c_i 是影像外方位元素中角元素（φ，ω，κ）所构成的旋转矩阵。

所获取数据包括常规航空影像和倾斜影像，对于常规航摄影像按照传统的空中三角测量方法实施空三加密作业。对于倾斜影像具有多视角、大重叠度、大倾角等优势，可获取更为丰富的地面信息，获得更为稠密的同名像点，因此传统空三软件无法满足倾斜影像的数据处理要求，本研究采用ContextCapture实景建模系统对倾斜影像数据进行空三、建模等处理。

1. 常规航摄影像空中三角测量

常规航摄影像空中三角测量主要按照《数字航空摄影测量 空中三角测量规范》GB/T 23236—2009 执行，采用相关软件进行空中三角测量，其流程如图 6.3-14 所示。

对于 IMU/GNSS 辅助空中三角测量，导入摄站点坐标、像片外方位元素进行联合平差，还应注意 GNSS 天线分量、IMU 偏心角系统改正值。

采用光束法区域网平差程序进行平差，光束法空中三角测量是以一个摄影光束（即一张像片）作为平差计算基本单元，理论较为严密的控制点加密方法，它是以共线条件方程为理论基础，这一方法的基本做法是，在像片上量测出各控制点和加密点的像点坐标后，进行区域网的概算，以确定区域中各像片的外方位元素即加密点坐标的近似值。而后依据共线条件按控制点和加密点分别列误差方程式，进行全区域的统一平差计算，解求各像片的外方位元素和加密点的地面坐标。

此外，随着全数字化、全自动化摄影测量的发展，POS精度得到了极大提高，利用高精度 POS 数据辅助空中三角测量，可以大大提升空中三角测量的效率。图 6.3-15 为高精度POS 辅助空中三角测量的主要流程。

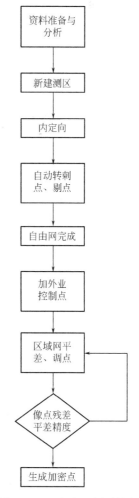

图 6.3-14　空中三角测量流程

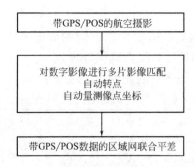

图 6.3-15　高精度 POS 辅助空中三角测量流程

全市域 0.4m 分辨率影像由运八飞机搭载 UCXp WA 数码航摄仪获取，像幅大小为 17310 像素×11310 像素；主城规划区 0.2m 分辨率影像由 DMCⅢ 数码航摄仪获取，像幅大小为 26112 像素×15000 像素。二者均采用常规空中三角测量，空三加密结束后，统计各个分区平面精度和高程精度（表 6.3-2）。

主城规划区 0.2m 分辨率航摄影像空三精度统计　　　　　表 6.3-2

分区	平面中误差（m）	高程中误差（m）
1 区	0.145	0.084
2 区	0.180	0.092
3 区	0.146	0.079
4 区	0.202	0.090
5 区	0.154	0.070
6 区	0.183	0.081

2. 倾斜影像空中三角测量

（1）扫摆式倾斜影像空中三角测量

A3 数码航摄仪是以色列 VisionMap 公司的核心产品，一次扫摆可覆盖旁向 2～3 条航线，且具有 0°、45° 和 135° 三种不同的安装方式，同一地物可以在多张影像上出现，视角广、冗余度高，是当前用于倾斜影像获取的主流扫摆式航摄仪。

A3 数码航摄仪采用独特的步进分幅成像方式，使用双量测数码相机刚性固定组合，每个量测数码相机的焦距为 300mm。在航空摄影时，A3 相机镜头做单方向扫摆运动，相机围绕一个中心轴高速旋转和拍照，每次扫视结束后快速回摆。每次拍摄每台相机每秒可获取 7.5 幅子影像。单个相机一个扫视周期内最多可获取 33 幅子影像，一次单一的扫描完成时间约为 3.6s。单次摆动扫视后的影像经过影像纠正和拼接，合成幅面可达 62×8Mpix 的大幅面中心投影影像。

以 A3 航空摄影测量系统获取的主城建成区 0.08m 分辨率扫摆式影像为研究对象，研究扫摆式影像的空中三角测量流程和关键技术。

主城建成区获取 0.08m 分辨率影像时采用的是 A3 航空摄影测量系统，其主要包括 A3 数字航摄仪和 Light-speed 后处理系统。Light-speed 后处理系统主要包括 Dataviewer 数据处理子系统和 Control Center 数据分配及运算子系统。Dataviewer 数据处理系统主要进行数据的编辑、GNSS 导入、区域合并、空三刺点、辐射校正、数据导出等操作。Control Center 数据分配及运算系统主要进行数据空三、DEM、DOM 生产及超大像幅导出等。

A3 航摄仪获取的扫摆式影像主要利用自带的 Light-speed 进行空中三角测量，输出空中三角测量成果，可直接导入 ContextCaputure 实景建模系统。在利用 Light-speed 进行空中三角测量时，需要将 GNSS 数据进行导入，该过程是通过 Light-speed 中模块 Dataviewer 数据处理系统进行，在 Control Center 系统中设置空三加密任务。具体技术流程如图 6.3-16 所示。

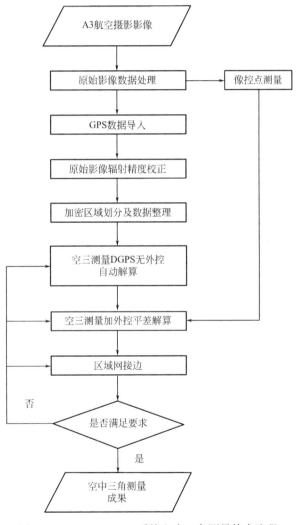

图 6.3-16　Light-speed 系统空中三角测量技术流程

A3 航摄仪获取的 POS 精度高，既有的后处理算法可以解算每张像片高精度的外方位元素，可有效减少像控点的布设数量。以重庆市主城建成区获取的 0.08m 航摄影像为研究对象，结合 A3 航摄仪的成像特点，参考传统像控点布设要求，研究像控点布设方案如下：

① 以加密分区为单位进行布设，保证加密分区的角点处有像控点；

② 按航向 40～50 条基线、旁向 3～4 条航线的跨度布设平高控制点；

③ 在不规则区域网的凸角点和凹角点处应加布平高控制点；

④ 像主点落水时，若落水范围的大小和位置不影响立体模型连接，可按正常航线布设；若航向三片重叠范围内选出不连接点，可在落水像对附近加布平高控制点。

在进行空中三角测量外加控制点进行平差时，空中三角测量过程中共使用 124 个像控点，统计并得到各个分区内布设像控点数量，并得到如表 6.3-3 所示。其中 4-1 分区和 4-2 分区公共像控点 7 个，结合测区划分，可得到实际测量像控点在各个分区的分布，如图 6.3-17 所示。

各加密分区像控点数量 表 6.3-3

加密分区	像控点数量	控制点数量	检查点数量	说明
1 分区	8	5	3	
2 分区	18	10	8	
3 分区	23	17	6	
4-1 分区	37	26	11	4-1、4-2 加密分区
4-2 分区	45	31	14	公用像控点 7 个

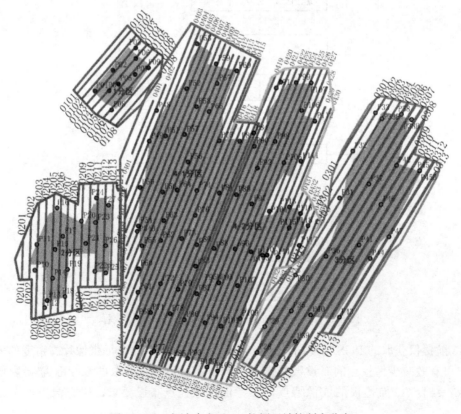

图 6.3-17　主城建成区 A3 航摄区域控制点分布

通过对各分区区域网平差后，计算得到控制点、检查点、公共点平面中误差、高程中误差，控制点、检查点、公共点中误差均满足《数字航空摄影测量 空中三角测量规范》GB/T 23236—2009 空中三角测量精度指标要求，如表 6.3-4 所示。

各加密分区空三精度（单位：m）　　　　　　　　　　表 6.3-4

分区	控制点中误差		检查点中误差		公共点中误差	
	平面	高程	平面	高程	平面	高程
1 区	0.048	0.034	0.124	0.024	—	—
2 区	0.097	0.064	0.138	0.070	—	—
3 区	0.052	0.066	0.075	0.087	—	—
4-1 区	0.063	0.059	0.069	0.082	0.039	0.046
4-2 区	0.075	0.059	0.075	0.086		
规范要求	0.30	0.20	0.50	0.28	0.80	0.56

（2）框幅式倾斜影像空中三角测量

SWDC-5、PAN-A5、PAN-U5 和 RIY-DG3 均属于国内主流框幅式倾斜影像获取设备，都是由 5 台相机集成，1 台相机竖直向下安装，4 台相机呈一定角度分布在竖直相机的前后左右四个方向。在实施航摄时，主要 SWDC-5、PAN-A5 和 PAN-U5 主要利用直升机进行搭载，RIY-DG3 主要利用无人机搭载，航摄时 5 台相机同步曝光，同时获取地物不同角度的航摄影像。本研究以 PAN-A5、RIY-DG3 航摄仪获取的倾斜影像为例，研究框幅式倾斜影像的空中三角测量流程及关键技术，优化空三过程中数据整理流程，针对常见的空三分层问题提出解决方案。

框幅式倾斜影像主要由 ContextCapture 实景建模系统完成空中三角测量，其主要流程如图 6.3-18 所示。

① 优化工程数据整理

在空中三角测量前，需要对影像、POS、相机参数等信息按照软件要求进行整理，形成软件可识别的特定的结构和形式。而外业采集得到的原始数据信息繁杂无序，需要人工操作，对要素文件进行手动清理，使影像、相机姿态等要素信息一一对应，逐个提取要素信息，整个流程耗时耗力，工作效率低，且容易出错。

针对上述情况，研究团队自主研发了"实景建模模块要素预处理系统"。本系统实现了基于 ContextCapture 实景建模系统要素的自动预处理，包括要素信息清洗、影像核对、要素列表生成等。实现了要素信息的自动清查，以及要素对应关系的自动整理，有利于原始数据的管理与整合，有利于在实景三维建模工程开始前发现数据问题和隐患；实现了从原始外业数据至软件可读结构化数据的自动转换，提高了实景三维建模预处理的工作效率，减少了人工操作带来的误差，缩短了工期并节省了人力成本。系统工作流程如图 6.3-19 所示。

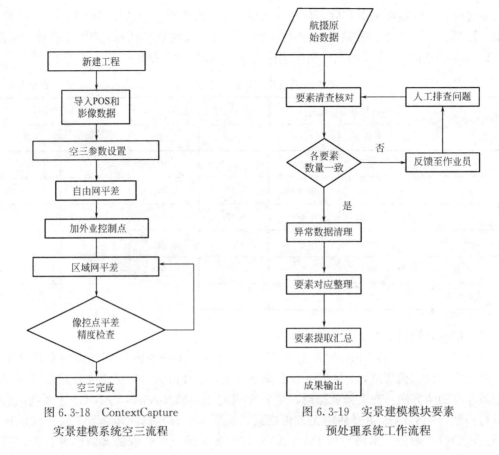

图 6.3-18 ContextCapture
实景建模系统空三流程

图 6.3-19 实景建模模块要素
预处理系统工作流程

② 常见空三问题解决方案

在研究多镜头倾斜影像空中三角测量过程中，发现容易出现相机姿态分层的问题，即同一曝光点上多个相机的焦点没有聚合在一起，产生了明显的分层现象，如图 6.3-20 所示。

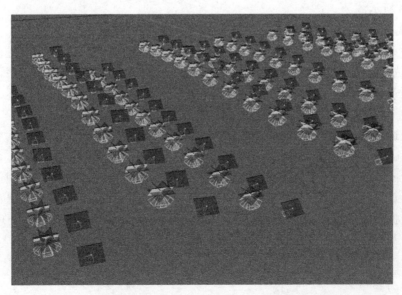

图 6.3-20 空三后相机分层示意图

通过对大量数据的分析研究，总结产生空三分层的原因如下：

一是测区地形变化大，各个相机拍摄的地物类型、航摄比例尺相差较大，导致影像匹配困难；二是测区内有大面积水域等弱纹理区域；三是 POS 精度差。

针对上述不同原因，研究团队经过不断分析和尝试后，提出以下解决方案：

一是测区再划分。依据不同的地形类型对测区进行再次划分，该方法适用于测区地形变化大引起的空三分层。

二是分相机进行空三。将同一相机获取的影像归为一个空三组单独进行空三，待各个相机空三通过后，再合并进行空三。该方法适用于 POS 精度差引起的空三分层问题，常用于无人机获取的倾斜影像空三。

三是删除大面积水域影像。空三前，删除水域面积超过 1/2 像幅的影像，该方法适用于因大面积水域引起的空三分层问题。

四是添加连接点。在空三分层区域添加各个相机影像间的连接点，每个连接点应包含所有相机组，每个相机组不少于 3 张刺点影像，且连接点应尽量分布均匀。

（3）空三精度

研究以获取的主城建成区 SWDC-5 影像为例，进行空中三角测量。将 SWDC-5 航飞的测区划分为 5 个测区，如图 6.3-21 所示。

图 6.3-21　主城建成区 SWDC-5 测区划分示意图

按照前述像控点布设研究成果，按照间隔 1000m 的原则布设像控点，同时每平方千米布设了 1 个检查点，共布设 256 个像控点、144 个检查点，如图 6.3-22 所示。

图 6.3-22　像控点与检查点分布

再利用 ContextCapture 实景建模系统进行空中三角测量，通过对各分区区域网平差后，计算得到控制点、检查点、公共点的平面中误差、高程中误差，控制点、检查点、公共点中误差均满足《数字航空摄影测量　空中三角测量规范》GB/T 23236—2009 空中三角测量精度指标要求，如表 6.3-5 所示。

各加密分区空三精度（单位：m）　　　　　　　　　　　表 6.3-5

分区	控制点中误差		检查点中误差		公共点中误差	
	平面	高程	平面	高程	平面	高程
1 区	0.048	0.034	0.124	0.024	—	—
2 区	0.097	0.064	0.138	0.070	—	—
3 区	0.052	0.066	0.075	0.087	—	—
4 区	0.063	0.059	0.069	0.082	0.039	0.046
5 区	0.075	0.059	0.075	0.086		
规范要求	0.30	0.20	0.50	0.28	0.80	0.56

二、三维建模

（一）集群式建模自动控制技术

当前国内外市场主流的三维建模商用软件能够对传统航摄影像及倾斜影像提供全流程的实景三维建模方案，具有操作简单、无需人工干预和建模效果好等特点。然而，在实景三维模型生产中，随着倾斜影像数据量的增多，实景建模集群所包含的计算节点（独立工作站）也越来越多。随着数据量的增大和计算节点的增多，出现了以下两个方面的问题：

一是计算节点的调用耗时耗力。商用软件实景建模集群在分发实景建模任务到各个计算节点时，需要通过远程监控软件逐台连接工作站，逐个设置任务路径，逐个调用引擎端。当处理海量数据时，集群同时处理多个分区，需要为每个分区逐个指定数据处理的引擎端，耗时耗力。

二是集群处理效率出现瓶颈。计算节点增多到一定数量时，受限于磁盘的读写速度、网络传输速度等，数据处理效率会出现瓶颈，如何将集群规模控制在最优状态，配置适量的计算节点，这是提高数据处理效率的关键。

针对以上问题，本研究提出了"一种实景建模集群的自动控制方法及系统"，实现了集群的自动化控制。同时，对集群平台搭建进行深入研究，优化了集群架构，提升了集群的数据处理效率。

1. 集群式项目分配自动控制技术

本研究提出一种建模自动控制技术，其思想如下：

利用主控台获取实景建模集群中各计算节点的实时工作状态，基于计算节点的实时工作状态为实景建模任务选择至少一个计算节点，分发实景建模任务的任务参数和执行命令至选定的计算节点。实景建模集群中的计算节点实时监听主控台发出的信息，并基于主控台发出的任务参数和执行指令调用或关闭其上的实景建模软件引擎，如图6.3-23所示。

图6.3-23　主控台控制界面示意图

本技术实现了对实景建模集群中各个计算节点状态的远程实时查询和输出，便于实景建模集群的管理者快速掌握实景建模集群的运行状态，有利于集群中计算资源的统一化、快速化和科学化管理，有利于集群计算节点的合理分配；对实景建模任务的实时管理，可远程分发任务到各个指定的计算节点，能够一键启动集群中各个计算节点的实景建模软件引擎，优化了集群管理方式，改变了传统集群任务分发时需要逐个连接计算节点、逐个计算节点输入任务单数以及逐个启动计算节点引擎的模式，节省了人力成本，提升了工作效率。

2. 集群式快速建模工作站平台搭建研究

本研究对实景三维模型建模效率进行了测试，对多个区域实景三维数据建模效率进行采样分析，获得了24h内集群工作站数量与建模面积关系，如图 6.3-24 所示。

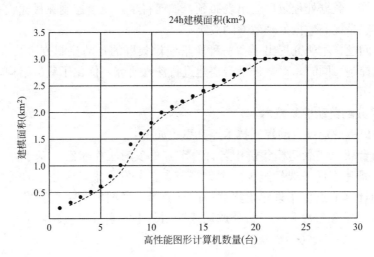

图 6.3-24　集群工作站数量与效率关系

当集群数量小于 20 台工作站时，集群中工作站数量增加，24h 内集群建模面积增加；当集群数量为 20 台工作站时，实景建模效率达到最大化；当集群数量大于 20 台工作站时，24h 内集群建模面积不再增加，造成了工作站计算资源浪费。

基于单集群内工作站数量与建模效率的相关关系，结合生产实际，本技术提出 20 台工作站组成一个单集群的快速建模集群搭建策略，如图 6.3-25 所示。

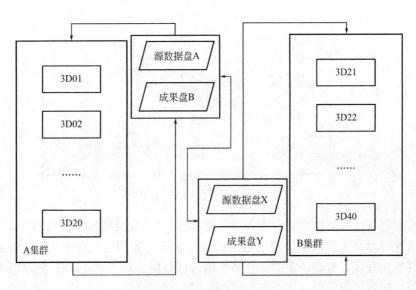

图 6.3-25　集群搭建逻辑示意图

　　为实现集群快速建模的最大效率，将现有 40 台工作站分为两个独立集群 A、B。设置唯一的 IP 地址且与计算机名相对应，以标示各集群的工作站位置。同时为了避免硬盘读写速度对建模效率的影响，对每个独立集群设置源数据盘作为数据输入单元，成果盘作为建模成果输出单元，同时将各独立集群的源数据盘和成果盘在各集群工作站中形成数据共享，避免了硬盘同时读写，不仅提高了建模效率，而且提高了建模工程的灵活性和敏捷性。

（二）顾及建筑密度的实景三维建模方法

　　针对山地特大城市高楼林立、地形复杂、山地起伏的特点，通过综合分析航摄面积、建筑密度、高差、空域条件、航摄窗口、影像获取周期、成本等影响因子，立足应用需求，研究提出了"一种顾及建筑物密度的实景三维建模方法"。

　　本研究首先根据建筑物密度将建模范围区分为密度较低的全域或大范围、密度较高的建成区或规划建成区、有特殊需求的局部重点区域；然后分别获取密度较低地区、密度较高地区和局部重点区域的航摄影像，并将各个航摄影像制作为不同精细尺度的实景三维模型；航摄影像依次包括第一航摄影像、第二航摄影像和第三航摄影像；实景三维模型依次包括第一实景三维模型、第二实景三维模型和第三实景三维模型；最后将多源、多尺度的实景三维模型进行融合，并存储进同一个三维模型数据库中。将不同建筑物密度需求下的不同来源的实景三维模型进行集成建库，实现多源多尺度实景三维模型融合管理，充分发挥不同层级数据的优势，如图 6.3-26 所示。

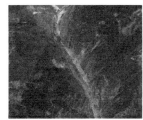

图 6.3-26　不同建筑物密度的实景三维模型示意图

　　本研究通过判别需求范围及所属范围内建筑物密度，区分采集航摄影像的方式，进而确定实景三维模型制作的原始数据，既节约了成本又提高了实景三维模型的制作效率，提供了一种多源多尺度实景三维模型建设和集成方案，可直接应用于市域级、省域级乃至更大范围域实景三维模型制作，为大范围多源多尺度实景三维模型全覆盖提供建设经验。

（三）实景三维模型优化修改

　　实景三维建模完成后不可避免地存在漏洞、局部变形、异常悬浮物等问题。模型漏洞往往出现在水面、树林、开采场等弱纹理区域。出现漏洞的原因通常是弱纹理影像在空三时缺少连接点、无法准确恢复外方位元素，致使建模时丢失相关信息。模型局部变形总体上可分为道路隧桥变形和建筑变形。出现变形的原因通常是相应区域影像重叠度不够甚至无影像覆盖，如密集高层建筑、阴影区域、移动车辆、隧道、桥洞等。模型异常悬浮物往往为建模产生的非地物模型。为解决上述问题，研究采用 DPModeler 修模软件，通过人机交互方式，对实景三维模型进行编辑修改，优化模型质量，具体方法如表 6.3-6 所示。

实景三维模型数据问题及优化修改方法   表 6.3-6

序号	类型	问题细节	修改方法
1	漏洞	水面的漏洞	采集水涯线矢量数据,获取水域范围及高程,重新计算水面或贴图
		树林中的漏洞	单色贴图补充
		开采场的漏洞	
2	路面变形	道路变形	因阴影、车辆移动、绿化带、路灯等地物混淆产生的变形不修改,开阔地区的变形重新计算
		桥梁的桥洞实心体块	因拍摄的角度限制,无法计算出正常的模型,无法修改
3	建筑变形	建筑不完整	增加其他航线数据重新计算,缺少航线的不修改
		建筑扭曲	重新计算
		房屋与植被粘连、混淆	限于现有软件的算法、影像的特征不明显、地物复杂程度,无法修改
4	异常悬浮物	因计算产生的非地物模型	删除
5	地标建筑	地标建筑模糊	根据甲方的要求及提供的照片人工建模替换

在以上模型优化方法中,针对模型水面的优化修饰比较有代表性。其典型的修饰流程如图 6.3-27 所示。

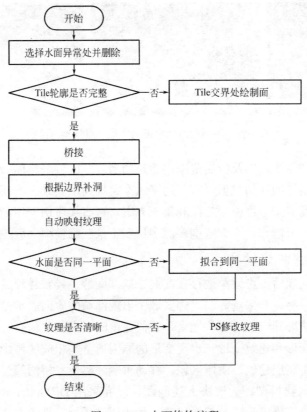

图 6.3-27 水面修饰流程

如图 6.3-28 所示，水面修饰前需通过人机交互的方式圈定异常水面并删除，再通过判断 Tile 轮廓的完整性来确定是否需要绘制面来补充 Tile 轮廓，随后进行桥接、补洞、纹理映射等一系列操作。不同的 Tile 之间往往需要将水面拟合到同一平面。若存在纹理异常的情况，则需要人工编辑修饰。

图 6.3-28　模型水面漏洞修改

（四）三维模型空间坐标纠正及加密方法

大规模多源多尺度实景三维建设往往周期跨度长，三维模型数据的生产时间、生产方式、生产条件和地理位置有差异，导致三维模型的几何精度及坐标系统不一致，难以进行统一集成管理。此外，不同应用需求对三维模型坐标系要求不一致，特别情况下还涉及坐标加密，若采用传统的生产流程，则需要同一套数据重复处理，以输出不同空间坐标系的模型，耗时耗力。

为了克服现有技术存在的上述不足，实现"一模多用"，方便后续统一集成管理，本研究提出"一种三维模型空间坐标纠正及加密方法"，其主要思想包括：（1）利用原始模型的坐标系统及坐标原点信息，根据 4 个以上不共面的控制点在原始坐标系及目标坐标系的坐标对计算空间纠正参数；（2）构造空间坐标纠正矩阵；（3）利用构建好的空间坐标纠正矩阵，分别对三维模型的原点坐标和瓦片的节点坐标进行逐一转换；（4）存储空间坐标纠正后的三维模型相关坐标文件，完成三维模型空间坐标纠正及加密。其中，空间纠正参数采用传统的 7 参数模型，即 3 个平移参数表示两个空间坐标系原点的差值，3 个旋转参数表示 3 个坐标轴的旋转角，1 个尺度参数表示两个空间坐标系内的同一段直线的长度比值，实现尺度的比例转换。

$$\begin{bmatrix} X_2 \\ Y_2 \\ Z_2 \end{bmatrix} = (1+m) \begin{bmatrix} X_1 \\ Y_1 \\ Z_1 \end{bmatrix} + \begin{bmatrix} 0 & \varepsilon_Z & -\varepsilon_Y \\ -\varepsilon_Z & 0 & \varepsilon_X \\ \varepsilon_Y & -\varepsilon_X & 0 \end{bmatrix} \begin{bmatrix} X_1 \\ Y_1 \\ Z_1 \end{bmatrix} + \begin{bmatrix} X_0 \\ Y_0 \\ Z_0 \end{bmatrix}$$

其一般形式为：

$$X_2 = X_0 + (1+m)X_1 + \varepsilon_Z Y_1 - \varepsilon_Y Z_1$$
$$Y_2 = Y_0 + (1+m)Y_1 - \varepsilon_Z X_1 + \varepsilon_X Z_1$$
$$Z_2 = Z_0 + (1+m)Z_1 + \varepsilon_Y X_1 - \varepsilon_X Y_1$$

转换过程前后，分别根据前后两种格式坐标系增加正投影和反投影的处理。若原始坐标系为地理坐标，即经纬度格式的坐标，则需在转换前，对地理坐标进行正投影得到投影坐标。然后根据坐标纠正矩阵对原始坐标系进行坐标纠正，得到目标坐标系的投影坐标。

若目标坐标系为地理坐标，则需要在坐标纠正后进行反投影，根据目标坐标系的投影坐标得到地理坐标，即经纬度格式的坐标。

此外，该方法还可对模型进行加密处理，即通过坐标转换的方式将模型转换至自定义的保密坐标系下，满足了特殊项目的保密需求。

第四节　实景三维平台

目前国内外主流的三维平台有 Skyline、Bentley、CityMaker、SuperMap 等。各平台对倾斜摄影实景三维模型支持方案的对比如表 6.4-1 所示。

各平台倾斜摄影实景三维模型支持方案比较　　　　　　　　　　表 6.4-1

序号	平台名称	数据处理策略	模型加载策略	建筑单件化策略	应用
1	Skyline	全自动批量建模技术，可以基于标准的二维图像（如倾斜摄影测量影像）创建一组高分辨率的三维网格模型，无需人工干预，快速构建城市级模型	支持多种不同的输入格式和分辨率，将生产的数据融合成 3D 数据集（3DML）	切割单体化，将要素分离分层实现对象化管理	安全应急领域、智慧社区、数字城市建设、应急安保行业、智慧城市、城市规划、城市建设、城市房地产规划领域
2	Bentley	ContextCapture 提供实景三维模型自动化建模	带有金字塔（LOD）模型的瓦片集	无单体化	地图制图、建筑设计施工和建造、国土安全防护、媒体娱乐及电子商务、制造业、资源与能源勘探、文化遗产保护、科学分析等
3	CityMaker	基于 FDB 数据处理提供实景三维模型自动化建模	选择实景三维模型文件路径自动将多个模型整合成 CityMaker 内部的 TDB 瓦片	切割单体化，自动提取单体建筑矢量边界，依据矢量切割三维模型实现单体化	专项应用包括：旅游景区、园林、文物保护、施工管理等
4	SuperMap	提供实景三维处理工具集和实景三维数据管理系统	提供 osgb 索引文件生成器，采用索引文件 * . scp 方式加载	动态单体化，将匹配矢量数据面导入到 UDB 文件，矢量图层高度模式为依对象（ClampToObject）	应用于城市规划管理、智慧景区、数字农场、应急救援、文物保护、反恐维稳、不动产登记等

针对上述平台构建大规模三维模型过程中遇到的问题，研究团队提出了以 3S 技术和三维空间技术为基础，充分融合各种建模方式形成的建模成果，建立多尺度、多分辨率且更新及时的"3D＋"城市模型数据库，面向大规模实景三维模型成果，多源异构三维模型数据，提供三维模型的生产、集成、发布、展示和应用一体化解决方案，实现城市模型服务发现、访问及应用。

研究团队自主研发的集景三维智慧城市平台，实现了大规模实景三维模型的集成建库、管理、发布、可视化应用。建立了"3D＋"城市模型平台，包括数据集成管理、发布和应用。在数据库集成管理方面，通过搭建"3D＋"城市模型数据集成维护平台，支持对实景三维模型、BIM、Max、地质体、LandXML 等非传统 GIS 模型数据的导入和集成，支持基于矢量线的多细节尺度模型数据的自动、半自动关联，支持对复杂场景调度规则的定义与管理。

在数据发布方面，通过搭建"3D＋"城市模型数据发布平台，提供了面向网络、分布式的"3D＋"模型数据服务发现、模型查询、调用等服务接口；在客户端应用方面，通过搭建"3D＋"城市模型数据客户端，实现开放场景组织，基于多细节层次数据内容的三维空间数据自适应多级缓存和空间索引等技术提高数据调度效率，基于"3D＋尺度"的切片方法提高多细节层次模型的可视化效率，通过图形硬件加速、动态装载、并行绘制等手段提高室内外场景切换的效率。集景三维智慧城市平台技术路线如图 6.4-1 所示。

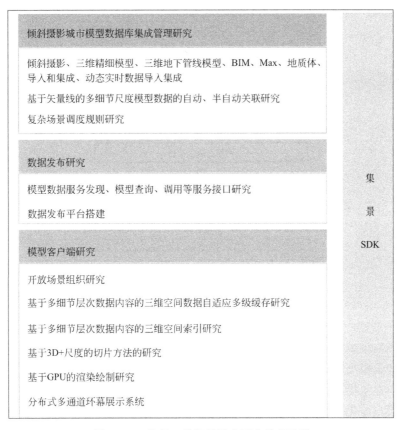

图 6.4-1　集景三维智慧城市平台技术路线

一、实景三维数据库

（一）三维城市模型自适应调度

三维城市模型数据库是用于存放三维模型的数据库。三维城市模型主要包括地形模型、建筑模型、道路模型、水系模型、植被模型、地面模型、地下空间设施模型等，通过对地形地貌、地上地下人工建筑物等基础地理信息的三维表达，反映被表达对象的三维空

智能测绘技术

间位置、几何形态、纹理及属性等信息。三维城市模型数据库通常以关系数据库或文件方式存储。三维城市模型数据库实现对海量三维城市模型的存储、查询、检索、分析，对计算机的计算能力、存储能力、渲染能力要求极高。现有的三维城市模型数据调度存在速度慢、效率低的问题。

鉴于现有技术瓶颈，本研究提出一种高效的三维城市模型自适应调度方法，实现了分级规则网格索引，采用了分级的思路，使用细粒度、粗粒度两个级别，分别构建规则网格索引，解决了不同尺寸三维模型的调度混乱问题，提升了调度效率。该方法的基本思想是：根据模型中心到当前视点、模型本身的尺寸、模型当前的状态而计算模型请求重要程度因子，提出一种自适应调度方法，充分顾及模型请求时间、模型请求次数、模型请求重要程度因子进行动态调整，从而实现了动态调度的高效性和视觉符合性。与只顾及视点距离一个因素的调度方法相比，本研究的模型调度过程更快响应，更加平滑，更贴合视觉效果；同时，通过调度线程和渲染线程的异步协同，极大地提升了调度效率，如图 6.4-2 所示。

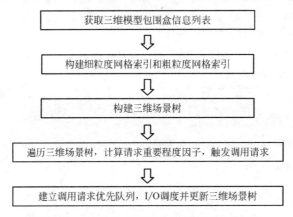

图 6.4-2　三维城市模型自适应调用方法流程

（二）自适应 LOD 模型构建

LOD（细节层次）是常用的三维模型加载技术。良好的模型优化结果在相同的加载模式下能够提高渲染效率；而对于相同的模型，良好的加载模式同样能够提高渲染速度。首先，现有的建筑模型简化方法大多采用基于自由网格的简化方法，在删减面或合并面的过程中，会使得建筑物产生变形，效果不佳；其次，由于建筑模型通常都贴有纹理数据，而在大部分的模型简化方法中，对顶点属性考虑不够，简化方法会带来纹理贴图坐标的混乱，从而导致纹理贴图错乱，极大地降低了模型简化的质量；再次，LOD 模型的加载效率不高，存在模型加载效率低，LOD 模型切换不流畅，加载和渲染速度慢的问题，影响了视觉体验效果。因此，提高模型的动态吞吐速度和加快大场景的三维绘制速度是迫切需要解决的难题。

本研究有效减少了 LOD 模型的数据量却不会引起顶点属性的错乱，提高了模型的加载效率，可用于实时自适应生成 LOD 模型；在模型切换时，在前一部分的 LOD 模型基础上不断增加新面，构成新的更为精细的 LOD 模型，最终达到三维仿真模型的显示；并对纹理进行自动优化，规范纹理贴图标准，如图 6.4-3 所示。

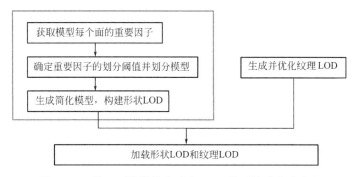

图 6.4-3 基于面聚类的自适应 LOD 模型构建方法流程

（三）多源模型集成融合

本研究提出了一种实景三维模型与三维仿真模型混合加载方法，实现了多源多尺度实景三维模型在集成展示中的无缝融合加载。其主要思想如下：

（1）对实景三维模型进行区块划分。

（2）设计混合加载参数。该参数至少包括相机参数、混合距离、切换模式、更新频率。相机参数指相机的空间位置（X，Y，Z）、相机姿态（相机的方向、俯仰角、翻滚角）和相机视角大小；混合距离指不同尺度实景三维模型进行切换时，模型与相机的空间距离；切换模式是指当相机位置发生变化，引起不同尺度实景三维模型切换时，模型切换显示的顺序；更新频率指判断相机位置是否发生变化，以更新三维场景模型的时间间隔。

（3）在三维场景中相机参数发生变化时混合加载不同尺度的实景三维模型。在相机参数确定的条件下，以相机为中心、混合距离为半径、相机方向为朝向、相机视角大小为圆心角的锥形区域，可设定为高分辨率实景三维模型加载区域，该区域外为低分辨率实景三维模型。再根据更新频率，定期保存当前相机位置，并与上一次相机位置进行对比，如果发生变化，则根据混合加载参数切换显示不同尺度的实景三维模型。

（四）GKF 三维空间数据库

集景基础数据库（Geoking Foundation Database，GKF）是作者所在研发团队自定义的三维数据库。GKF 面向三维模型、三维地形、实景三维模型数据的存储及快速访问需求，提出了基于 NoSQL 思路和内存映射技术的 GKF 三维空间数据库格式及其创建和访问方法，提升了三维模型、三维地形、实景三维模型数据的存储安全性及快速访问效率。

GKF 顾及了三维模型、三维地形、实景三维模型数据具有的海量、二进制流化、访问不需要事务支持等特点，比基于关系数据库存储的三维空间数据库，更符合三维模型、三维地形、实景三维模型数据的特点，存储空间利用更紧凑，安全性更好，数据访问效率更高。

对于三维地形，通常支持由 DEM 和 DOM 数据经过重采样生成多级金字塔结构的三维地形瓦片，每一个三维地形瓦片包含了高程数据和纹理数据，多层级的金字塔结构的三维地形瓦片适应了不同场景的加载需求；对于三维模型，通常支持 LOD 技术，利用不同细节层次的模型适应不同场景的模型加载需求；对于实景三维模型，通常由倾斜摄影建模软件根据空三加密成果和倾斜摄影纹理，自动重建带有金字塔结构的倾斜摄影瓦片，每一个倾斜摄影瓦片包含了几何数据和纹理数据，多层级的金字塔结构的倾斜摄影瓦片适应了不同场景的加载需求。GKF 空间数据库创建方法如图 6.4-4 所示。

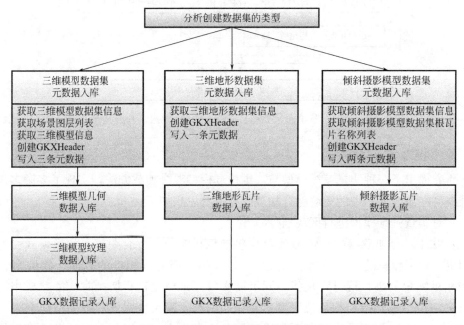

图 6.4-4　GKF 空间数据库创建方法

1. 三维模型数据入库

1）实景三维模型数据集元数据入库

（1）获取实景三维模型数据集信息，包括版本、UUID、名称、别名、数据制作单位、创建日期、元数据记录数、数据记录数、中心点位置（平移值）、偏转和缩放值、包围盒最小点（$minX$，$minY$，$minZ$）、包围盒最大点（$maxX$，$maxY$，$maxZ$）、采集时间、采集平台、建模平台、影像地面分辨率、成图比例尺、飞行高度、正射航向重叠度、正射旁向重叠度、精度评定日期、精度评定点数、精度评定 X 方向中误差、精度评定 Y 方向中误差、精度评定高程中误差、成果金字塔层级、成果最精细层模型的 X 方向分辨率、成果最精细层模型的 Y 方向分辨率等；

（2）获取实景三维模型数据集的根瓦片名称列表；

（3）使用创建头文件，压缩前原始长度和压缩后长度初始化为 0，留待进行填充；

（4）将元数据加密算法，形成数据记录。

2）倾斜摄影瓦片数据入库

倾斜摄影瓦片数据入库，需要获得需要入库的所有倾斜摄影瓦片列表，对每个倾斜摄影瓦片执行，获取该倾斜摄影瓦片的名称、LOD 信息、几何数据、纹理数据等，形成二进制格式的倾斜摄影瓦片数据，并使用异或加密算法，生成加密的二进制倾斜摄影瓦片数据，压缩存储，记录压缩前原始长度和压缩后长度，形成压缩加密的二进制倾斜摄影瓦片数据；压缩加密的二进制倾斜摄影瓦片数据对应的数据记录，将压缩加密的二进制倾斜摄影瓦片数据写入 GKF 文件；GKX 数据记录入库。使用 ZIP 算法压缩存储，记录压缩前原始长度和压缩后长度，形成压缩的 GKX 文件，压缩后长度写入字段。

2. 三维模型数据访问

（1）根据第 0 个内存映射指针（倾斜摄影数据集元数据总计大小不超过 2GB），读取并在内存中解密，获得倾斜摄影数据集的数据集信息；

（2）根据倾斜摄影数据集的数据集信息，以及根瓦片列表，以及瓦片内置的倾斜摄影瓦片金字塔索引，构建多根节点的倾斜摄影瓦片树，恢复原始倾斜摄影瓦片数据；

（3）渲染更新时，遍历多根节点的倾斜摄影瓦片树（根节点也实行动态调度），根据视距、倾斜摄影瓦片 LOD 配置等因素，触发倾斜摄影瓦片调用请求，建立倾斜摄影瓦片调用请求优先队列，并按优先队列依次进行 I/O 调度，读取并生成倾斜摄影瓦片，通过异步的方式，放入渲染线程中，在下一次渲染帧循环中，更新场景，将倾斜摄影瓦片结合到对应的倾斜摄影瓦片树叶子节点之下，完成倾斜摄影瓦片的动态调度；

（4）GKF 数据 I/O 的读取逻辑支持几何数据、纹理数据、三维地形瓦片数据、倾斜摄影瓦片数据的读取，根据动态调用请求的数据名称，获取其对应的数据记录；如果该数据在一个数据块内，直接读取数据块，进行解密、解析获得几何数据、纹理数据、三维地形瓦片数据或者倾斜摄影瓦片数据，并返回。如果数据在两个数据块内，前后两块合并起来，进行解密、解析获得几何数据、纹理数据、三维地形瓦片数据或者倾斜摄影瓦片数据，并返回。

GKF 三维空间数据库访问方法如图 6.4-5 所示。

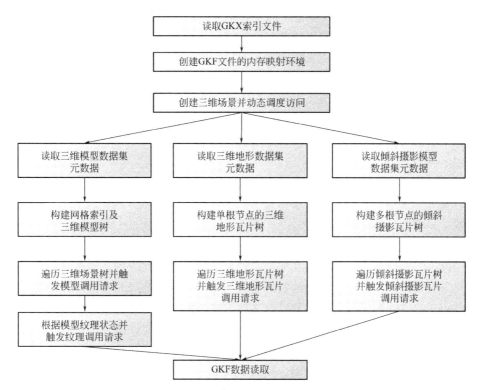

图 6.4-5　GKF 空间数据库访问方法

二、大规模实景三维模型动态展示

大规模实景三维模型覆盖范围广，数据海量，实现高效的动态加载和展示需要建立高效的三维加载和渲染引擎。

(一) 大规模实景三维模型高效加载引擎

1. 空间索引

高效的三维空间索引是实现大规模三维空间数据快速检索的关键技术。本研究使用多类型混合的三维空间索引方法，采用由粗到精的多层索引和多级过滤，实现三维空间数据的快速、准确查询。

多级空间索引首先通过格网索引作为一级索引实现快速定位；然后使用改进的 R 树索引（基于 LOD-RTree 和改进的 RTree 分支策略如 R * 等）作为二级索引实现三维目标基于 LOD 的精确查找，满足了海量三维模型大规模空间索引构建的需要。一般二进制记录甚至文本记录，由于可以一次全部在内存中完成构建并写回，因此对于较小的空间索引是合适的。但对于较大的空间索引，由于不能随时将内存中的数据清除和读取，因此无法完成快速检索。

二维四叉树是一种经典的格网索引方式，在管理影像、数字高程模型、纹理图像等金字塔结构的数据格式上应用广泛。研究团队通过建立基于二维四叉树结构的格网索引，实现对多细节层次、多语义类别的城市模型的空间划分。为了统一空间基准，约定采用CGCS2000 坐标系统作为三维模型组织的空间基准。在此基础上，根据模型数据集的空间范围和多尺度层数，建立基于四叉树结构的网格索引。每一个模型尺度对应一到多级四叉树结构。在同一尺度中，按照四叉树结构范围进行空间划分，一个四叉树结构块范围定义为一个索引文件，该文件存储中心坐标是在该块内的三维模型唯一标识符。基于这种格网索引策略，建立的四叉树结构分块索引实际上是点阵列，每一个分块格网与其相邻格网之间的拓扑关系隐含在该阵列的行列号中。对此，规定以每一个分块的左下角行列号构成四叉树结构索引的关键字，并将行号和列号进行编码和索引。

2. 分布式一致化缓存

实景三维加载引擎采用了多级缓存管理方法。针对多用户并发引起的数据库服务器的磁盘 I/O 瓶颈和服务器性能瓶颈，多级缓存机制可以有效地减少网络的通信量，减轻服务器的负载，显著提高响应速度。

三维空间数据多级缓存结构由客户端内存缓存、客户端文件缓存、应用服务器缓存三级缓存构成。①客户端内存缓存是和渲染引擎相结合的方式实现的，通过智能指针的引用计数机制进行自动维护，采用缓存池实现各类三维空间数据的 LRU 管理。②客户端文件缓存主要由三维空间数据索引文件和数据文件组成，采用基于空间索引节点统一组织、与内存结构一致的三维空间数据文件缓存组织方式，有效提高文件缓存的数据访问效率，降低网络访问开销。③应用服务器缓存采用面向内存块的缓存组织方式，采用统一结构的内存块进行管理，直接应用于网络传输，提高了三维空间数据的调度效率。

多级缓存模块支持各级缓存的命中率、利用率等信息的收集和统计。

3. 异步数据通信

通过支持客户端和应用服务器之间的异步网络通信，实景三维加载引擎实现了支持并发数据访问以及大数据量三维空间数据的快速且稳定的网络传输。针对多用户并发的三维空间数据快速传输的特殊需求，在客户端采用专门的线程处理数据请求的发送和接收；在服务器端采用多线程异步通信的方式支持多用户间模型几何数据和纹理数据等大数据量的数据传输。引擎还支持三维模型几何数据的压缩和解压缩功能，能够进一步降低网络开销。

4. 多通道分布式渲染

多通道三维投影显示系统是一种具有高度沉浸感的视景仿真显示系统，该系统以多通道视景同步技术、数字图像边缘融合、多通道亮度和色彩平衡技术为支撑，将三维图形计算机生成的三维数字图像实时地输出并显示在一个超大幅面的投影幕墙上，使观看者和参与者获得一种身临其境的虚拟仿真视觉感受。随着计算机硬件技术飞速发展，PC机的图形渲染能力不断提高，同时伴随着网络通信技术的不断进步，通过PC机群对大规模场景实现分布式多通道渲染，多通道同步显示，从而展示给用户一个更加逼真、更加富有沉浸感的虚拟世界，已成为大场景三维GIS研究的一个新的热点。

一个典型的多通道投影系统主要由以下四部分组成：分布式渲染系统、通道融合系统、投影显示系统、网络通信系统，如图6.4-6所示。

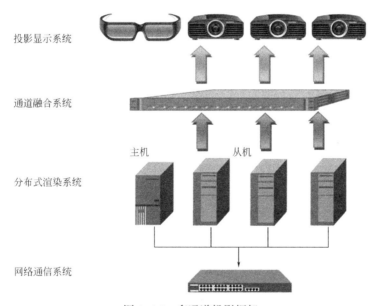

图 6.4-6　多通道投影框架

1）分布式渲染系统

分布式渲染系统的功能是对三维图形数据进行计算处理，用来输出给显示设备。该系统通常由PC机群构成，其中一台作为控制主机，用户的交互操作都在此机上完成，控制主机可以选择参与多通道显示，也可以选择只是用来作为控制端，而不参与显示。其他PC机都作为显示从机，通过网络响应控制主机的操作，显示相应的画面。硬件配置可以选用专业图形工作站，也可以选用普通PC机。

2）通道融合系统

一般情况下，经过渲染系统处理后的图像不能直接输出给显示设备。透视投影的投影面是一个平面，假如使用弧形的投影幕，显然直接将图像投射到弧形幕上肯定会引起图像的形变、扭曲。此时必须对图像进行几何矫正。另外，两个相邻的投影通道之间存在重叠区域（称为融合区），如果不经过处理，融合区投影的亮度将是普通区域的两倍，会影响多通道投影的一体化效果，此时必须对图像进行边缘融合处理。

常见的融合矫正方法分为硬件和软件两种，两种方法各有其优缺点。

硬件融合矫正是在图形工作站中添加一个用来融合矫正的专用外围硬件。这样融合处理过程不占用图形工作站的资源，即图形工作站只负责三维图形场景的实时加速渲染，渲染后的实时影像经图形子系统输出至硬件融合矫正系统，该硬件系统进行数字图像的非线性灰度衰减和边缘融合处理、矫正，计算机本身不负担该项消耗资源巨大的工作。这样，图形工作站的图形处理和外围硬件系统的融合矫正处理工作就互不干扰，保证了图形工作站的图形处理能力和边缘融合效果。该方法的缺点是融合矫正硬件价格昂贵，系统成本较高。

软件融合矫正的方法是开发出一套软件使图形工作站在实时图形处理的同时也对图像进行几何矫正，并对其预留的边缘融合区域进行非线性灰度衰减处理，理论上可以实现图像的边缘融合和无缝拼接。这种办法的优点是投资小，缺点是效果差、开发难度大、应用过程复杂。而且，作为用户，每次开发新的应用程序的时候，都要重复地进行融合矫正，工作量和难度大，最终的操作和使用也将非常繁琐。

因此，实景三维加载引擎采用基于硬件的通道融合矫正方法。

3）投影显示系统

投影显示系统的功能是将经过融合矫正处理过的图像输出给用户。最经济的显示设备是常见的液晶显示器，而现今最常见的是投影仪加投影幕的硬件组合。投影仪种类繁多，一般亮度越高，价格越贵，用户可以根据需要进行选择。投影幕的材料也多种多样，但从其形状上来看最常见的有平板幕、环形幕（柱面幕也是环形幕的一种）。

4）网络通信系统

网络通信系统的功能是保障多通道画面显示的同步。对于用户在控制主机的每一个交互操作，显示从机都必须做出相应的反应。该系统的作用正是将控制主机的每一个交互命令传递给所有的显示从机，同时也接收每一个从机反馈过来的信息。让所有的通道画面组成一个大的完整的画面，就像一个通道显示出来的一样是一个多通道投影系统追求的最高目标，要达到这样的目标所需要解决的关键技术有多屏拼接技术、多通道视景同步技术等。

实景三维加载引擎支持平板幕、环形幕系统，由多组多通道分布式渲染显示技术构建各类三维演示环境，为各类规划展览馆、设计场馆的建设提供技术支撑。

（二）基于GPU编程的三维动态效果

图形处理器GPU已经发生了巨大变化，顶点着色器（Vertex Shader）和片元着色器（Fragment Shader）甚至几何处理器（Geometry Processor）都是可编程的，这就为基于GPU编程的三维视觉效果打开了大门。使用GPU编程可以生成复杂的视觉效果，而且绘制速度和标准的固定功能绘制流水线一样快。

图形处理器的图形流水线结构如图6.4-7所示。

首先，三维模型的顶点数据被准备好，然后进入顶点处理器进行并行处理，顶点处理过程要进行模型-视图和投影变化，还有纹理坐标生成、属性设置等可选功能，最后顶点组装成图元并进行裁剪处理。可见的图元被光栅化产生片元，经过片元处理器，如进行纹理采样、融合等生成最终的像素。其中顶点处理器和片元处理器都是可编程的，GPU编

图 6.4-7　图形流水线结构

程后的文本代码要经过编译、装载、绑定等步骤才能完成基于 GPU 的绘制。

GPU 绘制的主要特点是：①不占用 CPU 时间，提高 CPU 应用于程序逻辑和场景更新逻辑的使用效率。②基于硬件的代码并行执行，提高整个场景的帧率，提高流畅度。主要应用场合包括基于 GPU 的大规模三维地形绘制，使用 GPU 编程实现地形瓦片的调度、四叉树细化策略、背面删除、地形无缝拼合等；基于 GPU 的动态水效效果，主要包括基于反射像机和渲染到纹理（RTT）技术、GPU 编程纹理融合效果、三维噪声纹理、GPU 光照等；基于 GPU 的 Phong 光照计算，用于地下三维空间的 Phong 光照实现，支持隧道漫游、地质体多角度浏览等；基于 GPU 的粒子绘制系统，包括雨效、雪效、雾效、天空盒、光晕等场景特效的高效实现。

利用 GPU 相关特性，实景三维加载引擎实现了模型的单体化、显隐等功能，支撑了实景三维模型的应用。

三、多源三维模型融合展示及应用

团队研究了实景三维模型与数字地形、BIM、三维仿真模型的多尺度自动融合技术，实现了在一个三维场景中，不同数据的多尺度融合。

（一）不同模型特点

三维数字地形模型、三维仿真模型、建筑信息模型（BIM）是不同尺度下的三维模型，具有不同的特点，以三维仿真模型和实景三维模型为例进行对比。

实景三维模型和三维仿真模型具有不同的优点和缺点，图 6.4-8、图 6.4-9 展示的是不同视角下的实景三维模型和三维仿真模型，就目前的建模技术水平来说，实景三维模型在大场景浏览、远视角时效果好，三维仿真模型在近地面、细节浏览时效果好。

图 6.4-8　大场景浏览（远视角）

图 6.4-9　近地面浏览（近视角）

　　表 6.4-2 显示的是两类建模方式在建模对象及方式、作业效率、数据采集、数据量、模型效果、编辑更新、单体化、制作成本、入门难度方面的比较。

实景三维模型与三维仿真模型特点对比　　　　　　　　　　　　表 6.4-2

内容	实景建模	仿真建模
建模对象及方式	建模对象为现状模型,建模是利用飞机获取航拍倾斜影像,通过专业建模软件建模	建模对象为现状模型或方案模型,利用地形图及照片,采用 3ds Max 等建模软件人工建模
作业效率	软件自动建模,人工干预少,效率高	采用人工建模方式进行,效率低
数据采集	受空域限制和天气的影响较大,采集安全性需要保障	不受空域影响,机动灵活
数据量	约为同样面积人工建模模型数据的 20 倍以上,数据传输量大	数据量相对较小,数据传输相对较小
模型效果	真实性高,一是场景是相片级真实,二是全要素,地物真实。大场景效果好;近地面容易出现数据采集盲区,导致近地面建模效果差。三维仿真模型细节表现不够	真实性不及实景三维模型;近地面模型效果好。小场景效果好;近地面模型表达相对较好;三维仿真模型细节展现好
编辑更新	模型数据量大,含多级 LOD,编辑困难	修改简单,数据更新灵活
单体化	实景三维模型,类似表皮模型,要将模型区分,即需要进行单体化处理,需要一定工作量	建模成果即为单体化模型成果。单体化模型便于后期应用
制作成本	人工量小、费用低	人工量大、费用高
入门难度	需航飞和建模软件完成建模,非测绘单位可完成。入门难度相对较低	需测绘外业地形图和学习建模软件。地形图一般仅测绘单位能完成

　　实景三维模型最主要特点是几何建模基于摄影测量技术,在平面和高程上精度都比较可靠;纹理来自航摄影像,建立的三维模型真实感强,效果好,能够真实地表达场景所包含的地物和纹理,全要素表达效果好。而三维仿真模型经过了人工的取舍,因此不能准确还原出所有的地物。同时三维仿真模型的几何数据和纹理采集通常都是人工在地面进行,

在建筑的竖向,特别是建筑屋顶造型等不能准确还原,因此在俯视等角度不及实景三维模型效果;同时三维仿真模型是利用模拟的灯光来渲染场景,真实感比实景三维模型差。

但是,实景三维模型数据来源高空拍摄,容易产生遮挡。特别在地形起伏大,建筑密集的区域,例如重庆这类山地城市,在接近地面或有遮挡的区域,建模效果不佳,甚至无法建立有效的三维模型,而三维仿真模型在建筑底商等近地面表达效果较好,对复杂的模型能够精细化表达。同时,实景三维模型通常是按格网分布的"表皮"模型,不具有单体性质,而三维仿真模型是独立的,单体化的,便于开展后期应用。

由上可知,两类模型各自存在优缺点,如何将两类模型进行展示和应用。本研究特别针对山地城市等地形起伏大的区域,提出了一种实景三维模型与三维仿真模型混合展示与应用方法。在三维场景调度中,根据观察视点与模型的距离,自动显隐实景三维模型与三维仿真模型。具体来说,当视点离模型较远时,显示实景三维模型,用于大场景、远视角浏览。当观察视点离模型较近时,显示三维仿真模型,用于小场景展示,体现模型细节,从而实现两类模型的混合加载。在应用方面,利用实景三维模型数据开展大场景应用,利用三维仿真模型开展有关单体化方面的应用。

因此,对于实景三维模型,三维数字地形、BIM、三维仿真模型,本研究根据不同模型的特点,设计了在不同尺度下(不同视点距离)下,查看和应用不同类型的数据,实现这几类数据的多尺度融合。

(二)多尺度 LOD 模型划分

以国际和国内通用的对城市三维空间对象细节层次划分标准为基础,本研究将"3D+"城市模型划分为 LOD0~LOD4 共五个层级细节尺度,并根据城市空间模型语义信息,规定了地形、建筑、交通、设施、水系、地质、管线七大类城市空间模型在不同细节尺度下的数据建模方式、语义模型和时间模型(表 6.4-3)。

"3D+"城市模型建模方法及专题数据一览　　　　表 6.4-3

	LOD 维度					时间维度
	LOD0	LOD1	LOD2	LOD3	LOD4	
模型适宜尺度	区域级别	城市级别	城市,城市区域,项目级别	城市区域,建筑外观模型、地标	建筑内部模型、地标	
建模流程	小比例尺基础地理数据加工	1. 基于中小比例尺基础地理数据加工; 2. 中小比例尺基础地理数据+Lidar数据	1. Max、Sketchup 手工建模; 2. CityEngine 参数化建模; 3. 倾斜摄影实景建模	1. 在 LOD2 基础上进行人工干预,增加细部表现和语义内容; 2. 在 LOD4 基础上进行自动简化,减少细部表现和语义内容	参数化、语义化方式进行人工建构筑建模,主要软件包括: 1. Autodesk 系列 2. Bentley 系列	
地形	栅格模型	栅格模型	栅格+TIN+约束线	TIN	—	时间标签

	LOD 维度					时间维度
	LOD0	LOD1	LOD2	LOD3	LOD4	
建筑	建筑底面	建筑体块	简化的建筑外壳	精细的建筑外壳	参数化 BIM 模型	时间标签＋事件驱动
交通	路、桥、隧、轨道矢量线	路、桥、隧底面	划分车道和非行车区域的表面模型	表面模型＋交通附属设施	参数化 BIM 模型	时间标签＋事件驱动
设施	绿化设施、市政设施点	基于模型库的设施简单模型	简化的设施模型	设施实体模型	—	时间标签
水系	水系面	水体	水体	水体	—	时间标签
地质	区域地质模型	区域地质模型	工程地质模型	工程地质模型		时间标签
管线	管线、管点矢量	管线、管点	简化的管线模型	精细的管线及附属设施三维模型	参数化 BIM 模型	时间标签＋事件驱动

实现多尺度城市三维模型集成融合的主要目标，是从多个细节层次模型中标记出模型的空间和语义映射关系，并以一定方式显示存储，为三维图形引擎制定灵活的三维数据加载、调度策略，提高三维展示的效果和效率，充分发挥不同层级数据的优势（图 6.4-10）。

LOD0，数据来源：DEM+DOM地形　　LOD1，数据来源：体块三维模型　　LOD2，数据来源：倾斜摄影实景三维模型

LOD3，数据来源：3DMax精细建模(外壳)　　　　LOD4，数据来源：BIM建模(建筑、结构、机电)

图 6.4-10　同一区域不同细节层次下城市三维模型集成融合

本研究进一步提出了多源多尺度城市模型数据建模融合方法，以实现同一区域、不同建模方法、不同细节层次和语义、不同时态城市三维模型的融合集成。主要工作流程包括：

（1）建立统一的城市"3D＋"模型时空索引框架。将大范围城市空间划分为若干区域，针对 LOD0、LOD2 的三维数据建立基于四叉树的格网索引；在第一层次格网区域内，对 LOD3、LOD4 的三维空间数据建立第二层次三维 R 树空间索引和时间标记。

（2）基于多层次混合的三维空间索引，对空间数据开展多层次要素匹配和映射。自动检测及匹配不同 LOD 模型之间的空间和要素关系，并显式存储多 LOD 的空间关系和要素关系。

（3）基于时空索引框架对模型进行多层过滤和检索，以提高场景调度、可视化、模型检索等应用的效率和效果。

1. 建立模型时空索引

不同层级和类别的空间模型在数据格式、语义表达上有较大差异。为了提高索引效率，本研究采用二维四叉树和三维 R 树结合方式建立多尺度空间数据的索引。将原始模型数据组织为序列化的空间索引数据，并将其和属性数据存储到关系型数据库中，如图 6.4-11 所示。

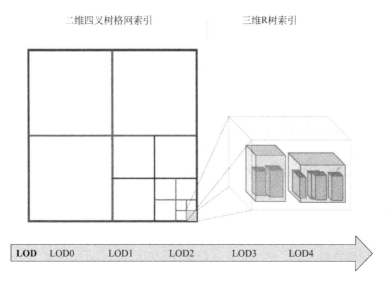

图 6.4-11　二维四叉树和三维 R 树结合建立多尺度索引

二维四叉树是一种经典的格网索引方式，在管理影像、数字高程模型、纹理图像等金字塔结构的数据格式上应用广泛。本研究通过建立基于二维四叉树结构的格网索引，实现对多细节层次、多语义类别的城市模型的空间划分。为了统一空间基准，约定采用 CGCS2000 坐标系统作为三维模型组织的空间基准。在此基础上，根据模型数据集的空间范围和多尺度层次，建立基于四叉树结构的网格索引。每一个模型尺度对应一到多级四叉树结构。在同一尺度中，按照四叉树结构范围进行空间划分，一个四叉树结构块范围定义为一个索引文件，该文件存储中心坐标在该块内的三维模型唯一标识符。基于这种格网索引策略，建立的四叉树结构分块索引实际上是点阵列，每一个分块格网与其相邻格网之间的拓扑关系隐含在该阵列的行列号中。对此，规定以每一个分块的左下角行列号构成四叉树结构索引的关键字，并将行号和列号进行编码和索引，如图 6.4-12 所示。

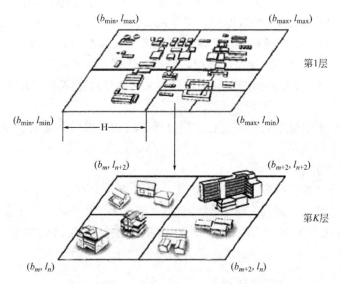

图 6.4-12　基于二维四叉树结构的多级分块组织与存储

R 树索引具有动态更新、深度平衡的特点，能够自然扩展至三维空间，被公认为最有前途的三维空间索引方法。和 R 树索引相比，三维 R 树索引在快速检索三维立体空间结构上具有显著优势，因此特别适用于具有海量小空间物体的建筑 BIM 模型索引。为了提高"3D+"模型的空间索引效率，本研究在二维索引基础上，采用 R 树索引构建 LOD3、LOD4 高精度模型的索引。以格网单位作为 R 树根节点构建 R 树，将要素三维数据的外围盒作为子节点，通过将二维四叉树和三维 R 树索引关联，实现多尺度索引。

在高效空间索引的基础上，基于模型数据的时间标记信息，基于关系型数据搜索引擎，可以快速检索出某一时间切片下符合要求的模型，为"3D+"城市模型的关联和搜索提供了支持。

2. 开展要素匹配和映射

开展要素级别的匹配和映射，有助于在较高细节层次上实现基于实体的多级要素关联。本研究针对建筑、交通设施、管网、市政设施四大类具有语义信息的模型，提出了基于二维矢量实体要素的多 LOD 模型要素匹配与映射方法。

地理实体数据采用面向实体的建模方法，描述客观世界中独立存在的地物对象。其特点是以点、线、面几何图元为空间数据表达与分类分层组织的基本单元，每个图元均赋以唯一的图元标识、分类标识与生命周期标识。一个地理实体由若干图元组合而成，具有唯一的地理实体标识，通过地理实体标识实现其余相关社会经济、自然资源信息的挂接。一般包括政区实体、道路实体、铁路实体、河流实体和居民地实体，如图 6.4-13 所示。

以大比例尺的基础地理信息实体数据为基准，对建筑、交通、管道等具有语义信息的城市模型进行要素级别的匹配和映射，既可以实现多细节层次级别的要素关联，提高数据的一致性，又建立了同一细节层次下要素的逻辑关系，例如道路路段、交叉口和设施等，如表 6.4-4 所示。

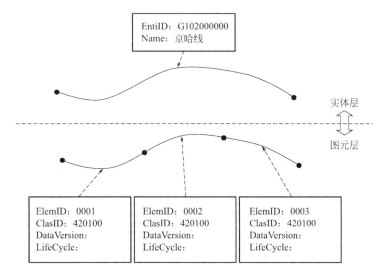

图 6.4-13 道路实体逻辑表达示例（来源：《地理实体数据规范》）

地理实体与"3D＋"模型的匹配关系 表 6.4-4

模型	二维实体图元	LOD3	LOD4
道路	道路中心线	道路三维表面模型	道路信息模型 中心线、横断面、纵断面、超高、加宽…
建筑	建筑底面	建筑三维外壳模型	建筑信息模型 楼层、楼板、门、窗、屋顶、楼梯、墙… 给水排水、电气、暖通 家具、设备
管线	管线、管点	管线和管线表面模型	—

开展要素匹配和映射的主要方法是进行空间实体的匹配。二维 GIS 中的地物实体通常被抽象化表达为点实体、线实体和面实体三类空间实体。本研究主要涉及大比例尺线实体和面实体的相似性匹配，由于数据比例尺较大且不同尺度模型数据主要分歧在于语义数据而非数据精度，因此匹配难度相对较小。首先构建待匹配模型 x、y 方向的外接矩形，然后将该外接矩形与二维实体数据的外接矩形进行空间运算，初步筛选出可能匹配的实体对象；最后实体的主要特征点进行提取和匹配，检索形成要素实体对象关系。

3. 基于时空索引框架对模型进行多层过滤和检索

通过建立统一的时空索引框架，为各类型的索引提供统一的管理机制和对外调用接口。在框架中定义了不同类型数据索引统一表达的基类和基本结构以及统一的对外调用接口，以降低多细节层次时空索引实现和调用的复杂性。基于时空索引框架，即可对模型进行多层次过滤和检索。检索的输入通常为视点位置。首先，根据视点的位置和高度确定相应的四叉树格网编号，将该格网及周围相邻的格网内第二层次三维 R 树索引读取出来并预加载到内存中；然后随着视点移动，开启专门线程动态加载尚未在内存中的相邻索引。

（三）多尺度融合展示

1. 基本原理

混合加载的一个必要的前提条件是，在场景浏览时，必须要有实景三维模型或三维仿真模型中的一种被加载显示。在一个动态加载的三维场景中，判断一个模型是否加载和显示，通常是根据视点（或场景主相机）到该模型中心的距离来进行判断的。当距离小于设定值时，模型加载；当距离大于设定值时，模型从场景中卸载。三维模型的中心通常用模型包围盒的中心表示。按图 6.4-14 所示的混合加载示意图，设实景三维模型与三维仿真模型混合加载时，视点到实景三维模型或三维仿真模型的包围盒中心的距离为 d，当 d 属于 R_0 $[0, L_1]$ 范围时，场景只加载显示三维仿真模型；当 d 属于 R_2 $[L_2, L_3]$，场景只加载显示实景三维模型；当 d 属于 R_1 $[L_1, L_2]$，两类模型处于在场景中共存，称为模型共存期。

由上可知，三维仿真模型的实际显示区间为 $[0, L_2]$，实景三维模型的实际显示区间为 $[L_1, L_3]$。当两类模型共存时，由于重叠会造成重叠处场景的闪烁，影响视觉效果。因此，对于同一位置，或有重叠的实景三维模型与三维仿真模型，共存期 R_1 越短，两类模型的切换更加流畅自然。

进一步通过调整 L_1 和 L_2 的值，L_1 的值设置为 0，L_2 的值设置为 L_3，此时两类模型的显示区间都为 $[0, L_3]$，通过图层树的开关，可以实现对两类模型进行独立展示，如图 6.4-14 所示。

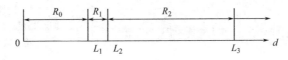

图 6.4-14 混合加载示意图

2. 模型共存期

上述提高两类模型共存期是指同一位置或有重叠的倾斜模型和三维仿真模型在三维场景中共同存在，此时，三维场景因为模型面重叠会造成场景浏览的闪烁。下面介绍共存期产生的原因，并给出确定 L_1、L_2、L_3 的方法。利用 ContextCapture、Street Factory 得到的实景三维模型，通常是按格网分块形式组织的模型，每个格网块为一个模型节点，而人工模型是根据实际物体的大小建立的。如图 6.4-15 所示，为两类模型的包围盒。

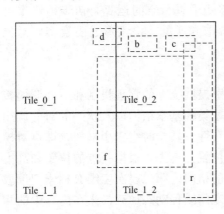

图 6.4-15 模型包围盒

其中，实线表示的 4 个正方形，为实景三维模型 4 个标准块 Tile＿0＿1、Tile＿0＿2、Tile＿1＿1、Tile＿1＿2 的包围盒。虚线表示的三维仿真模型 b、c、d、f、r 所对应的模型包围盒，由此看出，模型 b、c 在 Tile＿0＿2 内，d、f、r 与两个或两个以上的 Tile 相交。

当进行两类模型混合加载时，假定视点（场景主相机）在图 6.4-15 的右上方，即视点离 Tile＿0＿2 更近（当视点处于不同位置时，距离三维模型的远近是不同的，若视点在左下方，则视点离 Tile _ 1 _ 1 更近些）。当视点从远及近浏览场景时，首先显示的是实景三维模型，随着视点拉近，Tile _ 0 _ 2 将要被卸载，模型 c、b、d、f 逐渐被加载显示，两类模型共存。若假定 Tile _ 0 _ 2 与模型 c、b、d、f 无共存期，则 Tile _ 0 _ 2 刚被卸载时，c、b、d、f 即被加载显示，但此时 Tile _ 0 _ 1 与 d、f 是共存、有重叠的，场景会闪烁。

可以通过以下方法，粗略评估场景的闪烁程度，下面定义场景的跨块重叠率以及三维仿真模型的跨块重叠面积，具体计算方法如下：

第一步，对于三维仿真模型，判断其是否与两个及两个以上的实景三维模型瓦块重叠，若有，则进行下一步，若无，则该模型的跨块重叠面积为 0；

第二步，计算当前三维仿真模型与包围盒中心所在瓦块的重叠面积 S_1，重叠面积可按 XOY 投影面上的重叠面积计算，也可以简单地按包围盒重叠面积计算；

第三步，利用三维仿真模型（或包围盒）在 XOY 上的投影面积 S_0 减去上一步得到的 S_2，S_2 为仿真模型的跨块重叠面积；

第四步，统计所有的三维仿真模型，得到所有三维仿真模型 S_0 和 S_2 的值，利用所有模型 S_2 总和与 S_0 总和的比值得到场景的跨块重叠率。

对于单个三维仿真模型，利用跨块重叠面积来评估；对于为了减短模型共存期，则通过减少三维仿真模型的跨块重叠率来实现。具体有以下两种方法：完全切割和重点切割。

完全切割如图 6.4-16 所示，根据瓦块的包围盒对三维仿真模型进行切分，例如 d 被切分成 2 块，f 被切分成 4 块，切割后的每个三维仿真模型仅对应一个实景三维模型瓦块，此时，所有三维仿真模型的跨块重叠面积为 0，场景的跨块重叠率也为 0。

利用完全切割，会带来模型的大量分割，例如一栋建筑会被分割成多个部分，造成原本是一个整体的模型被切分，例如建筑模型，给后期应用如选中、挂接属性带来不便，需要额外处理。

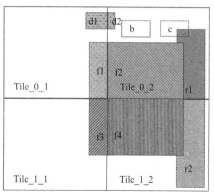

图 6.4-16　完全切割

重点切割，对建筑等包围盒较小，后期重点应用的模型不做分割，仅对地面、道路等横跨多个瓦块的包围盒大的模型和跨块重叠面积大的模型进行切割，从而缩短模型的共存期。

需要注意的是，是否存在共存期还与三维场景的组织形式和加载方式有关，并不取决于三维仿真模型是否被完全切割。参见图 6.4-17，瓦块 Tile 包含模型 b、c，三者的模型中心位置不同，设视点 View 到瓦块 Tile 中心 T 的距离为 d_T，到模型 b 中心的距离为 d_B。设 Tile 显示的最近距离阈值为 L，当 $d_T = L$ 时，Tile 隐藏，此时模型 b 需要显示出来（场景中两类模型必须存在一种），则模型 b 开始显示的阈值为 d_B。但当浏览场景时，视点 View 位置是变化的，View 到 Tile 距离为 d_T 时，d_B 总是在变化，不是固定值，因此要满足场景中两类模型必须存在一种，则必然存在模型共存期。

此时，若将模型 b、c 的中心设置与瓦块 Tile 的中心相同进行场景加载，则两类模型不存在共存期，如图 6.4-18 所示。

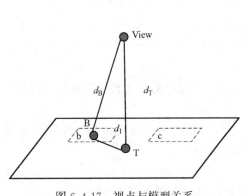

图 6.4-17　视点与模型关系

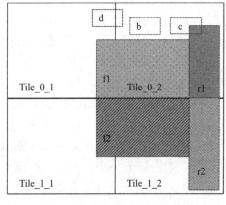

图 6.4-18　重点切割

3. 加载模式及 L_1、L_2、L_3 确定

本研究提供两种场景组织形式，用来实现两类模型的混合加载，如图 6.4-19、图 6.4-20 所示。

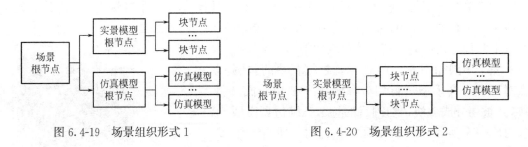

图 6.4-19　场景组织形式 1　　　图 6.4-20　场景组织形式 2

根据两种场景组织方式，实景三维模型和三维仿真模型是"分开"加载的，通过控制实景三维模型和三维仿真模型的显隐范围来实现形式上的混合加载。根据图 6.4-20 所示的加载方式，是将块节点内三维仿真模型挂接在块节点下，块节点作为三维仿真模型的粗模，从而建立场景 LOD，实现 LOD 式的加载。

由前文所述，显隐范围是由 L_1、L_2、L_3 来控制的。L_3 是加载实景三维模型的最远距离，根据用户需求设置，通常设置 20000m 及以上。L_1 是实景三维模型显示的最近距离，由于实景三维模型是大小相同的格网分块，因而对于所有的分块，L_1 可设置为相同，例如 500m。L_2 控制的是三维仿真模型开始显示的距离，为了保证模型在切换时，无论从哪种视角观察，三维场景中都至少能有一种模型，则此时，L_2 满足以下条件：

$$L_2 = L_1 + D$$

其中 D 表示模型中心点到其所对应的瓦块中心点的距离。对于三维仿真模型 b，D 即为图 6.4-17 中的 d_1，这是由于 $d_1 + d_T > d_B$，保证当实景三维模型从场景中卸载时，三维仿真模型 b 已被加载和显示到场景中来。

此时将三维仿真模型归纳到对应的实景三维模型瓦块中，在三维场景加载时，将同一实景瓦块中的三维仿真模型中心位置设置与瓦块的中心相同，此时，模型共存期不存在，当实景三维模型卸载时，系统即加载三维模型。

4. 独立加载与混合加载

考虑混合加载模式和独立加载模式的切换以及应用，经过实际应用测试，建议使用场景组织 1，此时有几个优点：

（1）两类模型加载方式相对独立，当部分区域只有实景三维模型或三维仿真模型时，可以单独加载任意一种。

（2）通过实时设置 L_1 和 L_2 更改两类模型的显示范围，并利用信息树开关两类模型，可实现每类模型的单独展示，从而实现两类模型的独立加载与混合加载，同时不影响两类模型各自开展的应用。

本研究的实验数据来自重庆市两江新区互联网产业园，三维系统采用研究团队自主研发的集景三维智慧城市平台进行场景加载展示。

平台增加了模型的显示范围函数，SetVisibleRange（modelID，min，max），实时调整模型的显示范围，实现两类模型的混合加载和独立加载，图 6.4-21 所展示的模型混合加载，远处是实景三维模型，中间有一段是模型共存，近处是三维仿真模型。

图 6.4-21 模型混合展示

进一步利用该思想，还可以将多种模型在同一场景中进行融合展示，如图 6.4-22 所示，最远处显示白模，中间显示实景三维模型，最近处显示三维仿真模型，实现不同模型在同一个场景中同时展示。

同时，在同一场景中，可以使用不同的模型开展应用，例如对于三维仿真模型，可以实现选中模型，进而进行挂接属性等单体化应用。

四、实时动态数据展示及应用

（一）动态视频数据的三维空间投影

作为一类特殊的媒体信息，视频具有时间和空间二维结构、信息分辨率高、表达直观和空间关系传递准确等特点，通过研究在三维地理环境数据中加入传统视频数据，将虚拟地理环境等先进技术与监控视频有机融合，有效提高视频分析的广度和深度，增强对现实

图 6.4-22　模型融合展示

场景的感知与监控能力。研究团队将以城市空间多维数据为基础，研究实时视频数据的地理空间定位和视频场景空间化，解决视频的空间落地问题；研究视频与 3D 地理场景的融合策略，开展多源数据融合与集成建模研究，构建视频 3D 地理场景的混合现实表达技术流程，解决实时视频与三维场景融合表达问题；研究多视频传感网络的协同管理、发现与监控，解决视频数据在地理空间上的组织、管理与时空索引；研发虚实混合数据展示技术，支撑虚实融合的场景漫游、展示与应用。

3D GIS 与实时视频融合方面目前主要处于二维层次的简单集成，如在二维电子地图上通过点击地图上监控点来显示相应监控画面，有的是通过事先人为指定纹理坐标，将视频图像以贴图的方式叠加到三维模型中，容易造成图像的扭曲变形且不便于工程实施。投影纹理映射方法是用于映射一个纹理到物体上，就像将幻灯片投影到墙上一样，投影纹理映射有两大优点：其一，将纹理与空间顶点进行实时对应，不需要预先指定纹理坐标；其二，使用投影纹理映射，可以有效地避免纹理扭曲现象。实际上，投影纹理映射中使用的纹理坐标是利用三维模型中点的世界坐标与纹理矩阵计算得到的，式（6.4-1）说明了纹理坐标的计算过程。

$$\begin{bmatrix} s \\ t \\ r \\ q \end{bmatrix} = \begin{bmatrix} \text{Scale} \\ \text{and} \\ \text{Bias} \\ \text{Matrix} \end{bmatrix} = \begin{bmatrix} \text{Projective} \\ \text{(Frustum)} \\ \text{Matrix} \end{bmatrix} \begin{bmatrix} \text{Modelview} \\ \text{Matrix} \end{bmatrix} \begin{bmatrix} X_0 \\ Y_0 \\ Z_0 \\ W_0 \end{bmatrix} \qquad (6.4\text{-}1)$$

式中，点 $D\ (X_0,\ Y_0,\ Z_0,\ W_0)$ 为模型中某一点的世界坐标；$d\ (s,\ t,\ r,\ q)$ 为与 D 点对应的纹素的纹理坐标。从式（6.4-1）可以看出纹理矩阵由三个矩阵串联构成。Modelview Matrix 定义了虚拟相机在 CGCS2000 坐标系中的位置和姿态，是一个旋转矩阵与平移矩阵的乘积；Projective Matrix 定义了一个透视变换，在三维渲染里面透视变换可用一个视景体来直观地表示，可以用函数 glFrustum（left，right，bottom，top，near，far）定义一个视景体，Scale and Bias Matrix 用于将计算出的坐标 [−1，1] 变换到纹理坐标 [0，1] 的范围内。关于摄像机成像的数学模型，空间中任何一点在图像中的成像位置可以用针孔成像模型近似表示。针孔成像数学模型如式（6.4-2）所示。

$$
s\begin{bmatrix} u \\ v \\ 1 \end{bmatrix} = \begin{bmatrix} \dfrac{1}{d_x} & 0 & u_0 \\ 0 & \dfrac{1}{d_y} & v_0 \\ 0 & 0 & 1 \end{bmatrix}\begin{bmatrix} f & 0 & 0 & 0 \\ 0 & f & 0 & 0 \\ 0 & 0 & 1 & 0 \end{bmatrix}\begin{bmatrix} R & T \\ 0^T & 1 \end{bmatrix}\begin{bmatrix} X_w \\ Y_w \\ Z_w \\ 1 \end{bmatrix}
$$
$$
= \begin{bmatrix} \alpha_x & 0 & u_0 & 0 \\ 0 & \alpha_y & v_0 & 0 \\ 0 & 0 & 1 & 0 \end{bmatrix}\begin{bmatrix} R & T \\ 0^T & 1 \end{bmatrix}\begin{bmatrix} X_w \\ Y_w \\ Z_w \\ 1 \end{bmatrix} = M_1 M_2 X_w \tag{6.4-2}
$$

式中，s 是比例因子；u、v 为图像坐标；d_x、d_y 为 CCD 感光元器件的宽和高；u_0、v_0 为主点中心偏移坐标；α_x、α_y 为 x 和 y 轴的尺度因子，或称归一化焦距；R、T 分别为旋转矩阵和平移矩阵；X_w、Y_w、Z_w 为物点世界坐标；M_1 称为相机内参数矩阵；M_2 称为相机外参数矩阵。对比投影纹理坐标的计算过程与摄像机的成像模型，二者都实现了 CGCS2000 坐标系中的一点到图像上二维点的映射。

通过摄像机的标定，获取到摄像机的内外参数，进而根据摄像机的内外参数求出纹理矩阵，更可将摄像机采集到的图像准确地重投影到三维模型中去，具体操作步骤如下：

（1）通过视频对象缓冲区获取由多路视频流所输入的视频数据，采用视频解码器对其进行解码；

（2）在解码完成后，将所有按照同步时间解码相应的时间片段而得到的图像序列和纹理 ID 绑定并存放在图像纹理缓冲区中；

（3）采用时空纹理映射函数对图像纹理缓冲区中的纹理进行采样，将其映射到三维场景中的物体的表面，并完成其他真实感绘制相关的操作，最终输出基于视频的虚实融合绘制结果。

（二）视频与三维地理场景的融合策略

研究基于视频增强的虚实融合技术，将监控视频投射嵌入虚拟地理场景，实现虚景与实景的逐像素有机融合。视频图像融合根据智能度由低向高可以分为像素级、特征级、决策级融合等。像素级融合指基于图像像素进行拼接融合，是两个或两个以上的图像融合成为一个整体。特征级融合以图形的明显特征，如线条、建筑等特征为基础进行图像的拼接与融合。决策级融合使用贝叶斯法、D-S 证据法等数学算法进行概率决策，依此进行视频或图像融合，更适应于主观要求。本方法使用特征级融合，即基于投影纹理映射的虚实融合技术。

投影纹理映射最初用于映射一个纹理到物体上，就像将幻灯片投影到墙上一样。投影纹理映射有两大优点：其一，将纹理与空间顶点进行实时对应，不需要预先指定纹理坐标；其二，使用投影纹理映射，可以有效地避免纹理扭曲现象。实际上，投影纹理映射中使用的纹理坐标是利用三维模型中点的地理坐标与纹理矩阵计算得到的。摄像机的内参数矩阵与视景体参数的关系，通过摄像机标定得到，获取摄像机的内参数矩阵和视景体参数，进而根据摄像机的内参数矩阵和视景体参数求出纹理矩阵，更可将摄像机采集到的图像准确地重投影到三维地理信息场景模型中去，实现多路视频图像与三维地理信息场景模型的融合。此外，为了提高图像与三维地理信息场景模型融合的效果，在投影之前还要对图像进行畸变矫正和裁剪。针对图像的大小不是 2 的 N 次幂的情况，可以使用矩形纹理避免纹理的重采样提高融合效率。

融合服务器在接收到包含摄像机内参数矩阵和视景体参数的视频图像后，根据内参数矩阵和视景体参数求出纹理矩阵，利用投影纹理技术将图像重投影到三维城市模型中，并在场景更新回应函数中不断更新纹理数据，实现在三维地理信息场景模型与视频图像的实时动态融合。

视频图像融合过程中，需要充分考虑视频对象所依赖的对应三维场景部分的可视特性，包括可见性、分层属性和时间一致性。在三维场景对应部分的可视特性的控制下进行解码时，依序分别计算和判定视频对象的可见性、空间分层、时间分层。首先根据三维场景空间信息，通过计算视频对象的可见性，从 m 路视频所对应的视频对象中选择出 n 路有效视频；然后分别计算出 n 路视频中每一个有效视频对象的空间分层分辨率和时间分层分辨率；最后根据当前时间计算出每个视频对象的起始播放时间，并且找到其对应的起始解码的 I 帧，后续的解码则从当前的 I 帧开始。当三维场景的观察参数发生变化，或者三维场景中的视频对象本身发生变化时，重新计算视频对象的可见性、时间分层和空间分层分辨率和起始解码的 I 帧。

视域体判断剔除，输入视频对象 K 所依附的三维场景表面 G_k，如果完全位于当前视点的观察三维场景视域体之外，则该部分的三维场景表面相对于当前视点不可见，标记可见性状态 $v_k=0$；否则该部分的三维场景表面部分或者完全位于视域体之内，标记可见性状态 $v_k=1$。背向面判断剔除，针对所有通过上述视域体判断的输入视频对象 K 所依附的三维场景表面 G_k，如果属于相对当前视点观察三维场景时的背向面，则该部分的三维场景表面相对于当前视点不可见，标记对应视频对象的可见性状态 $v_k=0$；否则为正向面，标记视频对象的可见性状态 $v_k=1$；以及遮挡判断剔除，针对所有通过上述视域体判断和背向面判断得到的输入视频对象 K 所依附的三维场景表面 G_k，如果能够找到完全遮挡该 G_k 的其他三维场景，则标记其对应视频对象的可见性状态 $v_k=0$，否则对应视频对象的可见性状态 $v_k=1$。

视域体判断剔除的过程中，采用三维场景表面的包围盒代替三维场景表面本身进行近似判断，具体方法是：采用基于轴对齐包围盒的方法，通过 2 个顶点直接确定包围盒与视域体的相交情况，这两个顶点称为正侧点 p 和负侧点 n，相对于检测平面 π，p 点的有向距离最大，而 n 点的有向距离最小。如果 p 点在平面 π 的负方向，那么包围盒完全在视域体之外，否则进一步检测 n 点；若 n 点在平面 π 的负方向，则包围盒与视域体相交，否则完全包含在其内部。

基于摄像机内外方位元素的监控视频地理空间化方法，建立现场三维地理场景空间对象与视频的双向映射机制。

视频与三维地理场景的融合策略，研究基于视频增强的虚实融合技术，将监控视频投射嵌入虚拟地理场景，实现虚景与实景的逐像素有机融合；研究视点依赖的摄像机索引机制和快速过滤方法，实现多视频大场景的实时融合；研究监控视频与地理环境的耦合分析，实现面向现实场景的感知与监控，如图 6.4-23 所示。

图 6.4-23　视频与三维场景融合效果

（三）基于 GPU 的实景三维模型和多路视频融合绘制

在多路视频与大规模三维虚实融合绘制与可视化的场景及其应用系统中，当面对多路视频输入的虚实融合处理与计算时，无论视频解码还是融合场景的 3D 图形绘制处理，都面临庞大的计算量。在视频与图形的处理过程中，视频的数据输入及后处理数据输出与图形的数据输入及后处理数据输出完全隔离，数据无法在显存中直接有效共享，往往只能间接通过 PCIE 通道进入内存后再通过纹理绑定的形式进行从视频数据到图形纹理数据的交换和共享。由于视频解码之后的图像数据量几乎可以达到 Gb/s 级，PCIE 通道带宽基本被完全占用。此外，视频的解码和实景三维的绘制是被视为两个单独的任务进行处理，仅仅在视频解码的数据被指定打包成纹理数据之后才进入绘制的流水线，导致多路视频中大量的视频解码数据并不能适应或者符合三维图形绘制引擎中纹理映射和融合绘制的需求，具体如下：

（1）有效性需求。有 m 路视频输入，但是在浏览三维场景的某一时刻，只有其中某些视频所对应的三维场景部分位于当前的视点观察范围之内，则只有这些处于观察范围之内的 n（$n<m$）路视频才是有效的，其他则是无效的。针对无效视频的解码以及执行后续融合绘制操作都对最终的可视结果不产生任何影响，因此是无用的，但是执行解码会形成额外的系统开销，从而导致系统性能的下降。

（2）准确性需求。在保证视频信息的有效性基础之上，在浏览三维场景的某一时刻，处于当前的视点观察范围之内的 n 路有效视频，视频彼此之间的时间和空间分辨率往往存在不一致现象，即视频质量的需求不一样。例如距离视点较近的三维场景上出现的视频对象应该清晰度高，而距离视点较远的三维场景上出现的视频对象允许清晰度较低。每个视频对象都应该根据其所依附的当前三维场景的具体状况采取相应视频质量，而不应该所有的视频在解码时都采用最高清晰度标准进行解码，因为对 n 路有效视频按照原始最高清晰度标准解码对最终的可视结果不产生任何影响，因此是无用的，但是上述无用的解码开销会形成无谓的浪费，从而导致系统性能的下降；此外，视频解码的帧速率应该是与当前三维场景绘制的帧速率相匹配的，即解码出来的视频帧的速率应该接近当前场景绘制的帧速率，因为当前场景的绘制帧速率是三维场景展示的决定性因素，过高的视频解码帧速率并不会带来更好的视觉效果，反而会造成系统资源的浪费和系统性能的下降。

（3）可靠性需求。对同时出现在三维场景中的 n 路有效视频对象，需要精确计算出需要解码的初始视频帧，同时保证场景中多路视频对象播放时的时间的一致性。即在三维场景中同时出现的 A 和 B 两个来源于实时监控的视频对象，视频 A 当前显示的播放时间为 t_a，视频 B 当前显示的播放时间为 t_b，则 $|t_a-t_b|$ 需要小于某一个较小的误差阈值 e，使得两个视频对象所播放的内容在视觉效果上基本同步。

显然，在面向基于视频的虚实融合图形应用中，如果每一秒甚至每一帧都进行大量的视频解码之后的图像数据交换，对于整个虚实融合计算和显示的时间和效率影响将是灾难性的。三维图形绘制与计算中往往涉及大规模的三维场景模型，同时场景的绘制可能还包含多重纹理映射、多遍绘制及多目标绘制、半透明和透明绘制等复杂绘制方法与手段，需要占用大量的系统计算和存储资源，给虚拟现实系统或者增强现实系统的实时性需求带来了极大的挑战。满足三维图形绘制引擎中实时纹理映射和融合绘制需求的系统和方法，需要多路视频解码所在的视频处理模块和纹理映射所在的三维图形绘制模块两者协调组织在一起，并协同完成基于视频的实时虚实融合绘制任务。

本研究提出一种基于 GPU 的实景三维模型和多路视频融合绘制的方法，将视频解码处理和三维图形绘制及纹理映射等过程都置于 GPU 中，整个过程利用并实现在统一的 GPU 硬件并行处理流程之中，进行自适应的解码（根据可见性、LOD 及准确时间估计），提高解码的效率，避免无效无用的解码，同时提高了视频纹理映射的效率，将合适的视频纹理映射到三维场景的几何表面上，是一种高效的图形与视频处理融合并行处理的方法，能够满足视频虚实融合的有效性需求、准确性需求和可靠性需求。多视频传感网络的协同管理、发现与监控，研究视频传感器的三维覆盖模型，实现对视频传感器的三维覆盖分析和盲区检测；面向行业应用场景，分析监控视频网络优化目标函数及其约束条件，将视频传感器的部署优化问题抽象成组合优化问题，建立监控视频布局优化配置模型；研究地理空间中面向视频对象的协同分析技术，建立多视频传感器网络的协同监控方案，实现对重点对象/区域的全天候的监控、分析、预警以及应急控制。

具体实现步骤如下：

（1）多路视频流输入至 GPU 上的视频对象缓冲区。视频对象缓冲区由 buffer 管理与调度（缓冲区管理与调度）模块进行缓冲区对象的添加、删除，视频流的数据缓冲暂存，视频流数据的清空等，该接口同时为视频与图形处理统一框架中的视频解码器提供原始视频数据，成为统一框架中的数据输入接口。该视频对象缓冲区中的视频对象通过 SVC（Scaled Video Coding）视频解码器与图像纹理缓冲进行数据的单向转换，即将视频缓冲区中的视频对象经过视频处理解码之后转成三维虚拟场景模型绘制所需要的表面纹理对象，以利于虚实融合的计算。

（2）视频对象的解码线程受视频对象所依赖的三维场景对应部分的视觉特性的控制和驱动，首先对三维场景的对应部分计算其可见性（视域可见性、背向面可见性、遮挡可见性）评估，然后对基于 SVC 策略编码的视频对象进行分层属性信息的计算和判定，包括空间分层分辨率、时间分层分辨率，从而决定其解码恢复的视频图像的质量。

（3）针对各个视频对象，三维虚拟现实系统会定时跟这些视频对象进行时间同步，以确保各个视频帧解码和播放的时间一致性，时间同步通过三维绘制系统向各个解码线程发送同步时间戳实现。经过 GPU 视频解码器进行解码以后，所有按照同步时间解码相应的时间片段得到的图像序列和纹理 ID 绑定并存放在图像纹理缓冲区中，缓冲区中的图像纹理会被定期清理以容纳更新的视频图像。三维虚实融合场景的绘制中需要用到大量的视频纹理，因此构造一个新型的时间相关的时空纹理映射函数，从而向图像纹理缓冲中的纹理进行采样，并映射到三维场景的表面，一起完成其他真实感绘制相关的操作。图像纹理缓冲区中的纹理图像在被采样访问结束之后，该幅纹理图像将会被销毁。三维场景经过纹理映射和其他光照等绘制结束之后，输出基于视频的虚实融合绘制的结果。

该方法满足了视频虚实融合的有效性需求、准确性需求和可靠性需求。

五、模型要素对象化与实时动态编辑

要素对象化即"单体化"，其实就是指每一个想要单独管理的对象，是一个个单独的、可以被选中分离的实体，可以附加属性、被查询统计等。只有具备了"单体化"的能力，数据才可以被管理，而不仅仅是被用来查看。而对于大多数应用而言，是需要能对建筑等地物进行单独的选中、赋予属性、查询属性等最基本的 GIS 的功能。因此，单体化成为实景三维模型在 GIS 应用中所必须要解决的问题。

要素对象化即要素单体化。倾斜摄影实景三维模型实现单体化的技术思路，总结出来有三种，具体包括：

（1）切割单体化。最直观的思路，就是用建筑物、道路、树木等对应的矢量面，对实景三维模型进行切割，即把连续的三角面片网从物理上分割开，从而实现单体化。切割单体化如图 6.4-24 所示。

图 6.4-24 切割单体化

（2）ID 单体化。利用三角面片中每个顶点额外的存储空间，把对应的矢量面的 ID 值存储起来，即一个建筑所对应的三角面片的所有顶点，都存储了同一个 ID 值，从而实现在鼠标选中这个建筑时，该建筑可以呈现出高亮的效果。ID 单体化就是让同一个建筑模型都存储同一个 ID 值，从而在三维场景中呈现出鼠标点击后能高亮显示这个建筑物，如图 6.4-25 所示。

图 6.4-25　ID 单体化

（3）动态单体化。在三维渲染的时候，动态地把对应的矢量面叠加到实景三维模型上，类似于一个橡皮膜从上到下完整地把对应建筑等物体的模型包裹起来，从而实现可被单独选中的效果。这种由于是渲染时动态呈现的，即动态单体化，如图 6.4-26 所示。

图 6.4-26　动态单体化

动态单体化表面上和 ID 单体化效果非常像，但它们实现的技术原理是有很大区别的。ID 单体化是需要预先处理数据，把建筑物所对应的模型上存储同一个 ID 值，而动态单体化则是在渲染时动态绘制出来的。动态单体化的另外一个误解是：用一个半透明的方盒子套合在实景三维模型外面。事实情况是，动态单体化类似于半透明的橡皮膜，是从上到下贴合模型表面，并把模型完整全部套合在内的效果。

在软件操作中，动态单体化需要把矢量面作为一个图层添加到三维场景中，软件中的一个开关设置为"贴对象"，效果就出来了。内部实现中，可以简单理解为：矢量面首先会判断 TIN 网的哪些部分是在它的范围内的，包括空中漂浮的模型，然后把半透明的颜色覆盖上去。

三种单体化的方式，其实都能达成最基本的目标，就是能选中该地物，能赋予属性并进行查询，如表 6.4-5 所示。

数据制作过程中，切割单体化必须先进行模型物理上的切割，由于倾斜摄影数据量一般都比较大，因此切割是一件费时、费力的事情，再有就是切割后模型的底边，会带有非常明显的锯齿（三角面片的边界）。另外，由于三维 GIS 对模型的空间查询和分析计算能力远没有二维 GIS 对面的能力完善，因此所能进行的下一步分析计算的能力是非常有限的。

动态单体化则是在三维渲染过程中，动态地把对应矢量底面套合在模型表面之上，因此无需提前预处理，只需要三维 GIS 软件和所运行的设备上支持该渲染能力即可；套合后的模型底边的平滑度是和显示器屏幕的分辨率一致的，效果会好得多。另外动态单体化由于是把二维矢量面和实景三维模型结合起来了，因此可以充分利用二维 GIS 平台对面数据的查询计算分析等能力，各类 GIS 能力都能充分发挥出来，如查询周边地物、制作专题图等。

ID 单体化则是介于两者之间，可以理解为在还不支持"动态单体化"所需要的三维渲染能力时，一种折中的处理方法。

三种单体化方式对比

表 6.4-5

单体化方法	技术思路	预处理时间	模型效果	功能
切割单体化	预先物理切割把地物分离开	长	差,锯齿感明显	弱
ID 单体化	给对应地物的模型赋予相同 ID	一般	一般	一般
动态单体化	叠加矢量底面,动态渲染出地物单体化效果	无需	好,模型边缘和屏幕分辨率一致	强,所有 GIS 功能都能实现

本研究面向实景三维模型的"一张皮"特点而难以开展对象化应用的问题，研究了实景三维模型单体化方法。包括切割单体化，实现模型和原始实景"一张皮"的完全分离，以及基于 GPU 技术的动态单体化方法，利用基于三维仿真模型、矢量地图等形式获得的对象底面信息，实现了在不破坏原始实景三维模型结构的基础上，开展实时颜色修改、模型显隐等单体化操作，为实景三维模型开展属性挂接、状态修改等应用奠定了基础；采用基于 GPU 的模型编辑处理方法，将模型编辑区域模型渲染成纹理，把纹理投影到模型上，按事先制定好的纹理通道规则，在顶点着色程序中对模型挖洞、塌陷和贴纹理处理。

（一）要素对象化方法

1. 切割单体化

本研究利用矢量底面，实现对模型的切割分离，如图 6.4-27 所示。

2. 动态单体化

动态单体化技术路线如图 6.4-28 所示。

首先，获得要单体化对象的底面信息，包括基础测绘得到的底面矢量、手工勾画的底

图 6.4-27　切割单体化对模型切割分离

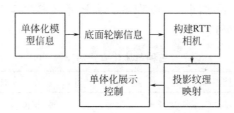

图 6.4-28　动态单体化技术路线

面轮廓范围等形式，生成底面轮廓信息，将底面轮廓信息和实景三维模型加载到三维场景中，构造一个 RTT（Render to Texture）相机，获得底面模型的 RTT 纹理；然后，利用投影纹理映射技术，将 RTT 纹理投影到实景三维模型上，最后，通过 GPU 编程，实现模型的单体化展示、颜色修改和显隐等操作，达到单体化展示、控制和应用的目的。

图 6.4-29 是需要单体化模型的底面轮廓；图 6.4-30 是底面模型，其中左图是将单体化的建筑隐藏，中图和右图是赋予不同单体化对象颜色；图 6.4-31 是单体化结果。

图 6.4-29　底面轮廓

图 6.4-30　底面模型

图 6.4-31　单体化结果

3. 基于三维仿真模型的单体化技术

目前，获取用来进行对象化的矢量面方法有很多种，例如基于点云的提取或三角面轮廓检索，或已有地形图的方法。很多城市已建立了三维仿真模型数据库，三维仿真模型是利用 3ds Max 等建模软件对建筑、小品、道路等对象开展建模所得到的三维模型，因而已被识别为具体的地物对象，即模型已具有对象化信息。因此，本研究提出了一种基于三维仿真模型数据集的对象底面轮廓提取及对象化应用方法，基本思想如下：

（1）对三维仿真模型与实景三维模型坐标配准：根据所述三维仿真模型与实景三维模型所采用的坐标信息、偏移值，将所述三维仿真模型与实景三维模型移动至同一位置。

获取所述三维仿真模型与实景三维模型数据的坐标系统信息，偏移值；由于三维仿真模型是已经入库，并得到应用的数据集，因此，通过坐标变换实现实景三维模型到三维仿真模型坐标配准；找出三维仿真模型数据与实景三维模型数据变化的部分。

（2）遍历三维仿真模型数据集，获取三维仿真模型的底面投影信息，自动处理得到所述三维仿真模型的底面轮廓，并建立底面模型。

设定三维仿真模型的包围盒为：BoundingBox（xmin，ymin，zmin，xmax，ymax，zmax），包围盒半径为 R，$R \geqslant 0$；xmin，ymin，zmin 分别为包围盒 BoundingBox 在 x，y，z 方向上的最小值；xmax，ymax，zmax 分别为包围盒 BoundingBox 在 x，y，z 方向上的最大值。

建立一个投影相机，相机投影方式为正交投影，相机位于所述三维仿真模型的包围盒中心的正上方，距中心 $2R$ 处，相机投影范围为所述三维仿真模型在 XOY 平面上投影的包围盒范围；利用渲染到纹理技术，根据三维仿真模型在 XOY 平面上投影的包围盒范围，得到三维仿真模型的下 XOY 平面上的投影图，其为三维仿真模型底面投影纹理；投影纹理对应的空间范围为三维仿真模型包围盒在 XOY 平面上的投影范围。

扩展模型底面，即扩展白色像素边缘，其原因是三维仿真模型的底面，例如一栋建筑与倾斜模型对应位置的建筑存在误差，利用扩展底面的方法，使得倾斜模型底面能够被人工模型底面所包含。

根据以上信息，建立一个底面模型，底面模型是一个具体化的实体对象。若使用底面纹理图来描述底面，则利用底面纹理图对应的四个角点，建立一个矩形，矩形采用的纹理为底面纹理图，遍历三维仿真模型数据集，得到所有人工模型的底面纹理图的矩形，建立底面模型。

（3）利用所述三维仿真模型数据集，获得三维仿真模型的元数据信息，包括图层分类信息、模型 ID 信息等，修正后赋予所述底面模型，建立对象模型信息数据库。

遍历三维仿真模型数据集中所有模型，得到每一个三维仿真模型数据集的图层信息，每个模型的范围（若扩展了底面边缘，范围会发生变化）、中心点等信息，此时每个底面模型的 ID 与人工模型 ID 一致，每个底面模型相当于是一个三维仿真模型，至少具有相同的 ID 和分类信息；三维仿真模型与实景三维模型变化的部分，新增的部分，重新绘制底面；拆除的部分，删除三维仿真模型底面，保证底面模型与实景三维模型的一致性；将所有的底面模型，按照建立三维仿真模型的入库方法，进行数据集成入库，从而建立对象模型信息数据库，对象模型信息数据库的模型内容与三维仿真模型一致；修改数据生成时间、性质以及范围，作为新数据集的元数据。

（4）在需要开展对象化应用时，将所述对象模型信息数据库作为实景三维模型数据库的应用数据库，与实景三维模型数据库同时加载。本研究利用实景三维模型数据库和对象模型信息数据库代替三维仿真模型数据库，利用已有应用模式开展应用，在三维场景中建立投影相机，利用纹理投影至物体技术，将具有对象化信息的底面模型投影至倾斜模型数据集上，利用 GPU 编程，实现模型的高亮、颜色修改和显隐控制；实景三维模型数据更新时，同时更新对象模型信息数据库。

利用三维仿真模型数据库的模型 ID 和模型分层，赋予底面模型 ID 值和图层信息。将得到的底面模型按分层导入三维场景中。设置底面模型投影模式，为投影到物体，实现单体化展示，通过颜色值的修改，实现单体化颜色的变化和显隐（挖洞），通过底面模型的查询实现单体化信息的挂接。

图 6.4-32 是通过本研究方法，实现道路和建筑的单体化展示效果。图 6.4-33 展示的单独选中一栋建筑，并查询其 ID 值，利用 ID 值可以进一步挂接属性信息，进而开展单体化应用。实践证明本方法是有效的，并且运行效率高，效果较好。

（二）模型动态编辑方法

模型动态编辑类似于数字地形编辑，数字地形编辑是指对地形数据的获取、增加、修改和删除操作，在 3DGIS 环境下的实际运用中，数字地形编辑功能通常是指地形进行挖洞、塌陷和贴纹理等，而模型动态编辑则是在实景三维模型上进行挖洞、塌陷和贴纹理操作。挖洞是对模型表面进行删除操作，在模型中挖出一块或多块不规则区域，使该区域不遮挡模型表面下面的物体，该功能在地下管线、道路设计、方案规划等实践中被大量运

图 6.4-32　单体化道路和建筑模型

图 6.4-33　单栋建筑选中

用；塌陷是对模型高程数据的修改，给定一块或多块区域中，对此区域内的模型高程数据按指定的规则进行修改，一般有拉高高程、拉低高程、全部整平、部分整平等；贴纹理是对模型表面影像进行叠加处理，在指定区域内绘制要素纹理，常见的如各种矢量数据叠加等。

GPU 是显卡的核心，具有高并行结构，采用流式并行计算模式，可对每个数据进行独立的并行计算，所以 GPU 在处理图形数据和复杂算法方面拥有比 CPU 更高的效率。

GPU Shader Language 为高级语言，使用 Shader Language 编写的程序是着色程序（Shader Program）。图 6.4-34 为 GPU 可编程流水线。

图 6.4-34　GPU 可编程流水线

顶点处理器是专门处理多边形顶点的。顶点着色程序从 GPU 前端模块（寄存器）中提取图元信息，并完成顶点坐标空间转换、法向量空间转换、光照计算等操作，最后将计算好的数据传送到指定寄存器中。

几何处理器是专门用来处理场景中的几何图形。它可以根据顶点的信息来批量处理几何图形，对 Vertex 附近的数据进行函数处理，快速创造出新的多边形。

片元处理器是读取单一 pixel 属性，输出包含颜色和 Z 信息的片元。片元着色程序进行每个片元的颜色计算，将处理后的数据送光栅操作模块，最后输出颜色值的就是该片元最终显示的颜色。

本研究通过 RTT 相机（Render to texture）渲染到纹理，在 GPU 阶段根据投影纹理映射进行相应的编码，实现挖洞、塌陷和贴纹理效果。使用顶点处理器更改顶点高程实现塌陷效果，使用片元处理器实现挖洞以及贴纹理效果。

图 6.4-35（a）是利用单体化技术，实现将所有的建筑模型隐藏。此时，可以添加人工三维仿真建筑模型，实现实景三维模型与三维仿真模型的交互展示，如图 6.4-35（b）所示。

　　　　　　　　(a)　　　　　　　　　　　　　　　　　(b)

图 6.4-35　实景建筑模型隐藏及仿真建筑模型显示效果

第五节　实景三维服务

总结现有的关于三维空间信息服务的研究成果和解决方案，可以发现以下突出的问题：

（1）三维地理空间数据共享程度低。已有的三维地理信息平台和系统是在不同的环境中独立开发的，有着不同的数据模型和功能组织结构。虽然它们在对三维地理信息的描述能力方面大同小异，但实际操作上差别很大。尽管开放地理空间信息联盟（Open Geospatial Consortium，OGC）也在不断地推进数据的标准化工作，但由于商业利益、行业管理和数据安全，这些地理信息资源大多仍然是面向行业的、依赖于特定的支撑环境和组织形式。数据组织模型的差异直接导致三维地理信息服务平台之间形成了空间信息孤岛，它们各自独立、相对封闭、无法互相沟通和协作，难以满足 Internet 上与空间信息相关的综合决策的需要。

（2）三维 GIS 服务内容和形式单一。随着应用的深入和用户群的扩展，GIS 服务的需求变得越来越复杂多样，表现为不同的服务形式和粒度。从已有的状况来看，目前存在着众多重复建设的功能简单、形式单一的三维地理信息系统平台，它们所提供的也只是在内容上有限的三维地理数据和各自的可视化内容，并且这些数据由于格式常常是不可复用的，于是导致：一方面一些常用的服务和操作一直在被重复开发，对于人力、物力资源都是大大的浪费；另一方面广大用户的各类服务需求并没有得到有效的满足。

（3）面向海量三维地理信息的服务方案欠缺。对于三维地理信息本身来说，相比二维地理信息，它不仅在空间表达上变得更加复杂，而且其内部构成也更加丰富。这无疑给网络服务中数据传输和更新调度环节的效率问题带来更大的挑战；同时，由于受多维变量的控制，三维地理信息必须实时动态地进行可视化，其计算量也极其复杂。在三维地理信息网络服务日益大众化的情形之下，三维地理信息以其优越的表现效果和认知形式在服务大众方面将更胜于传统的地理信息网络服务。如何在完成复杂计算的基础上，解决海量三维地理信息与海量用户之间的矛盾也是三维地理信息网络服务尚需解决的问题。

针对上述问题分析，研究建立了基于云端弹性资源支撑的倾斜摄影实景三维模型数据服务中心，实现了基于开放接口的定制化的实景三维模型数据访问与应用模式，总体技术路线如图 6.5-1 所示。

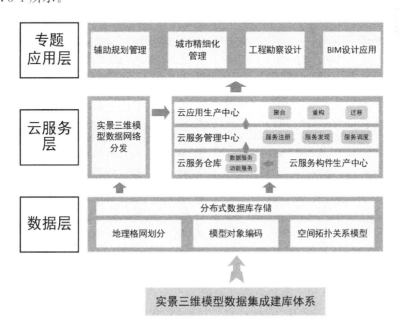

图 6.5-1　实景三维服务中心总体技术路线

研究构建"数据层-云服务层-专题应用层"三层数据服务中心架构。

数据层应实现海量模型数据的分布式存储管理，在实景三维模型与异构模型数据有效集成的基础上，通过格网划分、对象唯一编码和空间拓扑关系建模，实现模型的一致性管理，进而采用分布式数据库存储方案，按照空间范围和数据类别进行分布式存储和数据检索处理，提高数据访问传输效率。

云服务层以云服务仓库为核心，以云服务构件生产中心、云服务管理中心和云应用生产中心为支撑的服务框架，提供实景三维云服务的发现、获取、搭建，使得仓库中的数据和功能可以按需聚合，快速定制新的应用，避免重复开发，提高生产效率。

专题应用层，根据行业需求，探索形成覆盖勘察、设计、规划、管理的多环节应用服务探索和实践，充分发挥实景三维模型和各类集成模型数据优势特点。

一、海量模型数据组织

利用倾斜摄影测量获取的实景三维模型的几何 Mesh 带有高精度空间位置信息，数据量非常庞大，海量的 OSGB 瓦片文件总体动辄数十 GB 乃至数百 GB，考虑到原生 OSGB 文件包含多级金字塔级别，倾斜摄影展示时预先建立文件索引并直接加载原生 OSGB 格式成为主要方法。一个区域的实景三维模型成果，按瓦片分割，分为不同的文件夹，每个文件夹对应一个倾斜摄影瓦片；每个文件夹下包含该瓦片的主模型文件以及各个层级的子模型文件，如图 6.5-2 所示。OSGB 文件是 OpenSceneGraph 开放平台下的一种二进制三维模型格式，对倾斜摄影瓦片主模型进行解析。

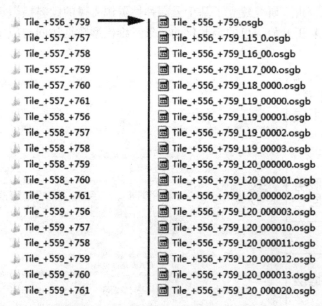

图 6.5-2　倾斜摄影成果文件夹文件

图 6.5-3 中，PagedLOD 为动态调度的根节点，支持不同距离显示不同细节层次，具体的距离和瓦片模型名列表由 RangeList，TileFileNameList 定义；Geode 是 Geometry-Node，是瓦片主要的几何节点，一般一个瓦片包含一个 Geode；Geometry 是 Geode 的可绘制子对象，一个 Geode 可包含若干 Geometry；作为一个 Geometry 绘制对象，由状态集

PagedLOD
RangeList ,TileFileNameList
Geode
Geometry*
StateSet
Material
Texture2D(带 JPG 图像)
PrimitiveSets
VertexArray
TexCoordArray

图 6.5-3　倾斜摄影成果文件夹结构

StateSet、绘制基础单元列表 PrimitiveSets、顶点集 VertexArray、纹理坐标集 TexCoordArray 构成；StateSet 状态集包含了材质 Material 和纹理 Texture2D。一般地，OSGB 文件使用 JPG 作为纹理格式，并将 JPG 数据包含在文件中。虽然 JPG 是常见的图像格式，但对于 GPU 来说，常用的纹理像素格式为 R5G6B5，A4R4G4B4，A1R5G5B5，R8G8B8，A8R8G8B8 等，JPG 格式并不能直接被 GPU 识别，当 JPG 格式的纹理读入后，还需要经过 CPU 解压成像素格式，再传送到 GPU 进行快速寻址并采样。最精细一级的叶模型瓦片文件没有更精细一级的子模型，只包含 Geode 节点，没有 PagedLod 顶层节点。叶模型、中间层模型和主模型的 Geode 节点结构是相同的。

倾斜摄影数据的管理方法，主要包括基于文件管理系统的方式和基于关系数据库系统的方式。前者将瓦片 OSG 文件数据按照磁盘文件的方式分离分散存储，不利于数据的管理和维护更新；后者将瓦片 OSG 文件数据集中存储为一个统一的数据库，使用统一的访问接口访问，简化了海量数据的提取和调用逻辑，提高了数据的安全性和可维护性。关系数据库系统除支持基本的数据类型（如可变长字符串 VARCHAR 类型、整数 INTEGER 类型、浮点数 FLOAT 类型、时间戳 TIMESTAMP 类型等）外，还支持变长二进制数据类型，即 BLOB 类型。BLOB 类型可以描述长度可变的二进制数据，适合存储瓦片数据。

随着以实景三维模型为主的三维城市模型数据的高速增长和快速访问，使关系数据库应对多并发访问的瓶颈矛盾日益突出。鉴此，本研究从数据划分出发，采用多级地理空间格网作为划分单元，并对模型进行分布式存储以应对数据的频繁访问；通过空间拓扑关系模型解决三维模型的跨图幅分割问题。

（一）地理空间格网划分

实景三维模型在空间上具有一定跨度。地理格网框架的建立是整个空间数据组织的基础，应该着眼于多源异构的空间数据的整合、共享和一体化应用，建立面向全市范围的空间参照系统，通过统一的数据规范，将不同格式、不同比例尺、不同分辨率、不同空间参考系统、不同地域、不同领域和不同数学基础的空间数据转换到这一框架下，并在同一共享标准的条件下，对不同的应用和服务开放接口，以便实现复杂多样的空间数据的整合、共享和快速计算，最大幅度地共享和利用已有的空间数据资源。

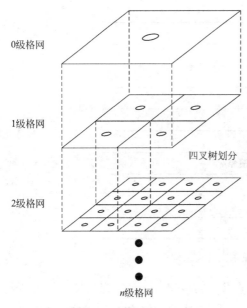

0级格网

1级格网

四叉树划分

2级格网

n级格网

图 6.5-4　多级格网划分示意图

地理格网参照系是一种以平面子集规则分级剖分为基础的空间数据结构，它能由粗到细，逐级分隔地球表面，将地球曲面用一定大小的多边形网格进行模拟，再现地球表面，从而实现将地理空间的定位和地理特征的描述一体化，并将误差控制在网格单元大小的范围内。现行标准《地理格网》GB/T 12409—2009，规定了地理格网的划分与编码方法，用于标识与地理空间位置有关的自然、社会和经济信息的空间分布，支持地理数据的共建共享，为多源、多尺度的地理空间信息的整合提供以格网为单位的空间参照。标准规定，格网层级由不同间隔的格网构成，层级间可实现信息的合并或细分。经纬坐标格网面向大范围（全球或全国），适于较概略表示信息的分布和粗略定位的应用；直角坐标格网面向较小范围（省区或城乡），适于较详尽信息的分布和相对精确定位的应用。

地理格网划分需要考虑的问题包括格网划分的层次（一共划分多少级格网）、格网的形状（正方形、菱形、三角形等）、格网大小确定的原则（与行政区划的关系、与经纬网的关系等）、格网的编码（建立索引）。本研究以城市范围内的地理空间数据集成应用为目标，因此，在地理空间格网划分宜采用直角坐标格网，研究在重庆独立坐标系的基础上进行四叉树划分，形成细分格网（直角坐标格网），细分格网根据应用精度要求进行多级划分，形成多级格网。

本研究以重庆独立系坐标原点为格网中心点，以 1024000 为 0 级正方形格网边长，在 0 级格网的基础上每进行一次四叉树划分来生成细分格网，划分后的格网等级加 1，划分第 n 次则称此时的格网为 n 级格网。

第 n 次格网的划分与格网总的个数为 $N_n = 2^{2n}$。对于格网，可以用格网分辨率来描述格网本身对空间数据表示的详细程度，格网分辨率即每个格网所表示的实际区域的大小，在正方形的格网中，可以用格网的边长表示实际距离，每一级格网的边长为上一级格网边长的一半。根据上述格网参数说明，具体的"3D+"地理空间格网划分参数如表 6.5-1 所示。

本研究细分格网共分为 13 级，其中，0 级格网覆盖大重庆全市域范围。根据"3D+"城市数据模型研究对象的特点，最高细分格网级别为 12 级，格网边长为 250m，与国家标准《国家基本比例尺地图图式　第 1 部分：1：500　1：1000　1：2000 地形图图式》GB/T 20257.1—2017 规定的 1：500 地形图分幅标准相接，适合于城市高密度多维模型数据的管理。图 6.5-5 为第 1 级和第 10 级到第 12 级的场景细分格网与"3D+"场景数据叠加显示。如前文所述，第 1 级格网以 0 级格网为基础进行四叉树划分，格网覆盖大重庆 8.24 万 km² 的行政区域，在相应格网级别下显示的场景数据内容为重庆三维地形数据。图 6.5-5（b）为 10 级格网与"3D+"模型中的城市建（构）筑物体块简模数据叠加图。图 6.5-5（c）、（d）分别叠加显示的数据为重庆市照母山互联网产业园区的实景三维模型和 Max 精模数据。

地理空间格网划分参数　　　　　　　　　　表 6.5-1

细分格网级数	格网数量	格网边长（m）
0	1	1024000
1	4	512000
2	16	256000
3	64	128000
4	256	64000
5	1024	32000
6	4096	16000
7	16384	8000
8	65536	4000
9	262144	2000
10	1048576	1000
11	4194304	500
12	16777216	250

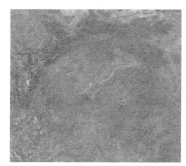

(a) 1级格网与"3D+"场景数据叠加

(b) 10级格网与"3D+"场景数据叠加

(c) 11级格网与"3D+"场景数据叠加

(d) 12级格网与"3D+"场景数据叠加

图 6.5-5　城市模型多级场景地理空间格网划分

（二）模型对象编码

在空间数据结构中，每个单元网格用来承载三维空间区域内的对象，地物对象的地理位置通过与格网中心点的相对位置来确定，根据多级格网建立要素的空间索引。因此，模型对象编码是以地理空间格网编码为基础，进一步根据地理实体的位置相对于格网的位置来对格网内部的地理实体对象进行编码。具体编码结构如图 6.5-6 所示。编码由地理空间格网编码和格网内实体编码构成，其中地理空间格网编码又由基本格网编码、细分格网编码组成，共 19 位。各子编码之间由"："连接。

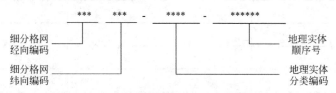

图 6.5-6　模型对象编码结构

地理空间格网编码由细分格网的经向编码和纬向编码构成。细分格网的编码结构是经向编码和纬向编码直接顺序相接，经向编码在前、纬向编码在后。细分格网是在 0 级格网的基础上递归地进行四叉树划分得到的，可以把这一过程等价地看作两个过程，第一个过程是递归地在纬线方向上对格网进行二等分，第二个过程是递归地在经线方向上对格网进行二等分，两个过程的划分次数一样，都是达到符合要求的精度为止。在每次的划分结果中，在纬线方向上，将西侧的格网编码为 0，将东侧的格网编码为 1；在经线方向上，将南侧格网编码为 0，北侧格网编码为 1。以此类推，在最终的编码中，高一级的格网的编码位于下一级格网的前面。整个过程如图 6.5-7 所示。

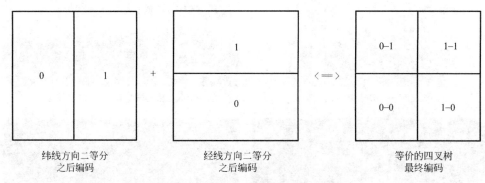

图 6.5-7　细分格网编码过程示意图

在实际格网划分中，进行的是四叉树划分，即纬线方向的划分和经线方向的划分是同时进行的，形成最终的四叉树的编码。经向划分编码位于细分格网编码的左侧，纬向划分编码位于细分格网编码的右侧，两者用短横线"-"进行连接。

在上一级格网的基础上进行下一级格网的划分，并进行编码，新的编码位于上一级格网编码的右侧依次排列，最终以二进制的形式表现出来。本研究将细分格网的二进制的编码转换为 Base32 编码，进行编码简化。由于地理空间格网划分的细分格网共划分了 13

级，对应的经向和纬向编码的最高位数为 12 位，将其作为一组进行 Base32 编码，若编码不是 5 的整数倍数位，则在高位补 0，如图 6.5-8 所示。

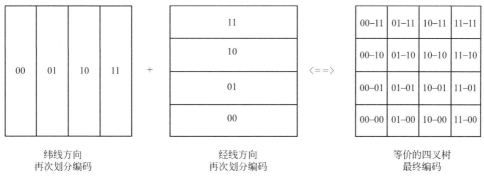

纬线方向　　　　　　　　经线方向　　　　　　等价的四叉树
再次划分编码　　　　　　再次划分编码　　　　　最终编码

图 6.5-8　细分格网再次划分编码过程示意图

细分编码转换为 Base32 编码时，需以十进制编码作为中介。比如细分格网的编码为 101 01001 01001-1 10011 00100，位数不足 5 的整数倍，则在高位补 0，编码变为 00101 01001 01001-00001 10011 00100，将二进制编码转为十进制，变为 5 11 11-1 23 4，再由 Base32 编码表进行重新编码，最终的编码为 5cc-1r4，如表 6.5-2 所示。

Base32 编码表　　　　　　　　　　　　　　　　表 6.5-2

十进制编码	0	1	2	3	4	5	6	7	8	9	10
Base32 编码	0	1	2	3	4	5	6	7	8	9	b
十进制编码	11	12	13	14	15	16	17	18	19	20	21
Base32 编码	c	d	e	f	g	h	j	k	m	n	p
十进制编码	22	23	24	25	26	27	28	29	30	31	
Base32 编码	q	r	s	t	u	v	w	x	y	z	

格网内实体编码包括地理实体分类编码和实体顺序号。根据"3D+"城市模型研究相关实体对象内容和国家基础地理信息系统分类标准，将地理实体分为 7 大类，具体如表 6.5-3 所示。地理实体分类包括大类和实体分类两级，每一级编码为两位，合并构成 4 位地理实体分类编码。实体顺序号为格网内同类实体对象的序列编码，不重复递增，保证实体对象编码的唯一性。

地理实体分类　　　　　　　　　　　　　　　　表 6.5-3

序号	大类	实体分类
1	地形实体(01)	地形实体(01)
2	建筑实体(02)	建筑实体(01)
3	交通实体(03)	道路实体(01)
		桥梁实体(02)
		隧道实体(03)
		附属交通设施实体(09)

序号	大类	实体分类
4	管线实体(04)	给水管线实体(01)
		排水管线实体(02)
		燃气管线实体(03)
		工业管线实体(04)
		热力管线实体(05)
		电力管线实体(06)
		通信管线实体(07)
		综合管沟实体(08)
		其他附属设施实体(99)
5	地质实体(05)	水文地质实体(01)
		工程地质实体(02)
		环境地质实体(03)
		区域地质实体(04)
6	水系实体(06)	河流实体(01)
		湖泊实体(02)
		水库实体(03)
		其他水系实体(99)
7	城市设施实体(07)	城市设施实体(01)

(三) 空间拓扑关系模型

以最细粒度地理格网为基本建模单元，对于二维三维数据的同步更新、三维模型数据的长效管理、大规模数据的共享操作都有很高的效率，同时也带来了一些问题：地理格网的划分，不可避免地带来了地物跨最细粒度地理格网现象。由于三维模型是在二维数据的基础上建模构成，所以会造成建筑、地形等三维模型在地理格网中被切割，给后期数据的管理和应用带来极大的困难。拓扑关系是指地理实体之间在缩放、旋转、平移等操作下维持不变的一种关系，在空间数据建模、数据更新及组织管理中具有重要作用。常用的拓扑关系模型有四交模型、九交模型、基于 Voronoi 图的九交模型、基于维数扩展的九交模型、Intersection 模型等。在三维模型的建模过程中，建筑物模型要求分开建模，地形模型采用分块建模，小区域的广场、公园等作为整体建模；水系、道路等采用分段建模。针对模型跨最细粒度地理格网现象，根据建模流程及三维模型特点，建筑物模型、道路交叉口等代表性地物不分割或重复建模。对于模型跨最细粒度地理格网分割解决方案，具体判断步骤如下：

(1) 计算不可分割地物实体在最细粒度地理格网上的最小圆形包围域 A；

(2) 计算 A 所处的最细粒度地理格网号，并计算各最细粒度地理格网最小外界矩形域 B_n（$n=1$、2、3、4），如果 A 与多个最细粒度地理格网具有拓扑关系，则各最细粒度地理格网根据自东向西，自南至北优先原则选择建模最细粒度地理格网，n 的编号同样根据该原则；

（3）判断 A 与 B_n 拓扑关系，基本关系只有邻接、相交、包含和内切 4 种；

（4）第 1 种邻接关系，不需建模，重复步骤（3），判断 A 与 B_2（B_3、B_4）拓扑关系，直到进入步骤（5）为止；

（5）第 2 种相交、第 3 种包含、第 4 种内切关系，则在最细粒度地理格网 B_1 中建模，其他最细粒度地理格网不再建模；

（6）结束。

通过以上拓扑关系判断，能有效地避免模型的分割建模和重复建模，这对三维模型的存储及应用都有极大的帮助。

（四）分布式数据库存储

本研究对重庆全市域进行了地理空间格网的划分，对建模区域内的三维模型按照不同种类建模。对于三维城市模型中的地形数据和影像数据，采用金字塔结构进行存储，即对地形和影像根据 1∶1000 比例尺图幅划分作为叶子结点，然后用四叉树结构组织，树的每一层数据用单独文件夹存储。对于实景三维模型数据，采用分层分块的方法组织，即整个场景分为若干个子场景，每个子场景下面又有 7 种数据类型，每个数据类型下面对应多个三维模型。这样的组织方法使大规模的数据能够分片组织，避免了单个文件夹下面的超大数据量，使得数据的索引效率增高。本研究选择了非关系数据库产品 GKF 进行数据的存储，这种数据组织方法能很好地适应 GKF 数据库的分布式存储和数据分片特性，如图 6.5-9 所示。

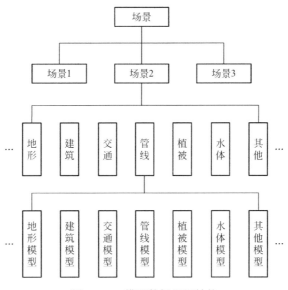

图 6.5-9　模型数据组织结构

数据存储时既要避免大数据整块存储导致的数据检索和读取困难，也要避免小数据单独存储产生的数据压缩负担。对于实景三维模型数据，按照不同子场景分开存储，同时每一级下面再按照模型类型分级存储，这样便于数据的分片存储及数据节点的扩充，为了方便管理，把不同类型的数据存储为不同的集合，这样每个集合下面的数据类型保持一致，便于数据的索引及管理。GKF 数据库自带分片技术，将数据集分割为多个子集，每个子集存储在一个分片服务器上，在客户端和数据服务器中间通过 GKF 路由进程通信响应数据的发布请求，接收并返回客户端，当数据增加时只需增加分片服务器。分片集群包括：分片服务器、配置服务器和路由服务器，分片服务器包括数据复制集；配置服务器记录分片数据定位记录，数据查询时直接定位数据所在分片，提高检索效率；路由服务器负责接收客户端请求并接收返回结果。

二、云服务中心构建

实景三维模型云服务仓库与云服务管理中心、云应用配置中心、云应用定制中心构成了完整的实景三维模型服务平台框架，可以综合利用各节点的资源，提供实景三维模型云服务。可在此基础上，开发"应用部署模块"，简化实景三维模型云平台在节点部署的流程，经过统一的镜像文件自动迁移到节点，并自动选择或指定服务器硬件资源最多的节点，减轻部署工作量，并让部署阶段出现的问题可控，减少查找问题的时间。为了更好地向用户提供实景三维模型云服务，还需要搭建一个完整的可视化、用户可浏览和选择并自由配置菜单及功能的用户交互层，因此，需要在云应用生产中心之上搭建实景三维模型行业云应用定制中心，提供实景三维模型云服务的发现、获取、搭建，使得功能仓库中的功能可以按需聚合，快速定制新的应用，避免重复开发，提高生产效率。

(一) 云服务仓库

云服务仓库中的服务包含数据服务和功能服务两类资源，数据服务指一些公开的标准服务，例如 OGC 服务和其他标准服务，这些服务屏蔽了实际数据资源的异构性，通过云服务仓库可以发布二、三维矢量数据，栅格瓦片数据，转发天地图服务和 ArcGIS 服务等。功能服务除提供可视化浏览服务、空间分析服务、三维可视化服务等基本 GIS 功能服务外，还包含由云服务构件生产中心开发的业务功能服务，这些业务功能资源通过统一的开发规范，汇聚到云服务仓库，功能资源之间是靠松耦合关系聚合而成，功能和数据分离特性使之可再聚合、重构，统一的开发规范是云服务仓库逐渐丰富，发展壮大的基础，最终形成用户所需的城市三维空间的云服务仓库，实现空间数据与非空间数据的有效管理与集成。

(二) 云服务管理中心

云服务管理中心负责服务注册、服务发现和服务调度，符合城市三维模型服务平台开发规范的资源工具通过审核模块后汇聚到云服务仓库中，云服务管理中心的前端模块提供云服务仓库中所有工具的检索，工具可按类别分类，用户可按需使用，快速构建应用系统。

(三) 云应用配置中心

应用搭建者可利用云应用配置中心获取信息服务平台内的各类服务资源，实现特定的业务功能，应用搭建者可发现云服务仓库中的各类可重用资源，根据实际需要配置数据服务和功能服务，云应用配置中心响应服务请求，按服务需求者聚合服务，然后将这些服务迁移到各自的应用系统中。城市三维模型服务框架体系的授权管理员和各类资源的提供者负责资源入库管理和日常维护。

（四）云应用定制中心

云应用定制中心的服务资源工具具有统一的插件接口，支持异构的功能再聚合和重构，以及被城市三维模型服务平台云管理平台识别和管理，云应用定制中心提供规范资源工具插件接口，规范的资源工具接口包括 Web 端和桌面端两部分，使网格平台从体系上保持完整，既可重用网格平台 Web 服务功能资源，也可扩充和增强后台管理的桌面工具程序。基于云 GIS 架构的城市三维模型信息服务平台的可重用应用功能不局限于具体的一个应用系统功能，使之成为网格平台的全局功能资源，全局资源形成需要框架规范来约束，对以前的应用功能进行全局化插件改造，通过规范保证以前实现的应用功能成为全局功能资源。

三、模型数据网络分发服务

目前，空间数据服务的集成与共享领域主要是按照开放接口标准进行共享与互操作，不同类型空间数据服务按照 OGC 推出的 WMS、WFS、WCS、WTS、W3DS 等空间数据服务标准规范发布，服务提供的空间数据可以直接集成应用。这种服务模式无法适用于多维度异构空间数据服务的发布。空间数据服务集成的基础是建立统一形式的服务描述。本研究提出了一种虚拟文件的概念存储基础元素描述和规则描述信息，将每种空间数据服务转换为一种虚拟文件，用户通过操作虚拟文件实现对空间数据服务的访问。对虚拟文件进行个性化组织和管理，实现对多源空间数据服务的集成与应用。

本研究中三维数据服务资源组织是以虚拟文件形式对空间数据服务进行描述和管理的。虚拟文件将不同数据源、不同组织类型的空间异构数据以一种符合用户操作习惯的方式提供，便于用户直观地组织、管理、显示和叠加异构数据。虚拟文件存储于服务端的数据库中，以 WebService 的方式向客户端提供文件的访问和操作服务。虚拟文件由模板文件和虚拟文件实体两个部分组合而成，其中，模板文件通过 XML 的形式对各类空间数据服务进行虚拟化描述；虚拟文件实体则映射了其类型对应的模板文件，同时定义了文件的属性信息如文件名、文件类型、文件修改时间、文件是否可编辑和移动，以及模板文件中部分基础元素的初始化信息等。根据空间数据的不同数据来源和数据类型，虚拟文件可以根据用户的自定义以文件夹的形式进行划分、组织和管理。服务器端提供了对文件与文件夹的复制、剪切和粘贴等的操作接口，用户可以操作文件和文件夹对资源进行个性化的管理和组织。通过这种方式，数据服务资源以一种符合用户操作习惯的方式达到了有效的管理和组织。

建立在虚拟文件或文件夹基础之上的数据服务资源组织模型分为三层结构（图 6.5-10）。顶层客户端文件管理系统映射第二层的服务端文件系统，提供可视化的文件操作和处理功能；中间层表示各种不同资源、不同类型数据服务的虚拟化文件形式的组织方式；底层表示不同类型的空间数据服务基础元素描述和访问规则描述的文件模板。用户通过客户端 UI 操作虚拟文件，客户端调用服务器端的文件操作接口访问虚拟文件实体并对存储在数据库中的虚拟文件实体进行组织管理。虚拟文件实体根据其类型获取对应的模板文件，提供给客户端。客户端结合文件实体和相应的模板文件，通过利用模板文件中的元素描述和规则描述从而构建数据服务资源的请求组织方式。

对于数据资源的用户，通常需要根据特定业务应用目标，花费大量的时间进行数据预

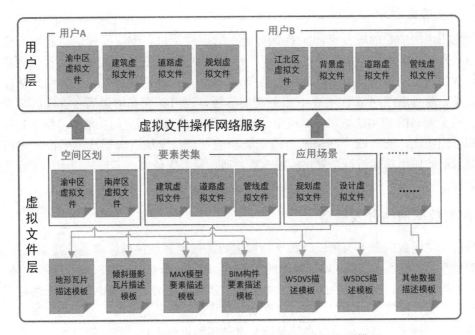

图 6.5-10 基于虚拟文件的空间数据服务资源组织模型

处理，从而获取满足特定的范围、类型和格式等城市模型数据。本研究通过分析勘察设计、城市规划等相关行业用户中针对数据源的要求，按照服务资源组织模型，根据用户需求进行动态数据资源链接组织，按照定制的需求提供数据服务发布。

第六节 成果应用

重庆作为典型的山地城市，山地、江河、森林、田地、湖泊、湿地立体分布，浑然一体，开展基于实景三维的城市管理应用十分必要。借助在大区域多源多尺度实景三维模型建设关键技术攻关方面获得的丰富科技成果，以及以此为基础构建的覆盖重庆市全域的多源多尺度实景三维模型数据，开展了基于实景三维的大数据、智能化应用探索。

一、助力脱贫攻坚和生态修复

（一）服务精准扶贫

建成的重庆市多源多尺度实景三维模型数据已面向社会公众发布，为全市特别是贫困地区的经济社会发展提供了宝贵的信息资源。例如在石柱县中益乡、彭水县三义乡、奉节县平安乡、丰都县三建乡等深度贫困乡镇，以现势性强、精度高的实景三维模型为基底，集成农户、农房、建档贫困户等信息，服务乡村规划、产业布局、基础设施选址、旅游宣传等工作，如图 6.6-1 所示。

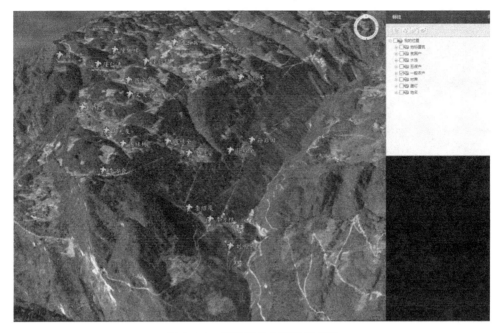

图 6.6-1　三维脱贫攻坚指挥系统

(二) 服务生态修复管理

利用多源多尺度实景建设技术，真实还原了重庆市铜锣山国家矿山公园、广阳岛等区域不同年份的变化情况，展现了修复成效，实现了修复情况的实时统计、对比，为重庆市生态修复提供了重要的空间数据支撑，如图 6.6-2、图 6.6-3 所示。

图 6.6-2　巴南区废弃矿坑生态修复前后对比

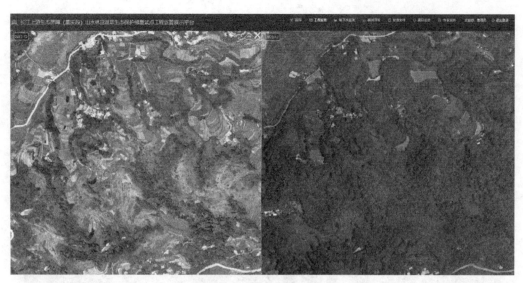

图 6.6-3　国土绿化前后对比

二、辅助城市品质提升

(一) 服务市政基础设施互联互通

将地上地下、室内室外、水上水下三维模型进行整合,将与交通、市政、安防、公共服务和市民生活紧密相关的轨道交通、公路网络、地下管网、停车场、商业体等三维立体分布情况全盘掌握。在此基础上开展的城市规划、设计、建设、运行、治理也更趋智能化、精细化。同时对于实施高层建筑消防、道路交通、地下管线等重点领域安全隐患排查治理,提高各类灾害事故救援能力具有重要意义,如图 6.6-4 所示。

图 6.6-4　地下管网三维立体分布

(二) 服务城市风貌打造

高精度实景三维模型为自然保护区违建调查、城市品质提升以及规划设计等工作提供了重要的参考依据。此外,在重庆"两江四岸"城市景观线打造中,利用实景三维模型全方位还原两江四岸风貌,对于整体景观格局优化和论证提供科学直观的数据支撑,为城市文化、艺术、景观、旅游功能的提升提供了数字基底,如图 6.6-5 所示。

图 6.6-5　重庆两江四岸实景三维模型

(三) 服务城市精细化管理

违法建筑是滋生在城市肌体上的"毒瘤",人工排查普遍存在"入户难、取证难、测量难"等问题。借助实景三维模型分辨率高、观测角度多、现势性好、侧面纹理丰富的优势,可全方位、多角度、高精度地判别违法建筑。为充分挖掘实景三维模型在违法建筑巡查方面的应用潜力,经反复试验论证,探索出一套基于实景三维模型的违法建筑巡查方案,为执法人员提供准确可靠的监测成果,实现对违法建筑治理过程的动态监测,如图 6.6-6、图 6.6-7 所示。

图 6.6-6　利用实景三维模型判别建筑物侧面隐蔽违法建筑

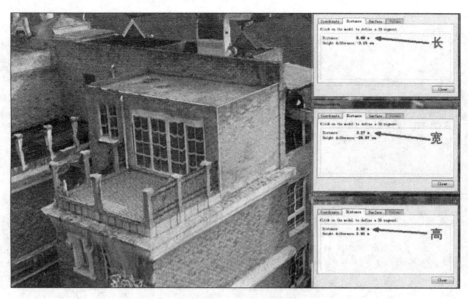

图 6.6-7　利用实景三维模型量测违法建筑

（四）服务历史文化资源保护

将多源多尺度实景三维建设技术应用于重庆市历史文化资源保护工作，综合利用多种航摄平台、多种传感器获取多源多尺度的倾斜影像，制作重庆市历史文化街区、传统风貌区和历史文化名镇等区域的实景三维模型，真实还原了历史文化资源及周边环境，为历史文化资源留存了丰富真实的信息数据，已应用于重庆市历史文化资源保护、规划管理、旅游宣传等工作，如图 6.6-8、图 6.6-9 所示。

图 6.6-8　巴南丰盛古镇实景三维模型

图 6.6-9　荣昌万灵古镇实景三维模型

三、为筑牢长江上游重要生态屏障提供支撑

（一）服务生态保护修复试点工程监管

对全市域的矿山地质环境恢复治理、地质灾害防治、水环境治理、国土绿化提升、土地整治、生物多样性保护等各类生态保护修复重点工程项目进行空间化，分类型、分区域在实景三维地图上对生态保护修复成果进行展示，建设生态保护修复工程"一张图"，并对生态保护修复前后进行动态比对，实现对生态保护修复工程的动态监管，如图 6.6-10 所示。

图 6.6-10　山水林田湖草生态保护修复工程信息管理平台

（二）服务长江航道管理

实景三维模型可较好地展现山、林、田、草，却往往难以真实展现水、湖。然而，水

资源作为"山水林田湖草"这一"生命共同体"的重要一环,是自然资源本底中必不可少的组成部分。为了更好地服务于自然资源全要素管理工作,本研究以长江航道管理工作为切入点,深入探索实景三维技术在水体建模中的应用潜力。

试验区黄花城、王家滩河段位于长江上游,测区狭长蜿蜒,边岸地形起伏,水上雾多风大,影像获取存在一定难度;此外,测区内水上航道存在大量滩涂,纹理特征不明显,模型优化也更加复杂。为了真实展现岸滩,本研究根据测区特点设计航线,结合已研技术制定同架次变航高方案,获取高分辨率 5 镜头倾斜影像;为保障模型展现岸滩实景,充分应用模型优化环节的一系列人机交互编辑修饰方法,对滩涂区域模型充分优化;为了将黄花城、王家滩河段模型集成到全市域实景三维模型上,丰富实景三维成果,运用自研的多源多尺度实景三维模型无缝拼接融合技术,对所生成的航道模型与已有模型成果接边处进行拼接融合,如图 6.6-11~图 6.6-13 所示。

图 6.6-11　岸边实景

图 6.6-12　实景岸滩

图 6.6-13　模型无缝拼接融合成果

该试点应用是对水上航道实景三维建模的一种创新性尝试，突破并解决了：（1）水上雾多风大、边岸陡峭起伏条件下的影像获取难题；（2）传统建模难以真实展现滩涂、水体等弱纹理区域的技术局限；（3）弥补了传统建模可能忽视的趸船、航行水尺、航标、航道整治建筑物、信号台等航道设施，码头、船舶、管线、桥梁、江边道路等临跨江水工建筑设施，以及边滩、消落带、卵石、滑坡、礁石等地物要素的实景展现。

第七节　本章小结

实景三维是新型基础测绘的重要标准化产品和时空信息新型基础设施，为经济社会发展和各部门信息化提供统一的空间基底。实景三维分为地形级、城市级、部件级。地形级实景三维是城市级和部件级实景三维的承载基础，重点是对生态空间的数字映射；城市级实景三维是对地形级实景三维的细化表达，主要由实景三维模型、激光点云、纹理等数据经实体化并融合实时感知数据构成，重点是对生产和生活空间的数字映射；部件级实景三维是对城市级实景三维的分解和细化表达，重点是满足专业化、个性化应用需求。

本章梳理了多源遥感影像的获取方法，阐述了在数据处理、三维建模、多源模型融合、渲染展示、平台研发等方面开展的技术攻关和自主创新，并以重庆市全域为实验区，开展覆盖全市域的多源多尺度实景三维建设，重庆成为全国首个实现省级实景三维建设的城市，为重庆脱贫攻坚、自然资源管理、生态保护修复、城市品质提升及智慧重庆建设等城市管理工作各个领域提供更科学高效、更智能化的手段。

参考文献

［1］自然资源部．自然资源部国土测绘司关于印发新型基础测绘与实景三维中国建设技术文件（1-4）的

函（自然资测绘函〔2021〕68号）.附件1：新型基础测绘与实景三维中国建设技术文件-1名词解释.

[2] 刘先林.实景三维中的Mesh模型［R］.2022.

[3] 向泽君，周智勇，张燕，等.三维模型空间坐标纠正及加密方法［P］.中国：CN111415411A.

[4] 向泽君，罗再谦，汪明，等.连续实景影像在"白改黑"工程测量上的应用研究［J］.测绘通报，2011，(9)：42-44，69.

[5] 向泽君，薛梅.基于DirectX的三维地理信息引擎设计与实现［J］.城市勘测.2011，2：7-9.

[6] 向泽君，等.三维水利工程仿真系统设计与开发［J］.电网与水力发电进展，2007，(9)：52-55.

[7] 陈翰新，周智勇，张俊前，等.一种顾及建筑物密度的实景三维建模方法［P］.中国：CN110189405A，20190830.

[8] 陈翰新，刘昌振，周智勇，等.道路网中心线提取方法［P］.中国：CN109934865A，20190625.

[9] 陈翰新，周智勇，梁建国，等.一种基于非量测数码相机的航空数字摄影测量方法［P］.中国：CN104457710A，20170419.

[10] 明镜，向泽君，等.天地及室内外一体实景地图系统研究与应用［J］.地理信息世界，2018，25(1)：109-114

[11] 徐占华，向泽君.城市规划展览馆设计与施工研究——云阳规划展览馆为例［J］.城市建设理论研究：电子版，2013，22：1-6.

[12] 周智勇，陈翰新，陈良超，等.一种基于结构变化的实景三维模型数字水印添加方法［p］.中国：CN113469868A，20211001.

[13] 李锋，向泽君，王俊勇，等.三维城市模型自适应调度方法［P］.中国：CN103942306B.

[14] 周智勇，欧阳晖，张燕，等.一种实景建模集群的自动控制方法及系统［P］.中国：CN201910121413.8.

[15] 陈良超，詹勇，王俊勇.一种倾斜摄影实景三维模型单体化方法［J］.测绘通报.2018(6)：68-72.

[16] 周智勇，高林营，李维平.基于无人机LiDAR和倾斜摄影数据的3D产品制作［J］.城市勘测，2022(2)：1-4.

[17] 马红.大范围多源多尺度实景三维模型建设及应用研究——以重庆市实景三维模型建设为例［J］.测绘通报.2019，(S2)：61-64.

[18] 薛梅，陈光，李锋，等.一种基于地理实体的异构三维空间数据集成方法［J］.测绘通报.2019，(S2)：247-252.

[19] 曹春华，薛梅，郑运松，等.空间测绘探索［M］.测绘出版社，2021.

[20] 倾斜摄影单体化如何实现？［EB/OL］.三维地图技术社区，20210607.

第七章

城市信息模型构建

第一节　背景与现状

一、背景

测绘地理信息和城市信息化技术发展经历了手工制图、计算机辅助制图（CAD）、建筑信息模型（Building Information Modeling，BIM）三维协同勘察设计，以及在此基础上进一步接入物联网 IoT 数据形成城市信息模型（City Information Modeling，CIM）四个阶段。建筑 BIM 和城市信息模型 CIM 以三维数字化为载体，以建筑物全生命周期（设计、施工建造、运营、拆除）为主线，将建筑生产各个环节所需要的信息关联起来。

党中央、国务院高度重视新型基础设施建设。2020 年 9 月，《国务院办公厅关于以新业态新模式引领新型消费加快发展的意见》要求，推动城市信息模型（CIM）基础平台建设，支持城市规划建设管理多场景应用，促进城市基础设施数字化和城市建设数据汇聚。2021 年 3 月，《国民经济和社会发展第十四个五年规划和 2035 年远景目标纲要》要求，完善城市信息模型平台和运行管理服务平台，构建城市数据资源体系，推进城市数据大脑建设，探索建设数字孪生城市。

广州、南京等城市开展了 CIM 基础平台建设试点工作，通过融合遥感信息、城市多维地理信息、建筑及地上地下设施建筑信息模型（BIM）、城市感知信息等多源信息，探索建立表达和管理城市三维空间全要素的 CIM 基础平台。实践证明，CIM 平台是现代城市的新型基础设施，是智慧城市建设的重要支撑，可以推动城市物理空间数字化和各领域数据、技术、业务融合，推进城市规划建设管理信息化、智能化和智慧化，对推进国家治理体系和治理能力现代化具有重要指导意义。

2019 年 2 月，在全国国土测绘工作座谈会上，自然资源部提出将启动全国"十四五"基础测绘规划编制工作，并将正式启动"实景三维中国建设"项目。国家发改委在 2019年把 CIM 纳为"鼓励类"产业；2019 年 6 月，自然资源部印发《自然资源"十四五"规划编制工作方案》，提出在"十四五"期间拟大力推进实景三维中国建设；2019 年 11 月，自然资源部印发《自然资源部信息化建设总体方案》，其中六大主要任务之一是形成三维立体自然资源"一张图"，有条件的地区充分利用倾斜摄影、激光点云等技术进行实景三维数据获取，开展单体化和对象化的国土空间实景三维数据库建设。

2018 年，住房和城乡建设部出台《住房城乡建设部关于开展运用 BIM 系统进行工程建设项目审查审批和 CIM 平台建设试点工作的函》（建城函〔2018〕222 号）和《住房和城乡建设部办公厅关于开展城市信息模型（CIM）平台建设试点工作的函》；2020 年 6 月，住房和城乡建设部、工信部、中央网信办联合发文，指导开展城市信息模型（CIM）基础平台建设；2020 年 8 月，七部委提出加快推进新型城市基础设施建设的指导意见，在新城建中，要求全面推进城市信息模型（CIM）平台建设。2020 年颁布关于各地开展城市信息模型（CIM）基础平台建设的指导文件，其中实景真三维数据的建设将是 CIM 平台建设的主要内容。2020 年把"加快构建部、省、市三级 CIM 平台建设框架体系"作为九大重点任务之一进行工作部署，从解决"城市病"突出问题入手，统筹城市规划建设管理，推动城市高质量发展，加快建设城市综合管理服务平台。2021 年 4 月，住房和城乡建设部发布六项城市信息模型（CIM）行业标准的征求意见稿，分别为《城市信息模型平台竣工验收备案数据标准》《城市信息模型数据加工技术标准》《城市信息模型基础平台技术标准》《城市信息模型平台施工图审查数据标准》《城市信息模型平台建设工程规划报批数据标准》《城市信息模型平台建设用地规划管理数据标准》。

重庆作为西南片区的经济中心，随着城市化进程加速和城市建设的突飞猛进，城市基础设施经过多年发展，在数量、质量方面均已取得较好成效，开展基于 CIM 的新型城市基础设施建设，推动基础平台在城市基础设施领域的应用和发展，有利于促进城市基础设施建设向精细化、信息化、智能化方向转变，对于提升建设行业管理和公共服务水平，推动产业结构调整和发展方式转变具有十分重要的意义。重庆自 2012 年起，建立了三维技术支撑主城区规划方案审查和竣工核实"两环节"工作的稳定机制；2013 年，作者所在团队开展了重庆区域地质三维建模方法研究；2014 年，完成了工程勘察设计 CAD/GIS/BIM 技术集成创新与应用；2015 年，完成了多尺度山地城市地质信息三维可视化集成研究及应用；2019 年，率先在全国发布了省域覆盖的多尺度实景三维数据成果。2021 年，发布了重庆市城市信息模型（CIM）平台暨创新应用场景。

重庆市城市信息模型（CIM）平台以全市域多源多尺度实景三维模型为空间底板，以建设工程规划审批制度为保障，构建了城市立体时空底座，汇聚自然资源、规划、建设、地质、建筑、市政、公共服务和城市运行等多领域的城市数据资源体系，通过大数据赋能智慧城市建设，以平台为基础，提供自然资源和历史文化风貌保护利用、城市规划建设管理、智慧社区治理以及数字产业发展等多维度创新应用场景，推动数字经济发展。目前，重庆市城市信息模型（CIM）平台已面向重庆市各委办局、行业部门提供时空底座、开放接口、创新场景三大板块服务，正在积极拓展公众服务领域，赋能更多智能化应用场景。

二、现状

（一）BIM 技术发展现状

1. 国外 BIM 技术发展

BIM（Building Information Modeling）不仅是建筑设计的新工具，也是建筑施工、运营维护的新工具。它的核心是以模型为载体，利用数字化的技术，将建筑设计、施工、运行的各类物理数据和实际信息集成化、三维化地展示出来，从而为建筑工程项目的各参建方提供一个信息交互的协同工作平台。

BIM 起源于美国，并逐渐被日本、新加坡等发达国家及欧美地区广泛认同并采用。BIM 在发达国家达到较高普及率，一半以上机构都在使用 BIM，包括房地产开发企业、设计单位及相关咨询服务机构、施工单位等。美国总务管理局（General Services Admin-istration，GSA）于 2003 年推出了国家 3D-4D-BIM 计划，并陆续发布了系列 BIM 指南。美国联邦机构陆军工程兵团（United States Army Corps of Engineers，USACE）在 2006年制定并发布了一份 15 年（2006—2020）的 BIM 路线图。美国建筑科学研究院于 2007年发布了 NBIMS，旗下的 Building SMART 联盟（Building SMART Alliance，BSA）负责 BIM 应用研究工作。2008 年底，BSA 已拥有 IFC（Industry Foundation Classes）标准、NBIMS、美国国家 CAD 标准（United States National CAD Standard）以及 BIM 杂志（Jouanal of Building Information Modeling，JBIM）等一系列应用标准。2009 年，美国威斯康星州成为第一个要求州内新建大型公共建筑项目使用 BIM 的州政府，得克萨斯州设施委员会也宣布对州政府投资的设计和施工项目提出应用 BIM 技术的要求。2010 年俄亥俄州政府颁布 BIM 协议。目前，日本 BIM 应用已扩展到全国范围，并上升到政府推进的层面；日本的国土交通省宣布推选 BIM 技术。欧洲、韩国也已有多家政府机构致力于 BIM 应用标准的制定。在建筑这项集体"运动"的事业中，BIM 正引发一次史无前例的彻底变革。

在 BIM 标准化建设方面，IFC 标准是现今国际上建筑业广泛接受的产品数据交换与共享标准。1997 年 1 月，国际协作联盟（International Alliance for Interoperability，IAI）发布了 IFC 信息模型的第一个完整版本。经过十余年的努力，IFC 标准已经发展为 IFC4版本，信息模型的覆盖范围、应用领域、模型框架有了很大改进。目前 IFC 已日趋成熟，在此基础上，研究者们又进行了扩展。如 Sang-Ho Lee 等创建了用于分析钢结构桥梁设计的信息模型和用于结构分析的信息模型。K. Yu 等在已开发的物业管理框架的基础上，通过扩展 IFC 标准，构建了物业管理信息模型。Mahmoud Halfawy 等开发了用于基于 IFC 的信息集成的建设设计施工领域的智能信息模型，并以实例描述了其实现方法。

2. 国内 BIM 技术发展

在国内，BIM 应用得到相关部委高度重视。住房和城乡建设部制定的《建设事业信息化"十五"计划》《2011—2015 年建筑业信息化发展纲要》《关于进一步促进工程勘察设计行业改革与发展若干意见的通知》等文件中都明确将 BIM 的建设和应用作为推进建筑业信息发展的重要内容之一。

我国工程建设行业从 2003 年开始引进 BIM 技术，目前应用以设计公司为主，各类BIM 咨询公司、培训机构，政府及行业协会也开始越来越重视 BIM 的应用价值和应用，先后举办了"全国勘察设计行业信息化发展技术交流论坛"、"与可持续设计专家面对面"的 BIM 主题研讨会、"BIM 建筑设计大赛"。国家"十一五"科技支撑计划和"十二五"建筑信息化发展纲要中也将 BIM 技术纳入研究内容。2014 年 10 月，上海市人民政府办公厅将建设管理委关于在本市推进建筑信息模型（BIM）技术应用指导意见进行了转发，意见中提出了 BIM 技术应用的目标：到 2016 年底，基本形成满足 BIM 技术应用的配套政策、标准和市场环境，主要设计、施工、咨询服务和物业管理等单位普遍具备 BIM 技术应用能力。

虽然 BIM 技术引进我国已有十几年的历史了，但相对于 BIM 技术巨大的潜力来讲，BIM 技术的应用与研究还处于初级阶段，经过这十几年的技术积累、宣传、市场培育及企业的应用实践，BIM 技术已经为国内行业人士知晓。业内逐步达成共识，BIM 技术提供的数据能力与技术能力，是建筑企业实现项目精细化管理与企业集约化管理的重要支撑，是行业走向绿色低碳、智慧建造的必由之路。从行业发展进程来看，政府会有 BIM 强制性要求，业主要求使用 BIM，并且在合同条款中列明相关条款；行业中会出现与 BIM 相关的新技能与新角色；深度使用 BIM 的用户比例会不断增加，BIM 与施工现场的管理集成会进一步加深。随着 BIM 模型中数据的分析与处理应用越来越深入，与管理职能结合越来越高，最后将与项目管理、企业管理相结合。

BIM 是数据的载体，通过提取数据价值，可以提高决策水平。同时 BIM 模型中的数据是海量的，大量 BIM 模型的积累构成了建筑业的大数据时代，通过数据的积累、挖掘、研究与分析，总结归纳数据规律，形成企业知识库。

(1) 上海市 BIM 应用与发展

上海市是全国最早应用 BIM 技术的城市之一，上海市 BIM 技术以项目应用为主线，通过 BIM 与装配式建筑、绿色建筑深度融合，聚焦重大工程、重点区域及保障性住房项目，采用技术融合、企业转型、应用模式和应用水平等方式，促进 BIM 技术应用由点及面，保障上海市 BIM 技术的正向应用。上海市通过 BIM 技术应用，缩短了设计周期与提升了设计质量，确保了图面及信息的一致性，减少了以往发生变更时繁琐的图面修改，降低了施工成本，增进施工管理功效，提升项目的整体效果。

上海市 BIM 技术应用在建设项目全生命周期广泛开展 BIM 建模、性能分析、方案模拟、项目管理、工程量计算、协同平台等应用，逐步形成 BIM 技术应用配套政策、标准规范和应用环境，并且正着力建立基于 BIM 技术的并联审批体系、平台及基于 BIM 技术的全流程监管模式。同时，通过加强 BIM 技术在建筑全生命周期中的深入应用，完善了 BIM 技术与建筑工业化、绿色建筑的融合发展，促进 BIM 技术与物联网、大数据、云计算等技术的融合发展，运用 BIM 技术助推城市建设和精细化管理。

(2) 广州市 BIM 应用与发展

在新一轮科技创新和产业变革中，信息化与建筑业的融合发展已成为建筑业发展的方向，推动 BIM 行业科技创新，加快推进信息化建设，培育新业态和创新服务模式，是 BIM 行业可持续发展的重要途径。广州市推动建设、勘察、设计、施工企业和科研单位对 BIM 技术推广应用的战略研究，鼓励各单位积极参与编制技术标准、研发关键技术、建设示范工程、构建技术共享平台、公共信息服务管理等方面。同时，广州市 BIM 技术应用于工程规划、勘察、设计、制造、施工及运营维护等各个阶段，实现建筑全生命周期各参与方和环节的关键数据共享及协同。

广州市 BIM 技术对建筑、工程环境、经济、质量等方面进行分析、检查、模拟，为项目全过程方案优化、科学决策、虚拟建造和协同提供技术支撑，为建设工程提质增效，实现建筑可持续发展，推动了 BIM 生产组织模式创新，方便市场资源合理配置。广州市 BIM 技术在工程设计方面，促使建筑设计从 2D 向 3D 转型，使协同设计成为可能，有利于提高设计质量、减少设计变更。在工程项目全过程管理中，建立了基于 BIM 的建设管理流程，通过 BIM 模型及相关数据，提高各参与方的协作能力，提高了技术与管理决策的可靠性与决策效率。在工程施工方面，BIM 为虚拟施工和精细化管理提供了载体和数据支持，形成了以业主为主导的 BIM 技术应用。在工程造价方面，BIM 技术衔接着项目全过程中各阶段的造价控制工作，提高了算量效率和精确度。在 BIM 技术研发方面，推动BIM 本土化软件和协同管理平台的研发和推广应用。BIM 为建筑工程的后期运营提供了多方面的数据支持，使建筑项目的后期运营能够更高效便捷。

（3）杭州市 BIM 应用与发展

杭州市 BIM 技术发展实现了由点到线、由线到面的跨越，BIM 技术在项目中的应用比例不断增长。杭州市在轨道交通、隧道工程、智慧城市等项目中都广泛应用 BIM 技术，实现了 BIM＋设计、施工与运维的全生命周期建造模式，打造出了互联网＋BIM＋工程建设和城市管理的融合发展模式。杭州市建立了面向各参与方的 BIM 数据管理平台，为各阶段的 BIM 技术应用的数据交换、参与各方协同工作提供统一的信息平台支持。同时，通过加快构筑本市的现代建筑市场发展体系，全面实现 BIM 行业的信息化生产能力，成为国内领先的 BIM 技术综合应用示范城市。

杭州市促进了互联网与建筑业的有效结合，提升了建筑业数字化、网络化、智能化水平，发展了基于 BIM＋的建造模式，在重点领域推进职能建造、建筑产品个性化定制、网络化协同建造和服务型建造，打造面向行业服务的网络化协同建造公共平台，加快形成建筑业网络化产业生态体系。云计算、大数据、互联网、虚拟现实、物联网等技术也为 BIM技术提供支撑和融合应用，形成以服务化、智能化、按需定制的新业态发展模式。随着大数据技术的成熟，BIM 技术的重心逐步从技术要素向数据要素转化，从偏重 3D 模型到重视多元化数据的发掘和应用转化，通过对数据多维、实时的挖掘与分析，满足各部门数据共享的需求，让 BIM 数据真正产生价值。

（二）CIM 技术发展现状

1. 国外 CIM 技术发展

近年来，城市信息模型（CIM）平台已经逐步成为现代城市重要的新型基础设施，受到广泛关注。CIM 平台是表达和管理城市三维空间的基础平台，是城市规划建设管理运行的基础性操作平台，是智慧城市的基础性、关键性的信息基础设施，依托 CIM 平台开展全方位多维度智慧城市应用建设，将成为实现城市治理能力现代化的重要驱动力。

2007 年，Khemlani 在 Autodesk university 2007 大会上，首次提出城市信息模型（City Information Modeling，CIM）的概念，希望能够将日渐成熟的 BIM 技术广泛应用于城市规划领域。2009 年，Isikdag 和 Zlatanova 在 *Towards Defining a Framework for Automatic Generation of Buildings in CityGML Using Building Information Models* 书中提到各种 BIM 的集合构成城市级别的信息模型。2013 年，瑞典皇家理工学院学者 Stojanovski 在 "City information modeling（CIM）and urbanism：Blocks，connections，territories，people and situations" 文章中，对 CIM 从建筑学、地理学、交通运输学、社会学等多个角度进行了概念化描述，认为 CIM 是一个可以不断被更新定义、动态连接各对象的 "块" 系统，是由 GIS 发展演化而来，将自然地理变成关系地理，使城市中的离散对象之间有了属性关联。近几年国际学术界上对于 CIM 的研究，不仅仅是局限在对其概念的描述和定义，也有学者对 CIM 理论的具体实施与落实展开了研究。2020 年，AL Furjani 等发表 "Enabling the City Information Modeling CIM for Urban Planning with Open-

StreetMap OSM"文章，研究了 CIM 如何利用 open street map（OSM）数据提供的地理信息和空间数据集应用于三维城市模型构建，以规避遥感数据集在城市区域数字化过程中的局限性。2020 年，H. C. Melo 等发表"City Information Modeling（CIM）concepts applied to the management of the sewage network"文章，将 CIM 概念应用于巴西城市污水处理基础设施管理，利用 Python 开发工具和 GIS 软件建立地下污水处理管网系统立体化模型，不仅可以对污水处理数据进行记录和实施反馈，也可以智能化纠正管网运行状态。

伴随着 CIM 概念的出现与发展，国外工业界也同步推进 CIM 技术研发与应用。Autodesk 公司通过开发智能建模工具 InfraWorks 构建了哥伦布市区模型，Bentley 则通过提供集成城市环境的地上和地下信息数据与模型，收集城市公用事业基础设施模型，提供了3D 城市解决方案。德国的 virtualcity SYSTEMS 公司开发的产品 Cityzenith 可用于收集、管理、分发和使用 3D 城市和景观模型，瑞士的 SmarterBetterCities 公司则聚焦于可视化城市模型，开发在线平台 Cloud Cities 用于共享和展示智能 3D 城市模型。

由于中西方城市发展现状和城市治理理念的不同，因地域差异和产业政策的不同，国外对城市信息模型的理解和定义亦不尽相同，但大多是基于 IBM 提出的智慧地球这一概念发展而来。总体上看，CIM 在国际上发展处于从概念向应用落地的研究探索阶段，国际上对 CIM 尚无权威的定义，但将 CIM 概念与智慧城市相结合，将 CIM 应用于智慧城市已成为趋势。

2. 国内 CIM 技术发展

城市信息模型（CIM）是以建筑信息模型（BIM）、数字孪生（Digital Twin）、地理信息系统（GIS）、物联网（IoT）等技术为基础，整合城市地上地下、室内室外、历史现状未来多维信息模型数据和城市感知数据，构建起三维数字空间的城市信息有机综合体，并依此规划、建造、管理城市的过程和结果的总称。

CIM 在国内起源于 BIM 的概念延展，发展演变的时间不长，其内涵和外延一直处于探索期。基于国内目前对于 CIM 的研究和应用现状，业内普遍的共识是：CIM 是以 GIS 为基础，融合建筑物和基础设施的 BIM 模型信息，表达和管理城市历史、现状、未来的综合模型。从范围上讲是"大场景 GIS 数据＋小场景 BIM 数据＋物联网"的有机结合。对 BIM、GIS、IoT 进行数据采集之后形成 CIM，将数字技术的应用维度从单体工程尺度延展到真实的城市尺度和地球尺度，使得城市级的数字化成为可能。

第一阶段：2018 年 11 月，住房和城乡建设部颁布的《"多规合一"业务协同平台技术标准》征求意见稿 CJ/T151-XXX）中，国家首次在行业标准中公开提出了 CIM。研究开始对 CIM 的定义和内涵进行探讨，文中对 CIM 的定义为：以"多规合一"业务协同平台为核心，支撑"多规合一"一张图，项目符合性审查以及建筑信息模型数据（BIM）的规划管理综合体。而"多规合一"平台中包含了众多的二维、三维的 GIS 数据，所以比较统一的认定是：CIM 模型是包含了 BIM 类和 GIS 类数据内容的综合模型。

第二阶段：2019 年，国家发展改革委颁布的《产业结构调整指导目录（2019 年本）》中提出，"基于大数据、物联网、BIM、GIS 等为基础数据的城市信息模型（CIM）相关技术开发与应用"。此时 CIM 模型里面新纳入了物联网数据的要求。所以业界共识意见认为：CIM 是以城市信息数据为基础，建立起三维城市空间模型和城市信息的有机综合体。从狭义的数据类型讲，CIM 是由大场景的 GIS 数据＋BIM 数据组成的，是属于智慧城市建设的基础数据。基于 BIM 和 GIS 技术的融合，CIM 将数据颗粒度精准到城市建筑物内部的单独模块，将静态的传统式数字城市加强为可感知的、实时动态的、虚实交互的智慧城市，为城市综合管理和精细化治理提供了关键的数据支撑。而从广义上讲，CIM 是融合了大场景 GIS 技术，小场景 BIM 技术和物联网 IoT 技术等新一代信息技术，为城市的精细化治理和智慧城市建设提供全要素的"三维空间底板"。

第三阶段：2020 年 9 月，住房和城乡建设部发布了《城市信息模型（CIM）基础平台技术导则》，提出了"城市信息模型"和"城市信息模型基础平台"的定义，将 CIM 区分为"模型"和"平台"两层涵义。

城市信息模型基础平台（Basic Platform of City Information Modeling），以工程建设项目业务协同平台（"多规合一"业务协同平台）等为基础，融合二维和三维空间信息、建筑信息模型（BIM）、物联网感知信息，提供三维可视化表达和服务引擎、工程建设项目各阶段信息模型汇聚管理、审查与分析等核心功能，提供从建筑单体、社区到城市级别的模拟仿真能力，支撑智慧城市应用的信息平台，简称"CIM 平台"。

全国范围内，广州、南京、厦门、深圳、雄安新区等城市及地区相继开展了 CIM 基础平台建设的试点工作，旨在逐步实现工程建设项目全生命周期的电子化审查审批，促进工程建设项目规划、设计、建设、管理、运营全周期一体联动，不断丰富和完善城市规划建设管理数据信息，为智慧城市管理平台建设奠定基础。试点工作取得阶段性成果，展现出 CIM 基础平台在表达和管理城市三维空间、支撑城市规划建设管理、打造智慧应用场景等方面具有独特优势和巨大潜力。

（1）国家和部委相关政策

CIM 建设在国家层面得到广泛关注，国务院办公厅、住房和城乡建设部、国家发展改革委等国家多个行业主管单位先后发布了多项政策文件和指导意见，推动和促进 CIM 建设。

2018 年 11 月，住房和城乡建设部发布《关于开展运用 BIM 系统进行工程建设项目审查审批和 CIM 平台建设试点工作的函》（建城函〔2018〕222 号），将北京城市副中心、广州、南京、厦门、雄安新区一同被列为运用 BIM 系统和 CIM 平台建设的试点。

2019 年 4 月，国家发展改革委在《产业结构调整指导目录（2019 年本）》中，明确将基于大数据、物联网、GIS 等为基础的 CIM 相关技术开发与应用，作为城镇基础设施鼓励性产业支持。2019 年 6 月，住房和城乡建设部发布《关于开展城市信息模型（CIM）平台建设试点工作函》，请各地高度重视、各部门密切协作，加快开展 CIM 基础平台建设，确保按时完成各项目标任务。

2020 年 2 月，住房和城乡建设部办公厅发布《关于印发 2020 年部机关及直属单位培训计划的通知》（建办人〔2020〕4 号），将 CIM 纳入住房和城乡建设部机关直属单位培训计划。

2020 年 4 月，住房和城乡建设部办公厅发布《关于组织申报 2020 年科学技术计划项目的通知》（建办标函〔2020〕185 号），组织申报 2020 年科学技术计划项目，将 CIM 作为重点申报方向之一。

2020 年 6 月，住房和城乡建设部、工业和信息化部、中央网信办联合发布《关于开展城市信息模型（CIM）基础平台建设的指导意见》（建科〔2020〕59 号），提出：建设基础性、关键性的 CIM 基础平台，构建城市三维空间数据底板，前面推进 CIM 基础平台建设和 CIM 基础平台在城市规划建设管理领域的广泛应用，提升城市精细化、智慧化管理水平；构建国家、省、市三级 CIM 基础平台体系；2020 年启动国家级和超大城市、特大城市 CIM 基础平台建设，2021 年启动省级和省会城市、部分中小城市 CIM 基础平台建设。

2020 年 7 月，住房和城乡建设部会同 13 部委，发布《关于推动智能建造与建筑工业化协同发展的指导意见》（建市〔2020〕60 号），提出：探索建立大数据辅助科学决策和市场监管的机制，完善数字化成果交付、审查和存档管理体系。通过融合遥感信息、城市多维地理信息建筑及地上地下设施的 BIM、城市感知信息等多源信息，探索建立表达和管理城市三维空间全要素的 CIM 基础平台。

2020 年 8 月，住房和城乡建设部、中央网信办、科技部、工业和信息化部、人力资源社会保障部、商务部、银保监会 7 部委联合印发了《关于加快推进新型城市基础设施建设的指导意见》（建改发〔2020〕73 号），提出七大重点任务，首要任务是全力推进城市信息模型（CIM）平台建设，明确要求加快推进基于信息化、数字化、智能化的新型城市基础设施建设（新城建），全面推进城市信息模型（CIM）平台建设。

2020 年 8 月，住房和城乡建设部联合九部委发布《关于加快新型建筑工业化发展的若干意见》（建标规〔2020〕8 号），提出：试点推进 BIM 报建审批和施工图 BIM 审图模式，推进与 CIM 平台的融通联动，提高信息化监管能力，提高建筑行业全产业链资源配置效率。

2020 年 9 月，自然资源部发布《市级国土空间总体规划编制指南（试行）》，提出：基于国土空间基础信息平台，探索建立 CIM 和城市时空感知系统，促进智慧规划和智慧城市建设，提高国土空间精治、共治、法治水平。同月，住房和城乡建设部发布《城市信息模型（CIM）基础平台技术导则》（建办科〔2020〕45 号）。2021 年 6 月 1 日发布该文件修订版，成为目前行业内建设 CIM 基础平台的重要技术指导文件。此外，2021 年 4—5月，住房和城乡建设部还制定并发布了一系列 CIM 相关数据、技术标准规范，指导和推进 CIM 建设。国务院办公厅发布《关于以新业态新模式引领新型消费加快发展的意见》（国办发〔2020〕32 号），提出：推动城市信息模型（CIM）基础平台建设，支持城市规划建设管理多场景应用，促进城市基础设施数字化和城市建设数据汇聚。

2020 年 10 月，住房和城乡建设部发布《住房城乡建设部关于开展新型城市基础设施建设试点工作的函》（建改发函〔2020〕152 号），确定 16 个城市为首批入选全国"新城建"试点城市，要求按照住房和城乡建设部等 7 部门印发的《关于加快推进新型城市基础设施建设的指导意见》要求，以 CIM 平台建设为基础，系统推进"新城建"各项任务。其中，CIM 平台建设为必选任务。

2020 年 12 月，住房和城乡建设部、工业和信息化部、公安部、商务部、卫生健康委、市场监管总局联合发布《关于推动物业服务企业加快发展线上线下生活服务的意见》（建房〔2020〕99 号），提出：建设智慧物业管理服务平台，对接 CIM 和城市运行管理服务平台，链接各类电子商务平台；引入政务服务和公用事业服务数据资源，利用 CIM 基础平台，为智慧物业管理服务平台提供数据共享服务。住房和城乡建设部发布《关于加强城市地下市政基础设施建设指导意见》（建城〔2020〕111 号），提出：有条件的地区要将综合管理信息平台与 CIM 基础平台深度融合，与国土空间基础信息平台充分衔接，扩展完善实时监控、模拟仿真、事故预警等功能，逐步实现管理精细化、智能化、科学化。

2021 年 2 月，中共中央、国务院印发《国家综合立体交通网规划纲要》，提出：推动智能网联汽车与智慧城市协同发展，建设城市道路、建筑、公共设施融合感知体系，打造基于城市信息模型平台、集城市动态静态数据于一体的智慧出行平台。

2021 年 3 月，国务院发布《中华人民共和国国民经济和社会发展第十四个五年规划和 2035 年远景目标纲要》，将 CIM 建设纳入国家"十四五"规划和 2035 年远景目标纲要，提出：分级分类推进新型智慧城市建设，完善城市信息模型平台和运行管理服务平台，探索建设数字孪生城市。国家发展改革委、中央网信办、自然资源部、住房和城乡建设部等 28 部门联合发布《加快培育新型消费实施方案的通知》（发改就业〔2021〕396 号），将 CIM 作为新一代信息基础设施，要求：推动 CIM 基础平台建设，支持城市规划建设管理多场景应用，促进城市基础设施数字化和城市建设数据汇聚。

2021 年 4 月，国务院办公厅发布《关于加强城市内涝治理的实施意见》（国办发〔2021〕11 号），将城市内涝治理要与 CIM 相结合，提出：建立完善城市综合管理信息平台，满足日常管理、运行调度、灾情预判、预警预报、防汛调度、应急抢险等功能需要；有条件的城市，要与 CIM 基础平台深度融合，与国土空间基础信息平台充分衔接。

2021 年 5 月，国家发展改革委、住房和城乡建设部、公安部、自然资源部联合发布《关于推动城市停车设施发展意见的通知》（国办函〔2021〕46 号），将停车信息平台与 CIM 相结合，提出：支持有条件的地区推进停车信息管理平台与 CIM 基础平台深度融合。

（2）其他地方政府相关政策

除了国家层面政策的积极推动，全国各个省市地方政府也纷纷发布 CIM 相关的政策和试点工作方案，推动 CIM 在各省市的落地试点实施。其中，CIM 和新城建试点城市和地区（如雄安新区、广州、南京、厦门等），以及沿海城市化与信息化发达地区，推动 CIM 建设的需求更加迫切，无论是政策覆盖领域还是政策发布数量都更多，是目前 CIM 建设的重要引领地区。

河北雄安新区管委会率先印发了《雄安新区工程建设项目招标投标管理办法（试行）》的通知，明确提出：在招标投标活动中，全面推行 BIM、CIM 技术，实现工程建设项目全生命周期管理；招标文件应合理设置，明确 BIM、CIM 等技术的应用要求。厦门市人民政府印发了《运用 BIM 系统进行工程建设项目报建并与"多规合一"管理平台衔接试点工作方案的通知》；南京市人民政府办公厅发布了《南京市运用 BIM 系统进行工程建设项目审查审批和 CIM 平台建设试点工作方案》、广州市住房和城乡建设局发布了《广州市城市信息模型（CIM）平台建设试点工作方案》，都致力于推动 CIM 技术在城市规划建设管理及实现城市高质量发展方面发挥其重要作用，助力新型智慧城市建设，全面提升城市空间治理的精细化水平。

2021 年 4 月，重庆市人民政府发布《关于印发加快发展新型消费释放消费潜力若干措施》的通知（渝府办发〔2021〕41 号），提出：推动 CIM 基础平台在全市新型智慧城市建设、城市治理能力提升、城市规划建设管理等多场景应用。

2021 年 12 月，重庆市人民政府发布《重庆市新型城市基础设施建设试点工作方案》的通知（渝府发〔2021〕140 号），提出：2021 年启动市级 CIM 基础平台建设，全面推进 CIM 基础平台建设，建设 CIM 基础平台，推进重点领域"CIM＋"应用，开展区域级

CIM 应用试点。

（3）CIM 建设试点

广州市 CIM 平台建设试点。广州住建局开启 CIM 平台建设试点工作，项目包括构建一个 CIM 基础数据库、一个 CIM 基础平台、一个智慧城市一体化运营中心、两个基于审批制度改革的辅助系统和开发基于 CIM 的统一业务办理平台五方面。以工程建设项目三维数字报建为切入点，在"多规合一"平台基础上，汇聚城市、土地、建设、交通、市政、教育、公共设施等各种专业规划和建设项目全生命周期信息；全面接入移动、监控、城市运行、交通出行等实时动态数据，构建面向智慧城市的数字城市基础设施平台，现在为住建报建、图审、备案用；今后为广州城市精细化管理的其他部门、企业、社会提供城市大数据、提供城市级计算能力；最终建设具有规划审查、建筑设计方案审查、施工图审查、竣工验收备案等功能的 CIM 基础平台，精简和改革工程建设项目审批程序，减少审批时间，承载城市公共管理和公共服务，建设智慧城市基础平台，为智慧交通、智慧水务、智慧环保、智慧医疗等提供支撑，为城市的规划、建设、管理提供支撑。

河北雄安新区 CIM 平台建设试点。雄安新区工程建设项目在勘察、设计、施工等阶段均应按照约定应用 BIM、CIM 等技术，加强合同履约管理，积极推行合同履行信息在"雄安新区招标投标公共服务平台""河北省招标投标公共服务平台""中国招标投标公共服务平台"上公开。结合 BIM、CIM 等技术应用，逐步推行工程质量保险制度代替工程监理制度。

（4）CIM 的建设意义

CIM 平台是可以支持城市、楼宇和住户各级别、各形态的"规、建、管"全流程、全要素的信息化管理 CIM 平台，为城市建设、交通管理、能源管理、环境维护等部门的规划决策提供有效的数据信息，提升和完善城市管理的整体服务水平和综合服务能力，确保城市运行管理和服务的人性化、智能化和安全化。例如，通过 CIM 平台利用庞大的乘客乘车数据和顾客消费数据实现精准营销，满足便捷、时尚、活力的生活方式，改善城市居民生活体验。

满足自然资源监测管理需求。为更好地监测与管理自然资源，自然资源部提出要大力开展空间本底三维立体化建设，2018 年提出自然资源登记等系统，要由二维系统变成三维系统，解决自然资源调查、确权和国土空间用途管控等问题。《自然资源科技创新规划纲要》（自然资发〔2018〕117 号）提出"要建设自然资源智能监管平台工程，实现面向不动产权籍管理等自然资源主动与智能服务"。不动产登记客体信息具备空间性质，如果第三维信息仅用楼层、高度、朝向等属性内容来表述，未能准确反映各地籍实体的空间位置及范围，难以确定产权体的空间位置"唯一性"。利用 BIM 构建三维楼盘表，与分户图、属性数据三者结合，可以全方位还原不动产登记信息。BIM 将是开展不动产权籍管理的新兴载体，是实现不动产登记、监测和管理平台建设的基础数据资源。《自然资源部信息化建设总体方案》（2019）提出，要建立三维立体自然资源"一张图"，加强地上地下一体化管理。室内和地下 BIM 数据资源，将是自然资源"一张图"的重要组成部分，是开展室内空间和地下空间等地上地下、室内室外一体化管理的核心数据资源。

满足智慧城市建设基础数据的需求。自然资源部《智慧城市时空大数据平台建设技术大纲（2019 版）》中，智慧城市的典型结构定义"时空大数据主要包括时序化的各类数据，构成智慧城市建设所需的地上地下、室内室外、虚实一体化的、开放的、鲜活的时空数据资源"是 BIM＋CIM 多规合一平台、后面的、底层的、更宏大、长远的平台和数据规划。站在智慧地球、智慧时空大数据这样的海量的数据系统面前，BIM 作为产生建筑空间信息的一个产业资源角色，是众多资源角色的重要的一部分。BIM 是对于建筑的模型化和数据化的表达的最佳工具，未来，BIM 产业实施所不断产生的模型与数据，会被越来越多的纳入智慧时空。

满足"规建管"一体化业务协同的需求。住房和城乡建设部《工程建设项目业务协同平台技术标准》CJJ/T 296—2019，提出"可基于城市信息模型（CIM），开展 BIM 在工程建设项目策划生成阶段的应用，实现与工程建设项目审批阶段 BIM 应用的对接"。即在 BIM 应用的基础上建立 CIM。基于统一的城市空间及管网、道路等城市基础设施的布局，在"多规合一"业务协同平台中协调景观风貌，进行多方案比选、红线和控高分析、视域分析、通视分析、日照分析等合规性比对，并通过仿真模拟和分析，进一步优化设计方案。标准同时指出，建设项目生成数据、重大公共服务和公用设施的项目策划数据可包含 BIM 模型数据，建设项目审批数据应包含最终审定的 BIM 结果数据，BIM 不仅可为方案比选、合规性审查提供数据支撑，在有条件实施工程建设项目 BIM 报批的地区，可以将已经审批的 BIM 模型（最终版本）数据接入平台，作为确定用地规划建设指标的一种参考依据。以雄安 CIM 平台建设为例，雄安 CIM 平台建立了多规合一、多测合一、多管合一体系，重点解决了建设项目的多方审查、项目审批、城市建设监管等问题，推进多部门管理流程与制度统一，线上支持多部门联审、多专家论证。目前，广州、南京等一些城市基于 CIM 平台探索及 BIM 的报建智能审批，在立项用地规划许可、工程建设许可、施工许可、竣工验收四个阶段实现电子辅助审批，这极大地提升审批效率，同时有助于 BIM 模型在各个业务环节的流通和沉淀。

助力城市交通创新发展。基于 CIM 平台搭建交通信息数据专网，整合来自环保、气象、交警、电信、地铁运营、铁路、高快速路等单位的交通相关数据，并保证数据和相关信息资源的充分快速协调，及时为各交通相关单位提供数据共享与联动服务，便于智能预警和处理交通状况，提升交通系统资源的开发和利用水平。CIM 在城市综合交通网络中的应用主要体现在以下方面：城市路况判断及预测，基于 CIM 平台中的全市实时交通状态数据分析判断平均车速、行车延误及拥堵指数等信息，辅助交通组织管理；公共交通应急管理，利用城市 CIM 平台中的救援车辆、救援人员和企业呼叫中心信息等内容联动交通信息指挥中心和公交企业及其他相关单位，可实现自动监控故障车辆，辅助公共交通应急管理；道路及环境监测，CIM 平台还可联动交通、气象部门进行灾害性天气预报、危险预警和路况预测，辅助交通部门做好交通安全事故应急预案，以便提早进行应急救援准备。

辅助电商物流运作。基于 CIM 的物流信息平台是一个快速、准确的网络系统，能够为物流行业提供地址解析、车辆跟踪等专业解决方案，通过平台信息追踪对出现问题的环节进行查询、纠偏、管理，从而优化物流业务及整个物流产业链。此外，平台的大数据分析功能能够大大提高运输与配送效率、减少物流成本、更有效地满足客户服务要求，CIM 平台使物流资源对流，资源配置更加优化，较高的资源利用率和合理的资源组织能力提升了物流管理效率和物流产业的发展速率及服务水平。

满足山地城市大型项目咨询和设计等新兴需求。综合分析来看，重庆市近年大型建设项目在前期咨询、设计和施工阶段对 BIM 信息的需求呈现快速上升的趋势。仅 2020 年，重庆市就有数十项建设工程要求开展 BIM 在咨询阶段、施工阶段的实施工作，如江南立交改造工程要求提供咨询阶段和施工阶段的 BIM 模型建设、轨道交通 18 号线全线 19 个轨道站点要素开展 BIM 实施工作、保税区空港贸易功能区综合产业孵化楼要求开展全过程 BIM 咨询等。《重庆市建筑工程信息模型咨询标准》《重庆市建设工程信息模型技术深度规定》《重庆市建筑工程信息模型交付技术导则》等地方 BIM 标准和技术要求，正逐步从试验阶段走向应用阶段。

智慧城市是一个多要素组合与关联且时刻处于变化之中的复杂生态系统，未来城市管理者需要的是数据开放、共融共享的智慧城市建设模式。城市的高效有序治理需要新一代信息技术手段与城市现代化发展深度融合，要想实现城市的可持续及协调发展就要创新性地运用更多智慧治理的方式和方法，CIM 平台能为政府提供利于智慧城市建设的决策参考，促进城市的发展和智慧化转型。

第二节　实景与 BIM 融合

建筑信息模型（BIM）是在建筑领域广泛应用的建筑信息化工具。BIM 以 3D 数字技术为基础，集成了建筑工程项目各种相关信息的工程数据模型，是对工程项目设施实体与功能特性的数字化表达。一个完整的 BIM 能够关联建筑项目生命周期不同阶段（设计、建造、运营、拆除）的数据、过程和资源，是对工程对象的完整描述，可被建筑项目各参与方普遍使用。

BIM 和 CAD 不是单纯地指某一个软件或者某一种技术，而是体现建筑工程领域发展过程中不同时代理论、技术和方法的集合。BIM 与传统 CAD 设计方式相比，具有参数化、面向对象建模、交互性等特点，可显著提高设计效率，为建筑、结构、机电设备等专业设计提供了统一的数据模型，便于设计过程的协同。

本研究以三维可视化、偏振立体、实时光照、动态渲染，灯光动态模拟，建立了动态性、逼真性、昼夜变化的三维场景，集成语音识别、人体动作识别、动态光学追踪为核心的指令识别系统，实现了虚实三维场景控制与智能化交互。以参数化规则驱动三维可视化分析评估引擎为核心，开展了规划限制条件可视化分析与建筑指标动态核算，创新了建筑 BIM 设计成果增强输出，提升了多项目施工统筹管理效率。

一、实景与 BIM 建模

（一）大规模实景三维建模

关于大规模实景三维建模的关键技术与应用服务，已在本书第六章进行了详细阐述，此处不再赘述。

（二）建筑 BIM 模型建模

本研究提出了一种大规模建筑信息模型（BIM）与三维数字城市集成的方法，该方法基于施工图纸（CAD）开展建筑信息模型交互式构建，然后通过空间和语义信息映射将其转换为建筑构件信息模型，并建立建筑构件信息库，在实景三维场景开展建筑构件信息的集成应用。

1. CAD 图纸预处理

按照建筑构件类别将图形要素分别放入对应图层。所述图形线要素（Line）为建筑构件底面投影中心线，封闭多段线（Polyline）要素为建筑物构建的边界线。在具体实施过程中，需要制定一套存储建筑物平面构建信息的模板，包括统一的图层名称、样式及相关空间信息的表达方式等。

2. CAD 图升维构建 BIM

建筑设计施工资料为建筑内部信息提供了准确的数据来源，但传统建筑设计施工通常采用 CAD 制图，其数据标准不一，且仅有图形要素，缺少语义信息，不能直接与实景三维集成。Revit API 提供了基于 .Net 的 BIM 建模二次开发支持。基于 Revit API 软件进行二次开发，将 CAD 文件中的楼层、墙、门、窗、楼梯等图形通过半自动方式转换为 BIM 数据模型，以实现建筑内部主要空间结构的标准化描述，解决房屋建筑的 BIM 建模问题，其主要步骤为：①在 Revit Architecture 2012 中创建工程；②参考建筑立面图、剖面图数据创建 BIM 参照信息，输入格网数量、间距直接创建轴网，输入建筑层数及每层标高创建标高及建筑地坪；③导入已预处理的分层平面图，进行单层建筑构件创建，具体包括幕墙、标准墙、内墙、楼板、柱、门、窗等；④根据建筑立面图、重要位置的剖面图等信息创建建筑屋顶。

在具体实施过程中，需要为一个构建实例选定或者创建相应的族类型，其他构建实例的创建方式基本与这两种方式类似。生成的 BIM 模型如图 7.2-1 所示。

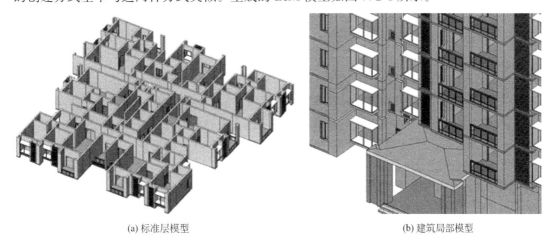

(a) 标准层模型　　　　　　　　　　　　　　　(b) 建筑局部模型

图 7.2-1　BIM 模型成果展示

通过基于建筑施工图高效生成 BIM 模型的方法，使用 Revit 2012 API 开发 BIM 交互式建模组件，以施工图中的二维轮廓为图形单元，实现建筑构件的自动化建模，较好地解决了手工构建 BIM 模型效率低下的问题。

（三）其他现状数据建模

采用多种技术手段获取现状测绘数据，根据数据的特点，采用不同的制作处理方式，为最终的三维场景的构建和表达提供数据基础。

现状数据包括地上数据、地下数据，以及室内数据，水下数据。现状数据的不同来源是实现地上地下一体化、室内室外一体化、水上水下一体化表达的基础。总的来说，现状模型是对现实地理环境的表达，存在一定的不可更改性，在场景的显示和表达中，最重要的特点是如何能够对大范围的三维场景中进行表达和展示，因此，在数据的组织方面，需要更好地满足场景大规模加载和渲染的特点[5]。

二、BIM 与实景集成

BIM 与实景三维模型集成可极大地降低建筑内部空间信息获取成本，突破室外建筑表面模型仅用于展示的局限，推动数字城市向智慧城市发展。

为了面向实景三维数据开展 BIM 设计、分析评估，需要将建筑 BIM 数据与三维场景数据进行融合，具体包括三项工作：

一是将实景三维模型数据与其他各类数据进行集成融合。将实景三维模型与精细（仿真）模型、地下管网等其他各类三维模型数据进行集成与融合后建立三维场景。

二是构造实景三维模型构件与建筑 BIM 融合。将实景三维模型或其他模型数据进行对象化或结构化，使得表面一张皮模型具有语义信息，从而建立实景三维构件，支持在 BIM 设计过程中对实景三维模型的参考。

三是将建筑 BIM 成果与实景三维场景融合。要实现建筑 BIM 与三维场景的融合匹配，必须将建筑 BIM 数据转换成三维平台可用的数据格式，从而利用 GIS 技术开展建筑 BIM 分析评估工作。

（一）单体化与构件化

通过对实景三维模型进行切割，或者以实景三维模型数据为数据源进行重新建模，得到实景三维模型构件。

1. 实景三维模型单体化

目前，获取用来进行对象化的矢量面方法有很多种，例如基于点云的提取或三角面轮廓检索，或已有地形图的方法。由于很多城市已建立了三维仿真模型数据库，而三维仿真模型是利用 3ds Max 等建模软件对具体建筑、小品、道路等具体对象开展建模所得到的三维模型，因而已被识别为具体的地物对象，即模型已具有对象化信息，据此，本研究提出了基于三维仿真模型的实景三维模型对象化应用方法[3]。

在传统数据集成管理时，按类别等需求实现了三维数据的分层分类管理，此时，若使用矢量面对新获取的倾斜模型进行对象化，需要收集整理矢量面数据，此时矢量数据不一定能获取到，同时，获取的矢量面可能需要一定的处理，例如矢量面文件的合并，接边处理，对应的模型 ID 可能有变化，可能需要重新分层分类等处理。

2. 实景三维模型构件化

将实景三维模型作为数据源，利用 Revit 的数据接口进行开发，生成面向 BIM 的实景三维模型构件。

Revit 是 BIM 系列软件中应用最广泛的一款基础建模软件，基于 Revit 平台进行二次开发是完善 BIM 技术的一项重要举措。研究团队基于 Revit API 从底层进行原生的二次开发形成动态库，并以插件的形式载入 Revit 的附加模块中，根据自定义的中间格式来存储 BIM 构件的几何与属性信息。

（二）BIM 与 GIS 融合

研究团队提出一种大规模建筑信息模型与三维数字城市集成方法，具体流程是从软件的原生底层进行二次开发，导出中间格式，存储 BIM 模型的几何和语义等信息，再基于中间格式转换成三维 GIS 平台所需的格式数据，同时根据已知同名点进行坐标转换，实现在统一的平台、统一数据格式、统一坐标系下实景三维数据与建筑 BIM 数据的融合与无缝衔接。

1. BIM 与 GIS 格式转换

按照存储的中间格式，读取构建的图元、元素信息，将 BIM 数据集成到三维地理信息空间中。以集景平台为例，城市模型内部主要以自定义结构存储，几何信息的三角骨架就按照存储的结构组织，由于传统三维 GIS 平台并不存储属性，以及 BIM 建模中大量使用色彩和自带纹理，因此转换成 3D GIS 过程主要解决属性关联和纹理的问题。

三维 GIS 平台一般不存储属性，只有三维模型表面的三角网信息，即顶点坐标、顶点索引、纹理坐标、纹理，因此属性需要另外存储，研究团队以 BIM 模型单体识别码＋时间标记＋构建索引号组合成 BIM 部件 ID，保证部件 ID 唯一，并以该 ID 作为内部 OSG 文件名称和进行属性关联。属性的解析根据属性描述和属性值两个记录信息，属性描述定义了属性的数据类型、名称等，属性值包括属性索引、具体属性值，两者匹配就可获取完整的建筑 BIM 构建的属性信息。

根据中间结构转换成 3D GIS 的过程纹理主要解决 BIM 模型中自带纹理以及 BIM 构建的纹理是 RGBA 值的问题，自带纹理的处理需要根据三维 GIS 平台需要，进行格式、编码、透明度的转换，以及尺寸的缩放调整，一般尺寸需要是 2 的 n 次幂，以保证在三维 GIS 平台中纹理显示正常。对于 BIM 构建中以 RGBA 值表示的纹理，将 RGBA 值在一定区间内转换成 JPG 或 PNG 格式纹理，默认大小是 64×64。经过以上步骤即可实现中间格式到 3D GIS 的数据格式转换并进行了属性关联。

2. BIM 与 GIS 集成

BIM 技术和 GIS 技术的集成[1]，实质上是建筑设施室内微观模型信息和室外宏观信息的关联整合，最终完成真正意义上的三维数字城市的建立。BIM 中的大量高精度模型数据可作为 GIS 模型中的重要数据来源，包括建筑设施内部的几何模型数据及所属的多维信息数据，如设施的材料信息、造价信息、成本信息、设备信息等，并可以利用虚拟现实技术实现建筑设施内的高精度仿真，实现室内空间功能布置、家具摆放、装修效果预览、室内通风采光模拟分析等功能。GIS 技术是对地理信息以及与空间位置相关信息和属性进行管理，是面向从微观到宏观的三维地理空间数据的存储、管理以及可视化分析，集成大范围、高容量的空间数据，从而能够用于大规模工程的共享应用与协同分析。两者的集成，使多领域的协同深化应用成为可能，如水利工程、铁路桥梁、地下管网等公共设施建造分析、城市规划、市政模拟等诸多领域，同时这也是 BIM 和 GIS 技术未来发展的方向。

3. BIM 与 GIS 关联

（1）基于 GIS 的空间分析模式

建筑底面采用 SHP 文件格式进行组织，它是将建筑模型按层数投影成二维表示的矢量文件。

在 CAD 模型转换成 BIM 模型的过程中，需要对 BIM 模型按要素进行分层。进一步将 CAD 数据导入 ArcGIS 中进行要素构线构面处理，完成 BIM 底层的矢量化，然后利用二维 GIS 的空间分析功能，完成对建筑底面的拓扑分析。

（2）BIM 坐标转换

BIM 通常采用独立的坐标系统，如地方坐标系。GIS 数据来源众多，采集方式各异，所采用的坐标系也存在一定的差异性。BIM 与 GIS 集成应用面临着各自坐标系不同，无法匹配的问题。GIS 最基本的能力就是坐标转换，点线面的坐标转换已经十分成熟，将转换能力应用到三维模型数据中，进行坐标转换和数据配准后，将 BIM 模型与实景三维模型、地形等多源数据统一到一个坐标系，实现各种信息对齐；对数据进行操作和处理，进行诸如镶嵌压平裁剪等操作，实现数据平滑衔接、纹理拼接自然。

4. GIS 与 BIM 融合

三维互动实景 GIS 和 BIM 的集成融合可以实现从微观到宏观的多尺度城市管理，主要研究方向包括 GIS 和 BIM 数据几何与语义融合；海量、大范围的三维模型高效建模、集成以及三维场景调度；GIS+BIM 的集成应用。

国内外对 GIS 和 BIM 数据几何与语义融合的相关研究基本都是围绕城市地理标记语言（City Geography Markup Language，CityGML）和工业基础类（Industry Foundation Classes，IFC）两个标准展开的，这两个标准是当今 GIS 和 BIM 融合研究的载体。而其集成应用在室内导航、公共场所的应急管理、城市和景观规划、3D 城市地图、各种环境状况模拟、大型活动安全保障等方面都将产生难以估量的价值。

数据格式转换是目前主流的 GIS 与 BIM 融合方式，数据格式的转化研究绝大部分集中在从 IFC 向 CityGML 的转换，也有部分研究侧重于 CityGML 向 IFC 的转换。从 BIM 数据到 GIS 数据转换是精细化数据进行粗化处理的过程。数据格式的转换包括几何和语义两方面，且均已开展了大量研究工作。

数据格式转换最初只关注几何信息的转换，将 IFC 格式的数据转化为 CityGML 格式，并在 GIS 环境中进行显示。针对 IFC 和 CityGML 的实体转换规则，IFC 向 CityGML 的自动转换是主要方式，通过设计转换规则为 CityGML 的每个层次定义不同的 IFC 实体转化规则。除了 CityGML 标准外，GML 标准也是 IFC 标准转换的方向，基于坐标变换实现了部分 BIM 数据在 GIS 环境中的可视化表达。针对 CityGML 与 IFC 之间的数据格式转换，市场上已有一些软件平台提供支持，如 IFCExplorer、BIMServer、FME 等均可实现 IFC 向 CityGML 的自动转换。Autodesk Revit 和 ArcGIS 等商业软件已实现 BIM 和 GIS 数据的转化和同平台显示。目前，GIS 与 BIM 融合研究的成果主要集中在 BIM 数据在 GIS 环境中的可视化表达，并进行一些简单的基于空间信息的查询检索。数据格式转化会出现几何和语义信息的丢失，同时会出现数据量增加的情况。

除了单纯的几何信息转换外，语义信息的映射也是 GIS 与 BIM 融合的重要内容。单纯的数据格式转换并没有实现 GIS 与 BIM 的融合，利用 CityGML 和 IFC 标准的结合形成新的数据模型，实现 BIM 数据和 GIS 数据的同平台应用。CityGML 与 IFC 之间存在交集，在 IFC 的 900 多个实体中有 60~70 个可以在语义上直接与 CityGML 匹配。在 CityGML 与 IFC 之间的数据格式转换过程中，数据信息丢失基本是不可避免的。究其原因可以归纳为以下两个方面：一是几何表达形式的差异，IFC 中有边界描述、拉伸或旋转形成的扫描体、构造实体几何等三种表达形式，而 CityGML 仅有边界描述一种几何表达形式，在 IFC 转化为 CityGML 后，利用拉伸或旋转形成的扫描体和构造实体几何方法表达的几何信息只能用边界描述方法表达，需要大量的坐标数据来表达多个面片信息，这必然会造成几何信息的丢失和数据量的增加；二是对象语义的差异，由于 IFC 和 CityGML 对空间对象的表达和理解是不同的，也没有相关的对象语义标准化研究工作，因此，在 IFC 向 CityGML 转化的过程中，语义信息的丢失也是不可避免的。

5. BIM 与 GIS 展示

通过自主研发的集景三维智慧城市平台对 BIM 和实景三维进行展示[2,4]，数据显示的基本流程是：当远看时，查看的是室外模型，当镜头拉近，点击含有 BIM 模型的室外模型后，系统加载 BIM 模型，切换为 BIM 模型加载方式，实现在大场景中室内外模型的一体化展示，如图 7.2-2 所示。

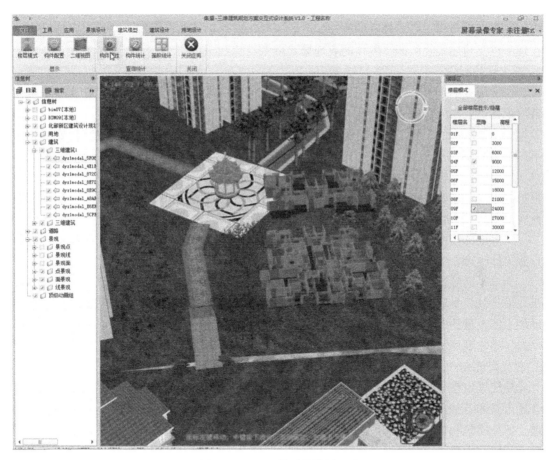

图 7.2-2　BIM 模型按楼层显示

（三）高逼真三维场景建模技术

1. 建模优化

通常以 3ds Max 软件为主，以 PhotoShop 为辅进行建模。建模人员需要熟练掌握 3ds Max 和 PhotoShop 软件，同时对建模人员的美术功底具有一定的要求。

依据建筑的主体外观结构，在软件中进行矢量化建模，同时要注重外观的简洁和美观。在建模过程中，对模型进行分层细化处理，对每一块玻璃、转角、阳台、栏杆等进行细分，需要突出细节变化，不能有变形和凹凸。在建模过程中，要保证每一个面的拓扑关系正确，不能有裂缝或者重叠。在纹理贴图方面，要多使用材质库，纹理要有一定的透明度，每一块纹理贴图的法线方向要正确。

为了使场景的浏览、漫游、人机交互等更加流畅，渲染引擎对模型的精简程度要求较高。可通过简化面片、删除冗余点和线的方式降低数据量；在材质的运用上要减少对真实纹理图片的应用，多使用材质库；对于非建筑主体的部分进行删减，如防盗网、空调、地面车辆、垃圾桶等。

对建筑主体的每一个细节进行完整表达，如阳台、屋顶以及商标等，对于建筑物上的字，尽量不要以图片的形式表达，要采用建模的方式进行展示。阶梯贴两种纹理，立面的纹理颜色深一些，平面的纹理颜色浅一些，增强立体感。阳台和女儿墙贴两种固定纹理，内侧的纹理颜色深一些，外侧的纹理颜色浅一些，增强立体感；保持道路线型完整，道路纹理颜色要与建筑物协调；屋顶的表现形式参考卫片贴图。

2. 流水特效制作

三维场景中水流效果的实现方法主要包括：①利用各种相关函数来动态计算产生水面特效，如正弦曲面、Bezier 曲面、Gerstner 波，主要适用于近距离细节展示、对水面模拟效果画面要求高的三维场景；②利用材质贴图技术模拟水面，主要适用于对特效要求相对不高的水面模拟。

城市的仿真建模往往规模庞大，为了系统的运行效率，以材质贴图的方式进行水面的模拟，不仅可以满足宏观场景的仿真需求，还可以减小数据量提高场景的漫游流畅度。因此在城市仿真场景搭建中，水面效果主要采用材质贴图的方式实现。

考虑水体周围环境以及水下环境的影响，为水体自身配置一张颜色匹配的纹理，例如一张水体纹理，为纹理坐标赋予一个方向和一定的速度，使之产生移动效果。

简单平面纹理的移动，无法实现三维立体的水流效果；法线纹理虽然自身具有立体效果，但是其只是影响物体表面明暗效果的参数。将两者相结合，利用法线贴图改变正在移动的水体纹理的明暗程度，使之产生立体效果，这个过程称之为"扰动"。在水体材质运动过程中，利用法线贴图对其进行扰动，即可模拟出流动的、立体效果明显的水面。

3. 夜景灯光制作

现代城市夜景是指利用各种现代化的技术手段，以各种灯光设备为主要表现手段，综合城市里的各种大环境为主要特征的整体环境，其主要包括各种灯光设备，实体环境如街道、各种建筑物、绿化带、广场等，以及各种技术手段等元素，现代城市夜景是现代城市整体环境的重要组成部分，是一个城市现代文明程度和发展程度的重要标志之一，其不仅可以给整个城市营造一种舒适的氛围，提高和丰富普通市民的精神文化生活以及给城市中的居民提供良好的生活环境，而且恰到好处的城市夜景可以极大地延长人们的夜生活时间，促进城市经济的发展，可以带来巨大的经济效益和社会效益，符合现代城市的发展要求。

4. 反光材质制作

仿真建模环境中有着不同的物体类型，每种物体通过自身的纹理、表面质地体现出不同的材质特性。在建模过程中，需要利用三维建模软件（如 3ds Max）制作出不同的材质类型，从而提供给观赏者最为直观、真实的视觉感受。

材质的实现是较为复杂的制作过程，通过模仿现实生活中物体表面对光源的反射与传播，实现虚拟现实中的材质特性。三维建模软件利用不同的参数选择和材质贴图可以制作出不同的材质纹理、反光效果和物体质地，来表现现实生活的物体。反光材质在日常生活中常见，如镜子、钢铁、玻璃、水面等，在仿真场景中，反光材质的恰当利用往往能够体现虚拟环境的真实性。

5. 大气环境制作

综合自然环境建模与仿真技术已经成为三维仿真领域的一项公共支撑技术和关键核心技术，是三维城市仿真建模中的重要部分。利用大气环境仿真手段模拟城市的大气环境，并在基础上建立正确的三维仿真模型和提供逼真的可视化效果，可为城市的仿真建模增加更加真实、更加科学的自然环境。

根据对现实大气环境的观察，在建模与仿真应用中，对仿真环境的可视化造成影响的主要有雨、雪、雾、霾和云等。其中雨、雪直接产生粒子效果，并且遮挡视线，对场景的能见度产生影响，雨和雪的区别主要体现在粒子状态、颜色、透明度以及落在地面的效果；而雾是通过直接影响空气的能见度来影响仿真场景的可视化效果，其主要差别在于大气颜色和能见度；云的建模可以利用模型材质的调节实现，也可以利用高密度的粒子模拟。

6. 实时光照模拟效果

（1）玻璃幕墙反射效果

在现代化高层建筑中，玻璃幕墙普遍使用，通常由镜面玻璃和普通玻璃组合，在炎热的夏天中空玻璃可以挡住90％的太阳辐射热。阳光依然可以透过玻璃幕墙，但晒在身上大多不会感到炎热。使用中空玻璃幕墙的房间可以做到冬暖夏凉，较好地改善生活环境。本研究通过实时光照技术模拟玻璃幕墙的反射效果，极大地提高了场景的真实性与美观性，如图7.2-3所示。

图7.2-3　写字楼玻璃幕墙效果

（2）灯光动态模拟

在目前城市建筑灯光效果的三维实时模拟中，灯光设计师除了定制静态的城市建筑灯光场景效果外，也需要能够定制一些动态的灯光和场景特效，于是需要对三维城市建筑灯光效果中的场景灯光特效进行动画模拟。研究团队将先进的渲染引擎技术应用于城市建筑灯光效果模拟以及动画模拟中，并从用户定制以及动画效果呈现角度进行效果展示，如图 7.2-4、图 7.2-5 所示。

图 7.2-4　重庆市渝中区灯光效果

图 7.2-5　重庆市朝天门—江北嘴灯光动态效果

（3）建筑方案昼夜变化模拟

在工程建设项目规划审批阶段，需要对建筑的外立面进行审查，提供昼夜变化的模拟，为项目审查提供了更直观的技术手段，如图 7.2-6 所示。

三、融合展示

（一）立体显示技术

3D 技术在近几年的快速发展，带来了许多新奇的体验，也推动了众多行业的技术革新，其中裸眼 3D 技术将是未来发展的必然趋势。

(a) 白天

(b) 夜晚

图 7.2-6 项目方案昼夜变化对比

最早出现的互补色立体显示技术可以追溯到与彩色电视机出现的同时期，互补色技术具有良好的兼容性，但色彩失真严重、"串色"等缺陷使得它仅仅应用于部分立体电视系统。

随着光开关眼镜的出现，分时式的立体显示技术开始出现，通过将左右眼图像按时间顺序交替呈现在屏幕上，观察者需要佩戴与视频信号同步的光开关眼镜来观看，分时立体显示技术对显示器的刷新频率要求较高，而且光开关眼镜相比偏振眼镜价格也要昂贵。

国内许多高校和研究机构在双目立体视觉领域开展了广泛的研究和应用。哈尔滨工业大学开发的自主足球机器人就是在异构双目立体视觉体系下设计完成的；浙江大学的多自由度机械装置也采用了双目立体视觉技术进行其数据的测量；东南大学提出了基于双目立体视觉技术的车辆几何尺寸参数测量系统，该系统自动化程度较高，具有非接触精度高、适用范围广等特点。除此之外，清华大学、浙江大学、中国科学院以及天津大学等众多科研单位都在双目立体视觉领域拥有自己的研发成果，处于领先的地位。

（二）互动展示技术

互动展示技术的典型代表是混合现实，混合显示展示技术是一种最新的互动式产品展示形式，是混合现实技术的落地式延伸和发展，通过对实时的视频图像进行信息传导与处理，形成交互式的 3D 立体图像画面，使用户获得更真实的一种全新体验。这种展示技术不仅突破了传统展示技术在时间和空间上的限制，还可以从视觉、触觉、味觉等感官体验中让受众获取新颖有趣、深入全面且更具体验性的产品展示效果。

互动展示技术开辟了一个以计算机实时绘制出的图像或视频为素材构造出的虚拟空间与实景空间相互交叠的异次元展示空间，具有独特的感知与交互性。在这个混合展示空间中，用户在物理展示空间的基础上，享受一种复合的感官效果，可以进行前进、后退、仰视、俯视、360°环视等交互操作。例如，当用户在真实场景中移动时，虚拟物体也随之位移而做出相应变化，使虚拟的展示物体与真实的展示环境之间能有一个完美的结合，具有独特的感知与交互性。

(1) 基于偏振视觉的三维重构

基于二维视差图像的平面 3D 显示主要采用体视法与集成成像法。人的双眼之间存在一定间距使得观察的图像具有视差，同时人眼的观察还有视觉暂留效应，利用人眼的这两个特性采用二维屏幕便能静态或动态地表现三维效果。实现方法主要包括：互补色式、偏振式、快门式、裸眼 3D。裸眼 3D 又称为自由立体显示，其中互补色式、偏振式与快门式均需要佩戴特制的眼镜才能观看 3D 效果。人眼对立体视觉的感受来源于视差，经过人类大脑的处理后产生深度感，平面立体显示的核心技术便是通过特殊的手段，使观察者双眼在二维的显示平面上看到不同的、有视差的图像，从而加强观察者的现场感和真实感，从视觉效果上来说便能看到位于屏幕前后方的图像。

偏振光式立体眼镜则是利用偏振片的滤光效应实现的，两块极化方向相互垂直的偏振片使得左右眼分别接收与极化方向一致的偏振光，从而实现了左右眼图像分离。这种 3D 显示器对左右眼图像分别给予正交的直线偏振光并同时进行投影，观看者戴上偏振眼镜便能实现立体观影。偏振式 3D 显示技术是目前主流的立体显示技术，立体感强，制作成本较低，在市场上的产品比例较高。

(2) 偏振与双目立体视觉的结合

基于偏振视觉的三维重构方法能够很好地处理低纹理目标，然而，该方法得到的结果是建立在像素坐标系下的，是目标的相对深度信息，反映了目标表面的三维形状，却缺少了真实世界坐标；而基于双目立体视觉的三维重构虽然只能得到表面极少数特征点的位置，但得到的却是准确的世界坐标，因此将立体视觉同偏振视觉结合起来，以双目特征三维数据的真实三维坐标为"桥梁"，将由基于偏振视觉的三维重构得到的图像像素坐标系下的三维数据转化为摄像机坐标系下完整三维数据。

立体匹配是立体视觉技术中最困难和复杂的一个环节，根据所选择的图像特征及其特征间的相似性测度，建立参考图像和匹配目标图像之间的对应关系，寻找到物点在两个摄像机拍摄的图像中的投影点。基于图像分割的立体匹配假设自然场景结构可近似地由一系列非重叠的视差平面组成，而每一个平面在图像任何一个均匀的色彩分割部分保持一致性，简化视差计算，减少了立体匹配计算时间。

(3) 互动全息桌

互动全息桌的核心是数字沙盘，根据真实地形地貌等空间信息要素，采取各种方式按照一定比例关系进行还原。数字沙盘是伴随着地理信息技术，通过数字空间重建手段，结合各类数字图形标记符号，以信息化的方式将现实空间映射到虚拟空间并通过各种可视化手段进行呈现的沙盘制作技术。数字沙盘装置的实现，需要依靠相关的计算机技术、数字投/显影技术、信息采集技术以及相应的物理载体用于提供使用环境。

　　桌面式数字沙盘装置是数字沙盘的一种装置形态，其特征主要是投/显影面为水平放置，便于使用者围绕在装置四周，开展浏览、研判、讨论等工作。由于主要的显示区域为水平，使用者在观看时，相较于垂直的显示设备，其视角垂直范围更受限，通常不能从正上方进行俯视，但是视角水平范围更广，可以实现360°环绕观看。

　　桌面式数字沙盘装置的意义在于能够让使用者获得近似实物沙盘的使用体验，同时还能兼具数字模型可缩放、可替换、可编辑的灵活性。而要得到近似实物沙盘的体验，一个重要前提是显示内容能够"站"立在桌面上，即具有全息成像的效果，因此全息显示应当成为桌面数字沙盘的一项核心必备技术。真正意义上的全息显示技术，也就是无介质（空气）成像技术目前还没有取得突破。目前最接近全息显示效果的技术实现方法之一就是利用人眼立体成像原理，在采集拍摄或实时渲染时按照人左右眼视角生成两组图像，并采取一定方法，分别将图像输入人的左右眼中，人的大脑则会自动将图像进行融合，从而让人产生全息立体成像的视觉体验。互动全息桌主要包括框架、信号发射设备、信号捕捉设备、投影装置、3D眼镜、控制手柄、中心工作站、排气装置和照明装置。

　　体验者可围绕在框架四周，只需佩戴带有信号捕捉装置的3D眼镜，手持信号捕捉装置的控制手柄，便可开始运行相应的体验素材，计算机将体验素材经投影装置向投影面进行投影，此时体验者透过3D眼镜可体验三维的视觉效果，如图7.2-7所示。

图 7.2-7　互动全息桌展示

　　（4）全息投影室

　　全息投影室是全球最先进的三维可视化的解决方案。空间里面融合了"无限细节（Unlimited Detail 简称 UD）"引擎和流式数据等多项先进软件技术，瞬间加载超大三维模型，利用光影呈现出身临其境的全息世界。

　　全息室一般是一个面积 $20m^2$ 左右的立体空间，用户在全息室内可以自由行走、浏览场景、轻松互动、编辑设计等。全息室内只需佩戴一副3D眼镜即可，设备穿戴轻便灵巧，人与三维图像完全融为一体，创造临场感极强的空间互动体验。

用户可以通过无线控制系统，通过直观的 3D 菜单系统对其数据进行全方位的浏览和飞行漫游。这套系统能让专业用户在虚拟空间中进行建筑规划、灾害管理，在全息空间中操控物件对象。通过 OBJ、FBX、DAE、STL 和点云渲染支持，用户以全新的方式探索数据。

（三）混合现实技术

基于混合现实技术（Mixed Reality，MR）实现互动展示，不仅体现了科技最前沿的力量，也是当代多媒体艺术展现的新形式之一，虽然它与展示设计的结合不过仅几年的历史，但其发展空间、发展形式的宽泛性，使得混合现实展示技术在短短几年间得以迅速发展。如今混合现实展示技术在国内外各类型的博物馆、科技馆、艺术馆、大型展览、电视娱乐以及许多新产品发布展示会上都有所应用，尤其在汽车展示行业中的应用十分兴盛，各大汽车厂商都在各自的展示领域中进行使用。混合现实无疑已成为目前展示行业内最热门和最具发展潜力的互动展示技术之一。

混合现实展示技术目前大多表现为将现场活动与在线交流、真实景观与新媒体技术支持的虚拟显示、物理世界的实时信号与艺术加工产生的虚拟信息结合起来。混合现实展示技术正以其多样化多变化的形式、多领域多用途的应用为人们所重视，不论是产品展示、产品营销、电视转播、现场娱乐，还是博物馆、艺术馆等各类展示场馆的应用，都说明混合现实展示技术方兴未艾，正发散型地向前发展着。虽然目前在实体零售业销售终端所运用的数字化产品展示技术仍以虚拟展示技术为主，而混合现实展示技术的应用则尚在起步阶段，但相信，顺应着数字科技及产品展示业的整体发展趋势，混合现实展示技术也逐渐会在零售终端的产品展示行业内体现出其技术价值、良好的市场前景和巨大的发展空间。

第三节　CIM 数据资源建设

面向山地城市多源异构数据融合困难的问题，研究团队提出了全覆盖、全要素、全周期 CIM 数据框架，融合了 2D/3D GIS、BIM、倾斜摄影、激光点云、地质体、物联感知、地理视频等多源异构空间数据，构建 CIM 立体空间数字底座，并基于统一空间单元编码开展政务、产业、民生等多领域数据集成。

一、数据分层分级

城市空间数据具有建模技术手段丰富、空间精度不统一的特点。依托集景 CIM 基础平台开展重庆市 CIM 数据治理，形成全覆盖、全要素、全周期的 CIM 数据体系。以时空基础数据中的城市三维空间数据体系为核心，建成覆盖全市域 8.24 万 km^2 的数字高程模型、地形三维模型、实景三维模型、2.5 维地理信息数据，以及覆盖部分城区的建筑、轨道、隧道、桥梁、地下空间等专题三维模型，以此形成全域立体时空底座。同时接入资源调查、规划建设、物联感知、公共专题等数据，从而形成包罗城市地上地下、室内室外、过去现在未来，涵盖自然资源、规划、建设、地质、建筑、市政、公共服务和城市运行等多领域的城市数据资源体系。

在数据分级上，按照 CIM1～CIM7 进行数据分级治理，如表 7.3-1 所示。

重庆市 CIM 基础平台数据分级 表 7.3-1

层级	模型名称	数据内容	常见数据类型
CIM1	地表模型	底面轮廓	地形三维叠加基本轮廓
CIM2	框架模型	三维基本框架	体块模型
CIM3	标准模型	三维框架和表面纹理	实景三维模型
CIM4	精细模型	分要素三维专题模型框架	建筑、轨道、隧道、桥梁、地下空间等专题模型，BIM(LOD100)模型
CIM5	功能模型	建筑内外、交通、场地、地下空间要素及主要功能分区，满足功能分区需求	BIM(LOD200)模型
CIM6	构件模型	建筑内外、交通、场地、地下空间要素及主要构件	BIM(LOD300)模型
CIM7	零件模型	建筑室内主要设备零件，满足智慧运维需求	BIM(LOD400)模型

在要素层面上，汇聚融合了包括"城市-区县-街道-地块-楼栋-楼层"等不同粒度的城市形态、部件信息，城市部件对象的空间位置和相互关系通过唯一身份编码实现全部要素的统一管理。

依托三维技术支撑规划方案审查、规划竣工核实两环节工作的稳定机制，实现空间数据资产的动态更新和长效汇聚。在数据汇聚基础上，通过构建数据处理工具软件，实现模型检查入库、数据清洗、数据转换、多版本管理、模型轻量化、模型抽取、数据更新、专题图制作等数据处理，形成完备的数据治理体系。

二、立体底座数据

立体底座数据划分为 CIM1～CIM7 分级，CIM4 精细模型进一步细分为建筑、道路、水系、地下空间、隧道、轨道、桥梁七个专题。所有立体底座数据均支持时间属性。

（一）CIM1 地表模型

CIM1 地表模型的主要建模方法包括小比例尺基础地理数据加工、由 CIM2 和 CIM4 数据自动降维生成等，如图 7.3-1 所示。

（二）CIM2 框架模型

CIM2 框架模型的主要建模方法包括基于中小比例尺基础地理数据加工，中小比例尺基础地理数据＋LIDAR 数据、由 CIM4 数据自动降维生成等，如图 7.3-2 所示。

（三）CIM3 标准模型

CIM3 标准模型主要数据来源是实景三维模型，通常是利用倾斜摄影技术经过空间三角测量等过程完成的。

非单体化的模型成果数据，后面简称倾斜模型，这种模型采用全自动化的生产方式，模型生产周期短、成本低，获得倾斜影像后，经过匀光匀色等步骤，通过专业的自动化建

图 7.3-1　CIM1 地表模型

图 7.3-2　CIM2 框架模型

模软件生产三维模型，这种工艺流程一般会经过多视角影像的几何校正、联合平差等处理流程，可运算生成基于影像的超高密度点云，点云构建 TIN 模型，并以此生成基于影像纹理的高分辨率实景三维模型，因此也具备倾斜影像的测绘级精度。

在经过纹理映射构建后，形成真实的实景三维模型。目前倾斜摄影实景三维模型的数据处理大多使用建模软件完成，实景三维模型数据的组织方式通常是以二进制形式进行存储，带有嵌入式链接纹理数据的 OSGB 格式和结构简单的文本型 OBJ 格式数据，如图 7.3-3 所示。

图 7.3-3　CIM3 标准模型

（四）CIM4 精细模型

CIM4 精细模型主要数据来源是精细三维模型。精细三维模型在城市仿真场景中应用广泛，可以挂接属性从而实现查询和分析功能。建模人员利用三维建模软件描述不同空间对象的细节特征，如图 7.3-4 所示。

图 7.3-4　CIM4 精细模型

CIM4 精细模型进一步细分为建筑、道路、水系、地下空间、隧道、轨道、桥梁七个专题。

(1) 建筑专题数据

主要包括普通建筑物、重点建筑物、建筑物附属设施等。

(2) 道路专题数据

主要包括封闭道路（铁路、高速公路、封闭主干路等）、未封闭道路（国道、未封闭主干路、支干路、支路等）、立交桥、道路交叉口、道路附属设施等。

(3) 水系专题数据

主要包括自然河流、人工沟渠、天然湖泊、水库、水系附属设施（水闸、水坝等）。

(4) 地下空间专题数据

主要包括车库、地下构筑物、地下空间附属设施等。

(5) 隧道专题数据

主要包括铁路隧道、公路隧道、取水隧道、逃生隧道等。

(6) 轨道专题数据

主要包括轨道普通站点、轨道换乘站点、隧道区间、隧道附属设施等。

(7) 桥梁专题数据

主要包括铁路桥、公路桥、公铁两用桥、人行桥、运水桥（渡槽）及其他专用桥梁（如通过管道、电缆等）。

（五）CIM5 功能模型

CIM5 功能模型主要数据来源是建筑信息模型（BIM）。支持对建筑内外、交通、场地、地下空间的要素和功能分区的表达，精度宜为 BIM200，通过参数化、语义化方式进行建模[11-13]。主要软件包括 Autodesk 系列、Bentley 系列等，如图 7.3-5 所示。

图 7.3-5　CIM5 功能模型

在集景 CIM 基础平台中，利用设计及现状数据构建三维建筑信息模型，意义在于实现与三维数字城市平台的无缝衔接，提供丰富建筑构件信息，为建筑内部的空间分析、查询提供了基础支撑，迈出智慧城市向数字城市的新一步。项目将建筑信息模型分为要素模型、几何模型和约束模型三个组成部分。

（六）CIM6 构件模型

CIM6 构件模型主要数据来源是 BIM。支持对建筑内外、交通、场地、地下空间的要素和构件等表达，精度宜为 BIM300，通过参数化、语义化方式进行建模。主要软件包括Autodesk 系列、Bentley 系列等，如图 7.3-6 所示。

图 7.3-6　CIM6 构件模型

（七）CIM7 零件模型

CIM7 零件模型主要数据来源是 BIM。支持对建筑室内主要设备零件等表达，精度宜为 BIM400，通过参数化、语义化方式进行建模。主要软件包括 Autodesk 系列、Bentley系列等，如图 7.3-7 所示。

三、汇聚接入数据

在立体底座数据之上，支持资源调查、规划建设、物联感知、公共专题等数据汇聚接入。

（一）资源调查数据汇聚接入

（1）国土调查数据。主要包括国土调查与变化调查、地理国情监测数据等。

（2）地质调查数据。主要包括基础地质、水文地质、地质环境、地质灾害等。

（3）耕地资源数据。主要包括耕地资源、永久基本农田数据等。

（4）水资源数据。主要包括水系水文、水利工程、防汛抗旱数据等。

（5）房屋建筑普查数据。主要包括房屋建筑、历史建筑、图文资料等。

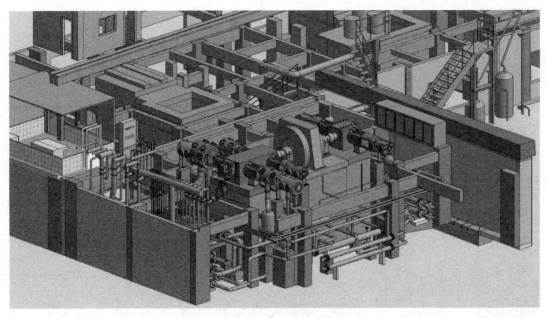

图 7.3-7　CIM7 零件模型

（6）市政设施普查数据。主要包括道路设施、桥梁设施、供水设施、排水设施、园林绿化等。

（二）规划建设数据汇聚接入

（1）三区三线数据。主要包括生态保护红线、永久基本农田、城镇开发边界等。

（2）园区控规成果。主要包括平面控规成果、竖向规划成果、图文资料等。

（3）城市设计成果。主要包括二维设计成果、三维设计成果、图文资料等。

（4）立项用地规划许可。主要包括策划项目信息、协同计划项目（已选址）、项目红线、立项用地规划信息、证照信息、批文、证照扫描件等。

（5）建设工程规划许可。主要包括规划设计方案模型、报建与审批信息、证照信息、批文、证照扫描件等。

（6）施工许可。主要包括施工图模型、施工审查信息、证照信息、批文、证照扫描件等。

（7）竣工验收。主要包括竣工验收模型、竣工规划核实信息、验收资料扫描件等。

（三）物联感知数据汇聚接入

物联感知主要通过"感知"真实物理城市，建立物理城市和数字孪生城市之间的精准映射，实现智能干预，进而为智慧城市大脑提供海量运行数据，使得城市具备自我学习、智慧生长能力。

通过传感器与城市管网、阀门井室、古树名木、下穿隧道、路灯灯杆等公共基础设施融合，实现基础设施"被感知"；支持车辆、人员、资源等位置及移动轨迹"追溯"能力；基于边缘计算设备，实现环境污染、违法停车、垃圾满溢、井盖异动等城市运行状态及市容秩序"智能发现"能力；基于多模多制式设备，满足各种场景下多种感知、计算、控制要求。通过对物联网设备的远程操控，实现数字城市对物理城市的反向控制；针对具有一定运算和处理能力的设备，实现智能干预。

物联网（IoT）数据能够丰富 BIM 和 GIS 数据的时态，增加 BIM 和 GIS 数据维度。目前国内外尚未出现成熟的 IoT 通用数据模型，因此在实际应用中，可分析不同类型的物联感知信息的特点和应用需求，采取顾及感知数据特点的 BIM/GIS 数据的集成方式。如针对摄像头实时采集到的视频监控图像数据，可对多个摄像头生产的视频数据进行空间拼接建库，并建立视频索引，生成可无缝缩放的视频图像镶嵌动态地图数据，并根据视频图像关联的坐标与 GIS 中的地理空间数据再次进行坐标关联，成为新型的动态基础空间信息。

IoT 数据主要包括以下类型：

（1）建筑监测数据。主要包括建筑空间管理、资产管理、运行维护管理、设备运行监测、能耗监测管理等。

（2）市政设施监测数据。主要包括城市道路桥梁、轨道交通、供水、排水、燃气、热力、园林绿化、环境卫生、道路照明、垃圾处理设施及附属设施的监测数据等。

（3）气象监测数据。主要包括雨量、气温、气压、湿度、风向等监测。

（4）交通监测数据。主要包括交通流量监测、路口卡口数据、图片和视频等。

（5）生态环境监测数据。主要包括水、土壤、空气、噪声等监测。

（6）城市运行与安防数据。主要包括治安视频、手机信令数据、市容环境、宣传广告、施工管理、突发事件、界面秩序、河流流量、工程安全、闸站工情等。

IoT 数据汇聚接入与集成。以表征管理对象（项目、地块等）的实体模型对象为关联标识，将城市各种原始的、离散的城市感知数据叠加在统一的三维空间中，通过对实体对象的各种状态信息、属性信息进行多维关联，实现物联感知数据的接入与集成。

（四）公共专题数据汇聚接入

（1）社会数据。主要包括就业和失业登记、人员和单位社保信息等。

（2）实有单位。主要包括机关、事业单位、企业、社团信息等。

（3）宏观经济数据。主要包括国内生产总值、通货膨胀与紧缩、投资、消费、金融、财政、税收等信息。

（4）实有人口。主要包括自然人基本信息。

（5）兴趣点 POI 数据。主要包括餐饮、住宿、购物、卫生社保、科教文化、体育休闲、旅游景点、金融保险、机关团体、交通运输、生活服务、房产园区与仓储、公司企业、地名地址标识点、其他兴趣点等。

（6）地名地址数据。主要包括地名、标准地址数据等。

第四节 CIM 平台研发

通常，三维渲染引擎较多依赖于计算机终端算力，在复杂山地场景中存在数据量大、图形引擎种类多等现实技术问题。针对这一技术瓶颈，研究团队研发建立了与场景数据量无关、支持多图形引擎的像素流推送集群与统一服务接口，实现了城市级海量数据高保真渲染、低时延交互与多终端适配；基于超高 I/O 建立了弹性微服务架构的 CIM 数据服务集群，实现了服务的动态授权、自动聚合、主动发现和自适应伸缩。

一、CIM 数据中心

CIM 数据中心提供以数据治理为核心的海量多源异构数据汇聚与服务，主要功能如下。

（一）数据库构建与管理

支持时空基础数据库构建与管理，主要包括影像数据、矢量数据、瓦片数据等；支持城市现状库、规划建设库、三维模型库、BIM 数据库、公共专题库、业务数据库、物联网感知库、新型测绘产品数据库以及其他模型数据库的构建与管理[9,14]。

（二）数据融合与治理

数据融合与治理包括数据汇聚、数据治理、数据优化、数据综合管理、物联网感知数据管理等内容。

（1）数据汇聚：主要包括数据预处理、三维仿真模型、BIM 模型、实景三维模型、点云模型、公共专题数据、物联网感知数据、GIS 服务汇聚、第三方数据接口数据汇聚等。

（2）数据治理：主要包括二维和三维数据质检、精细模型预处理、BIM 模型预处理、实景三维模型预处理、地下管线建模、三维实体关系建立、数据入库等。

（3）数据优化：主要包括精模数据优化、点云数据优化、倾斜摄影数据优化、GIS 服务性能优化。

（4）数据综合管理：主要包括资源目录管理、元数据管理、数据查询、数据预览、数据清洗、数据转换、数据导入导出、数据更新、专题图制作、数据备份与恢复等。

（5）物联网感知数据管理：主要包括监测设备指标监测数据、运行状态监控、监测指标配置、预警管理、运行状态监控等。

（三）数据运维与监控

（1）系统管理：主要包括组织机构管理、用户管理、角色管理、统一认证、日志管理等。

（2）系统运行监控：主要包括负载均衡能力、系统运维监控、服务器监控、数据库监控、应用监控等。

（四）可视化与空间分析

（1）基础功能：主要包括 CIM 资源加载、集成展示、图文关联展示、分级缩放/平移/旋转、飞行、定位、批注、几何量算、体块比对、卷帘比对、多屏比对、透明度设置、模型细节程度设置等。

（2）查询统计：主要包括地名地址查询、空间查询、关键字查询、模糊查询、组合条件查询、模型查询、模型元素查询、关联信息查询、多维度多指标统计、结果输出等。

（3）全信息可视化展示：主要包括模型数据加载、可视化渲染、图形变换、场景管理、相机设置、灯光设置、特效设置、交互操作、监控视频三维场景融合展示等。

（4）综合分析：主要包括二维和三维缓冲区分析、叠加分析、空间拓扑分析、通视分析、可视域分析、天际线分析、剖切分析、日照分析等。

（5）模拟仿真：主要包括时空演变、城市生长、单体建筑生长、积水仿真、天气仿真等。

（五）服务器端渲染与推流

（1）服务器端渲染：主要包括渲染集群管理、渲染数据动态组装、渲染器动态启停、渲染负载均衡、渲染引擎切换等。

（2）推流：主要包括推流配置动态自适应、推流基础配置、推流扩展配置等。

（3）渲染推流二次开发：主要包括推流二次开发 SDK、推流示例工程、推流代码脚手架等。

二、CIM 基础平台

（一）数据服务

（1）服务目录：用户可以按照目录方式检索所需的服务，也可进行多条件的复合查询，在结果列表中，用户可以对服务进行在线预览、查看详细元数据信息、查阅该类服务的使用方法。

（2）服务注册：用户可以将自己已经发布好的服务注册到平台共享交换中心，并可对元数据内容和使用权限进行设定。

（3）服务发布：支持用户数据托管及发布。

（4）服务动态申请：支持集景/Cesium/UE 多引擎、多分级、动态区域的数据服务申请与批准。

（5）服务动态聚合：提供多个服务的动态聚合能力。

（6）服务代理：通过代理技术对空间和非空间服务进行反向代理访问，对访问进行转发，以对服务的访问进行监控，并控制服务资源的权限，增强安全性。

（7）服务管理：对所有服务进行统一管理，包括服务启动、服务停止等运行状态管理，可以对服务的属性进行编辑。

（8）服务调用：支持服务访问控制、协议解析、服务路由等。

（二）开发接口

（1）应用模板配置。

（2）APP 快速搭建。

（3）开发接口 API 及开发工具包 SDK 服务：包括资源访问类、项目类、地图类、三维模型类、BIM 类、控件类、事件类、实时感知类、数据分析类、模拟推演类、平台管理类等。

（三）创新场景

（1）智慧城市创新场景：主要包括城市级 CIM、园区级 CIM、街道级 CIM 创新场景。

（2）专业领域创新场景：主要包括基于 CIM 的规建管服务、基于 CIM 的自然资源管理服务、基于 CIM 的城市运行模拟推演服务、基于 CIM 的智慧警务服务、基于 CIM 的智慧航道服务等创新场景。

（四）能力引擎

1. 可视化展示

综合利用三维可视化手段，实现城市每一栋建筑、每一个地下空间、每一个城市部件的可视化展示。包括三维场景浏览、三维场景透视、地上地下、室内室外、水上水下、立体视觉等，如图 7.4-1、图 7.4-2 所示[10]。

图 7.4-1　CIM 地上地下可视化展示

图 7.4-2　CIM 室内室外可视化展示

2. 空间分析计算

基于集景 CIM 基础平台，针对具体业务场景，支持对空间相关矢量、栅格、三维模型、属性数据、感知数据等进行量算、分析、模拟等。将上述不同类别的分析能力按特定的应用场景进行组合，可组成面向特定专题的空间分析计算能力，构成计算城市应用框架[7,8]。

集景 CIM 基础平台支持在三维场景中进行空间距离测量、闭合图形面积与周长测量、表面积测量、体积测量等。可满足道路长度测量、建筑高度测量、外立面面积测量、地块面积与体积测量、土石方量测算等业务场景的需求。

以场平土石方量测算为例，将自然地形转换为满足使用功能的人工地形称作场地地形设计，依据周边地形要素的不同，可以将场地根据形态的不同设计成不同类型。CIM 技术体系为三维场平计算提供了实现方法，在三维场景中根据场平计算原理，设计三维场平模型，完成模拟。在数学表达上，区域内用地整平结果为一个空间面，道路标高按照规划高程进行控制，用地地块最后整平的结果是该地块与各条道路缘结合处高于路面标高，便于排水。

集景 CIM 基础平台除了支持传统三维 GIS 的空间分析功能，如叠加分析、缓冲区分析、通视分析等，还具备了更多的空间分析功能，包括日照分析、天际线分析、透视分析、剖面分析、开挖分析、视域分析、建筑内部结构分析等，极大地拓展了三维场景中的空间分析方法，如图 7.4-3～图 7.4-5 所示。

图 7.4-3　视域分析

此外还可开展开发强度、建筑密度、绿地率、林木蓄积量等空间计算，满足管理对象或区域的特定要素统计与综合计算，如根据空间范围计算建筑密度、平均高度、开发强度等，以动态范围开展建筑密度专题计算等。

3. 模拟推演

集景 CIM 基础平台支持三维场景中采用特定的地理模型，通过数据建模、事态拟合

图 7.4-4　天际线分析

图 7.4-5　开挖分析

描述地理变量在时空上的动态变化特征，结合先进的可视化仿真技术，将模拟的地理全过程在虚拟环境中进行可视化呈现，从而实现场景过程模拟、情景再现模拟、预案推演等空间模拟，进而分析其影响因素和形成机制。空间模拟服务可为事件回溯、城市规划、应急预案等方案评估与优化提供细化的、量化的分析与评估结论。典型的空间模拟包括三维道路设计、洪水模拟推演、场平模拟等。

　　如道路的三维模拟是根据城市道路平面设计图纸，对道路的各个位置信息构建参数学模型，通过整合、转换等技术手段，将道路抽象为模型的整体，最终完成模拟。道路三维快速模拟的关键问题是解决道路设计标高到道路中心线竖向形态的转换。道路模拟的过程是根据平面设计图构建参数模型，通过参数模型进行道路纵断面设计和道路横断面设计，最后完成道路的三维模拟。道路三维模拟优化如图 7.4-6 所示。

图 7.4-6 道路三维模拟优化

洪水推演模拟是在三维场景中构建一种"虚实结合"的地理过程模拟，以在线接入的方式将现实世界的动态监测信息（水文站水位监测信息）嵌入虚拟地理环境中，借助虚拟重建的地理场景（三维地形、建筑模型等），模拟符合真实场景的洪水演变，从而更加准确地模拟洪水发展的实时动态过程，如图 7.4-7 所示。

图 7.4-7 洪水推演模拟

第五节 CIM＋应用实践

一、城市级 CIM 实践

研究团队基于自主研发的集景 CIM 平台构建了重庆市 CIM 平台。该平台是以"全市域多源多尺度实景三维模型"为空间底板，以建设工程规划审批制度为保障，动态汇聚建筑、道路、轨道等多类信息模型，融合城市过去、现在、未来海量时空信息和感知信息形成的数字基础设施。重庆市 CIM 平台是城市规划、建设、管理、运行工作的基础性操作平台，是智慧城市的基础性、关键性信息基础设施。

基于全覆盖、全要素、全周期的海量空间数据资源，以及虚实融合、精准映射、仿真推演的核心能力，重庆市 CIM 平台面向各委办局、行业部门提供时空底座、开放接口、创新场景三大板块服务。让城市规划建设管理、经济运行、物联感知信息能够以空间为纽带汇聚集成，实现数字城市和现实城市的同生共长。基于重庆市城市信息模型平台，已经形成了涵盖生态保护、规划建设、社会治理、历史文化、数字经济五大领域的上百个应用场景。

二、园区级 CIM 实践

西部（重庆）科学城位于重庆市主城区西部槽谷，东衔中梁山、西揽缙云山、南接长江、北拥嘉陵江，规划区域范围 1198km²，东西横跨 5～15km，南北纵贯 80km。某园区是"科学"与"城市"的融合体，是产、学、研、商、居一体化发展的现代化新城，规划建设成为具有全国影响力的科技创新中心核心区，引领区域创新发展的综合性国家科学中心，推动成渝地区双城经济圈建设的高质量发展新引擎，链接全球创新网络的改革开放先行区，人与自然和谐共生的高品质生活宜居区。

西部（重庆）科学城的规划建设发展，需要科学的模式。目前，CIM 平台汇聚了全域 1198km² 时空数据，形成了数据驱动科学城产业、创新、空间布局协同发展的新模式。

在规划推演板块，建立了详细规划、城市设计、规划方案动态融入、推演计算与审查的机制。基于集景 CIM 基础平台的计算、推演能力，对核心区 135km² 未建设区域的规划进行整体推演计算，并对路网和用地进行整体竖向优化，不断优化规划成果。为防止土石方随意堆填造成城市自然山水环境破坏，考虑地形、控规、交通、水系、生态红线、永久基本农田等因素，开展土石方消纳点快速选址和消纳容量初步测算，为统筹做好建设项目开挖土石方消纳提供支撑[15]。

在建设跟踪板块，基于 CIM 平台动态跟踪重大项目的建设进度，在市政道路、地下管线、轨道交通、建筑 BIM、隧道等方面，形成了时间上的"过去、现在、未来"三个不同维度的建设数据全融合[16]。

在产业创新板块，逐一梳理城市、产业及创新规划的空间逻辑、发展时序和协同关系，对科学城主要板块的产业创新功能、开发时序、空间形态进行策划，精准动态指导新区招商引资、招才引智，推动产业链和创新链的深度融合，如图 7.5-1、图 7.5-2 所示。

图 7.5-1　空间规划的立体推演与优化

图 7.5-2　建设工程的全过程跟踪

三、街道级 CIM 实践

　　智慧街道综合信息服务平台立足于街道管理和社区治理，以居民最迫切的现实需求为导向，以地理位置为基础，以室内室外、地上地下空间信息为依托，建立社区五级信息协同框架体系，建设社区数据资源中心，推动基层政府及社会资源整合集成，创新"互联网＋位置＋社区"的基层社会治理模式和邻里共享模式，提升社区精细化管理和民生服务水平。在此基础上，通过灵活定制智慧应用，着力构建一个便民利民服务智能化、社区管理现代化的新型社区，加强社会治理信息化建设，全方位地满足社区居民智慧化生活所需。在重庆市渝中区石油路街道，搭建了首个国家级智慧社区试点"智慧石油路"平台。围绕城市管理、社区治理、民生服务等工作，探索出基层治理创新发展新模式。平台形成的科学治理思路、创新管理模式和技术应用手段等一系列成果，如图 7.5-3 所示。

四、基于 CIM 的城市设计实践

　　某片区是重庆市主城区唯一尚未开发的江岸半岛，片区约 7.9km²，将建设成为一个

图 7.5-3　智慧街道综合信息服务平台

"生态文化之区，山水宜居之城"。规划中，按照南北把该片区分成 4 个片区、7 个中心，包括太阳城、中心广场、月亮湾广场、会议中心、白居寺公园、该片区公园、滨江公园。

根据设计方提供的片区设计总平面图，对不同设计要素进行详细分析，了解片区设计理念与定位，制定该片区不同建筑规则，通过逐步数据处理与集成，形成城市设计初步成果，为后期美化、渲染、输出成果提供了基础。

在此基础上，以该片区为例提炼出多种风格的建筑规则，包括川东风格、现代风格、欧式风格等，建筑功能包括高层、多层、低层居住、商住楼、展厅等。团队总共完成了 $8km^2$ 三维城市设计，基于规则的初步成果如图 7.5-4 所示。初步成果支持基于山地城镇的评估体系，可进行建筑风格、建筑高度、建筑层数等参数的实时调整和三维形态实时变化，减少了沟通成本[17]。

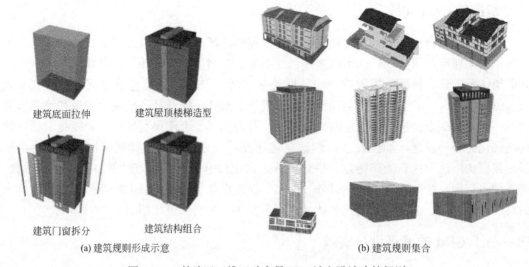

建筑底面拉伸　　　　建筑屋顶楼梯造型

建筑门窗拆分　　　　建筑结构组合

(a) 建筑规则形成示意　　　　　　　　　　　(b) 建筑规则集合

图 7.5-4　某片区三维互动实景 BIM 城市设计建筑规则

初步成果在多次调整、优化之后，确定了最终成果。为了片区招商引资、规划成果展示，将成果导出至三维模型格式，在三维建模软件中进行处理、美化、渲染，最终输出至 CIM 平台进行可视化展示，效果如图 7.5-5 所示。

图 7.5-5　基于 CIM 的某片区城市设计

第六节　本章小结

新型城镇化背景下，智慧城市成为城市管理和社会治理转型升级的关键路径。以城市基础设施数字化为基础、城市空间为纽带、融合各类信息的 CIM 作为智慧城市基础性、关键性的信息基础设施，为城市规划、建设、运行、服务全生命周期管理提供重要支撑。

针对山地城市多源异构 CIM 数据汇聚融合困难、特大城市海量数据访问效率低、终端算力性能要求高、复杂场景网络传输量大、应用接口不统一、山地城市计算分析模型复杂、相关标准体系不完善等关键问题，研究团队开展基于三维互动实景场景的建筑 BIM 设计展示系统、全覆盖、全要素、全周期 CIM 数据框架、基于多图形引擎的像素流推送集群与 CIM 服务引擎研究，形成了丰富的数据成果、软硬件成果和科研成果，在建设和城市管理开展了应用推广，创造了良好的社会效益和经济效益。

本研究后续将在以下三方面进行深入拓展：一是在数据建设上，实现从 CIM 基础产品到动态更新、快速定制的提升；二是在服务模式上，从 CIM 基础服务到轻量化、网络化、按需组装的转变；三是在应用支撑上，与更多行业数据进行挂接关联和融合，探索更多智慧应用。

参考文献

[1] 薛梅，胡章杰，陈华刚，何兴富，等．一种大规模建筑信息模型与三维数字城市集成方法：201410157844.7［P］．2017-04-26.

[2] 李锋，向泽君，王俊勇，王国牛，等．三维城市模型自适应调度方法：201410157366.X［P］．2017-04-19.

[3] 詹勇，陈翰新，向泽君，陈良超，等．基于三维仿真模型的倾斜摄影三维模型对象化应用方法：201711063650.0［P］．2021-03-02.

[4] 何兴富，薛梅，陈良超，陈翰新，等．实景三维模型与三维仿真模型混合加载方法：201710244884.9［P］．2020-06-05.

[5] 明镜，向泽君．山地城市地质信息集成管理平台研究与应用［J］．城市勘测，2015，(5)：147-153.

[6] 建筑信息模型与城市三维模型信息交换与集成技术规范：DB 50/T 831-2018［S］．重庆：重庆市质量技术监督局，2018.

[7] 刘浩，薛梅．虚拟地理环境下的地理空间认知初步探索［J］．遥感学报，2021，25（10）：2027-2039.

[8] 李锋，明镜，唐相桢．基于BIM和RSSI的室内定位与导航研究与应用［J］．城市勘测，2021（5）：11-15.

[9] 李锋，詹勇，龙川．海量车载激光点云组织与可视化研究［J］．城市勘测，2020（1）：93-97.

[10] 陈良超，李锋．顾及多源LOD的室内外三维模型组织和调度方法［J］．测绘科学，2019，44（10）：152-157.

[11] 薛梅，陈光，李锋，詹勇．一种基于地理实体的异构三维空间数据集成方法［J］．测绘通报，2019（S2）：247-252.

[12] 陈光，薛梅，胡章杰，刘一臻．轨道交通GIS+BIM三维数字基础空间框架［J］．测绘通报，2019（S2）：262-266.

[13] 陈光，薛梅，刘金榜，何兴富，等．一种市政道路BIM设计模型与三维GIS数据集成方法［J］．地理信息世界，2018，25（3）：82-86.

[14] 李淑荣，李锋．倾斜摄影模型后处理与建库研究［J］．城市勘测，2017（2）：98-101.

[15] 熊桂开，朱丽丽，薛梅．GIS-BIM技术在山地城市路网优化设计中的应用［J］．重庆交通大学学报（自然科学版），2017，36（4）：91-96.

[16] 薛梅，李锋．面向建设工程全生命周期应用的CAD/GIS/BIM在线集成框架［J］．地理与地理信息科学，2015，31（6）：30-34，129.

[17] 薛梅，邱月，唐相桢．基于地理设计的城市三维空间形态设计方法［J］．规划师，2015，31（5）：49-54.

第八章

变形监测

第一节　背景与现状

一、背景

经过几十年的发展，我国城市基础设施由过去大规模的开发建设转变为更新维护。作为经济社会发展的重要支撑，完善的基础设施对于增强城市综合功能、保障人民生活水平、改善城市面貌都起到了重要作用。随着时间的推移，部分基础设施达到或接近设计使用年限，由于满负荷甚至超负荷运转，导致基础设施老化病损严重，在极端天气和突发自然灾害面前，极易发生沉降、位移、变形甚至坍塌等安全事故，在很大程度上影响着社会的发展。因此，需要不断提高基础设施的建设质量、运营标准、管理水平以减少安全隐患，同时，开展建（构）筑物结构安全监测增强城市防灾减灾能力，提高城市运行品质。

二、现状

在全球性变形监测方面，空间大地测量是最基本和适用的技术，主要包括全球导航卫星系统（GNSS）、甚长基线射电干涉测量（VLBI）、卫星激光测距（SLR）、激光测月技术（LLR）以及卫星重力探测等技术手段。

在区域性变形监测方面，GNSS已成为主要技术手段，在多种变形监测场景中被广泛应用。但是，精密水准测量依然是变形监测工程中高精度信息获取的主要方法。此外，近年来发展起来的空间对地观测遥感新技术——合成孔径雷达干涉测量（Interferometric Synthetic Aperture Radar，INSAR），在监测地震变形、地表沉降、山体滑坡等方面表现出了很强的技术优势。

在工程和局部变形监测方面，地面常规测量技术、地面摄影测量技术、传感采集监测技术等均得到了较好的应用，但目前，对各类建（构）筑物的安全变形监测多采用人工监测方法，测量时间大多是在不影响基础设施正常运营的天窗时间，无法做到实时测量和连续测量，且易受到恶劣天气的影响，这种监测方式效率低，人工和时间成本高，精度受到一定程度的影响，传统的人工监测手段已经很难满足当前快速发展的结构安全变形监测的需求。

现代变形监测正发展为多种监测技术方法的综合运用，基于有线、无线、卫星等通信技术，实现为海量监测数据的实时远程传输大大提升监测信息的时空采样率，已逐步形成为多层次、多视角、多技术、自动化及智能化的立体监测体系。

第二节　监测技术与方法

目前，变形监测技术和方法正在由传统的单一监测模式向点、线、面立体交叉的空间模式发展。在变形体上布置监测点，在变形区影响范围之外的稳定区域设置固定观测站，用高精度测量仪器定期监测变形区内测点的位移变化是获取变形体变形的一种常用外部监测方法，这些方法主要泛指高精度地面监测技术、摄影测量方法及 GNSS 监测系统等手段。

随着变形监测技术方法由静态监测、人工监测方式逐渐向实时性监测、自动化监测方向发展，在变形体内部或表面安设各类传感器，借助计算机技术、通信技术就可实现实时自动化采集监测数据，由于传感器具有高精度、准分布、实时性、耐腐蚀及抗电磁干扰等众多优势，已在众多现代工程监测领域得到广泛应用，常用的传感器变形监测类型包括应力应变、裂缝、深部位移、静力水准、倾斜、地下水位、雨量、风速风压、温湿度等。

变形监测的内容主要包括水平位移、垂直位移、三维位移、倾斜、挠度、裂缝、振动、应力应变以及其他环境类项目，如温度、湿度、风速、风向、气压、雨量、地下水位等，不同的监测内容可采用不同的监测设备和方法，具体取决于项目的变形类型、监测目的、精度要求、现场作业条件、变形大小和速率等因素，应用中可组合使用多种监测方法，对有特殊要求的变形监测项目，可同时选择多种监测方法相互校验。表 8.2-1 展示了变形监测的主要内容及其可选用的监测设备和方法。下面对常用的几类变形监测技术与方法进行简要介绍。

变形监测内容与设备　　　　表 8.2-1

监测内容	监测设备与方法
水平位移	全站仪、GNSS、三维激光扫描仪、激光测距仪、多点位移计、倾斜仪等
垂直位移	水准仪、三角高程、静力水准仪、全站仪、GNSS 等
三维位移	全站仪、GNSS、三维激光扫描仪、摄影测量系统等
倾斜	倾斜仪、经纬仪、全站仪、水准仪、静力水准仪等
挠度	位移计、挠度计、正倒垂装置等
裂缝	裂缝计、千分尺、游标卡尺、裂缝观测仪等
振动	加速度计、GNSS 等
应力应变	应力计、应变计等
环境类项目	对应的环境传感器，如温度传感器、湿度传感器、风速传感器等

一、测量机器人监测

测量机器人是一种利用 CCD 相机和其他传感器通过自动目标识别技术（Automatic

Target Recognition，ATR）对需要测量的"目标"进行自动搜索、跟踪、辨识和精确照准并获取角度、距离、三维坐标以及影像等信息的智能型电子全站仪，在实际应用中可代替人的手动瞄准操作，大大提升工作效率。

在变形监测应用中，测量机器人逐渐成为首选的自动化位移监测技术设备。通过编制程序或软件来制定测量任务、控制测量过程、处理及分析测量数据，实现对结构关键风险点的自动化、实时、连续的变形观测。测量机器人变形监测系统，已被广泛应用在不同类型的变形监测工程中，如地铁隧道变形监测、边坡监测、桥梁结构安全监测、高层建筑变形监测等，如图 8.2-1 所示。

图 8.2-1　测量机器人应用于变形监测

二、精密水准测量

目前使用的精密水准仪主要分为气泡式的精密水准仪、自动安平的精密水准仪和数字水准仪三类。精密水准仪采用高质量的望远镜光学系统、坚固稳定的仪器结构、高精度的测微器装置、高灵敏的管水准器和高性能的补偿器装置，使其具有比三角高程测量[10]、GNSS 高程测量等其他沉降监测方法更高的观测精度。

精密水准仪在变形监测中主要用于沉降监测，对应的精密水准测量等级通常为国家二等水准测量，具有前期投入小、施工过程简单、精度高等优点，在使用过程中需搭配相应的铟瓦合金水准尺，如图 8.2-2 所示。

三、精密三角高程测量

三角高程测量是通过测量两点之间的距离和竖直角来确定高差的，该方法保持测站不动，避免了测站量高误差的影响。作者所在团队也对"精密三角高程测量代替二等水准测量"进行了深入研究[10]，通过采用两台同型号的高精度自动照准全站仪进行同时段高低

图 8.2-2　精密水准测量

双棱镜组的对向观测，极大地减弱了大气折光、垂线偏差及地球曲率的影响，其中，高低棱镜的两组观测结果可进行相互检校；采用偶数边对向观测及起、末水准点采用同一对中杆来避免仪器高、对中杆高量测误差的影响，如图 8.2-3 所示。在不考虑外界环境影响的情况下，选择测角、测距精度较高的全站仪来降低角度和距离观测中误差以及观测起、末水准点时，缩短观测边长并限制高度角，均可提高精密三角高程测量的精度。

图 8.2-3　精密三角高程测量

四、高精度卫星定位

高精度卫星定位技术应用于变形监测具有精度高、速度快、操作简便、测站无须通视等优点，且通过和计算机信息技术集成，可实现远程在线自动化监测的目的，目前，在大坝变形监测、高层建筑物变形监测、大型桥梁变形监测等工程项目中应用广泛，如图 8.2-4 所示。

GNSS 用于变形监测的作业方式可划分为周期性和连续性两种模式。周期性的 GNSS 变形监测模式一般应用在全球性的变形监测中，变形体的变形极为缓慢，在局部时间域内可以认为是稳定的，其监测周期有的是几个月，有的长达几年，此时，采用 GNSS 静态相对定位法[3] 进行测量和监测，数据处理和分析一般都是事后进行。

图 8.2-4　GNSS 接收机用于大型场馆变形监测

连续性的 GNSS 变形监测模式是指采用固定的监测仪器长时间地采集数据，获得变形数据序列，其观测数据是连续的，具有较高的时间分辨率，通常应用在工程和局部变形监测中。根据变形体的不同特征，可采用静态相对定位法和动态相对定位法进行测量和监测，数据处理和分析可实时或事后进行。

五、三维激光扫描

三维激光扫描技术[13] 通过高速激光扫描测量的方法，可全天候、快速、主动、大面积、高分辨率、高精度地获取被测对象表面的三维空间信息，部分设备还能获取到目标的反射强度信息。三维激光扫描技术克服了传统变形监测技术的局限性，能够将立体世界的信息快速转换成计算机可以处理的数据，极大地降低成本，提高效率。

三维激光扫描技术在变形监测中的应用领域日益广泛，主要包括大坝、桥梁、隧道等结构的安全监测，以及边坡、雪崩、岩崩、矿山塌陷等危险区域的变形监测，如图 8.2-5 所示。

六、雷达监测

合成孔径雷达（Synthetic Aperture Radar，SAR）由于可以穿透云雾、具有全天候、全天时工作能力，同时又具备一定的穿透天然植被、人工伪装和地面表层土壤一定深度的能力，在安全监测领域显示出越来越大的应用潜力。雷达监测技术主要有合成孔径雷达干涉测量（INSAR）技术、合成孔径雷达差分干涉测量（D-INSAR）技术、永久散射体合成孔径雷达干涉测量（PS-INSAR）技术、短基线合成孔径雷达干涉测量（SBAS-INSAR）技术等。

图 8.2-5　三维激光扫描技术用于边坡监测

（一）INSAR 技术

合成孔径雷达干涉测量（Interferometric Synthetic Aperture Radar，INSAR）技术是将合成孔径雷达（SAR）置于卫星上，通过两副天线同时观测（单轨模式）或两次近平行的观测（重复轨道模式），对目标场景进行照射，获取地表同一景观的复图像对。它是基于 SAR 影像获取地表的三维信息和变化信息的新型空间对地观测技术，可以高精度地监测大面积微小地面形变，实现对地表形变毫米级的几何测量，如图 8.2-6 所示。相比于传统的 GNSS、水准测量等基于离散点的形变监测技术，它具有监测精度高、监测范围广、全天候连续监测、成本较低等优势。

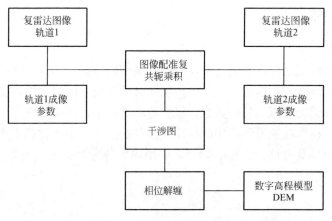

图 8.2-6　INSAR 技术流程

（二）D-INSAR 技术

合成孔径雷达差分干涉测量（Differential Interferometric Synthetic Aperture Radar，D-INSAR）技术主要是利用雷达两次不同时间获取的同一监测区域的相位，经过差分干涉，从而获得形变信息。

D-INSAR 技术进行地表形变监测有三种技术方法，包括双轨法、三轨法和四轨法，从可靠性上分析，因为双轨法使用了 DEM 数据，因此它的精度会受到 DEM 数据精度的辅助，精度最可靠。

（三）PS-INSAR 技术

永久散射体合成孔径雷达干涉测量（Persistent Scatterer Interferometric Synthetic Aperture Radar，PS-INSAR）技术以其长时间、大范围、高精度、动态连续等优势，已成为地表形变监测领域有发展潜力的新手段，可有效弥补传统测量的部分不足，具有全天候、全天时对地观测，不受天气影响；监测精度高，可以达毫米级；监测范围广，单景可监测上千平方千米以上范围；监测密度大，城区每平方千米最高可获得上万观测点；成本低，无需建立监测网等优势。基于 PS-INSAR 技术上的优势使其能够作为地表形变监测安全管理的有效手段。PS-INSAR 技术用于分析点目标，其结果与线性形变相关，适用于城市区域，或者干涉条件和辐射比较稳定的区域。

（四）SBAS-INSAR 技术

短基线合成孔径雷达干涉测量（Small Baseline Subset Interferometric Synthetic Aperture Radar，SBAS-INSAR）技术克服了传统测量存在的时间失相干和大气效应限制，适用于长时序缓慢非线性形变监测。相比 D-INSAR 技术，SBSA-INSAR 技术可获取时间序列的干涉结果并削弱大气的影响；相比 PS-INSAR 技术，其数据量要求少，从而在一定程度上可实现同一季节内地物反射条件基本不变，保证相对干涉质量。该技术流程为：假设共有 $N+1$ 副 SAR 影像，根据一定的时（空）间基线选取原则，选择影像组合，生成 $M(N+1)/2 \leqslant M \leqslant N(N+1)/2$ 景短基线距的干涉图；基于数据基线长度和研究区实际情况，对像对进行短基线干涉处理，再利用外部 DEM 模拟地形相位去除地形相位干扰；依据干涉图、相位离散度和相位标准差，选择高相干的点进行相位解缠和残余地形相位估计，从而建立分时段的平均变形速率、高程误差和差分相位的模型方程组；最后利用奇异分解法（SVD）计算最小二乘解，估计时序非线性形变和 DEM 误差，利用高斯滤波器进行空间滤波和时间滤波以去除大气相位。

七、地面摄影测量

地面摄影测量方法通过在大坝、滑坡体、建（构）筑物等变形体周围稳定点上安置摄像机，对变形体进行摄影，然后对获取的影像进行处理和分析得到变形体上目标点的二维或三维坐标，比较不同时刻目标点的坐标求得它们的变形量。相比于其他变形监测方法，它具有可同时测定变形体任意点、提供瞬时的三维空间信息、大量降低野外工作量、非接触式测量等优点，已广泛应用于桥梁、滑坡、建（构）筑物等变形监测项目中。

近年来，摄影测量已进入了数字摄影测量时代，利用 CCD 相机获取数字影像，再应用数字影像处理技术和数字影像匹配技术进行求解，整个处理过程是由计算机完成的，也称为"计算机视觉"（Computer Vision，CV），如图 8.2-7 所示。这种处理方式可以是离线（事后处理）的，也可以是在线（实时）的，后者称为实时地面摄影测量。地面摄影测量具有非接触式、快速、安全、成果丰富等优点。

图 8.2-7　摄影测量系统（来源于网络）

八、传感器监测

（一）静力水准监测

静力水准监测是采用静力水准仪测量液位高差及其变化的方法，通过测量液位高低的变化来确定被测物体在垂直方向上的沉降，如图 8.2-8 所示。静力水准仪具有安装方便、测量频率高、精度高、无需通视、自动化、稳定性好等优点，对于空间狭小、不通视、空

图 8.2-8　静力水准仪用于变形监测

气紊流等特殊工程条件具有较好的适用性。一般将传感器安装在与被测物体高度相同的测墩上，通过采集软件自动采集和存储数据，再通过通信网络将数据传入后台软件或平台系统，实现自动化观测。

（二）倾斜监测

倾斜监测是指对建（构）筑物中心线或其墙、柱等在不同高度的点相对于底部基准点的偏离值进行的测量，通过两点之间的高差和距离计算获得倾斜值。地面或建筑物的倾斜除了采用常规的测量方法测定两点间高差的变化外，目前较多在变形体上安装倾斜仪，用于监测变形体的倾斜角度，按其工作原理主要可分为液体摆式、振弦式和力平衡式三种，具有安装简单、使用灵活、环境适应性强、便于自动化采集等优点，如图 8.2-9 所示。

（三）裂缝监测

裂缝监测是指对建（构）筑物、桥梁、既有隧道结构等的裂缝的位置、走向、长度、宽度、深度等进行的测量。裂缝的常规测量除采用千分尺、游标卡尺等精密测距仪器外，目前在自动化变形监测中，多在裂缝部位安装裂缝计进行裂缝值的实时监测，常用的裂缝传感器分为光纤光栅传感器和振弦式传感器，具有可埋入性好、抗电磁干扰强等优点，如图 8.2-10 所示。

图 8.2-9 倾斜传感器用于变形监测

图 8.2-10 裂缝传感器用于变形监测

（四）振动监测

振动监测是指对塔式建筑物、桥梁、高层建筑物等在温度、风、车辆等荷载作用下来回摆动过程中进行的动态测量，这对于验证其结构设计参数、评估安全运营能力等方面具有重要意义。除可采用专业的光电观测系统、GNSS 等设备进行观测外，目前，较多采用加速度计进行振动数据采集，可直接获取监测对象的振动加速度数据，具有采样率高、精度高等优点，如图 8.2-11 所示。

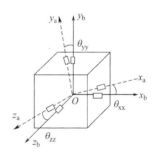

图 8.2-11 三轴加速度计

（五）应力应变监测

应力应变监测是指对建（构）筑物结构构件在温度、荷载等外界条件下内外部应力和变形的分布情况的测量，尤其是关键部位的应力和变形。目前，在工程应用中多采用应力应变传感器来进行测量，其实质是一个导体埋设在变形体中，由于变形体的应变使得导体伸长或缩短，从而改变了导体的电阻，通过测量导体的电阻值变化就可以计算应变。常用的应力应变传感器可分为电阻式应力应变传感器、光纤光栅应力应变传感器、光弹性应力应变传感器等，如图 8.2-12 所示。

（六）环境类监测

在进行变形监测过程中，部分仪器设备的观测过程受外界环境条件影响，监测结果将

图 8.2-12　应力应变传感器用于变形监测

产生一定的偏差，因此，还应进行环境类监测，具体是指与变形有关的环境类因素，包括温度、湿度、风速、风向、气压、雨量、地下水位等，可采用相应的环境传感器进行，如图 8.2-13 所示，然后将环境监测量根据计算公式进行监测结果的修正，以获得经过环境参数修正后的监测结果。

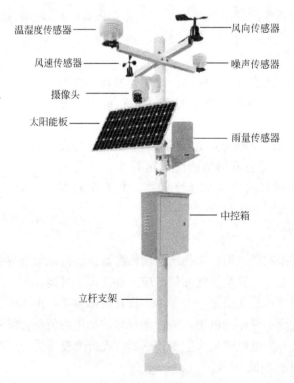

图 8.2-13　环境类监测传感器

第三节　数据采集与传输

为获取建（构）筑体的结构健康状况，可通过人工监测或自动化在线监测的方式，实现对位移、沉降、倾斜、应力应变等结构安全相关数据的采集。其中，人工监测方式通过作业人员携带测量装备，如全站仪、三维激光扫描仪、裂缝测宽仪、智能采集终端等，在工程现场完成对变形监测数据的采集；自动化在线监测方式通过将多种传感器与边缘采集终端埋设在工程现场，如无线监测网关、安全监测远程终端单元、裂缝计、倾角仪等设备，完成对数据的全天候采集。在开展人工与自动化监测数据采集过程中，可采用多种有线通信、无线通信相结合的组网方式，建立工程现场传感节点与测量装备、边缘采集终端、远程服务器之间的通信连接，提升监测数据的集成效率。

此外，在供电困难的复杂工程环境下，小型工程监测设备可通过应用无线低功耗数据采集技术，降低设备功耗，解决复杂监测环境下工程项目供电困难的问题。

一、数据集成接入

主要对数据集成接入中的关键设备与技术进行介绍，包括边缘采集终端、安全监测远程终端单元、异构协议转换技术、数据接入技术、无线低功耗[16] 技术等内容。

（一）边缘采集终端

自动化安全监测数据系统中，为降低数据中心的计算量，避免由于大量数据上传造成的通信堵塞，采用边缘计算的思想，可把传感器状态管理、数据预处理、数据存储、协同应用等功能就近放置到传感器的边缘采集终端上，仅将一些必要的状态消息等数据发送至云端，以满足实时采集、数据优化、智能应用的要求。

边缘采集终端是自动化安全监测数据系统的重要组成部分，用于建立远程云服务器与监测传感器的通信连接，实现对现场监测传感器的管理，按照用户配置定时采集监测数据，将采集数据上传至远程服务器进行存储；同时，响应远程服务器或便携终端（智能手机、平台）控制指令，管理现场监测传感器。

为实现数据采集、管理、预处理与协同应用等功能，边缘采集终端应具备以下功能：①具有完善的远程监测云平台接入体系，适配多类型的安全监测云平台；②具有完备的建（构）筑体安全物联网采集器的功能体系，用户界面友好，满足工程多样性需求；③具有组件化传感器电气接口，支持多厂商多类型监测传感器接入与数据采集；④智能传感器数据采集与多源传感器监测数据融合处理功能。

边缘采集终端按照功能进行模块划分，可分为网关层、数据处理层、传感器接入层三层构架，整体框架如图 8.3-1 所示。

其中，传感器接入层用于实现对工程监测现场多类监测传感器数据的采集，实现异构通信指令协议的转化，并进行采集数据的解码；数据处理层用于实现对监测项目的管理、监测数据存储、预处理、设备参数管理等功能；网关层实现将监测采集数据接入至远程监测平台[18]，包括接入电气接口、容错机制、应用层协议管理、通信协议栈移植等内容。边缘采集终端通常运行于 Linux、安卓或 Windows 操作系统之上，基于物联网边缘框架开

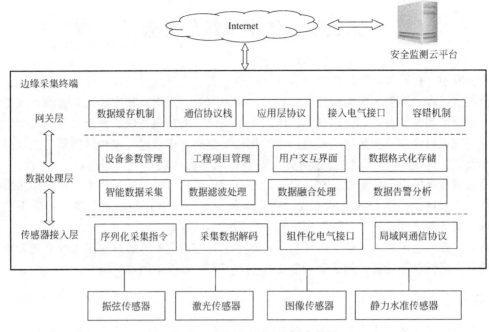

图 8.3-1　变形监测边缘采集终端

发，通过动态配置和加载多种传感器通信协议、平台接入协议、处理算法的方式，解决异构传感器通信采集、多个平台接入、数据处理算法的协同问题。用户或二次开发者可通过自定义控制采集脚本或处理算法脚本，实现对新功能的定义，以提升工程的适用性。

此外，边缘采集终端还内置传感器监测数据融合处理算法，对传感器历史数据、多传感器实时热数据进行融合处理，建立与现场预警系统的通信接口，实现联动报警，保障边缘采集终端的预警实时性。

（二）安全监测远程终端单元

安全监测远程终端单元（Remote Terminal Unit，RTU）通常基于微控制器设计，内置小型操作系统，支持工程监测现场常用的位移、沉降、倾斜、裂缝、应力应变、振动等类型传感器的数据采集与上传，实现结构安全监测传感器的远程控制、参数配置、异常告警等功能，如图 8.3-2 所示。

相比于边缘采集终端，安全监测远程终端单元 RTU 仅实现了数据采集、传输、控制的功能，数据处理能力较弱，但具有功耗低、体积小巧、应用灵活的特点，适用于对工程现场数据预处理要求不高的场景。

（三）异构协议转换技术

大型建（构）筑体安全监测项目中，往往需要埋设多种类型监测传感器。以桥梁为例，需要埋设应力应变计、GNSS、风速风向、裂缝位移计、车流量、索力计、荷载传感器等多种类型传感器。由于不同类型传感器在物理通信接口、通信协议上差异较大，对结构安全监测系统的集成提出

图 8.3-2　自研安全监测远程
终端单元 RTU

288

了更高要求，为提升监测采集装备的兼容性、维护性，监测采集终端需要具有异构通信协议转换能力。

针对多类型传感器物理通信接口不一致的问题，实际应用中，可采用主控板与通信扩展板相结合的分层电路设计方法。其中，主控板上设置主控制器，且支持常用的 RS232、RS485、RJ45 等物理接口；通信扩展板与主控板通过扩展接口建立连接，实现对 CAN 总线、ZigBee 无线通信、LoRa、Wi-Fi、蓝牙等通信方式的兼容。用户可根据工程环境特殊需求，选择适用的通信扩展板卡。相比于独立控制板的设计方式，采用分层电路的方案在提升设备兼容性的同时，有效解决了由于集成无用模块导致成本增加的问题，提高了系统的可靠性。

针对多类型、多厂商传感器通信协议不一致的问题，通过建立采集器多传感器采集指令序列脚本，基于云服务器更新脚本的方式实现对不同厂商监测传感器的采集指令兼容，并基于传感器应用层通信协议模型设计传感器数据解码正则表达式，将传感器采集数据封装为安全监测物联网平台协议类型，上报至数据中心进行存储，实现平台与传感器数据协议的转换。

（四）数据接入技术

在人工携带测量装备、边缘采集终端、安全监测 RTU 等设备完成监测数据采集后，应及时将监测数据接入至数据管理平台进行统一管理，以便后期大数据分析、处理、预警预报与共享应用。

目前，较为常用的数据接入方式有 WebApi、ICE、MQTT、WebSocket、FTP 等方式，分别实现将不同大小的字符串、数据块、交换文件等形式的数据实时接入物联网平台。工程应用中，可根据变形监测数据传输带宽、实时性需求，选择适合的数据接入方式。

（五）无线低功耗技术

可靠的供电电源是保证传感器稳定工作与精度的前提，工程实施中应综合考虑现场的电源功率、纹波率等指标来提升前端感知系统的稳定性。工程现场监测设备供电应符合以下要求：①供电电源应保证输出功率、电压精度、纹波率优于传感器工作电源指标要求，且具有过负载、过压、过温保护功能；②关键部位布设的监测设备宜配置备用电源；③采用电池供电时宜具备低电量报警功能，并避免电池爆炸、燃烧等安全事故。

此外，对于结构安全风险比较大的监测点位，还应综合考虑监测系统电源的保护方案，增加 UPS 设备，保证市电断电后，系统仍能稳定可靠地工作，防止出现电源故障后整个系统工作瘫痪。

对于复杂的变形监测工程环境，如偏远地区大型边坡、尾库矿、大坝等区域，供电十分困难，为了保证数据采集装备能够可靠工作，需综合考虑无线低功耗供电策略与太阳能、风能等供电方式，结合锂电池、超级电容器等储能设备的方式，提升监测终端的环境适应能力。

无线低功耗供电技术包括无线通信技术与低功耗供电技术两方面内容，二者结合可实现工程现场多传感器的无线缆通信与采集，在线缆较为复杂的工程现场可有效提升施工效率。其中，低功耗供电技术一般采用定时触发唤醒、远程通信触发唤醒等工作方式，采集节点大部分时间处于休眠状态，大幅度降低设备功耗，以解决恶劣监测环境下工程项目供电困难的问题。

二、数据通信

工程安全监测现场需建立数据通信传输网络，使网络中的大量传感节点与远程服务器有条不紊地进行数据通信。按照通信组网传输的介质不同，可将数据通信分为有线组网通信与无线组网通信。其中，卫星通信技术是一种较为特殊的无线通信技术，通过卫星实现数据远程传输，适用于无移动通信基站的工程现场。此外，为建立采集终端、传感器与云平台之间的通信链路，数据通信还需满足通信协议兼容性要求。

本节对传感器、采集终端与监测平台之间的数据通信传输技术进行介绍，包括有线组网通信、无线组网通信、通信协议与卫星通信等内容。

（一）有线组网通信

有线通信技术具有抗干扰性强、可靠性高、通信距离远的特点，通信不受环境通视的限制。但是，在较为复杂的工程环境下，存在线缆的布设施工效率低、易被破坏的问题。针对工程监测现场数据通信传输速率、带宽、实时性的需求，通常采用的有线通信方式包括 RS485 总线、以太网通信、光纤通信、电力线载波通信、CAN 总线等。

1. RS485 总线通信

RS485 总线是一种串行总线标准通信技术，采用负逻辑差分信号，具有抗干扰性强的优点。该总线的物理层采用两线制作为传输介质，在一条总线上可并联挂接多个终端，工作于半双工模式，即同一时刻，总线上只允许一个设备发送或者接收数据。

在固定传输介质下，RS485 通信传输速率与传输距离近似成反比，理想环境下通信距离可达 1.2km，最高数据传输速率为 10Mbps。RS485 仅对物理层及数据链路层进行了规定，用户在实际使用过程中，可根据需求制定通信指令协议，实现多传感器组网通信。

工程监测现场应用中，由于周边环境存在高压开关、动力线与信号线的混合布线及高压的干扰等，会对 RS485 总线造成较大扰动。为保证监控单元与供电设备之间 RS485 网络通信可靠、准确，RS485 接口电路应具有抵抗过压瞬态干扰、防止反射信号及维持总线电平稳定的功能。

2. 以太网通信技术

以太网通信是当前应用较为广泛的局域组网通信方式，标准拓扑结构为总线型拓扑，具有成本低、通信速率高、抗干扰性强的优点。相比于其他有线数据通信方式，以太网通信的速率较快，可以满足很多工业或现场对于带宽高、速率快的要求，完成对视频、语音、振动等实时性要求高的信号采集。以太网通信技术可以结合工程实际应用需求，综合采用中继器、网关、路由、集线器等多种网络通信设备，完成多类型监测数据的采集。

以太网可以采用多种传输介质，包括同轴电缆、双绞线和光纤等。双绞线多用于从主机到集线器或交换机的连接，而光纤则主要用于交换机间的级联和交换机到路由器间的点到点链路上，同轴电缆作为早期的主要连接介质已经逐渐趋于淘汰。其中，双绞线是由一对相互绝缘的金属导线绞合而成，通信距离可达 100m，通信速率一般为 1000Mbps，如果要加大传输距离，在两段双绞线之间可安装中继器。光纤传输距离可以达到 5km，单模光纤运行在 100Mbps/s 或 1Gbps/s 的数据速率，具备抗干扰能力强，自身部署简单，重量较小等特点，并且部署过程中不需要考虑光纤和其他通信设备之间存在电磁兼容的问题。针对通信范围内存在障碍物，无法采用无线通信的工程环境下，可以采用光纤通信实现大数据量的传输，如音视频监控、振动监测等。

3. 电力线载波通信技术

电力线通信（Power Line Communication，PLC）以电力线为传输媒介，通过载波将模拟信号或者数字信号转换成高频信号，再通过电力线实现高速传输。电力线载波通信按照电压等级可以分为低压电力线、中压电力线和高压电力线通信，不同电压等级所实现的功能也不相同，变形监测工程现场一般采用低压电力线通信技术实现多传感器通信组网，如图 8.3-3 所示。

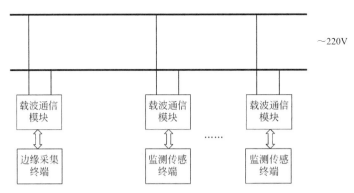

图 8.3-3　电力线载波局域通信组网

相比于其他通信方式来说，其优势主要体现在以下几个方面：①成本低廉：利用电力线为媒介进行通信，节约了成本；②覆盖范围广：只要有电网的地方就能采用 PLC 技术，解决了偏远地区上网难等问题的限制；③通信可靠性高：输电线路的网络架构坚固可靠，可以更有效地保障通信的可靠性。

电力线载波通信距离和通信速率与工程环境相关，在理想环境下，电力线载波通信终端可工作于 115200bps 传输速率通信距离可达 1.2km。但是，由于电力线载波实际使用中存在通道干扰大、信息量小、故障率高的特点，限制了工程应用推广。实际工程监测项目中，在外界电力扰动较小的工程环境，可采用电力线载波通信技术降低施工成本。

（二）无线组网通信

目前，适合于变形安全监测无线通信组网的主要有蓝牙、Wi-Fi、LoRa、NB-IoT、Cat1/Cat4、5G、ZigBee、超短波等，本节将对工程监测现场常用无线通信技术进行介绍。

1. 蓝牙

蓝牙（Bluetooth）技术是一种低成本、低速率、近距离的无线数据传输技术。其中，低功耗蓝牙 4.0 版本 1 个主设备最多可以接到 7 个从设备，支持 1Mbps/s 的空中数据速率，主要特点是极低的运行和待机功耗，一颗纽扣电池就可以连续工作一年以上。

低功耗蓝牙技术有很多的优点：①高可靠性，蓝牙 4.0 对差错检测和校正、进行数据编解码、差错控制等功能进行了规范，极大地提高了传输的可靠性；②低成本、低功耗，主机长时间处于超低的负载循环状态；③低迟延，低功耗蓝牙仅需要 3ms 即可完成；④传输距离极大提高，低功耗蓝牙的有效传输距离可达到 60～100m；⑤高安全性，使用 AES-

128 加密算法进行数据包加密和认证。

工程现场应用中，便携终端可通过蓝牙建立与传感节点的通信连接，完成监测设备的控制与数据采集，提升工程实施效率。

2. Wi-Fi

Wi-Fi 理想情况下通信速率可达 300Mbps（IEEE 802.11n 无线标准），发射信号功率低于 100MW，覆盖范围能够满足一般的家庭、工作室等环境，较适合移动办公用户的需要。

在实际工程监测项目中，操作人员可以通过便携终端（手机、Pad 等）通过 Wi-Fi AP 工作模式建立与监测设备的通信连接，对局域网内监测设备进行参数配置、项目管理、运营维护等工作，以提升工作的便捷性。

3. LoRa

LoRa 由 Semtech 公司于 2013 年发布，在无线通信距离、低功耗方面的优势突出。LoRa 采用扩频调制技术，与传统的调制技术相比，扩频调制增加了链路预算和提升了抗干扰性（图 8.3-4）。

图 8.3-4　LoRa 无线数传单台

LoRa 主要在 ISM 频段运行，包括 433MHz、868MHz、915MHz 等频段，技术优势主要体现在：①灵敏度高、功耗低，通过采用自适应数据速率策略，有效地降低了功耗，延长了电池的使用寿命，接收数据电流约 12mA，当发射功率在 20dBm 时，发送数据电流约 120mA；休眠状态时，典型工作电流约 $0.2\mu A$；②支持测距和定位；③通信距离远，成本低：相对于其他 LPWAN 技术，发射功率相同的情形下，LoRa 终端节点与集中器具有更长的通信距离，100MW 发射功率下，通信距离可长达 3000m。

LoRa 技术可满足大部分工程监测数据通信速率、带宽与通信距离的要求，大大提升施工效率与工作可靠性。

4. 无线网桥

无线网桥以电磁波作为媒介进行数据传输，实现网络数据的无线发送和接收，适用于通信距离远、数据传输带宽大的工程环境中。市面常见无线网桥工作频率主要采用 2.4G 和 5.8G 两个频段，2.4GHz 网桥带宽可达 300Mbps，传输距离可达 5km；5.8GHz 网桥带宽可达 867Mbps，传输距离可达 15km。

无线网桥的发送节点与接收节点需满足通视的要求，实现数据（视频、图像、语音等）的传输，应用中可采用点对点、点对多点、桥接中继的工作方式，快速建立被建筑体、河流等隔开的两个网络之间的连接。

5. NB-IoT

NB-IoT 支持低功耗设备在广域网的数据连接，具有覆盖广、海量连接、低功耗、低成本等优点。

NB-IoT 借助 PSM 和 eDRX 实现更长待机，适用于典型的低速率、低频次业务模型。理想情况下，基于 NB-IoT 的采集终端工作于 PSM 模式下，每天发送一次约 200byte 报文，5Wh 电池可持续工作 12.8 年。

6. Cat. 1/Cat. 4

Cat. 1 是 4G LTE 网络的一个类别，称为 "低配版" 的 4G 终端，上行峰值速率 5Mbps/s，下行峰值速率 10Mbps/s。Cat. 4 的全称是 LTE UE-Category 4，上行峰值速率 50Mbps/s，下行峰值速率 150Mbps/s。相比于 Cat. 4 网络通信技术，Cat. 1 更具成本优势，可接入现有 LTE 网络，无需针对基站进行软硬件的升级，网络覆盖成本很低。Cat. 1 与 Cat. 4 相比较，在速率、时延和移动性方面具有相同的优点，可实现毫秒级传输时延，支持 100km/h 以上的移动速度。

实际工程使用中，可根据应用场景选择 Cat. 1 或 Cat. 4 通信方式，针对需要高速通信的场景，可以采用 Cat. 4 连接；需要中低速通信场景，同时还需要语音和良好的移动性，可采用 Cat. 1。

7. 5G 技术

与前几代无线通信技术相比，5G 通信技术具有传输速率高、网络频谱宽、时延低、可靠性高、容量大等优势，可有效满足工业业务苛刻的安全性、传输时延及可靠性要求。

随着 5G 技术的快速发展，将 5G 技术与边缘计算、云边协同架构相结合，实现多源感知数据的特征提取、粗差剔除、实时预警等功能，将广泛应用于变形监测工程环境中。

（三）通信协议

为实现监测传感器与边缘采集终端、安全监测 RTU、远程监控平台相互通信连接，监测设备与平台应遵循统一的监测通信协议要求，以提升监测系统的兼容性。

变形监测中应用的通信协议众多，主要包括 MQTT、CoAP 协议、Http 协议、LwM2M 协议、Modbus 协议、LoRaWAN 协议、ZigBee 协议等。由于不同协议适用的工程场景不同，实际应用中应根据需求选择适合的通信协议。

（四）卫星通信

卫星通信技术利用卫星作为中继站，转发无线电波而进行通信，适用于偏远地区以及环境较为恶劣地区，或布设其他网络通信方案成本较高、难度较大的地区。在这些地区中，移动信号基站分布稀疏、网络信号差，建立前置感知节点和后方监控中心之间的数据通信链路工程实施成本较高，采用卫星通信技术可有效降低项目成本。实际项目中，卫星通信技术适用于不需要传输图片或者实时视频，传输带宽需求较低、数据量较小的工程场景。

常用的卫星通信技术包括北斗短报文通信、天通卫星通信、海事卫星通信、铱星卫星通信、欧星卫星通信等技术。

1. 北斗短报文通信技术

北斗短报文通信技术是指通过北斗卫星发送短报文实现数据通信，可应用在国防、民生和应急救援等领域。特别是灾区移动通信中断、电力中断或移动通信无法覆盖北斗终端的情况下，可以使用短报文进行通信，发送定位信息和遥感信息等数据。该技术可用于紧急救援，野外作业，海上作业系统。

北斗短报文通信系统主要包括短报文终端、短报文通信卡两部分，支持用户与控制中心建立双向简短报文通信链路。实际应用中，北斗短报文模块有发送频率和单包数据大小的限制，但终端的接受频率无限制。根据北斗通信卡类型，单个短报文可发送频率和数据量大小不同。目前，北斗三号短报文通信服务正式发布，在全面兼容北斗二号系统短报文通信服务的基础上，区域短报文发送能力从 120 汉字提高到 1000 汉字，支持用户数量从 50 万提高到 1200 万，而且能实现 40 汉字的全球短报文通信。北斗短报文通信技术满足大部分工程安全监测现场数据通信速率、带宽的要求，可以用在较为偏远地区的地灾监测系统，实现低成本的数据通信组网。

2. 其他卫星通信技术

目前，其他较为常用的卫星通信技术包括天通卫星（大 S）、欧星（Thuraya）、海事卫星（inmarsat）和铱星（iridium）四种。其中，天通卫星为中国自有卫星。铱星和海事卫星可全球范围内通信，而欧星覆盖范围为欧亚非地区，天通卫星覆盖范围为中国及周边、中东、非洲等相关地区，以及太平洋、印度洋大部分海域。

卫星通信终端应在开阔地点使用，树木茂盛地点无法使用，但使用过程中不受刮风、雷电、下雨环境的影响，通常建立通话连接时间约 45s。卫星通信除了可以进行语音通话外，还可以作为数据传输终端，但数据流量费较贵。此外，室内或车载通话需要加装天线，实现在行驶中拨打电话。在户外供电不足场景下，可配备手摇发电机、电池板满足应用需求。

三、无线监测网关

作者所在团队基于 ARM-Linux 构架自主研发了边缘采集终端——无线安全监测网关，可实现对结构安全监测现场多种设备的管理，并按照用户配置参数完成对局域网内传感器的数据采集，将监测数据上传至远程服务器进行存储管理，同时响应远程服务器或便携控制终端指令，管控现场监测传感器。

无线安全监测网关除支持工程监测现场位移、沉降、倾斜、裂缝、应力应变、振动等类型传感器[6] 的数据采集外，还支持对 GNSS、测量机器人等大型监测设备的管理与控制，产品实物如图 8.3-5 所示。

图 8.3-5　无线安全监测
网关产品实物

（一）主要功能

无线安全监测网关作为一种通用的多功能数据采集终端，上行通信兼容多种物联网通信协议，可接入多个安全监测云平台，为其提供数据支撑；下行通信支持多种监测类型不同传感器厂商设备的接入，完成在多种工程环境下监测数据的智能采集、存储、预处理等功能。同时，无线安全监测网关内置项目管理界面，满足用户对工程项目的管理需求。

为满足不同工程环境的数据采集需求，无线安全监测网关采用模块化设计思想，主要包括硬件设计、嵌入式软件设计两部分，实现多类型监测传感器的管理、数据采集、存储、预处理等功能。相比于其他采集终端，自研无线安全监测网关的功能创新主要体现以下三点：

① 实现了异构通信协议转换，兼容多厂商传感器数据接入

无线安全监测网关结合常用建（构）筑体安全物联网传感器通信接口，参考电气接口标准，设计了通用的传感器接入接口，实现采集器传感器接入接口的组件化设计；针对多厂商通信协议不一致的问题，建立采集器多传感器采集指令序列脚本，基于云服务器更新脚本的方式实现不同厂商监测传感器数据采集，并基于传感器应用层通信协议模型设计传感器数据解码正则表达式，完成对传感器响应监测数据的解码；同时，将传感器采集数据转换为安全监测物联网平台协议类型，上报至远程服务器进行存储，实现传感器异构网络协议转换。

② 搭建了建（构）筑体安全物联网采集系统边缘计算框架

无线安全监测网关内置边缘计算框架，解决了多种传感器通信协议、多个平台接入、多种数据处理算法的协同问题，通过框架实现对多种传感器通信协议、多平台接入协议、处理算法的云端下载、动态配置[4] 和加载。框架协同多个异构的传感器进行数据采集；调用各自的算法处理模块进行数据处理，并将数据进行本地存储；最后将数据分发到一个或多个平台。框架支持脚本功能，使得用户或二次开发者能够将通信协议脚本或算法脚本下载到采集系统中执行，也可将脚本上传至平台，通过平台下载到采集系统中。

③ 多传感器监测数据融合处理体系与预警机制

无线安全监测网关将不同来源不同格式的安全监测数据（包括多类型传感器数据、云平台监控数据等），进行数据标准化格式转换，提取数据特征指标（包括统计特征值、模型特征值、异常检测值），为后续的分析挖掘应用提供基础数据；并建立多传感器数据融合机制与预警模型，通过多层级智能统计分析，实现从单一测点、局部结构到整体结构的数据融合分析处理，实时分析被监测建（构）筑体的运营状态。

（二）硬件设计

无线监测网关硬件采用分层式集成构架设计，大大提升了设备的兼容性，如图 8.3-6 所示。

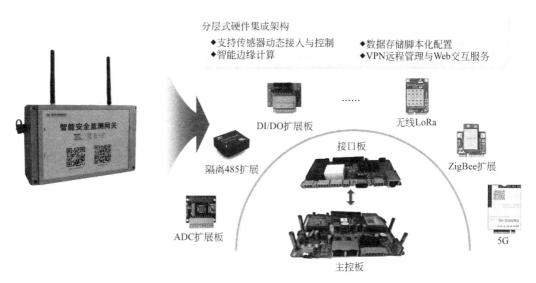

图 8.3-6 无线网关分层式硬件集成构架

硬件电路基于 ARM 内核处理器为核心设计，提供了多种功能的接口电路，并采用双 MiniPCIE 接口设计，满足各种条件苛刻的工程项目应用，特别是在对通信有很高要求的场景。

无线网关硬件电路整体框图如图 8.3-7 所示。

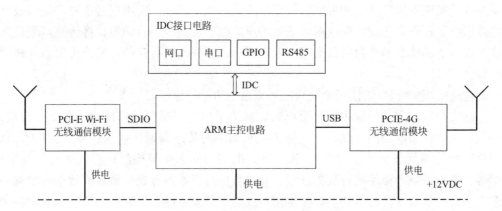

图 8.3-7　无线网关硬件电路整体框图

1. 主控电路

为提高系统开发的效率，研究团队选用成熟的主控核心板，外设资源丰富，通信接口满足建（构）筑体安全监测要求。同时，核心板支持可插拔，便于后续升级，后期需要扩展时用户只需更换核心板便可完成产品的更新换代。选用的主控核心板如图 8.3-8 所示。

核心板具有以下资源供拓展应用：

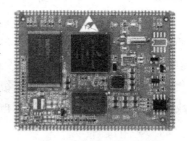

图 8.3-8　ARM 主控核心板

- 内置电源管理单元-PMU；
- 内置 TCP/IP 协议栈；
- 支持独立硬件看门狗；
- 支持多种文件系统，支持 SD/MMC 卡、U 盘读写；
- 支持 1 路 USB2.0 HOST、1 路 USB2.0 OTG；
- 支持 2 路 10M/100M 以太网接口，支持交换机功能；
- 支持多达 6 路串口、2 路 CAN；
- 支持 1 路 SD Card 接口，1 路 SDIO；
- 1 路 I^2C、1 路 SPI、1 路 I^2S 及 4 路 12 位 ADC；
- 内置 LCD 控制器，分辨率最高达 800×480；
- 支持 4 线电阻式触摸屏接口；
- 支持 JTAG 调试接口；

2. Wi-Fi 无线通信接口

为便于无线网关的扩展，系统采用 PCI-E 通信接口，接口电路兼容市场上大多数 SDIO 接口的 Wi-Fi 模块，用户只需要根据自身需求移植相应的应用程序即可实现 Wi-Fi 通信模块的接入，不需要重新设计硬件电路，从而提高系统的可扩展性。无线网关设计的

PCI-E Wi-Fi 通信接口定义如表 8.3-1 所示。

PCI-E Wi-Fi 通信接口定义 　　　　　　　　　表 8.3-1

引脚	名称	说明	引脚	名称	说明
1	NC	空	27	GND	电源地
2	3.3V	3.3V 电源	28	NC	空
3	NC	空	29	GND	电源地
4	GND	电源地	30	SD2_CLK	SDIO 时钟线
5	NC	空	31	SD2_DATA0	SDIO 数据线 0
6	NC	空	32	SD2_CMD	SDIO 命令线
7	NC	空	33	SD2_DATA1	SDIO 数据线 1
8	NC	空	34	GND	电源地
9	GND	电源地	35	GND	电源地
10	NC	空	36	NC	空
11	NC	空	37	GND	电源地
12	NC	空	38	NC	空
13	NC	空	39	3.3V	3.3V 电源
14	NC	空	40	GND	电源地
15	GND	电源地	41	3.3V	3.3V 电源
16	GPIO3_11	I/O	42	LED_WWAN	指示灯(低有效)
17	UART2_TXD	核心板数据发送	43	GND	电源地
18	GND	电源地	44	GPIO3_14	I/O
19	UART2_RXD	核心板数据接收	45	NC	空
20	GPIO3_10	I/O	46	GPIO3_13	I/O
21	GND	电源地	47	NC	空
22	GPIO3_15	I/O	48	NC	空
23	SD2_DATA2	SDIO 数据线 2	49	NC	空
24	3.3V	3.3V 电源	50	GND	电源地
25	SD2_DATA3	SDIO 数据线 3	51	NC	空
26	GND	电源地	52	3.3V	3.3V 电源

Wi-Fi 模块采用 SDIO 通信接口，信号频段为 2.4GHz IEEE802.11b/g/n，具有体积小、功耗低的优点，产品实物如图 8.3-9 所示。

图 8.3-9　PCI-E 接口
Wi-Fi 通信模块

3. 4G 无线通信接口

为增加环境适用性，无线监测网关基于全网通 4G 无线通信模块设计，向下兼容 3G/2G 通信网络，实现不同监测环境下的无线通信网络适配，通信网络接口为 PCI-E 物理接口，可接入 USB 接口的 4G 模块。

选用的 4G 模块支持多种信号频段：LTE-TDD、LTE-FDD、TD-SCDMA、UMTS、EVDO、CDMA、GSM；采用 USB2.0 通信接口，同时支持数据传输与短信通信功能，单电源供电 3.3～4.2V。PCI-E 接口 4G 无线通信模块实物如图 8.3-10 所示。

4. 扩展接口电路设计

为便于无线网关功能的稳定与扩展，设计采用 IDC 接插件实现常用接口：网口、串口、GPIO 口、RS485 接口的引出，便于硬件电路的后续扩展。后续需要特殊功能的硬件电路时，用户只需根据引出的 IDC 设计子电路模块的外围电路即可实现设备的硬件扩展。IDC 接口电路实物如图 8.3-11 所示。

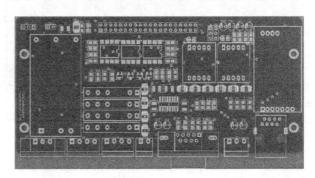

图 8.3-10　PCI-E 接口 4G 无线通信模块　　　　　图 8.3-11　IDC 接口电路

5. 硬件抗干扰设计

为提高局域通信网的稳定性与抗干扰性，硬件通信接口具有光电隔离功能，内置的光电隔离器能够提供高压隔离，并带有快速的瞬态电压抑制保护器及放电管，以保护 RS-422、RS-485、CAN 等通信接口。

（三）软件设计

无线监测网关基于嵌入式 Linux 的操作系统设计，软件功能分为三个层次：驱动层、操作系统层、应用层，其中驱动层与操作系统层移植已有成熟代码，应用层建立在驱动层与操作系统上，实现监测传感器的数据采集、存储等功能。软件设计整体构架如图 8.3-12 所示。

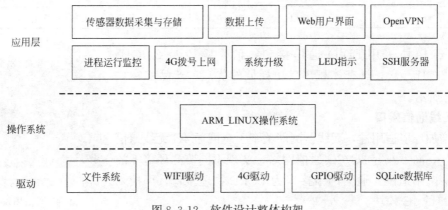

图 8.3-12　软件设计整体构架

嵌入式网关功能的实现主要通过应用层代码实现，主要包括传感器数据采集与存储、数据上传、Web 用户界面、OpenVPN、进程运行状态监控、系统升级、4G 拨号上网等进程。

其中，传感器数据采集与存储进程实现根据用户配置的采集周期参数、点位信息参数，通过 RS232、RS485、CAN 等数据通信接口实现对传感器数据的采集，将采集数据存储至数据库中，并生成 XML 文件上报至远程服务器。

数据上传进程实现将数据采集与存储进程生成的 XML 文件上传至服务器，为了避免进程之间的相互影响，数据上传进程通过定时轮询 XML 文件目录的方式实现。

Web 用户界面借助 BOA 服务器提供服务，通过 CGI 程序实现与操作系统、SQLite 数据库之间的交互，完成对无线监测网关的参数配置、状态查询，建立设备与用户之间的信息交互界面。

OpenVPN 进程基于 VPN 密钥的方式建立与远程服务器之间的通信连接，建立虚拟专用局域网，用户通过手机客户端实现对现场监测网关的参数配置。

进程运行状态监控进程实现对系统运行重要进程的监控，通过消息队列的方式实现对进程运行的监控，同时通过看门狗模块保证系统运行的稳定性。

系统升级进程通过文件导入功能实现对系统整体功能的升级。

4G 拨号上网是通过 pppd 进程与 Chatscript 脚本建立与远程服务器之间的信息通信，实现 4G 网络拨号上网。

1. 传感器数据采集与存储

传感器数据采集与存储进程读取数据库配置参数，根据设定的采集频率去周期性地采集传感器数据。针对多厂商通信协议不一致的问题，建立采集器多传感器采集指令序列脚本，基于云服务器更新脚本的方式实现不同厂商监测传感器数据采集，并基于传感器应用层通信协议模型设计传感器数据解码正则表达式，完成对传感器响应监测数据的动态解译，然后存储至本地数据库进行存储及备份管理，同时生成对应的 XML 文件。

2. 数据格式标准

无线监测网关采用 XML 和 JSON 数据协议作为监测数据传输的基础技术标准，如图 8.3-13、图 8.3-14 所示，并自定义了监测数据传输标准。XML 和 JSON[1] 都是理想的数据交换语言，易于人阅读和编写，同时也易于机器解析和生成，且能有效提升网络传输速率。

```
<?xml version="1.0" encoding="utf-8" ?>
- <ResultList>
    <ProjInfo ProjName="李家花园隧道拓宽改造工程施工对轨道交通六号线区间隧道影响第三方监测" ProjFile="裂缝数据"
      ProjTime="2016-04-19 00:00:00" />
    <LFConfig Name="LF12" Limit="1.43" />
    <LFData Name="1F12" SurTime="2016-04-19 17:53:31" 读数1="1.36" 读数2="1.23" 读数3="1.27" Remark="" />
  </ResultList>
```

图 8.3-13　裂缝 XML 数据传输标准

3. 软件功能组成

Web 用户界面运行在无线监测网关内部建立的 Web 服务器中，用户连接 Wi-Fi AP 热点，输入账号密码，连接 Wi-Fi 后，手机浏览器扫描二维码，进入 Web 页面。用户首页

```
{
"BridgeName":"石门大桥",
"CheckDate":"2016-10-21T00:00:00",
"WeaTher":"晴",
"Tempreture":"21",
"CheckPerson":"张",
"Remark":"无",
"clicktext":"桥名牌",
"JsonFilePath":"/data/data/MobileCheckApp.MobileCheckApp/files/石门大桥_20161021.txt",
"CheckItems":
[
{"CheckItemName":"桥名牌",
"State":"完整",
"Problem":"1",
"ProblemDes":"无",
"PicNameList":[]}
],
"ClickText":"桥名牌"}
```

图 8.3-14　桥梁巡检 JSON 数据传输标准

界面包括项目信息、端口配置、点位配置、测量周期、数据成果及其他六个模块,如图 8.3-15 所示。

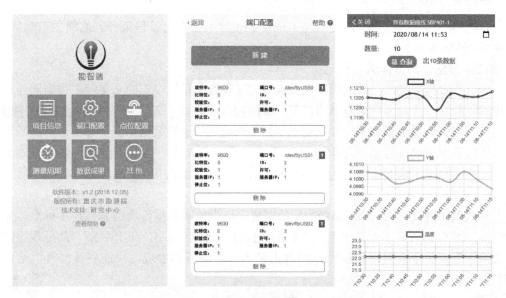

图 8.3-15　无线监测网关 Web 用户界面

其中,项目信息模块主要涉及无线监测网关的应用项目信息,包括项目名称、项目编号、项目负责人、项目位置、联系电话、项目起止时间以及备注信息。

端口配置模块主要实现智能无线模块端口工作参数的配置,配置参数主要包括串口号、通信速率、数据位、停止位、校验位、服务器 IP 地址及端口,端口工作状态等;此外,端口配置模块还支持删除端口、新建端口。

点位配置模块实现对监测点位的参数配置,用户可以在对应通信接口下新建点位,配置传感器工作参数,包括传感器编号、点位名称、传感器类型、是否启用等配置参数。

测量周期模块实现对传感器测量周期的配置。

数据成果模块实现对传感器已采集数据的查询，同时还可以实现对已发送 XML 文件、未发送 XML 文件的列表查询。

其他模块实现无线监测网关附属功能，包括系统状态、传感器调试、系统时间、网络状态、备份管理、日志查询与系统重启等功能。

4. OpenVPN 进程

为实现无线监测网关远程管理，研究团队在嵌入式 Linux 内部移植 OpenVPN 客户端，建立与远程服务器之间的通信连接，实现每个监测终端 IP 地址独立，用户手机、电脑连接同一个虚拟专用局域网，访问对应无线监测网关的 IP 地址即可实现设备的维护与管理。

5. 进程运行状态监控

为保证无线监测网关的稳定运行，在嵌入式 Linux 内部建立进程运行状态监控，通过消息队列建立与各个进程之间的通信，实时监控数据采集与存储、数据上传、网络状态等进程之间的信息交互，当某个进程运行状态出现问题时，杀死进程并重启进程。当部分程序长时间无法启动，监控轮询至一定次数时，重启操作系统，保证系统能恢复至正常工作状态。

此外，进程运行状态监控作为无线监测网关稳定运行的重要组成部分，采用看门狗程序保证其一直处于运行状态，当出现外接扰动导致其运行故障时，由看门狗程序重启操作系统，从而再次进入稳定工作状态。

6. 通信协议

为便于与远程云平台之间的通信连接，研究团队选用物联网领域应用较为广泛的 MQTT 协议建立与远程云服务器、便携控制终端之间的连接，实际应用中只需要订阅对应的 Topic 主题，便可建立无线监测网关与云服务器之间的连接。无线监测网关数据通信体系如图 8.3-16 所示。

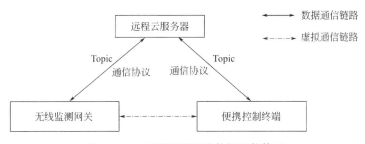

图 8.3-16　无线监测网关数据通信体系

无线监测网关通信协议包括两部分：MQTT 广域网通信协议、传感器局域网通信协议。其中，MQTT 广域网通信协议实现无线监测网关与服务器之间的数据通信，实现传感器采集数据的上传与远程服务器命令的响应；传感器局域网通信协议实现无线监测网关与监测现场传感器之间的数据通信，实现监测传感器的数据采集功能。

1）MQTT 广域网通信协议

包括消息主题、消息负载协议两部分，在连接相同 MQTT 服务器的情况下，发布主题与订阅主题为相同内容的两个终端可以建立通信数据连接，为满足 MQTT 物联网广播消息（一对多）、点到点消息（一对一）的发送，消息主题格式、消息负载协议必须满足规定格式。

(1) 消息主题格式

无线监测网关订阅 2 个主题，用于接收服务器命令，主题格式为：

IOT/EMQ/Broadcast（广播消息）——用于接收服务器命令；

IOT/设备 ID/Command（点到点）——用于接收便携 MQTT 终端命令；

无线监测网关向服务器、客户端发布的主题，主题格式为：

IOT/EMQ/Response（服务器消息）——用于向服务器发送采集数据；

IOT/设备 ID/Response（点到点）——用于向便携 MQTT 终端发送数据。

(2) 消息负载协议

为实现服务器与无线监测网关之间的数据交互，采用 Json 格式设计广域网通信协议，消息体 MQTT 协议格式为（以其中一类传感器采集为例）：

```
{
    " DevHostID"： " LN0801"，
    " SensorPortID"： " 01"，
    " Command "： {
        " CmdType"： " 080102"，
        " CmdPara"： " [100，2000] "
    }，
    " Data"： " [3.1232，2.1232，1.1232] "，
    " Time"： " 2018-10-12 12：23：23 "，
    " StatusNO"： " @401"
}
```

其中，DevHostID 为无线监测网关 ID 号；SensorPortID 为无线监测网关采集端口号，实现监测终端一对多数据采集；Command 为采集控制命令，包括命令类型（CmdType）与命令参数（CmdPara）两个关键字；Data 为采集到的传感器监测数据，Time 为该条指定工作的时间，StatusNO 为采集器本条指令的响应状态。

2）局域网通信协议

为实现多个监测传感器终端与现场安全监测网关之间的通信，制定了局域网通信协议，设置的指令帧采用 ASCII 码编码方式，包括以下两种：

(1) 发送的指令帧格式

起始符（:）＋地址码（NNID）＋命令字（CC）＋参数（Para）＋结束符（CRLG）

注释：

起始符（:）：1 字节；

地址码（NNID）：4 字节，从机设备地址编码，其中 NN 为类型编码，ID 为设备编号；

命令字（CC）：2 字节，其中 1～20 命令字为通用功能代码；21～99 为专用功能代码；

参数（Para）：根据命令不同占用不同字节数；

结束符（CRLG）：2 字节。

（2）返回数据帧格式

起始符（:）＋地址码（NNID）＋命令字（CC）＋参数（Para）＋结束符（CRLG）

例如：NNID 号为 0805 的设备终端测试命令为：：08050401（回车）。

其中，起始符为":"；字符串"0805"为相应控制设备的 ID 号；字符串"04"为用户控制设备的指令；字符串"01"为用户控制命令的参数；结束符表示指令帧数据的结束，例如发送回车结束符。某类传感器制定的局域网指令协议命令代码示例如表 8.3-2 所示。

局域网通信协议指令代码

表 8.3-2

功能码	对应功能	代码示例	备注
01	设备开机	:：080101 回车	
02	距离测量	:：080102 回车	
03	温度测量	:：080103 回车	
04	激光指示灯控制	:：08010400 回车(关闭激光指示灯) :：08010401 回车(打开激光指示灯)	
05	设备关机	:：080105 回车	
06	滤波测量	:：080106 回车	预留
07	查询从机地址	:：000007 回车	预留
08	存储数据个数查询	:：080108 回车	
09	存储数据查询	:：080109 回车	
10	设备地址配置	:：080110(新地址)回车	

第四节 数据处理与分析

变形监测数据通常包含有用信息和误差（即噪声、粗差等）两部分，首先通过数据预处理手段消除粗差及噪声，然后再对监测数据进行几何分析和物理解释。几何分析在于确定变形量的大小、方向及变化，是变形分析的基础；物理解释在于确定引起变形的原因，从本质上认识变形。

一、预处理

在实际监测工作中，由于环境突变、供电条件、信号不稳定、设备故障、人为原因等造成监测数据的丢失或异常。一般来说，在获取原始监测数据后并不能马上进行数据计算、统计、分析等操作，还需要先对数据进行预处理，以利于计算机程序的运算。常用的监测数据预处理包括粗差检验与剔除、缺失数据的处理、多源数据的融合等过程。

（一）粗差检验与剔除

对于任何一个监测系统，在监测数据采集过程中由于遮挡、仪器设备故障、环境突变如电流涌动、通信故障等客观因素的影响，会产生所谓的离群点，即任何过高、过低或者异常、较大突变的数据点，其值为奇异值，也就是在测量中常说的粗差，在变形分析之前有必要将粗差剔除。考虑到监测系统的连续、实时和自动化特性，最简便的方法是用"3σ 准则"来剔除奇异值。其中，观测数据的中误差 σ 既可以用观测值序列本身直接进行估计，也可根据长期观测统计结果确定，或取经验数值。下面介绍三种常用的奇异值检验方法。

1. 方法一

对于观测数据序列 $\{x_1, x_2, \cdots, x_n\}$，描述该序列数据变化的特征为：

$$d_j = 2x_j - (x_{j+1} - x_{j-1}) \quad (j = 2, 3, \cdots, N-1)$$

由 N 个观测数据可得 N−2 个 d_j。这时，由 d_j 值可计算序列数据变化的统计均值 $\overline{d}$ 和均方差 $\hat{\sigma}$：

$$\overline{d} = \sum_{j=2}^{N-1} \frac{d_j}{N-2}$$

$$\hat{\sigma}_d = \sqrt{\sum_{j=2}^{N-1} \frac{(d_j - \overline{d})^2}{N-3}}$$

根据 d_j 偏差的绝对值与均方差的比值：

$$q_j = \frac{|d_j - \overline{d}|}{\hat{\sigma}_d}$$

当 $q_j > 3$ 时，则认为 x_j 是奇异值，应予以舍弃。

2. 方法二

对于观测数据序列 $\{x_1, x_2, \cdots, x_N\}$，可用一级差分方程进行预测，其表达式为：

$$\hat{x}_j = x_{j-1} + (x_{j-1} - x_{j-2}) \quad (j = 3, 4, \cdots, N)$$

实际值与预测值之差为：

$$d_j = x_j - \hat{x}_j$$

设观测数据的中误差为 m（m 可根据长期观测资料计算得到，也可取经验数据），那么可计算出实际值与预测值之差 d_j 的均方差为 $\hat{\sigma}_d = \sqrt{6}m$。实际值与预测值之差的绝对值为 $|d_j|$，当 $|d_j| > 3\hat{\sigma}_d$ 时，则认为 x_j 是奇异值，应予以舍弃。

3. 方法三

采用基于箱线图的数据统计方法研究识别离群点并进行处理。箱线图是由数据的最大值、最小值、中位数、两个四分位数这五个特征值绘制而成的，如图 8.4-1 所示，它主要用于反映原始数据分布的特征。若观察值超过了上四分位数加 1.5 倍四分位差，或者小于下四分位数减 1.5 倍四分位差，则代表很大可能性上是离散点，如图 8.4-2 中的小圆圈所示。

（二）缺失数据的处理

缺失数据的原因主要分为机械原因和人为原因。机械原因是机械故障导致的数据收集或保存失败造成的数据缺失，比如存储器的损坏；人为原因是人的失误造成的数据缺失，比如数据录入人员漏录了数据。在某些情况下，缺失数据有可能导致计算机处理过程无法正常进行，或者导致最终得到的数据处理结果不准确，因此有必要采用合理的方式处理缺失值。对于缺失值的处理，主要分为对缺失值进行删除标记和对缺失值进行插补。

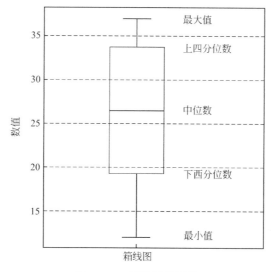

图 8.4-1　箱线图特征值

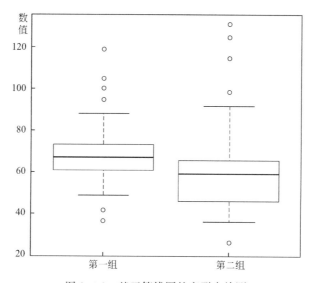

图 8.4-2　基于箱线图的离群点检测

1. 删除标记法

该方法是把含有缺失数据或者粗差的观测值进行删除标记，不纳入计算过程，从而不考虑其对整个数据分析结果的影响。在变形监测工作中，当大量数据序列中某一期缺失，直接删除缺失数据，可能对整个数据分析处理工作影响不大，也就是说，被删除的数据量仅占整个数据序列的一小部分时，利用删除法简单、便捷、直观，并且仍能满足精度的要求。但是直接删除法也必定删除了其中的一些有用信息，当被删数据在函数模型中具有重要作用时，那么这种处理方式会对数据分析处理的精度以及可靠度造成较大影响。因此，直接删除法不适用于数据缺失率较高，且缺失数据在整个数据序列中并不是随机分布的情形。

305

2. 插补法

该方法是按照某种方式构造出一个填补值来代替缺失值，从而形成完整的数据序列。根据填补值的个数可分为单一填补法和多重填补法。单一填补法较为简单、直观，常用的方法有均值填补法、最近邻填补法、回归填补法等，主要表现在填补值选取方式的不同。多值插补的思想来源于贝叶斯估计，认为待插补的值是随机的，它的值来自于已观测到的值。具体实践上通常是估计出待插补的值，然后再加上不同的噪声，形成多组可选插补值。

二、数据计算

变形监测所用仪器设备不同，其需要处理的监测数据也不同。对于自动化传感器观测的数据，多采用简单的传感数据计算获取最终变形量；对于全站仪、水准仪等设备观测的数据，多采用平差计算获取水平位移和垂直沉降。

（一）传感数据计算

传感器是指能感受到规定的被测量并按照一定的规律转换成可用信号的器件或装置，通常由敏感元件和转换元件组成。由于它具有感受和检测被测量信息的特性，同时具有精度高、实时性、稳定性等优势，在工程变形监测领域中得到广泛应用。传感器的输出量指由传感器产生的、与被测量成函数关系的可用信号，是根据其不同的测量原理决定的，例如按输出信号可分为模拟传感器和数字传感器，前者将被测量非电学量转换成模拟电信号，后者将被测量的非电学量转换成数字输出信号；按测量原理可分为物理型、化学型和生物型。在变形监测中应用传感器时，需要根据厂商提供的计算公式将传感器的输出信号转换为目标观测量，不同厂商或不同类型传感器的计算公式各不相同。下面对变形监测中常用的两类传感数据计算过程进行介绍。

1. 振弦式传感器

该类传感器输出的是频率值，其优点在于不会因为导线电阻的变化、温度波动而引起信号的明显衰减，其基本原理是内置的钢弦在一定拉力作用下具有一定的自振频率，并随着内部的应力变化而变化，通过测量钢弦固有频率的变化即可测出外界被测量的变化，监测中常用的该类传感器包括裂缝计、应力应变计、静力水准仪等。钢弦的振动频率与其张力的关系如下：

$$f = \frac{1}{2L_{弦}} \times \sqrt{\frac{\sigma}{\rho_{弦}}}$$

式中，f 为钢弦振动频率；$L_{弦}$ 为钢线有效长度；$\rho_{弦}$ 为钢弦的线密度；σ 为钢弦受到的应力。

2. 光纤光栅传感器

该类传感器主要是通过外界物理量的变化对光纤光栅中心波长的调制来获取传感信息，因此可测量其中心波长的变化来获取外界物理量的变化，如应变、温度等。光纤光栅传感器的波长由下式决定：

$$IB = 2nL$$

式中，n 为有效折射率；L 为光栅周期。当光纤光栅所处环境的温度、应力、应变或其他物理量发生变化时，光栅周期或纤芯折射率将发生变化，从而使反射光的波长发生变化，通过测量物理量变化前后反射光波长的变化，就可以获得待测物理量的变化情况。

（二）平差计算

在分析建（构）筑物的垂直沉降、水平位移或区域形变的过程中，常用的方法是建立变形监测网，通常将监测点、工作基点、基准点组成一个变形监测网，选择合适的基准对监测网进行平差计算，求出各点的平面坐标与高程，并与往期计算结果进行对比得到变形量，分析监测点及监测网的稳定性。变形监测网一般分为绝对网和相对网，对于绝对网适用的平差方式是经典自由网平差，对于相对网适用的平差方式是秩亏自由网平差和自由网拟稳平差。

1. 经典自由网平差

当观测值之间不存在函数相关，即称为满秩，其观测方程的法方程存在唯一的解，称为经典自由网平差，实际上往往是固定某个点的位置、一个方位角或一条边长等来定义的。未知参数 X 的平差值及其协因数矩阵为：

$$X = N_{\mathrm{BB}}^{-1}W$$
$$Q_{\mathrm{XX}} = N_{\mathrm{BB}}^{-1}$$

单位权中误差为：

$$\hat{\sigma}_0 = \sqrt{\frac{V^{\mathrm{T}}PV}{r}} = \sqrt{\frac{V^{\mathrm{T}}PV}{n-t}}$$

2. 秩亏自由网平差

与经典自由网平差不同，秩亏自由网平差的基准是通过对整个网点的坐标或部分网点的坐标进行某种约束（条件）来定义的，这种约束实际上是固定某个虚拟点的位置，固定某个虚拟方向、虚拟距离等。未知参数 X 的平差值及其协因数矩阵为：

$$\left.\begin{array}{l} X = QA^{\mathrm{T}}Pl \\ Q_{\mathrm{XX}} = Q - QGG^{\mathrm{T}}Q \end{array}\right\}$$

其中：

$$Q = (A^{\mathrm{T}}PA + GG^{\mathrm{T}})^{-1}$$
$$G^{\mathrm{T}} = [11\cdots1]$$

3. 自由网拟稳平差

自由网拟稳平差和秩亏自由网平差基准类似，仅仅是采用所有拟稳点的重心作为基准条件，在局部解向量的范数最小即最小二乘条件下，求定未知参数的最佳估值。

三、变形分析与建模

变形监测工作的最终目的是变形趋势的分析与预测预报。随着现代科学技术的发展和计算机应用水平的提高，各种理论和方法为变形分析和预测预报提供了广泛的研究途径。由于变形机理的复杂性和多样性，对变形分析与建模理论和方法的研究，需要地质、力学、水文等多学科交叉融合，采用数学模型来逼近、模拟和揭示变形体的变形规律和动态特征。

对于周期性变形监测，常用的预测方法有回归分析法、时间序列法、灰色系统法、卡尔曼滤波法、神经网络法等。机器学习、人工智能等新兴学科的发展，为我们提供了全新的思维方式和研究方法，有利于解决影响因素较多、各因素与最终变形量之间存在复杂非线性关系的变形分析问题。

（一）回归分析法

回归分析法是将变形体当作一个系统，将各变形值（如位移、沉降、挠度、倾斜等）作为系统的输出，称为因变量，将影响变形体的各种因子（亦称环境量，如水位、气温、气压、坝体混凝土温度、压力以及时间等）作为系统的输入，称为自变量，利用长期大量的监测数据近似地估计出变形与变形影响因子之间的函数关系。根据这种函数关系可以解释变形产生的主要原因，即受哪些因子的影响最大，同时也可以进行预报。因此，可以说回归分析法既是一种统计方法，又是一种变形物理解释方法，同时，它还可用作变形预报。

1. 一元线性回归

若只是两个变量之间的问题，称为一元回归。若两个变量之间存在线性函数关系，则为直线回归；若两个变量是一种非线性关系，则有两种处理方法：一是根据散点图和常见的函数曲线（如双曲线、幂函数曲线、指数曲线、对数曲线）进行匹配，通过变量变换把曲线问题化为直线问题，二是用多项式拟合任一种非线性函数，通过变量变换把这种一元非线性回归问题化为多元线性回归问题。

（1）直线回归方程的标准式为：

$$y = a + bx$$

（2）双曲线函数方程的标准式为：

$$\frac{1}{y} = a + \frac{b}{x}$$

（3）指数函数方程的标准式为：

$$y = d\,\mathrm{e}^{\frac{b}{x}}$$

（4）二次多项式（抛物线）函数方程的标准式为：

$$y = a + bx + cx^2$$

2. 多元线性回归

大多数情况下变形的影响因素是多方面的，且不是线性的。对于多元非线性回归问题，可通过变量变换化为多元线性回归问题，再采用逐步回归算法，获得最佳回归方程。经典的多元线性回归分析法仍然广泛应用于变形监测数据处理中，它是研究一个变量与多个因子之间非确定性关系的基本方法。如通过分析所观测的变形和外因之间的相关性，来建立荷载与变形之间的数学关系模型：

$$y_t = \beta_0 + \beta_1 x_{t1} + \beta_2 x_{t2} + \cdots + \beta_p x_{tp} + \varepsilon_t,$$
$$(t = 1, 2, \cdots, n), \ \varepsilon_t \sim N(0, \sigma^2)$$

式中，下标 t 表示观测值变量，共有 n 组观测数据；p 表示因子个数。具体分析步骤如下：

（1）建立多元线性回归方程

将多元线性回归数学模型用矩阵表示如下：

$$y = x\beta + \varepsilon$$

式中，y 为 n 维变形量的观测向量（因变量）；x 是一个 $n \times (p+1)$ 的矩阵；β 是待估计参数向量（回归系数向量）；ε 是服从同一正态分布的 $N(0, \sigma^2)$ 的 n 维随机向量。由最小二乘法可求得 β 的估值 $\hat{\beta}$ 为：

$$\hat{\beta} = (x^{\mathrm{T}}x)^{-1}x^{\mathrm{T}}y$$

（2）回归方程显著性检验

事实上，模型只是对问题初步分析所得的一种假设，所以，在求得多元线性回归方程后，还需要对其进行统计检验，以给出肯定或否定的结论。如果因变量 y 与自变量 x_1，x_2，$\cdots$，x_p 之间不存在线性关系，则 β 为零向量，即有原假设：

$$H_0：\beta_1 = 0，\beta_2，\cdots，\beta_p = 0$$

选择显著水平 α 后，对回归方程的有效性进行 F 检验。

（3）回归系数显著性检验

回归方程显著，有时候并不意味着每个自变量 x_1，x_2，$\cdots$，x_p 对因变量的影响均显著，我们总想从回归方程中剔除那些可有可无的变量，重新建立更为简单的线性回归方程。如果某个变量 x_j 对 y 的作用不显著，则有原假设：

$$H_0：\beta_j = 0$$

选择显著水平 α 后，对回归系数进行一次检验后，剔除其中一个因子，然后重新建立回归方程，再对新的回归系数逐个检验，重复以上过程，直到余下的回归系数都显著为止。

（二）时间序列分析法

无论是按时间排列或是按空间位置排列，监测数据之间都存在一定的统计自相关现象，而回归分析法是假设观测数据在统计上独立或互不相关，它是一种静态的数据处理方法，从严格意义上说，它不能直接应用于监测数据是统计相关的情况。时间序列分析是 20 世纪 20 年代后期开始出现的一种数据处理方法，属于一种动态的数据处理方法，其特点在于：分析时会考虑数据的时间顺序，当数据间存在相关性时，未来的数据可以由过去的数据进行预测。

时间序列分析的基本思想是：对于平稳、正态、零均值的时间序列 $\{x_t\}$，若 x_t 的取值不仅与其前 n 步的各个取值 x_{t-1}，x_{t-2}，x_{t-3}，$\cdots$，x_{t-n} 有关，而且还与前 m 步的各个干扰 a_{t-1}，a_{t-2}，a_{t-3}，$\cdots$，a_{t-m} 有关，则可得到最一般的 ARMA 模型：

$$x_t = \varphi_1 x_{t-1} + \varphi_2 x_{t-2} + \cdots + \varphi_n x_{t-n} - \theta_1 a_{t-1}$$
$$-\theta_2 a_{t-2} - \cdots - \theta_m a_{t-m} + a_t$$

特殊的，当 $\theta_i = 0$ 时，模型变为 n 阶自回归模型，记为 $\mathrm{AR}(n)$；当 $\varphi_i = 0$ 时，模型变为 m 阶滑动平均模型，记为 $\mathrm{MA}(m)$。

ARMA 模型建立并用于变形监测数据分析的一般步骤如图 8.4-3 所示。

1. 模型识别

模型识别是建模的关键，这里以自相关分析为基础识别模型与确定模型阶数，自相关分析就是对时间序列求其本期与不同滞后期的一系列自相关函数和偏相关函数，以此来识别时间序列的特性。可以证明偏相关函数对 AR 模型具有截尾性，而对 MA 模型具有拖尾性。初步识别平稳时间序列模型类型的依据如表 8.4-1 所示。

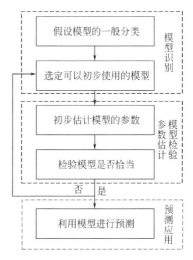

图 8.4-3 ARMA 模型预测流程

表 8.4-1

模型类型

	AR(n)	MA(m)	ARMA(n,m)
模型方程	$\varphi(B)x_t=a_t$	$x_t=\theta(B)a_t$	$\varphi(B)x_t=\theta(B)a_t$
自相关函数	拖尾	截尾	拖尾
偏相关函数	截尾	拖尾	拖尾

2. 参数估计和模型检验

在经过模型识别到确定模型阶数的前提下，可以利用时间序列的自相关系数对模型参数进行初步估计。常用的估计方法有：p 阶自回归模型参数估计、q 阶滑动平均模型参数估计、ARMA(p，q) 模型的参数估计。

3. 模型预测

设 $\{x_k\}$ 是平稳零均值的序列，而设有 k 时刻以及以前的数据对 x_{k+1} 所作的预报值 $\hat{x}_k(1)$，称之为一步预报。对于 ARMA(p，q) 有：$x_{k+1}=\varphi_1 x_{k+l-1}+\cdots+\varphi_p x_{k+l-p}+a_{k+1}-\cdots-\theta_q a_{k+l-q}$ 即预报误差为：$\varepsilon_k(1)=x_{k+1}-\hat{x}_k(1)$。通常采用线性最小方差原则来选定上式中的系数。

（三）频谱分析法

变形过程按时间特性分为静态模式、运动模式和动态模式三种。动态模式变形的显著特点是周期性，例如高层建筑物在风力、温度作用下的摆动；桥梁在动荷载作用下的振动；地壳在引潮力、温度、气压作用下的变形等。动态变形分析包括几何分析和物理解释两部分，几何分析主要是找出变形的频率和振幅，而物理解释是寻找变形体对作用荷载（动荷载）的幅度响应和相位响应，即动态响应。

频谱分析法是将时域内的数据序列通过傅里叶级数转换到频域内进行分析，有助于确定时间序列的各级别的周期性数据。

（四）小波分析方法

小波变换法的带通滤波功能可将信号划分成从高到低的不同频带，且各频带互补重叠，如果有目的地对某频带的分解结果进行重构，则可实现该频带的信号从原信号中分离，利用小波分析法的该特性，可在观测数据滤波、变形特征提取、不同变形频率的分离、观测精度估计等方面发挥作用。

一般地，对监测数据序列进行消噪的基本步骤可归纳如下。

1. 小波分解

根据问题的性质，首先选择一组 Daubechies 小波滤波系数构造变换矩阵 W，并确定其分解层次 J，然后对监测数据 $x(t)$ 进行 J 层小波分解。

2. 小波分解高频系数的阈值量化处理

该处理过程的意义在于从高频信息中提取弱小的有用信号，而不至于在消噪过程中将有用的高频特征信号当作噪声信号而消除。一般可设置阈值为：

$$\lambda=\sigma\sqrt{2\log(n)}$$

式中，n 为对应分解层次的高频系数个数。由于实际噪声系数的标准偏差 σ 一般是未知的，因此，可用小波分解的第 1 层（即最细尺度）上高频系数的绝对标准偏差作为 σ 的估计值。

对各层小波分解高频系数 $d_{j,k}$ 应用下式：

$$\eta_\lambda(d) = \begin{cases} \mathrm{sgn}(d)(|d|-\lambda), & |d| \geqslant \lambda \\ 0, & |d| < \lambda \end{cases}$$

进行阈值化处理，将小于阈值的系数置为 0，大于或等于阈值的系数均减少 λ。这样便可将集中于高频系数的噪声成分舍去。实际中，也可以对小波分解的高频系数 $d_{j,k}$ 进行硬阈值化处理，即将大于阈值的高频系数完全保留。

3. 小波重构

用小波分解的第 J 层的低频系数和经过阈值量化处理后的第 1 层至第 J 层的高频系数进行重构，可得到消噪后的监测数据序列估计值。若将阈值量化处理后的小波分解高频系数进行重构，便可得到观测精度的估计值。

（五）灰色系统模型

灰色系统模型分析可从杂乱无章的、有限的、离散的数据中找出规律，建立相应的灰色系统模型进行分析预测，通过对原始随机数列采用生成信息的处理方法来弱化其随机性，使原始数据序列转化为易于建模的新序列。灰色系统常用的生成方式有累加生成、累减生成和映射生成等，如变形监测数据具有时间累积效应，可采用累加生成法，即将数列各时刻数据逐个累加得到新的数据与数列，最终得到一条通过系统的原始序列累加生成的点群最佳拟合曲线，并用此曲线对未来的情况进行预测。

1. 数据的检验

在采用灰色系统进行分析之前，应当对原始数据进行验证，以证明其是否满足灰色系统的要求。常用的检验方法为光滑性检验、指数规律检验。

2. 建立 GM（1，1）模型

在灰色系统理论中，由 GM（M，N）来描述系统的状态方程，其中，第一个参数 M 表示模型的阶数，第二个参数 N 表示模型中变量的个数，这里以 GM（1，1）模型为例。设有非负离散序列：

$$x^{(0)} = \{x^{(0)}(1), x^{(0)}(2), \cdots, x^{(0)}(n)\}$$

对 $x^{(0)}$ 进行一次累加生成：

$$x^{(1)}(k) = \sum_{i=1}^{k} x^{(0)}(i)$$

得到一个新序列：

$$x^{(1)} = \{x^{(1)}(1), x^{(1)}(2), \cdots, x^{(1)}(n)\}$$

对此新序列建立一阶微分方程：

$$\frac{\mathrm{d}x^{(1)}}{\mathrm{d}t} + ax^{(1)} = u$$

记为 GM（1，1），式中 a 和 u 即为灰参数。

3. GM（1，1）模型检验

模型精度的高低直接决定着数据拟合程度的好坏，对灰色模型精度的检验主要有残差大小检验、关联度检验和后验差检验三种。残差大小检验是对模型计算值和实际值的误差进行逐点检验，关联度检验是考察模型计算值与建模序列曲线的相似程度，后验差检验是对残差分布的统计特性进行检验。

（六）卡尔曼滤波模型

Kalman 滤波是 20 世纪 60 年代初由卡尔曼（Kalman）等提出的一种递推式滤波算法，能够有效地对动态系统进行实时数据处理，采用递推的方式，借助于系统本身的状态转移矩阵和数据，实时最优估计系统状态，并且能对系统未来时刻的状态进行预报，因此，这种方法可用于动态系统的实时控制和快速预报。卡尔曼滤波模型包括状态方程和观测方程两部分，其离散形式为：

$$X_k = \phi_{k,k-1} X_{k-1} + \Gamma_{k-1} W_{k-1}$$
$$L_k = H_k X_k + V_k$$

式中，X_k 为 t_k 时刻的 n 维状态参数向量；$\phi_{k,k-1}$ 为 $n \times n$ 阶状态转移矩阵；X_{k-1} 为 $k-1$ 时刻的状态参数向量；Γ_{k-1} 为 $n \times r$ 维矩阵，称为动态噪声矩阵；W_{k-1} 为 r 维高斯白噪声状态误差向量；H_k 为 $m \times n$ 阶设计矩阵，也称为观测矩阵，V_k 为 t_k 时刻观测噪声。

当已知 t_{k-1} 时刻动态系统的状态 X_{k-1} 时，就可以求出 t_k 时刻的状态预报值，然后根据 t_k 时刻的观测值，就可以对该时刻的预报值进行修正，得到该时刻的滤波值 X_k，通过该原理不断进行迭代计算，从而达到滤波的目的，图 8.4-4 即为卡尔曼滤波流程。

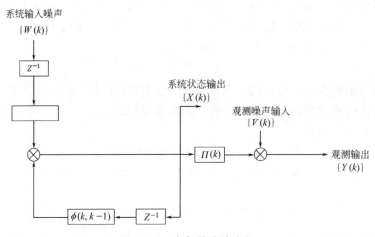

图 8.4-4　卡尔曼滤波流程

在应用卡尔曼滤波原理对动态系统进行变形预测预报时，状态模型主要有常加速度模型、常速度模型以及随机游走模型。变形系统的状态参数选择与工程的实际情况和具体要求有关，当监测对象的变形速度较快，动态性较强，就必须考虑监测点的变化速率和加速率，例如，对于建筑物的沉降而言，在建筑物建成初期，由于地质以及建筑物自身的重力，沉降一般较为明显，变形速度较快，通常选用常加速度模型；当建筑物的沉降逐渐平稳，变形体的动态性不强，变化趋势不太明显，并且观测周期短，观测频率较高时，宜选择常速度模型；在变形体变形逐渐趋于稳定的情况时，可采用随机游走模型。

（七）人工神经网络模型

自 20 世纪 80 年代以来，人工神经网络（Artificial Neural Networks，ANN）发展迅速，它采用物理可实现的系统来模仿人脑神经细胞的结构和功能，显著特点是：以分布方式存储知识在整个系统中；以并行方式进行处理，大大提高了信息处理和运算的速度；有很强的容错能力；可用来逼近任意复杂的非线性系统；有良好的自学习、自适应、联想等功能，能适应复杂多变的动态特性。

人工神经网络正是由于上述特点，在变形监测数据处理与分析预报方面有着广泛的应用前景。人工神经网络的处理单元就是人工神经元，也称为节点。处理单元用来模拟生物的神经元，但只模拟了其中三个功能：①对每个输入信号进行处理，以确定其强度（权值）；②确定所有输入信号组合的效果（加权和）；③确定其输出（转移特性）。

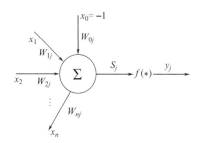

图 8.4-5 人工神经网络模型处理单元

图 8.4-5 为处理单元的示意图。其中，W_{ij} 表示从节点 i（或输入 i）到节点 j 的权值，即 i 和 j 节点间的连接强度，为正表示兴奋型突触，为负则表示抑制型突触。经过转移函数 $f(*)$ 的处理，得到处理单元的输出：

$$y_j = f(S_j) = f(\sum_{i=0}^{n} w_{ij} \cdot x_i) = f(W_j^T \cdot X)$$

由于产生变形的因素很多，且具有随机性和不确定性，无法详细了解各种因素的影响细节，因此，完全可以利用神经网络模型极强的映射能力和计算能力，建立变形体输入和输出之间的映射关系，对变形的整体动态性进行宏观的认识。

四、监测成果表达

工程变形监测成果的表达主要包括文字、表格及图形等形式，现在逐渐发展到如多媒体技术、仿真技术、虚拟现实技术等。变形监测成果的表达最重要的是严谨性、正确性和可靠性。表格是一种最简单有效的监测数据表达形式，可直接列出计算结果；图形则是最直观、最丰富多彩的表达形式。当然，监测成果的表达取决于监测的类型和研究的目的，另外也要满足用户的要求。

（一）数据图表

当通过变形监测数据处理求得最终变形值后，为了使这些监测成果便于分析、查阅，通常将其绘制成各种图表，常用的图表有监测点变形过程线、变形分布图、等值线图等。

1. 监测点变形过程线

某监测点的变形过程线是以时间为横坐标，以累积变形值（位移、沉降、裂缝值、倾斜和挠度等）为纵坐标绘制成的曲线。监测点的变形过程线可明显反映出变形的趋势、规律和幅度，对于初步判断建（构）筑物的工作情况是否正常非常有用，某监测位移变形过程线如图 8.4-6 所示。

2. 变形分布图

这种图是根据同一位置如同一剖面图上各监测点的变形值绘制而成的，某扰度变形分布如图 8.4-7 所示。

3. 等值线图

常规的变形分析及表达大多只针对单点或单个时间序列进行，等值线图利用了点位之

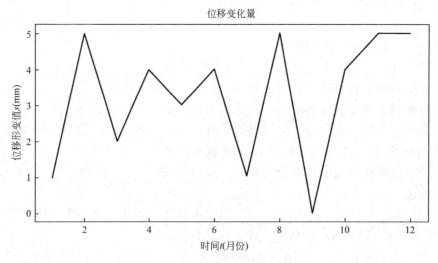

图 8.4-6　监测点位移变形过程曲线

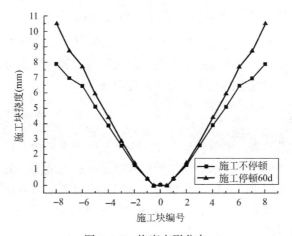

图 8.4-7　挠度变形分布

间相互联系的信息可开展多点的整体变形分析，如直观查看变形体局部区域的位移变形、沉降、降雨量等，某沉降等值线如图 8.4-8 所示。

（二）监测报告

变形监测是多周期的重复性测量，所形成的原始资料和成果数据量大，根据变形监测有关规范要求，在每期监测结束后应提交监测数据报告；根据项目情况提交阶段性报告（体现随时间变化的监测数据曲线）；监测结束后提交最终报告，报告中应包含监测对象、许可值、报警值、监测数据报表、监测数据时间曲线、监测数据变形分析图表及监测结果总结评述等。

传统的人工监测工作多采用手工记录或利用办公软件组织数据和生产成果报表，效率较低，容易出错。研究团队自主研发了多源异构安全监测数据智能报表引擎，实现了监测报表生产业务的自动化和智能化处理，已广泛应用于监测生产中，提高了监测工程项目的成果报表管理能力，减轻了监测数据处理工作量，提高了生产效率和生产管理水平。

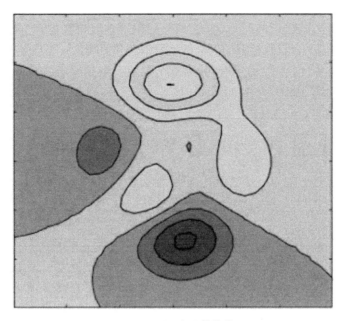

图 8.4-8　沉降量等值线

第五节　安全监测大数据平台

作者所在研究团队长期致力于基础设施安全监测领域核心技术创新与服务应用，从城市整体安全运行的高度出发，自主研发了以预防桥梁垮塌、路面坍塌、楼房倒塌、滑坡灾害[12]、轨道交通事故等影响范围大的公共安全事故为目标而建设的针对城市基础设施安全运行的监测平台。该平台以公共安全科技为支撑，以私有云为基础运行环境，融合了测绘地理信息、物联网、传感器、云计算、大数据、5G等现代信息技术，拥有平台级、中心级、工程级的多层级体系架构，具有可配置、引擎式、分布式的显著特点。在前端物联感知方面，平台集成了测量机器人自动测量控制技术、激光光斑变形监测技术[9,11]、自适应振弦式数据采集技术等，其中，智能无线监测网关产品用于开展监测数据采集工作，实现了多厂商不同类型监测传感设备及相关数据的集成、接入与传输。

该平台及相关科技成果用于感知现场运行状况，分析各监测子要素风险及相互耦合关系，实现安全生命线风险的及时感知、早期预警、高效应对和正确决策，提高了监测数据获取与服务管理效率，推动了变形监测行业科技进步，强化基础设施安全运营保障能力，为城市精细化、智能化运维与管理提供支撑。

一、整体架构

为了满足业务系统分布式云化应用和部署的需求，采用 Vue＋WebAPI 的技术架构实现"前后端分离"的应用模式，可在前端 Web 界面同时管理操作多个监测项目，互相不干扰；同时，实现了前后端功能和代码的完全剥离，平台采用分布式弹性架构、微服务框架，可部署运行于 Windows、Linux 等多种平台环境；引入了缓存机制和 OAuth2.0 令牌授权机制，实现了平台权限、项目权限、APP 权限等多级权限控制机制，在全局授权管理机制下提升了监测平台权限控制的安全性、灵活性和便捷性；平台数据加载、管理效率高，支持多终端跨平台应用[17]。平台分为五个层级：数据服务、基础服务、应用服务、门户服务、用户界面，如图 8.5-1 所示。

图 8.5-1　平台架构

（一）数据服务层

提供数据存储、管理、分析服务功能，支持字符串、数据块、交换文件等多种形式将数据实时接入平台，提供数据操作接口，实现监测数据访问、数据服务、应用配置与数据映射等功能，是整个平台的底层核心，也是数据平台的基础部分。该层采用分布式部署架构，支撑数据的分布式存储与获取，适应海量数据管理的需求，如图 8.5-2 所示。

1. 数据访问接口

通过调用数据服务的功能，对提供的会话（Session）进行操作，实现数据的增加、修改、删除、查找等功能。

2. 数据服务

主要是提供统一的持久数据访问入口，包括：实现会话（Session）的管理：创建会话、打开会话、会话数据清除、关闭会话；事务管理：单事务管理、多并发数据访问时事务管理。

3. 应用配置

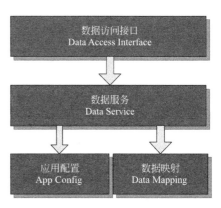

图 8.5-2　数据操作接口

应用软件对数据库进行操作，通过配置完成程序代码对数据库的访问。包括多种数据库配置方式：文件配置、软件工具配置、标签配置等。这里考虑应用的灵活性主要采用 XML（Extensible Markup Language）文件和 JSON（JavaScript Object Notation）文件的配置方式，对于同一个应用软件可能出现对多个数据库服务器的不同数据表进行操作的情况，也可能需要采用标签配置方式增加数据库访问的灵活性。

4. 数据映射

对象和关系数据库之间的映射规则采用 XML 文件来定义，如温度传感器数据映射到监测平台中温度监测数据信息表，伸缩缝传感器数据映射到监测平台中裂缝监测数据信息表。映射文档易读，可手工修改。

（二）基础服务层

基础服务层对智能感知控制系统获取的监测传感数据实时进行数据计算、压缩、存储等操作，提供平台级别的安全、消息服务总线、缓存服务、异常管理及控制服务等。平台安全包括数据安全与应用安全、对数据边界、用户权限、访问控制进行统一化管理；消息服务总线用于分布式系统服务间的并行控制，服务间的数据获取和中转依赖消息服务总线开展；缓存服务主要用于数据的内存和数据缓存工作，以提高数据访问效率；异常管理及控制服务用于平台的稳定性支撑工作。基础服务层包括以下模块。

1. 服务配置模块

用户通过类似"搭积木"的方式完成所需服务功能的配置，无需编写复杂的计算机程序，并将服务配置信息存入数据库。运行状态下，用户界面读取服务信息数据，并根据配置信息实时更新界面数据，如图 8.5-3 所示。

2. 权限管理

权限管理包括角色管理、功能权限管理、数据权限管理，在平台级、项目级可进行权限的组合控制。当用户进行平台操作、APP 操作、设备控制、数据资源访问、分布式服务调用时，权限管理模块将进行用户的身份角色识别和权限的判断，以限定用户可操作的功能菜单模块、可控制的远程设备、能够访问或操作的数据资源、可调用的方法或服务等。

3. 控制模块

控制模块是用户操作、通信指令及后台服务调用的智能中转站。当某一过程通过了权

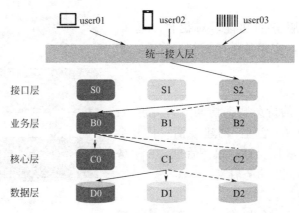

图 8.5-3　积木式服务配置

限管理模块的认证后，接下来将由控制模块进行处理，包括对数据资源的调阅、增加、修改或删除；通过无线网络远程对现场各类测量和传感设备进行控制，如开机、关机、重启、开始测量、结束测量、更改运行参数的配置等；对不同设备回传的数据进行联动分析、比对、融合处理等；基于模块间的运行结果进行控制的反馈，如一旦有数据变化趋势异常的情况发生，数据处理模块得到的结果可反馈至远程设备，实时控制设备提高数据采集的频次。

4. 数据处理模块

数据处理模块包括数据预处理、数据映射、数据计算、数据分析等部分，如粗差探测与剔除、数据字段映射、平差计算、变形计算、预警计算、频谱分析、统计分析等功能。利用 R 语言数据处理引擎、Python 编程语言将数据处理所需的各类算法内置到平台中，并将算法所需计算参数、数据来源表和数据来源列均作为配置项开放给用户进行动态配置，实现了动态可配置的数据处理引擎，无需调整代码，用户即可结合具体应用和处理需求，对数据处理算法进行参数调优。

（三）应用服务层

应用服务层的建设在数据服务及平台服务的基础上展开，该层主要解决与数据生产以及管理业务逻辑相关的数据收集、整理、存储等，并提供数据分析、数据报表、数据集成、视频监控、物联数据监控等服务。数据分析是基于统计算法、评估分析模型开展数据精度分析、数据变形分析、变形预测预报等；数据报表可基于工程所要求的数据模板进行成果资料的自动文档报表设计、生产；数据集成将设施现场传感数据进行在线收集、整理、存储；视频监控服务是对视频传感器获取的影像数据进行存储，并提供实时播放服务；物联数据监控可对所有仪器设备、传感器、APP 人工采集等物联数据传输情况进行实时监控。

（四）门户服务层

门户服务层是平台对外的服务窗口，该层的核心是将平台的数据资源等以基于空间地理信息多维度、多尺度的综合可视化方式进行呈现，提供给用户方便、高效、易用的交互式操作入口，帮助用户查看数据运行状态，感知对象的运营状态，对数据成果进行查询、分析及可视化展现。

（五）用户界面层

为了解决平台在不同尺寸设备如手机、平板、笔记本、台式机等屏幕的适配问题，采用响应式可视化技术，其核心思想是把设备的屏幕信息、容器布局规则（列数、尺寸）、业务数据等行为进行统一的配置和管理，动态兼容多尺寸终端设备的显示适配规则，提供一致的浏览体验和友好的用户体验。

二、平台功能

平台包括基础云平台、监测业务系统、大数据展示系统、物联网平台、数据计算中台等板块。

（一）基础云平台

在数字经济时代，监测数据量高速增长，为了保证监测数据安全，构建了以私有云环境为基础的云平台，支持百万数量级的监测设备接入，为监测业务提供数据存储和运算等重要信息基础设施，它具有高效性、便捷性、高拓展性，为整个平台的高效稳定安全运行提供全面保障，如图 8.5-4 所示。

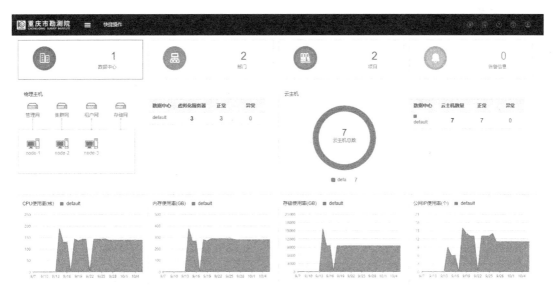

图 8.5-4 基础云平台

（二）监测业务系统

监测业务系统可针对不同应用场景、监测对象提供便捷高效的监测应用服务，如图 8.5-5 所示。可实时控制前端测量机器人、传感设备等，开展无人化的数据采集任务；支持以实时视频影像的方式对项目现场进行展示和管理，如图 8.5-6 所示；对监测数据进行高效存储和分析、评估和预警，如图 8.5-7 所示，一旦发现异常情况，将立即短信通知管理人员，防患于未然，保障项目安全，同时，基于自动化的报表引擎[5,15] 进行项目监测资料成果的自动输出，可根据方案要求进行报表定制化，大大降低了项目人力成本和时间成本，如图 8.5-8 所示。

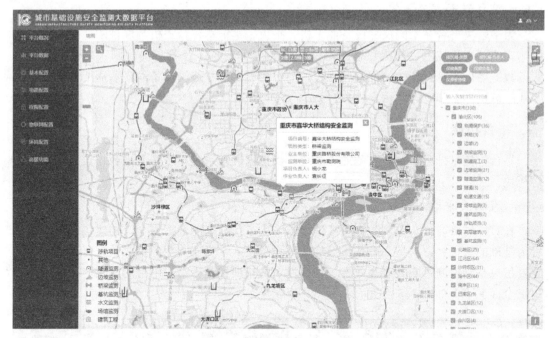

图 8.5-5　平台主页

图 8.5-6　项目视频监控页面

（三）大数据展示系统

大数据展示系统对海量监测数据的深度挖掘和应用进行了可视化表达，可方便直观地了解各个环境的大数据运行情况，划分了平台级、项目级、物联网后台等多个大数据监控看板，在平台级对监测项目分布、预警、数据量等情况进行了统计汇总及多种不同类型的图表展示，如图 8.5-9 所示；在项目级对具体项目中的监测类型、监测数据量情况、点位

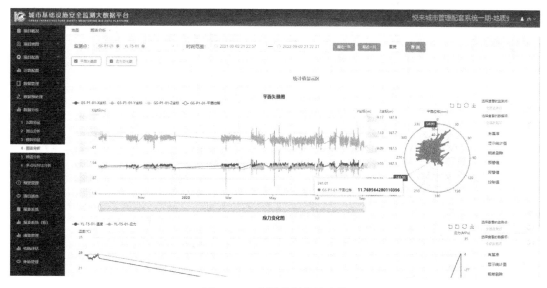

图 8.5-7　监测数据曲线查询

图 8.5-8　项目成果报表输出

分布等进行了直观的统计计算和展示，如图 8.5-10 所示。

（四）物联网平台

物联网平台支持对监测传感设备进行高效连接和网络管理、安全访问控制、数据监控等。该平台支持多源异构物联数据的迅速接入、解析，在物联网平台大数据监控看板可对监测数据实时接收情况进行直观的展示，如图 8.5-11 所示。

（五）数据计算中台

数据计算中台是为了解决海量监测数据实时计算过程中的性能问题，而将公共数据计

图 8.5-9　平台级大数据监控看板

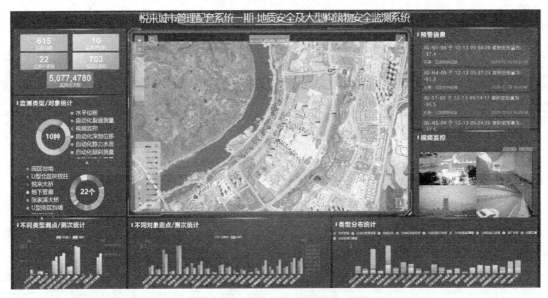

图 8.5-10　项目级大数据监控看板

算的过程整合到数据中台，利用中台底层的计算功能来完成，可对平台所有项目进行实时、并行的数据预处理、计算分析等，在数据计算中台大数据看板可实时监控各个项目的数据处理计算情况、计算节点的资源占用情况等，如图 8.5-12 所示。

三、智能监测 APP

智能监测终端 APP 用于技术人员进行数据采集，可开展测量机器人、水准仪、裂缝计、倾斜计、静力水准仪等观测，如图 8.5-13 所示，可进行简易平差计算，能够实时检

图 8.5-11 物联网数据传感中台

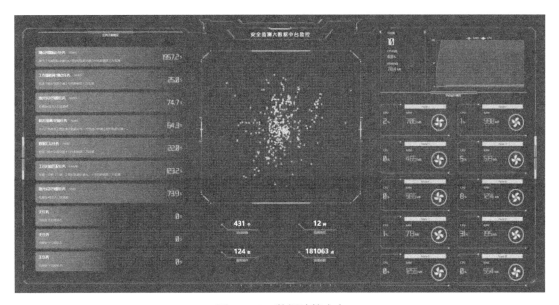

图 8.5-12 数据计算中台

核数据的有效性，尽可能杜绝粗差，保证数据的观测质量，避免了内业计算发现问题后再进行外业核实的情况，同时，通过手机实现远程服务器上监测项目的相关信息、监测点列表、监测点坐标值等信息的下载，同时实现将手机测量所得原始数据和计算结果上传到服务器存储，通过与安全监测云服务平台的进一步协作，将整个安全监测作业流程管控起来，保证了数据获取的高效性、安全性。智能监测终端 APP 可广泛应用道路、基坑、边坡、隧道、轨道交通[2]、矿山、高层建筑、大坝等变形监测工程项目中，提高了工作效率，降低了项目成本。

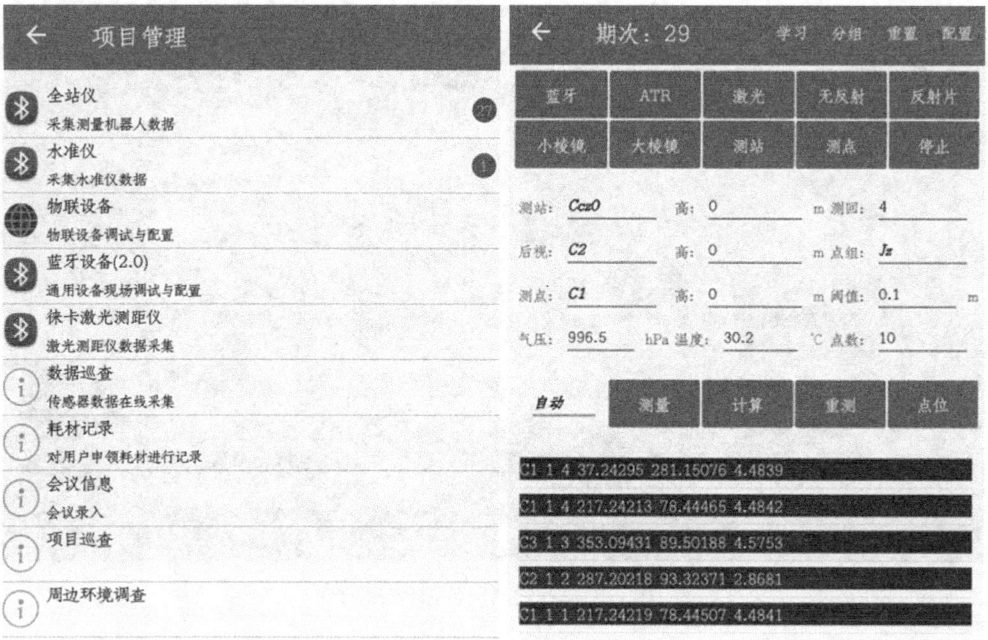

图 8.5-13　监测一体化 APP 界面

第六节　成果应用

作者所在团队研发的城市基础设施安全监测大数据平台，形成了包括系统平台、监测APP、采集控制程序、边缘采集终端、安全监测远程终端单元、无线监测网关等成套软硬件技术体系和产品等成套软硬件技术体系和产品，不仅提高了安全监测工作效率，降低了成本，减轻了作业强度，实现了监测数据获取的高效性、准确性和完整性，通过将离线、分散的基础设施连接成"一张网"，建立城市基础设施安全监测预警体系，确保风险早发现、早预警、早处置，为城市精细化、智能化运维与管理提供支撑。

一、超高层建筑变形监测

（一）工程概况

超高层建筑具有荷载大、基础深、结构复杂、建设工期长、使用年限长的特点，对其施工和运营阶段的健康监测具有重要的社会和经济意义。某超高层建筑位于城市中心位置，楼高236m，地上49层，地下5层。通过对建筑顶部倾斜、水平位移等关键形变参数和风速、风向、温度等10余项辅助环境参数进行远程自动化监测，分析建筑结构变化和环境因素之间的关系，为超高层建筑的维护管理、运营决策提出科学合理的建议。

（二）监测系统构成

基于"城市基础设施安全监测大数据平台"及配套监测硬件产品、应用软件，为超高层建筑开展监测服务，具有自动化、全天候、抗干扰、高精度的特点。监测系统构成如下。

1. 传感器子系统

现场安装了 GNSS 设备、双轴倾斜仪、风速风向传感器、雨量计、多参数环境监测仪等监测传感设备，实现高层建筑变形和环境数据的实时采集。

2. 采集传输子系统

数据采集设备采用智能安全监测网关。设备通过 RS485 总线、无线 LoRa 等通信技术将所有传感器设备集中管理，实现智能化采集，数据通过 4G 无线网络上传至监测云平台。

3. 监测控制子系统

监测控制子系统采用智能安全监测网关配套的控制软件，实现对现场各类传感器的数据采集控制；其中 GNSS 监测采用集成加速度计于一体的监测接收机，数据采集后统一回传监测云平台进行计算处理。

4. 监测服务子系统

监测服务子系统具有数据解析、快速存储、流式计算、智能分析、预警预报、成果发布等功能，能够监测和诊断结构体健康状态，评估其安全性、可靠性，形成了完备的超高层建筑全生命周期安全监测服务能力。

（三）方案与实施

1. 监测项目及硬件设备

现场安装了 GNSS 接收机、双轴倾斜仪、风速仪、风向仪、雨量计、温湿度计、多参数环境监测仪等多种类型监测传感设备、2 台视频监控、1 台智能安全监测网关。

2. 数据采集传输

现场采用团队自研的智能安全监测网关实现传感器数据的采集、上传，如图 8.6-1 所示。智能安全监测网关通过 485 总线与传感器进行通信，对监测数据进行采集，利用内置芯片实现数据的存储、预处理等功能，再通过移动通信网络将数据回传系统平台。

图 8.6-1　智能安全监测网关

用户既可以在监测大数据平台对监测数据、现场设备进行管理，也可通过移动终端与智能安全监测网关建立通信，访问网关内置 Web 页面，便捷地完成设备管理、工作参数配置、传感器数据采集等功能。该网关可扩展性强，能够支持不同厂商多类监测传感设备的接入，还可通过用户配置参数接入阿里云、腾讯云、百度云等其他云平台，为平台分析计算提供数据支撑。

3. 现场供电及通信组网

现场采用市电供电，通信组网采用有线、无线相结合的方式，各传感器通过 RS485 总线与智能安全监测网关相连，通过网关将传感器数据传回监测云平台，如图 8.6-2 所示。

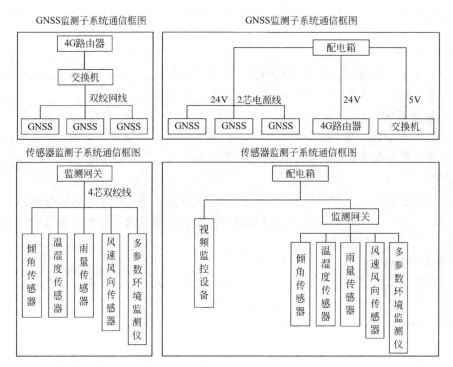

图 8.6-2　现场供电及通信组网框图

二、地下环道

(一) 工程概况

重庆解放碑地下环道属于市政设施领域的交通工程,包括"一环、七射、N 连通"。"一环"即沿十八梯人防通道、五一路金融街、临江路段形成地下车行环道;"七射"即通过七条放射性的出入线与长滨路和嘉滨路相连,以保证环道车流能够快速驶出;"N 连通"就是通过多条支线将"一环"内外的地下车库连成一体,并与"一环"形成互通。该工程影响区域内建(构)筑物众多,同时受接线标高限制等众多因素,本工程新建环道和出入口与轨道 1 号线部分区间段形成三次交叉,与轨道 2 号线部分区间段形成交叉,平面关系见图 8.6-3。

重庆解放碑地下停车系统工程位于渝中区核心解放碑商圈,影响区域内建(构)筑物与人防工程众多,其运营期存在一定风险,需对隧道结构变形情况进行监测。本工程既有地下人防利用改造,又有地下隧道新建改建,与轨道 1 号线、2 号线有平面交叉,隧道衬砌结构和空间关系情况复杂,对布线和设备安装工艺要求非常高。项目采用有线、无线相结合的通信组网方式,在保证数据传输效率的同时,尽可能减少线缆布设,降低安装难度;采用无线远程电源开关对供电系统进行控制,实现设备远程断电重启,降低后期维护难度,提升监测作业效率。

(二) 方案与实施

本项目为解放碑地下停车系统工程运营期隧道结构监测,监测对象包括重庆解放碑地

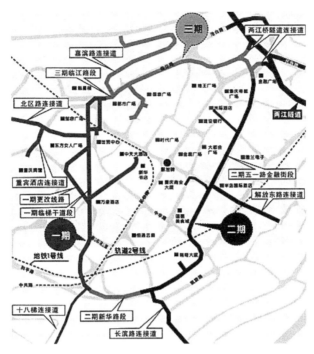

图 8.6-3　解放碑地下停车系统工程平面位置示意图

下停车系统工程主通道隧道、出入口隧道、连接道隧道和支洞隧道。根据解放碑地下停车系统工程特点及工作条件，隧道结构监测项目及测点数量如表 8.6-1 所示。

隧道结构监测项目及测点数量　　　　　　　　　　　　　　表 8.6-1

监测对象	监测项目	数量(个)	备注
重庆解放碑 地下停车系统工程	隧道结构竖向位移	103	自动化监测
	隧道结构净空收敛	103	自动化监测
	隧道结构应力	37	自动化监测
	裂缝(伸缩缝)监测	20	自动化监测

1. 初始状态调查

在监测前对隧道结构进行初始状态调查，主要针对隧道衬砌裂缝及渗漏水情况，并在衬砌裂缝和渗漏水处做好标记。定期对地表进行巡查，了解地表施工情况。定期对隧道原有病害进行观测并对隧道进行巡查，看是否有新的病害产生。调查过程中做好详细的记录，并拍照存档，对于调查过程中发现的异常情况及时通知甲方，以便采取相应应急措施，如图 8.6-4 所示。

2. 收敛位移监测

对解放碑地下停车系统工程收敛位移监测主要包括结构收敛、拱顶沉降监测。该项监测采用团队自主研制的自动化变形监测系统进行实时和连续的观测，量测精度为±1mm。系统硬件包括现场监测设备和远程控制设备。本项目在隧道内设置激光测距仪构成监测系统的主体，监测点按断面以一定的间隔布设于影响区域。其他现场设备布设在控制箱内，

图 8.6-4 现场巡查、作业

包括不间断电源（UPS）、无线远程电源开关、温度气压传感器、无线传输设备等。远程控制中心设置安装远程控制软件并接入互联网的计算机，实现远程监测与设备管理。该系统远程无线传输结构如图 8.6-5 所示。

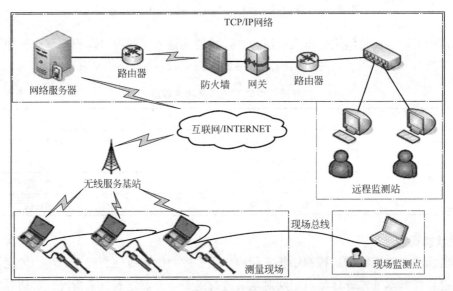

图 8.6-5 远程无线传输结构示意图

3. 应力监测

对解放碑地下停车系统工程结构应力监测点采用自动化监测进行实时和连续的观测，在隧道内设置表贴式混凝土应力传感器构成监测系统的主体，监测点按断面以一定的间隔布设于影响区域。将频率计的多芯接头与应力传感器的引出电缆对接，打开频率计电源开关，等显示数稳定后，记录仪器读数及温度，取平均值为记录值。

4. 裂缝监测

对解放碑地下停车系统工程结构裂缝（伸缩缝）监测点采用自动化监测进行实时和连

续的观测，采用裂缝传感器进行监测，一般常用的为振弦式传感器。裂缝传感器安装完成之后，通过频率读数仪进行测读，等读数稳定后测读三次，取平均值作为本次测量结果。频率读数仪等设备都布设在控制箱内。

第七节　本章小结

随着科学技术的进步及市场对变形监测要求的不断提高，变形监测正向多学科交叉融合的方向发展，正成为相关学科研究人员合作研发的新领域。未来，变形监测将不局限于采用单一手段方法开展数据获取，而将以各类先进的仪器设备、技术理论为依托构建空天地协同的立体监测网络。同时，对海量多源异构监测数据的处理、挖掘和利用将智能处理、大数据分析、安全评估及预警预报作为目标，构建以智能决策分析评估为核心的综合安全管理体系。

作者所在研究团队综合运用测绘地理信息、工程科学、传感器、物联网、云计算、大数据等现代科技手段开展安全变形监测领域的集成创新和实践探索，自主研发了安全监测大数据平台，集成研制了无线监测网关、安全监测传感终端等设备。目前，在全国多家单位进行了推广、合作与应用，累计服务项目超过600个，监测类型包括轨道交通工程、市政工程、基坑工程、大型场馆、地质边坡等20余种，累计监测点次超过3.5亿，服务用户包括管理部门、监测单位、监理单位等。保证安全和质量的同时，显著降低了成本，提升了效率，取得了良好的效果。

团队将进一步紧跟监测新技术、新装备的发展趋势，借助于机器学习、人工智能等新一代信息技术，实现基础设施管理科学化、运行高效化和服务品质化，为有效遏制、杜绝安全事故的发生和城市数字化、智慧化转型升级发挥有力的技术支撑和保障作用。

参考文献

[1] 陈翰新，向泽君，胡波，等．基于 Json 数据片的智能网关数据采集系统及方法［P］．中国：CN111556141A，20200818．

[2] 陈翰新，谢征海，向泽君，等．轨道高架梁安全巡检车［P］．中国：CN203255197U，20131030．

[3] 向泽君，郭鑫，吕楠，等．多基站逐次逼近定位算法研究［J］．测绘通报，2013，(8)：14-17．

[4] 向泽君，陈翰新，王大涛，等．基于脚本文件的工业采集网关及数据采集方法［P］．中国：CN111767039A，20201013．

[5] 向泽君，陈翰新，李超，等．一种多源异构安全监测数据的报表智能生成方法［P］．中国：CN111444293A，20200724．

[6] 向泽君，陈翰新，王大涛，等．基于亚毫米位移传感器的隧道断面沉降测量装置、系统及方法［P］．中国：CN108225262A，20180629．

[7] 向泽君，何兴富．勘测大数据在地下空间安全评价中的应用［J］．地下空间与工程学报，2022，18(3)：743-750．

[8] 祝小龙，向泽君，等．大型建筑结构长期安全健康监测系统设计［J］．测绘通报，2015，(11)：76-79．

[9] 滕德贵，陈翰新，向泽君，等．基于激光光斑漂移的亚毫米监测装置及其控制方法［P］．中国：CN106370123A，20170201．

[10] 张恒，滕德贵，黄赟．精密三角高程测量自动化控制系统研究与实现［J］．测绘地理信息，2021，46（5）：37-40．

[11] 滕德贵，张恒，王大涛，等．基于激光光斑检测实现亚毫米级自动化监测［J］．矿业研究与开发，2020，40（12）：158-163．

[12] 王新胜，滕德贵，谢伟，等．山地城市滑坡灾害空间分布特征及影响因素分析［J］．重庆大学学报，2020，43（8）：87-96．

[13] 袁长征，滕德贵，胡波，等．三维激光扫描技术在地铁隧道变形监测中的应用［J］．测绘通报，2017（9）：152-153．

[14] 李超，滕德贵，袁长征．基于超高层建筑施工监测内容及技术体系研究［J］．工程建设与设计，2018（14）：22-24．

[15] 李超，滕德贵，胡波．一种城市基础设施安全监测数据报表的自动生成方法［J］．北京测绘，2020，34（12）：1795-1798．

[16] 王大涛，滕德贵，李超．基于低功耗无线传感网络的隧道健康监测系统［J］．测绘通报，2018（S1）：273-277．

[17] 胡波，滕德贵，张恒．跨平台移动变形监测系统设计与实现［J］．测绘地理信息，2019，44（4）：32-34．

[18] 俞春，李超，滕德贵．重庆市工程安全监测大数据平台的建设与应用［J］．城市勘测，2016（5）：10-13．

第九章

综合应用案例

第一节　高精度导航地图制作

在新一轮科技革命与产业变革的推动下，人工智能与信息通信技术赋能汽车产业。智能网联汽车（Intelligent Connected Vehicle，ICV）是以车辆为主体和主要节点，融合现代通信和网络技术，使车辆与外部节点之间实现信息共享和协同控制，以达到车辆安全、有序、高效、节能行驶的新一代多车辆系统。

高精度地图，也称自动驾驶地图，是汽车自动驾驶的关键基础设施[1]。高精度地图是指绝对坐标精度达到 0.1～0.2m，包含道路形状及每个车道的车道线类型、通行约束条件、通行方向及周边交通环境要素在内的，能辅助实现车道级驾驶规划、车道级导航定位和车道级地图匹配的电子地图。与传统地图相比，高精度地图具有更加丰富精细的道路信息，能够更加精准地反映道路的真实情况。高精度地图的数据量更大、内容更多、精度更高，具有新型地图结构划分，如图 9.1-1 所示。

高精度地图在自动驾驶中的关键指标包括以下内容。

（1）准确表示交通要素位置

高精度地图应该准确表示车道边线、交通标志等交通要素的位置，便于智能汽车在行驶过程中对四周距离进行实时动态的计算。图 9.1-2 表示基于高精度地图计算汽车前轴中心点与车道边线的距离；图 9.1-3 表示基于高精度地图计算汽车与静态标志的距离。

（2）车辆能识别的车道线类型

自动驾驶要求高精度地图中的车道类型是车辆传感器能够识别的，目前能够识别的车道线类型包括虚线和实线，颜色包括白色和黄色，线数量为单线和双线，如图 9.1-4 所示。

（3）道路参数

高精度导航地图中应包含道路的车道宽度、车道坡度、弯道曲率、倾角、路面材质等。

作者所在研究团队与中国汽车工程研究院股份有限公司（简称"中国汽研院"）合作，开展了基于开放道路的高精度导航地图制作和基于场地道路的汽车自动驾驶评估应用。

图 9.1-1　高精度地图数据示例

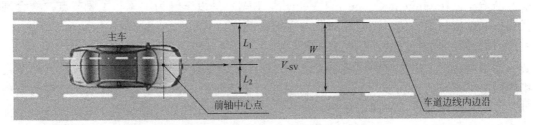

说明：L_1，L_2——横向间距；V_{SV}——主车车速；W——车道宽度

图 9.1-2　计算车辆与车道边线横向距离

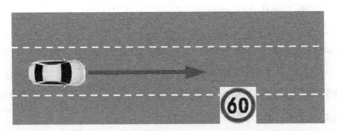

图 9.1-3　计算车辆与静态标志的距离

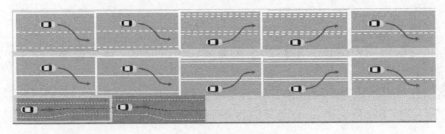

图 9.1-4　车辆识别的车道线类型

一、开放道路高精度地图制作

以重庆市礼嘉片区自动驾驶比赛专用道路为试验区，进行高精度导航地图数据的采集、处理、加工与发布。

（一）试验区范围

研究团队以重庆智博会"i-VISTA 自动驾驶汽车挑战赛"在礼嘉片区使用的自动驾驶比赛道路作为试验区样例，并于 2019 年 7 月 30 日对全长约 7km 的路线进行了点云数据采集，如图 9.1-5 所示。测区道路作为历年自动驾驶比赛的专用道路，所包含的道路标志、标线要素信息具有很强的代表性。

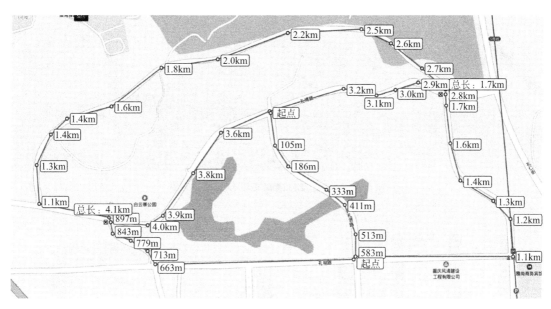

图 9.1-5　重庆市礼嘉片区自动驾驶比赛专用道路试验区

（二）数据采集

研究团队基于自主研发的新型测绘装备集景车载移动测量系统，对试验区道路开展高精度点云数据的采集获取，如图 9.1-6 所示。

（三）数据处理

对采集的高精度点云数据进行内业处理，提取生成车道线及相关交通设施轮廓面。道路空间数据采用 CGCS2000 坐标，正常高系统，提取数据包括车道线、停止线、斑马线、停车位、交通标志点及交通标志区域。

1. 车道线

提取生成左边缘线，属性包括车道线类型、颜色、虚实线、道路类型、车道方向、限速等内容，如图 9.1-7 所示。

2. 停止线

提取道路停止线下边线位置，保存起点和终点坐标，如图 9.1-8 所示。

图 9.1-6　集景移动测量系统着色点云成果

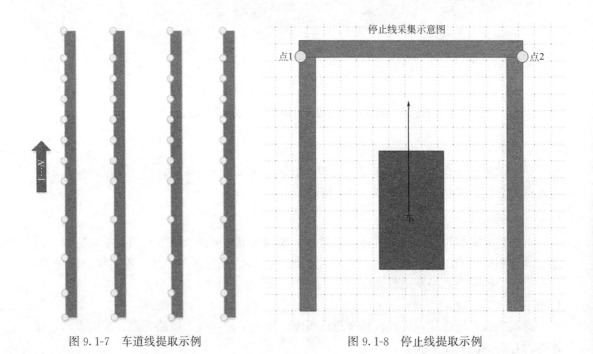

图 9.1-7　车道线提取示例　　　　　图 9.1-8　停止线提取示例

3. 斑马线

提取道路上的斑马线信息生成空间轮廓点，如图 9.1-9 所示。

4. 停车位

提取路边停车位位置标志点，如图 9.1-10 所示。

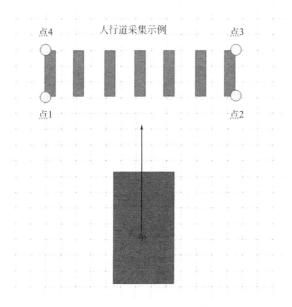
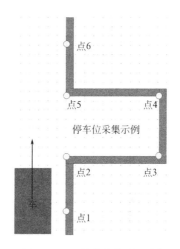

图 9.1-9　斑马线提取示例　　　　图 9.1-10　停车位提取示例

5. 交通标志点及交通标志区域

提取生成其他交通标志点和标志区域空间位置。

（四）地图制作

制作的高精度地图效果如图 9.1-11、图 9.1-12 所示。

图 9.1-11　高精度地图车道线

335

图 9.1-12　高精度地图叠加点云显示效果

（五）精度评估

测绘精度是智能高精地图的核心指标[1]。根据相关标准规范，用于自动驾驶的高精度导航地图数据的精度应达到 0.1～0.2m。为了验证试验数据的精度，研究团队在试验区内随机选取 36 个精度检测样本点（图 9.1-13），并使用 RTK 专业测绘设备获取这 36 个点的三维坐标。

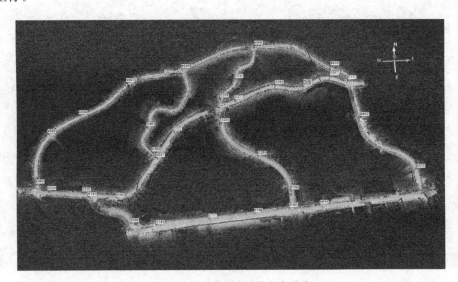

图 9.1-13　精度检测样本点分布

RTK 实测的坐标精度达到毫米级，将实测数据与同名点的点云数据坐标进行比对验证。验证结果如表 9.1-1 所示，平面中误差为 0.047m，高程中误差为 0.034m。精度验证结果表明，试验区样本数据的精度优于自动驾驶对测绘空间数据的精度要求。

精度验证统计　　　　　　　　　　　　表 9.1-1

统计项	ΔX(m)	ΔY(m)	ΔH(m)
最小值	0.002	0.001	0.001
最大值	0.071	0.069	0.068
平均值	0.027	0.028	0.029
中误差	0.032	0.034	0.034
绝对精度:平面 0.047m,高程 0.034m			

二、无人驾驶测试场高精地图制作

无人驾驶测试场是重现无人驾驶汽车使用中遇到的各种各样道路条件和使用条件的测试场地，用于验证和试验无人汽车的软件算法的正确性。汽车在试验场试验比在实验室或一般行驶条件下的试验更严格、更科学、更迅速、更实际。汽车场地测试需要平面精度优于 5cm 的高精导航数据作为基础支撑，通过 RTK 采集的车辆轨迹与高精地图对比分析，对自动驾驶算法的优劣进行评判，是评估自动驾驶算法质量、可靠性、可用性非常重要的测试。

本研究在无人驾驶测试场的应用中主要是在测试场采集高精度点云数据提取生成无人驾驶测试系统需要的高精度矢量数据，协助其开展验证试验工作。

(一) 试验区范围

以中国汽研院内部的无人驾驶测试场地作为试验区，场地面积共 3.6 万 m²，范围如图 9.1-14 所示。

图 9.1-14　中国汽研院自动驾驶测试内部道路

（二）数据采集

使用集景车载移动测量系统采集无人驾驶测试场的道路及交通设施空间信息，如图 9.1-15 所示。

（三）数据处理

无人驾驶测试场地的数据提取与开放道路大致相同，只是车道线提取略有区别，如图 9.1-16 所示。

图 9.1-15　无人驾驶测试场数据采集

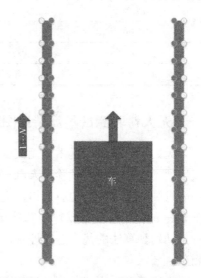

图 9.1-16　场地车道线提取示例

基于点云提取的高精度地图数据如图 9.1-17 所示。

图 9.1-17　场地高精度地图数据成果

（四）评估应用

高精度地图在无人驾驶场地测试中是不可或缺的基础空间数据，无人驾驶汽车基于高精度地图进行快速的数据计算、动态建模、预警和操控等。例如，在车道偏离预警功能测试中，需要计算车轮到车道线的距离和车轮逼近车道线的相对速度；在车道停止线自动刹车功能测试中，需要无人驾驶汽车自动识别红绿灯位置和状态，以及停止线位置，然后做出刹车动作，如图 9.1-18、图 9.1-19 所示。

图 9.1-18 自动驾驶评估成果示例

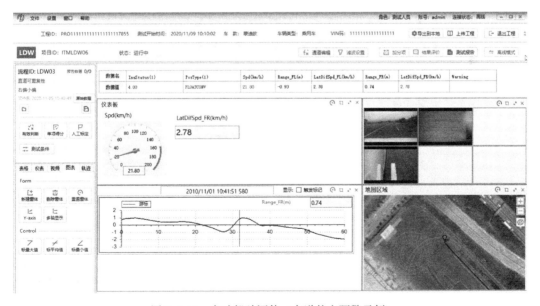

图 9.1-19 自动驾驶评估（车道偏离预警示例）

在实际应用中，高精度地图和无人驾驶汽车的软硬件深度结合，为无人驾驶提供重要的数据基础。

第二节　地下环道智能导航服务

　　室内定位是人工智能的核心应用之一。随着智能手机的普及和发展，基于智能手机的室内定位技术逐渐发展成熟。智能手机内置了加速度计、陀螺仪、磁力计、气压计、光线传感器、麦克风、扬声器和相机，以及 Wi-Fi、蓝牙、蜂窝无线通信信号等射频信号，为人们提供了丰富的室内定位源[2]。

一、工程概况

　　重庆解放碑商圈位于重庆市渝中区渝中半岛的中心地带，是重庆最早、最成熟的商业中心，集购物、休闲、旅游、办公、餐饮、娱乐等功能于一体。

　　解放碑地下环道位于解放碑核心区，由"一环、七射、N 连通"组成。"一环"是在地下 20~60m 深处的一条地下车行循环道，全长 6.8km；"七射"是指出入解放碑的 7 条地下连接道，与"一环"直接接轨；"N 连通"就是通过多条支线将"一环"内外的地下车库连成一体，并与"一环"形成互通（图 9.2-1）。

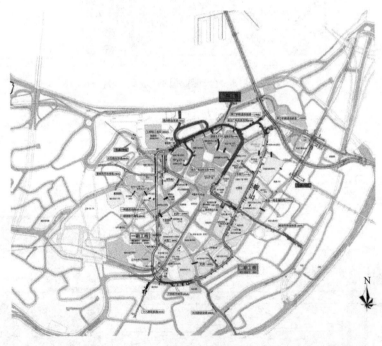

图 9.2-1　解放碑地下环道工程平面图

　　疏解地面交通和解决停车问题是解放碑地下环道工程的两大主要功能。该地下工程规模大、结构复杂，工程在实际应用运行过程中遇到如下挑战：

　　（1）地下导航定位难

　　车辆驶入解放碑地下环道以后，卫星信号丢失，无法进行卫星导航定位。人处于这种人工封闭环境中，由于缺乏标志性辨识物，辨认方向的能力极大下降。再加上地下环道岔口众多，容易迷路。

（2）实时交通信息缺乏

解放碑地下环道连通了多个商场的地下车库，但哪个商场应该从哪个岔道口进出，是否还有空余车位等，在驾驶汽车时不能快速准确地获取这些信息。

（3）地下车库寻车难

由于重庆山地城市的地形特殊性，地下车库错层多、面积大、结构复杂，经常出现车主耗费大量时间焦急地在车库里来回寻车的场景，给用户带来极大不便。

二、技术方案

针对以上痛点，作者所在研究团队与武汉大学测绘遥感信息工程国家重点实验室合作研发解放碑地下环道导航定位系统，实现车辆在解放碑地下空间的精准定位与导航，系统总体架构如图 9.2-2 所示。

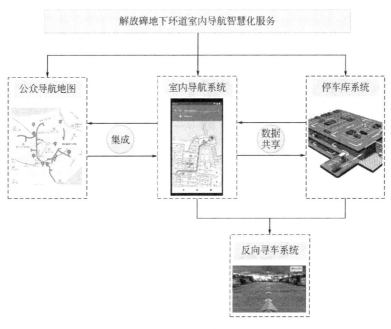

图 9.2-2　总体架构

（一）基于蓝牙 iBeacon 的高精度室内定位技术

1. 研发高精度室内定位装置

自主研发拥有整套硬件专利和算法专利的蓝牙 iBeacon 高精度定位产品（图 9.2-3），具有高性能（可支持 50km/h 车速）、高精度（定位精度可达 3m）、长寿命（采用外部供电使用寿命长）等显著优势。

2. 开发手机 App 和微信小程序

研发基于高精度蓝牙 iBeacon 的室内定位与导航技术，集成智能手机自带的各类传感器、蓝牙/Wi-Fi 等信号、地图与 POI 等信息，通过测定距离、角度、位置和速度等数据，形成多源融合定位引擎，提供高精度、稳定可靠的室内导航服务系统。

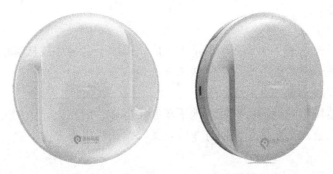

图 9.2-3　自主研发的蓝牙 iBeacon 高精度定位产品

系统定位精度可达 3～5m、支持手机 App 和微信小程序（图 9.2-4），支持 Android 系统和 iOS 系统，支持车辆导航和行人导航。其中，车辆导航系统满足以下功能：车辆导航跟随无延迟，路口语音提示，引导至正确出口，支持实时路径规划等。行人步行导航系统满足以下功能：支持目标地交互选取和搜索，支持实时路径重新规划，支持跨楼层导航，进出电梯导航接续等。

图 9.2-4　室内导航定位 App

（二）室内外导航无缝集成技术

室内外无缝导航定位，室外采用 GNSS 导航，室内采用蓝牙定位。室内外定位无缝切换的思想如下：首先通过定位模块获取行人的空间位置、运动速度、运动方向等状态信息，然后结合地理空间数据和专题数据，将位置信息探测与地理空间分析有机统一，最终使行人在导航过程中实现室外定位与室内定位的自适应切换，如图 9.2-5 所示。

研究团队设计并实现了一种室内外导航无缝切换方法及控制系统，其基本思想如下：实时采集场景数据，判断当前是否为疑似场景变化情形；将所采集的场景数据与上一时刻 t_0 时的场景数据进行对比分析，初步判断此时是否场景发生变化；采集 t_2 时刻的场景数据，将 t_2 时刻的场景数据与 t_1 时刻的场景数据进行对比，确定此时场景发生变化，控制导航切换。室内外导航无缝切换方法简单，准确性高，切换时间误差小，能有效消除室内外定位切换过程中可能出现的乒乓效应，实现室内外定位导航的无缝平滑过渡，提升用户的体验感，如图 9.2-6 所示。

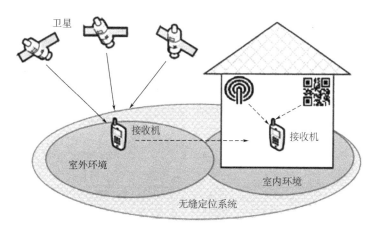

图 9.2-5 室内外无缝导航系统构成

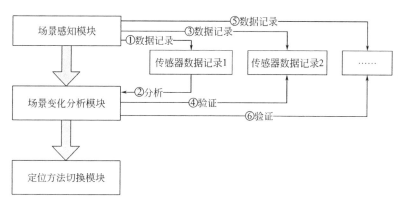

图 9.2-6 室内外定位无缝切换技术流程

(三) 车位管理、查询与导航一体化集成技术

车位管理、查询与导航一体化集成包含车位管理与状态监控子系统、车位信息发布子系统、车位信息查询子系统、导航子系统，如图 9.2-7、图 9.2-8 所示。

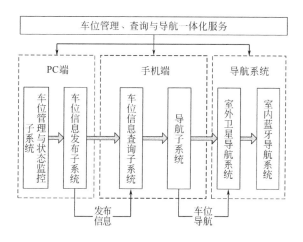

图 9.2-7 车位管理、查询与导航一体化服务技术流程

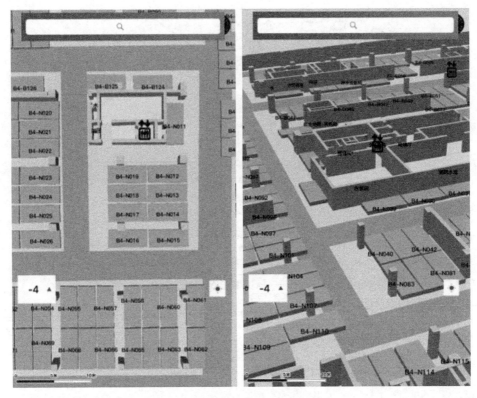

图 9.2-8　地下车库电子地图

（四）全场景覆盖一键反向寻车技术

用户进入车库后，停车时及时记录停车位置，并在返回车库时一键导航至停车位置，同时，用户可在商圈任意楼栋、楼层，室内、室外、地上、地下任意位置一键导航至停车位。该技术可改进目前大部分商场采用的视频监控系统定位车位的方法，从固定终端机升级为手机跟随导航，精确引导至停车位，如图 9.2-9、图 9.2-10 所示。

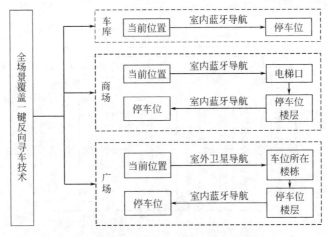

图 9.2-9　全场景覆盖一键反向寻车技术路线

图 9.2-10　反向寻车导航示意图

三、应用案例

研究团队分别选取北区路入口到大融城车库约 600m 长的地下环道和协信星光广场负 4 楼与地下环道入口连接处作为试验区，使用自主研发的蓝牙 iBeacon 室内定位技术，面向车辆和行人提供高精度、稳定可靠的室内导航服务，实现了室内外无缝导航，如图 9.2-11、图 9.2-12 所示。

图例
- ▲ Wi-Fi基站
- • 蓝牙基站
- ▨ 解放碑地下环道
- ▢ 渝中环道居民地

0　　　95　　　190 (m)

图 9.2-11　试验区定位装置布点与安装

图 9.2-12　室内定位与导航测试

经测试和运行，室内定位精度为 3m，可分辨车道；室内导航信号连续可靠，跟随车辆无延迟，可支持 50km/h 车速；支持实时路径重新规划；定位装置采用市电，无需更换电池，可持久使用。

研究团队自主研发的软硬件技术在可行性和精度方面均得到了验证，为全面提升解放碑地下环道智慧化服务工程奠定了坚实基础。

第三节　自然资源调查监测

一、政策背景

党的十九届四中全会提出"加快建立自然资源统一调查、评价、监测制度，健全自然资源监管体制"，五中全会再次提出"加强自然资源调查评价监测"。为贯彻落实党的十九届四中、五中全会精神，自然资源部先后印发了《自然资源调查监测体系构建总体方案》《自然资源调查监测质量管理导则》，要求各级地方政府在原有年度国土变更调查、地理国情监测的基础上，进一步丰富监测内容，拓展监测频次，扩大监测范围，以动态掌握自然资源变化为根本任务，为管理决策提供全面基础支撑。

根据《自然资源调查监测体系构建总体方案》，自然资源是指天然存在、有使用价值、可提高人类当前和未来福利的自然环境因素的总和，涵盖陆地和海洋、地上和地下，包括土地、矿产、森林、草原、水、湿地、海域海岛等。

自然资源调查分为基础调查和专项调查。基础调查的主要任务是查清各类自然资源体投射在地表的分布和范围以及开发利用和保护情况，掌握最基本的全国自然资源本底状况和共性特征。基础调查是以各类自然资源的分布、范围、面积、权属性质为核心内容，是重大的国情国力调查。目前基础调查以第三次全国国土调查为基础，集成现有的森林资源清查、湿地资源调查、水资源调查、草原资源清查等数据成果，形成自然资源管理的调查监测"一张底图"。专项调查的任务是查清土地、矿产、森林、草原、水、湿地、海域海岛等各类自然资源的数量、质量、结构、生态功能及相关人文地理等多维度信息[3]。

自然资源监测是在基础调查和专项调查形成的自然资源本底数据基础上，掌握自然资源自身变化及人类活动引起的变化情况的一项工作，实现"早发现、早制止、严打击"的监管目标。根据监测的尺度范围和服务对象分为常规监测、专题监测和应急监测[3]。

做好自然资源调查监测工作，掌握真实准确的自然资源基础数据，是推进国家治理体系和治理能力现代化、促进经济社会全面协调可持续发展的客观要求；是加快推进生态文明建设、夯实自然资源调查基础和推进统一确权登记的重要举措。

二、技术体系

（一）建立三维立体自然资源时空数据库

三维立体自然资源时空数据库是三维立体自然资源"一张图"的重要内容，是国土空间基础信息平台的数据支撑。围绕土地、矿产、森林、草原、湿地、水、海域海岛七类自然资源，构建三维立体自然资源时空数据库，实现对各类自然资源调查监测数据成果的逻辑集成、立体管理和在线服务应用，直观反映自然资源的空间分布及变化特征，实现对各类自然资源的综合管理[4]。

（二）构建天空地网一体化综合监测技术体系

充分利用现代测量、信息网络以及空间探测等技术手段，构建起"天-空-地-网"为一体的综合监测技术体系，实现对自然资源全要素、全覆盖的现代化监管。航天遥感方面，利用卫星遥感等航天飞行平台，搭载可见光、红外、高光谱、微波、雷达等探测器，实现大范围多源异构影像数据获取，支持周期性的自然资源调查监测。航空摄影方面，利用飞机、浮空器等航空飞行平台，搭载各类专业探测器，实现快捷机动的区域监测。实地调查方面，借助测量工具、检验检测仪器、照相机等设备，利用实地调查、样点监测、定点观测等监测模式，进行实地调查和现场监测。网络方面，利用"互联网＋"等手段，有效集成各类监测探测设备和资料，提升调查监测工作效率。

（三）开展综合分析和系统评价

按照自然资源调查监测统计指标，开展自然资源基础统计，按照统计指标分类、分项统计，形成基本的自然资源现状和变化统计成果。基于统计结果，以区域或专题为目标，从数据、质量、结构、生态功能等角度，开展自然资源现状、开发利用程度及潜力分析，研判自然资源变化情况及发展趋势，综合分析自然资源、生态环境与区域高质量发展整体情况。

建立自然资源调查监测评价指标体系，评价各类自然资源基本状况与保护开发利用程度，评价自然资源要素之间、人类与自然资源之间、区域之间、经济社会与区域发展之间的协调关系，为自然资源保护与合理开发利用提供决策参考。

三、应用案例

（一）地理国情监测

2017年，重庆市人民政府办公厅印发《重庆市地理国情数据动态更新管理办法》，对重庆市地理国情监测工作进行了详细规定。自此，地理国情监测成为一项年度性的监测任务，也成为我国自然资源调查监测体系的重要构成。通过常态化地开展重庆市中心城区地理国情监测任务，实现对地表覆盖变化的监测，直观反映了城市化进程和水草丰茂期地表各类自然资源的变化情况。

历年地理国情监测工作是基于国家下发的当年监测底图、上一年监测影像和当年监测影像对比识别变化区域，采用两期检测影像叠加或矢量数据套叠监测影像，人工识别变化区域、数据编辑与整理、外业调查等技术与方法，对本底图斑和城市要素进行更新。更新过程中采用"内—外—内"的一体化生产模式。在地理国情监测中充分收集、利用专题资料及往年地理国情监测、国土变更调查举证信息，减少部分外业核查工作。在数据采集中同步对本底数据中的小面图斑进行处理，对明显错误进行纠正，总体技术路线如图9.3-1所示。

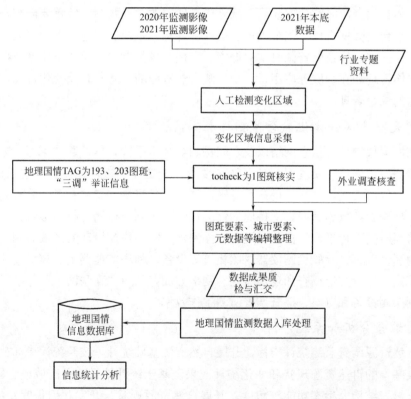

图 9.3-1　地理国情监测总体技术路线（以 2021 年为例）

1. 地理国情监测成果

地理国情监测成果包括基础成果、统计成果和分析成果。基础成果由正射纠正影像数据（包括主要影像和补充影像），耕地、园地、林地、草地、建设用地、水域等变化监测成果，城市要素监测成果以及重要自然地理单元数据构成。基于基础成果进行汇总统计形成的数据成果，包括以县级行政区域为单元，耕地、园地、林地、草地、建设用地、水域用地范围内各类地理国情信息变化的面积、比例等，如图 9.3-2 所示。

汇总统计连续多年的地理国情监测数据成果，编制形成区县定制化分析成果。

2. 地理国情监测与"三调"成果对比

与国土"三调"成果相比，地理国情监测地表覆盖数据完全根据实地现状分类，进行全要素更新，例如图中同一个地块，"三调"依据土地用途整体化为工业用地一个图斑，而地表覆盖数据根据现状

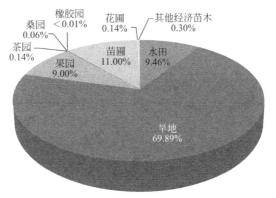

图 9.3-2　地理国情监测数据各类种植
土地占比（以 2020 年沙坪坝区为例）

划分成绿化草地、房子、道路、旱地、竹林等多个图斑（图 9.3-3）。多年的地理国情监测成果成为记录城市发展变迁的图形化档案，广泛支撑了国土空间的规划编制实施、城市治理管控、生态保护修复、自然资源开发利用等业务应用。

(a) 地理国情监测成果

(b)"三调"成果

图 9.3-3　重庆市地理国情监测成果与"三调"成果局部对比

（二）明月山自然资源综合调查监测

坚持山水林田湖草是一个生命共同体的理念，充分发挥自然资源调查监测基础性作用，利用卫星遥感、AI识别以及空间探测等技术手段，推进变化图斑快速识别、快速核查、快速响应，从数量、质量、生态的角度全面分析掌握自然资源本底、现状及变化趋势等关键信息，客观评价自然资源基本状况和保护及开发利用程度，支撑规划和自然资源管理，服务生态文明建设。

为服务明月山林长制、推进"两岸青山·千里林带"、服务"山清水秀美丽之地"建设，按照《自然资源调查监测体系构建总体方案》和《重庆市自然资源调查监测体系构建实施方案》等文件要求，研究团队以明月山林长制 228km² 区域为试点范围，以第三次国土调查为基础，结合各类现有专项调查成果完成本底数据整合，针对明月山自然资源禀赋情况构建综合调查监测评价体系，开展现状调查、年度监测分析和多尺度综合分析评价，完成了自然资源综合调查监测的技术研究和试点应用任务。技术路线如图 9.3-4 所示。

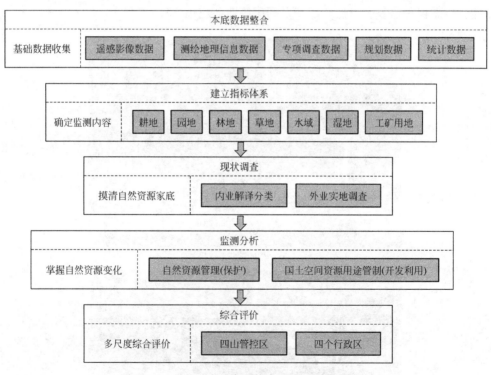

图 9.3-4　明月山自然资源综合调查监测技术路线

1. 本底数据整合

以"三调"为底板，整合了最新的林草湿融合、地理国情监测、矿产资源国情普查和林地一张图、湿地专项调查、耕地质量等别等专项调查数据，完成了多部门十余项专题调查数据的本底整合。

2. 指标体系建立

基于《国土空间调查、规划和用途管制用地用海分类指南》选取覆盖地上和地下的耕、园、林、草、水、湿、矿七大类自然资源，建立了涵盖时间、空间、数量、质量、自然生态、社会经济六方面属性信息的综合指标体系。

3. 调查监测结果

通过"现状调查"摸清了自然资源全要素的本底禀赋情况。运用航空航天遥感技术手段识别变化图斑，重点针对变化图斑进行内外业调查，摸清分布、范围、面积、权属性质等基础信息，分类查清数量、质量、结构、生态功能等特性信息。

通过"动态监测"掌握了自然资源全要素的基本变化情况。在现状调查的基础上，从自然资源管理和用途管制的角度，进行年度变化监测，分析管控矛盾，掌握自然资源自身变化及人类活动引起的变化，分析要素流转情况，调查监测结果如图 9.3-5 所示。

类型	2019年本底面积 (km²)	2021年现状面积 (km²)	2019—2021总体变化情况		
			变化面积(km²)	同比增加比例	同比减少比例
耕地资源	42.57	42.18	−0.39	/	0.92%
园地资源	14.34	16.1	1.76	12.27%	/
林地资源	155.79	154.92	−0.87	/	0.56%
草地资源	0.47	0.85	0.38	80.85%	/
水域资源	3.33	3.31	−0.02	/	0.6%
湿地资源	0.02	0.05	0.03	142.86%	/
工矿用地资源	0.31	0.31	0.00	/	/
其他资源	11.44	10.55	−0.89	/	7.78%

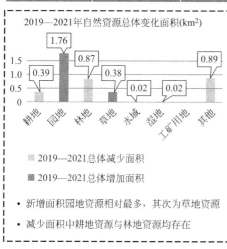

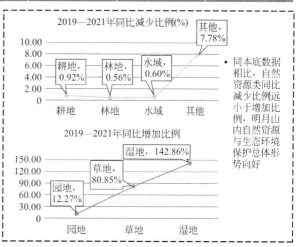

图 9.3-5　明月山自然资源综合调查监测基本情况

4. 专题监测分析

重点针对林长制关注的"四乱"现象和亮点工程，围绕 7 大类自然资源开展了 12 个专题的监测分析评价。例如，监测提取森林资源的郁闭度等生态功能重要数据，掌握森林资源的功能和生态状况的变化情况；监测提取草原植被盖度等生态功能重要数据，掌握草原资源的功能、生态状况的变化情况和植被生长、退化、草原生态修复状况等信息。专题监测分析结果如图 9.3-6～图 9.3-8 所示。

◆ 受耕种效益低下、耕种条件较差、劳动力流失等影响，全国耕地面积不同程度降低，导致土地资源浪费、耕地资源的质量下降，给国家粮食安全和农产品有效供给带来严重影响，国家相继出台"非农化""非粮化"等措施

调查地类	变化类型	类型	面积(m²)	占比
耕地资源	园地资源			
	林地资源			
	草地资源	非粮化	201284.40	41.59%
	水域资源			
	湿地资源			
	其他资源	非农化	282702.05	58.41%
总计			483986.46	

非农化中占比较大的道路新增78388.00m²、建筑工地新增130583.13m²，道路建筑工地20454.03m²，显示明月山城镇发展建设较快

√ 南岸区耕地大多转变为草地，水域和非自然要素，分布在北部与中部区域

√ 江北区耕地大多转变为草地和非自然要素，分布在西南部

√ 巴南区耕地大多转变为非自然要素，如道路房屋，集中在中部区域

√ 渝北区耕地转变为草地、林地、水域和非自然要素，零星分布在全区域内

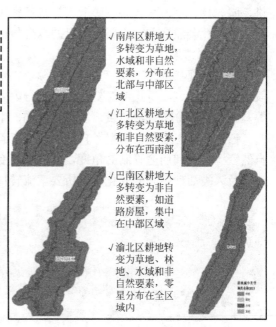

图 9.3-6 耕地非农非粮化专题监测分析结果

◆ 以林地郁闭度值来计算发生火险的等级分布图，郁闭度值更低且密集区域，森林火灾危险程度更高。

◆ 综合现有与规划防火带建设情况和森林火险等级区划图对现有防火带建设合理性分析评价，得到空间格局优化分析结果

√ 渝北区西部及东部森林边缘、江北区东部与南部森林边缘、南岸区西部及北部森林边缘、巴南区东南西部森林边缘地区防火带建设存在隐患。

√ 渝北区防火系统点线面建设上较为突出，已建防火点状设施、生物阻隔带、防火步道以及防火通道等均较为完善。

√ 南岸区规划建设的防火系统仍存在薄弱地区

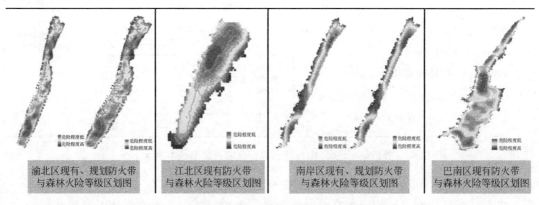

图 9.3-7 森林防火带与森林火险专题监测分析结果

5. 综合评价分析

对调查监测的成果数据进行分类、分项汇总和统计，以四山管控区和四个行政区尺度，从自然资源（保护）管理角度、从国土空间资源用途管制（开发利用）角度开展综合分析评价，为明月山林长制的管理实施提供了第一手资料，为"四山"保护提升、长江上

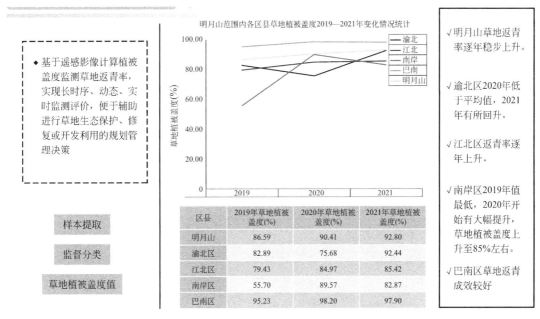

图 9.3-8 草地返青成效专题监测分析结果

游生态屏障建设和更大范围的自然资源精细化管理提供了参考借鉴，为统一国土空间管控和生态修复保护提供了科学依据。

第四节 自然资源和生态环境审计

一、项目背景

自然资源和生态环境审计是审计机关从自然资源和生态环境角度开展的审计工作的总称（以下简称"资源环境审计"），是建立健全系统完整的生态文明制度体系的重要内容，对于推动生态文明建设具有重要意义。审计分析是资源环境审计工作的重要环节，是审计质量和效率的有力保障，目前全国各大省市已陆续开展资源环境审计平台的建设和应用。

资源环境审计工作对审计分析平台的需求主要包括以下方面：一是庞杂的数据搜集、处理与管理，资源环境审计包含的内容广泛，涉及的数据资料非常庞杂，利用审计分析平台可统筹相关行业部门数据，实现审计数据常态化获取和集中管理。二是直观的数据展示和审计场景展示，审计分析平台需要利用计算机可视化表达技术对审计数据和审计场景进行可视化展示，给审计人员提供一个直观了解审计场景、叠加展示审计数据以及开展审计分析的可视化平台。三是高效的证据链提取与审计分析，需要利用审计分析平台将审计证据链提取流程规范化，制定一套可操作性强、高效的审计取证和审计分析的技术流程，在人工干预下实现半自动化审计取证和审计分析工作。

随着资源环境审计的内涵和范围不断扩大，审计分析技术方法也在不断改进，其中测绘地理信息技术是不可取代、至关重要的技术之一，与测绘地理信息技术的集成应用成为一个主流方向。基于测绘地理信息技术的审计分析平台很大程度上提高了审计工作的效率，弥补了传统审计工作方式的不足。同时随着大数据技术的快速发展，利用大数据辅助开展资源环境审计成为创新审计方法的另一个重要方向。

重庆的资源环境审计工作正处于从传统审计迈向信息化审计、智能化审计的重要时期，在测绘地理信息技术的支撑下，已经形成了一些探索实践成果，在部分区县资源环境审计工作中得到了实际应用。本节介绍资源环境审计分析平台在结合审计部门实际需求的基础上，利用测绘地理信息技术和大数据技术的优势，如何紧凑式服务于审计业务各环节，提出构建资源环境审计分析平台技术体系，并给出具体的应用实践案例。

二、技术体系

(一) 资源环境审计综合数据库

研究团队将资源环境审计业务工作需求与测绘地理信息技术、大数据技术深度融合，探索构建资源环境审计平台（平台总体框架如图 9.4-1 所示），支撑审计工作全流程科学、高效、智能化实施。

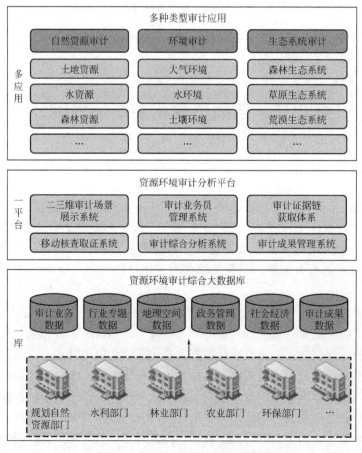

图 9.4-1　资源环境审计平台总体框架

从资源环境审计所涉及的五类资源（土地、水、森林、草原、矿产）、三大环境（大气环境、水环境、土壤环境）、六大生态系统（森林、草原、荒漠、河流、湖泊、湿地）出发，针对重庆地区资源环境禀赋特点，研究审计内容体系、资源目录体系、数据管理标准并构建审计综合数据库[4]。

1. 资源环境审计数据资源体系

资源环境审计数据资源体系主要包括基础数据、行业数据、采集数据及其他数据。基础数据是用于辅助开展审计工作的基础地理空间数据，包括遥感影像、三维模型等；行业数据是从行业部门搜集的相关专题数据，包括自然资源、规划、林业等部门获取的各类数据；采集数据是利用卫星遥感、无人机、传感器等采集的各类数据；其他数据包括各类政策性文件、控制指标及相关报告、统计数据、社会经济数据等。

2. 资源环境审计综合数据库

对获取的各类数据资源进行集成和融合，按照数据入库管理标准体系建立包含地理空间数据库、行业专题数据库、政务管理数据库、社会经济数据库、审计业务数据库、审计成果数据库的审计综合数据库（图 9.4-2），并通过不断积累丰富数据库内容，同时研发数据库管理系统，实现海量数据的统一管理，快速检索和动态调度，为资源环境审计工作提供坚实的大数据支撑。

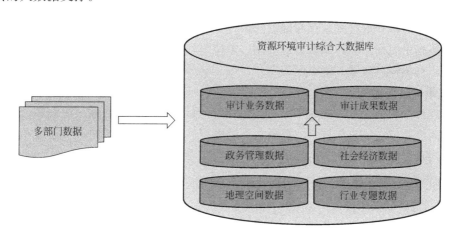

图 9.4-2 综合数据库构成

（二）资源环境审计分析平台

资源环境审计平台的核心模块包括二维和三维高清审计场景展示系统、审计业务管理系统、审计综合分析系统、审计成果管理系统。

1. 二三维高清审计场景展示系统

利用高清遥感影像、三维模型等各类地理空间数据构建高精审计场景，能以多种形式展示市域级、区县级、项目级、点状等不同尺度的审计场景，为下一步叠加各类审计数据、开展审计证据提取和审计综合分析提供基础展示平台，如图 9.4-3 所示。

2. 审计业务管理系统

对审计业务统一管理，包括审计项目基本信息、项目实施人员、项目涉及行业部门、项目关联数据资源、审计实施流程、项目实施状态、项目权限等各种信息进行统一管理，

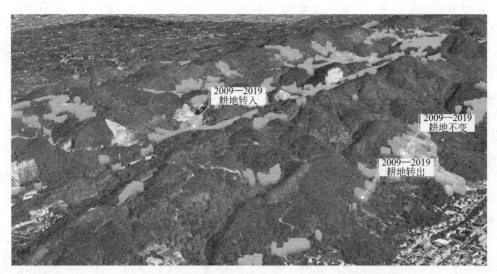

图 9.4-3　三维高清审计场景展示（某山区耕地空间变化情况）

实时查看审计项目的进度和当前状况，支撑审计项目的统一监管和高效实施。

3. 审计综合分析系统

对已明确的审计重点以及存在疑点的审计专项和审计专题开展多方位取证，将遥感影像图、土地利用现状图、具体项目红线图、定位坐标数据等各类空间数据进行批量处理和叠加分析，查找疑点区域、疑点图斑。

4. 审计成果管理系统

利用审计分析平台可扩充成果形式，包括审计过程中采集、处理、挖掘和分析的大量成果，如高清影像、GIS 专题图、视频、三维模型、现场勘查路线图等。通过不断积累审计成果，用于分析共性问题，为新的审计项目提供参考信息。

（三）审计分析关键技术

1. 审计证据链获取技术体系

审计证据链获取是审计分析工作最为重要的工作环节之一，突破传统审计取证以查阅文件为主的方式，制定以空间分析技术为支撑的资源环境审计取证工作流程，主要包含重点疑点问题筛查、内业取证分析、现场勘查取证、取证记录报告自动生成等工作。

2. 基于大数据的疑点问题自动筛查

从被审计地区的主体功能区定位、自然资源禀赋特点和生态环境保护工作重点等方面，明确审计重点。创新性的将互联网信息、政务管理数据等信息纳入疑点问题捕获的数据源，开发基于互联网信息的疑点问题捕获、基于行业大数据的疑点筛查、基于时空大数据的疑点筛查等核心技术，实现审计疑点问题快速、准确查找。

3. 可定制的专项审计分析模型

依据审计分析的具体需求，研发各类审计分析功能模块，实现功能模块可定制化，通过不断积累形成审计分析工具集；进一步根据专项审计和专题审计需求，在审计分析工具集基础上，通过组合、串联、集成相应的功能模块，按需组装成具有较强针对性的审计分析模型。

三、应用案例

项目组利用构建的平台辅助开展重庆市某县自然资源资产审计项目。基于本研究所提的构建思路，对平台进行了详细设计和探索构建，采用 Oracle 大型空间关系数据库存储和管理海量空间数据，审计分析平台基于 B/S 架构，构建支持面向分布式 SOA 架构的数据和功能服务，面向审计分析业务提供统一的空间数据存取、检索、数据处理、数据分析、审计证据提取等功能。

（一）审计内容体系

资源环境审计涉及内容广泛，包含土地、水、森林、草原、矿产五类资源，大气环境、水环境、土壤环境三大环境，森林、草原、荒漠、河流、湖泊、湿地六大生态系统（图 9.4-4）。每个类型均有相应的审计内容。例如，自然资源方面，土地资源主要关注征地用地、违法违规用地、复垦与土地整治项目实施、耕地和草地占用等情况，林业资源主要关注森林资源变化、林地保有量、森林覆盖率变化、退耕还林、严重毁林等情况；环境方面，大气环境关注空气质量下降、大气污染防治、人为因素和自然因素影响等，水环境关注水环境治理、水生态保护修复和水污染防治、城镇生活污染治理等情况；生态方面，森林生态系统关注自然保护区生态环境变化情况、人为因素和自然因素对生态退化的影响等，湿地生态系统关注湿地生态退化、水体污染、人为因素和自然因素造成生态退化的影响等[4]。

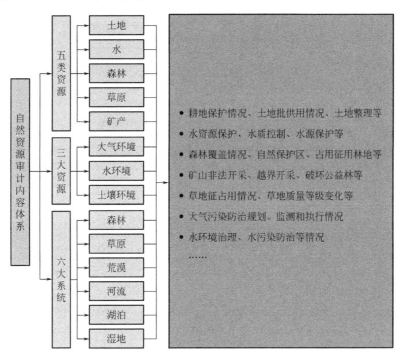

图 9.4-4 资源环境审计内容体系

（二）审计工作流程

审计部门在开展资源环境审计时，主要的业务流程（图 9.4-5）大致分为以下 10 个步骤：（1）确认审计项目，编制审计方案；（2）搜集整理审计内容相关的数据资料；（3）根

357

据审计对象的实际情况和地区特点梳理本次项目的审计内容；（4）从整体审计内容体系中，筛查重点问题和疑点问题；（5）根据筛查的重点和疑点问题，制定相应的专项审计任务；（6）开展数据处理、计算和分析，完成内业取证；（7）开展外业勘查和现场核查核实；（8）开展审计综合分析以及定性评价和定量评估；（9）基于综合分析及评估结果，编写审计分析报告；（10）对审计分析结果进行成果管理。

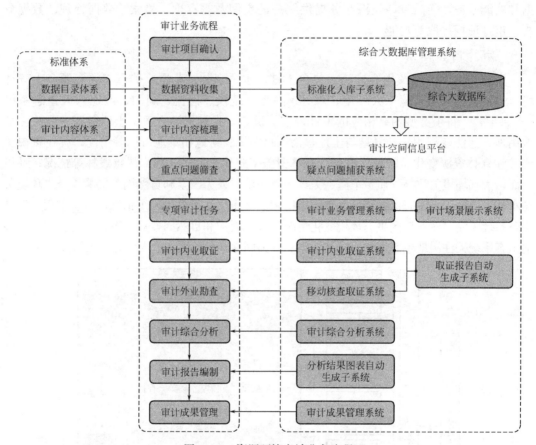

图 9.4-5　资源环境审计业务流程

　　审计分析平台可支撑资源环境审计全业务流程的高效实施，如图 9.4-5 所示，中间为审计业务开展的各环节，左、右为各环节中审计分析平台对审计工作的支撑。其中，数据目录体系和内容体系分别支撑前期的数据资料搜集和审计内容梳理工作；数据库管理系统则支撑审计数据的处理和标准化入库管理，以及为审计分析提供强大的数据支撑；审计空间信息平台的各个核心功能系统则分别在重点问题筛查、专项审计任务、审计内业取证、审计外业勘查、审计综合分析、审计报告编制等各环节给予强力的技术支撑。

（三）重点专项审计

　　土地资源：重点查找未征先用、征而未供、供而未用、未按规定用途使用、越界使用等各类违法违规使用土地情况。如图 9.4-6 为查找出的土地未征先用疑点图斑。

　　矿产资源：重点获取矿山非法开采、越界开采、破坏公益林、破坏自然保护地、关停矿山未复垦等情况，如图 9.4-7 是其中一个违规采矿疑点图斑。

图例
未征先用数据 供地数据
征地数据

图 9.4-6 土地未征先用疑点图斑

图例
违规采矿范围
矿山范围

图 9.4-7 违规采矿疑点图斑

森林资源：重点分析林地保有量、森林覆盖率、退耕还林、违规占用、滥采乱伐、公益林建设等情况，如图 9.4-8 是一级公益林未划入生态红线面积情况。

水资源：重点查找围湖围库垦养、填湖填库开发、侵占江河湖泊水库滩涂种植等问题线索，如图 9.4-9 是堆渣侵占河道疑点图斑。

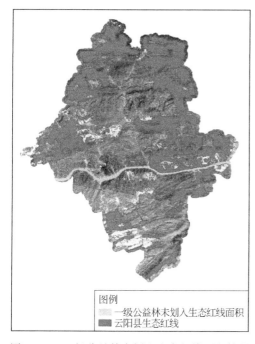

图例
一级公益林未划入生态红线面积
云阳县生态红线

图 9.4-8 一级公益林未划入生态红线面积情况

图例
河流 堆渣侵占河道疑点图斑

图 9.4-9 堆渣侵占河道疑点图斑

自然保护地：获取自然保护区保护监管情况、保护区范围内的违法违规建设等情况；分析自然保护区受旅游、居住、商业等人为干扰的影响，如图 9.4-10 是自然保护地新增人工建筑分布情况。

图 9.4-10　自然保护地新增人工建筑分布情况

第五节　生态修复与保护

一、项目背景

健全生态保护和修复制度、统筹山水林田湖草一体化保护和修复，是我国生态文明建设和"五位一体"总体布局的重要组成部分，也是党的十九届四中全会"坚持和完善生态文明制度体系"的重要内容。

重庆地处长江上游和三峡库区腹心地带，是长江经济带上游的特大型城市，对长江流域乃至全国生态安全具有重要影响。重庆是国家第三批山水林田湖草生态保护修复工程试点城市，确定了以"一岛两江三谷四山"为实施试点的区域，对 7 大类、近 300 个工程进行修复。该区域山地—江河生态系统特征明显，涉及缙云山、中梁山、铜锣山、明月山四座平行山岭和长江、嘉陵江及其次级河流，山地、江河、森林、田地、湖泊、湿地分布其间，具有修复治理类型多、样本种类全、典型性强的鲜明特点，对于地理、自然条件类似地区开展生态修复工作，有较强示范意义。

二、技术方案

为更好支撑山水林田湖草生态保护修复试点工程，作者所在研究团队研发了"长江上游生态屏障（重庆段）山水林田湖草生态保护修复试点工程监管展示平台"（简称"监管平台"）。该平台提供了生态修复项目监督管理、生态修复项目绩效量化评价、生态修复项目移动巡查数据采集、生态修复专家库和知识管理、生态修复项目地理信息可视化展示等功能，实现了多层次、立体化、全方位、可视化的生态修复项目监管和绩效评价体系[5]，为构建"集中统一、全程全面"的生态修复项目监管体系提供支持，为国家第三批山水林田湖草修复试点工程提供项目监管、资金监管、绩效评估、专家库等信息化、智慧化支撑手段，如图 9.5-1 所示。

图 9.5-1　山水林田湖草生态保护修复试点工程监管展示平台

（一）生态修复一张图

统筹行业主管部门信息资源，集成天空地一体化遥感数据获取手段，构建生态保护修复一张图，为实现"山青、水绿、林茂、田良、湖净、草盛"，筑牢长江上游重要生态屏障提供信息保障和数据支撑。

（二）异常状况监测预警

平台对生态修复试点工程的实施进度、目标完成情况、资金使用情况自动进行跟踪和监控，对存在异常情况的工程项目，在地图上进行可视化预警，并通过实时发送短消息，通知项目负责人、项目监管方责任人，提示相关人员及时跟踪项目推进情况。

（三）实施过程统计监测

针对生态修复项目的立项、实施、验收、管护等阶段过程，对工程分布情况、项目类型、生态效益指标等用专题统计图、统计报表的方式进行统计监测。

（四）修复成果长效监管

建立生态保护修复成果长效监管机制，对生态保护修复成果，根据工程类型、工程性质、生态保护修复要素的差异性，制定合理、有效的长效监管机制。如地表可见的要素，按月度/季度对生态保护修复试点工程区域进行无人机航拍，对生态保护修复区域进行定期监管，并以时间为基轴，进行对比分析。对于水体、土壤或地下空间等修复要素，通过接入现有各行业主管部门的监管设备数据，实时对修复过程中、完成后的生态指标进行长效监管。

三、应用案例

监管平台支撑了重庆市山水林田湖草生态保护修复试点工程的精细化、智能化、可视化监管，保障了多个工程项目试点效果和资金监管，在全国范围内都具有良好的示范效应。

（一）自然保护区生态修复

缙云山保护区位于嘉陵江畔的缙云山山脉深处，是重庆主城区重要生态屏障，是我国亚热带常绿阔叶林类型生态系统保持最好的区域之一，有"植物物种基因库"的美誉。由于紧邻城区、多头管理等，缙云山保护区部分村民"靠山吃山"，农家乐粗放无序发展，不断"蚕食"生态。2018年起，重庆强力开展缙云山保护区环境综合整治，探索生态保护、民生保障的有机统一路径。

研究团队基于监管平台中两期影像对缙云山保护区生态保护修复工作进行监管，如图9.5-2所示。

图9.5-2 重庆缙云山自然保护区修复前后对比

（二）长江江心岛生态修复

广阳岛位于重庆主城区南岸区段长江江面，居明月山、铜锣山之间，面积为6.44km²，是长江上游面积最大的江心岛，湿地面积410hm²，独具江河景观和自然生态资源特色。如图9.5-3所示。

图9.5-3　广阳岛全景影像图

重庆市委、市政府认真贯彻中央"共抓大保护，不搞大开发"的长江生态保护方针，调整广阳岛原规划的300万 m² 的开发建设，紧紧围绕"长江风景眼、重庆生态岛"的定位，持续推进广阳岛生态修复。广阳岛因原住民生产生活和前期开发建设影响，生态系统脆弱，加上岛上植被单一，功能性植物少，植被自我演替能力较差，岛周湿地生境单一，植被无序生长，防洪护岸工程处理欠佳，生态系统功能性呈现不足。广阳岛生态环境修复运用生态的方法和系统的思维，采取"护山、营林、理水、疏田、清湖、丰草"六大措施开展生态修复。

研究团队综合运用智能测绘技术建立生态修复一张图，并基于监管平台对广阳岛生态修复工程进行全生命周期管理，实时动态监管工程项目的实施过程，利用大数据分析项目数据、月报数据，为监管部门提供辅助决策服务；通过时空大数据技术，实现数据快速获取和更新，保持数据鲜活性，为广阳岛生态修复长效监管提供数据支撑，如图9.5-4所示。

（三）废弃采矿区治理修复

铜锣山矿山公园位于渝北区石船镇和玉峰山镇境内，曾经是渝北区最大的石灰岩采矿区。自明清时期开始开采石灰石，逐渐成为西南地区重要的碎石供应基地。历年的开采使得矿山被挖空，周遭的植被、水系被破坏，留下41个满目疮痍的巨大矿坑，如同大地的疮疤。2012年重庆市渝北区对该区域采石场实施全面关闭，并投入大量人力、物力对矿坑进行修复治理和提档升级。

在矿坑修复治理的过程中，研究团队运用智能测绘技术，对修复前、修复中、修复后

图 9.5-4　广阳岛生态修复前后对比

的各项数据进行对比与监管，快速分析水体、裸露岩石、植被等地物的空间分布与面积变化，实现了全过程的定性定量监测，为矿坑修复成效评估提供了可靠的技术支撑，如图 9.5-5、图 9.5-6 所示。

图 9.5-5　铜锣山矿山公园生态修复前后对比

如今，铜锣山矿山公园已经成为有名的网红打卡景区，部分矿坑有"重庆小九寨"之称。铜锣山矿山生态修复也入选自然资源部发布的《中国生态修复典型案例》。

图 9.5-6　铜锣山矿山公园生态修复信息查询展示

第六节　地表沉降及工程变形监测

变形监测就是利用测量与专用仪器和方法对变形体的变形现象进行监测的工作，确定在各种荷载和外力作用下，变形体的形状、大小及位置变化的空间状态和时间特征，其首要目的是掌握变形体的实际性状，为判断其安全提供必要的信息。变形体的范畴可以大到整个地球，小到一个工程建（构）筑物的块体，它包括自然和人工的构筑物，实际应用中，最具有代表性的变形体有地表沉降、大型场馆、大坝、边坡、桥梁、轨道交通、矿区、高层建筑、隧道等。下面将以几个典型的工程项目为例，对变形监测的实际应用进行介绍。

一、地表变形监测

（一）项目背景

地表是人类赖以生存的基础。由于地震、滑坡等自然因素和地下资源开采等人类活动，地表处于不断变化的过程。对地表形变信息进行监测，是保护社会经济正常运行、人民生命安全的重要手段。

传统的地表形变监测手段主要有水准测量、GNSS、RTK 等，监测范围小、周期长、耗费成本高且外业工作环境复杂，存在安全隐患。

作者所在研究团队针对山地城市地形起伏大导致时空相干性差的技术难点开展技术攻关，采用基于时序 DINSAR 技术对重庆主城区地表形变进行监测，在采样频率和采样密度上要远远高于传统方法，实现高精度（毫米级）、高密度（密集建筑物的城市地区监测点可达 3000～4000 点/km²）、大范围（1600km²）、全天候地进行地表形变监测。

（二）技术方案

利用高分辨卫星、航空平台等多源影像，针对山地城市特点，优化时序 DINSAR 技术，对大范围回填土、隧道穿山开挖、矿山开采、溶岩地质结构变化等产生的地表形变开展实时有效监控。相较于传统测量方法，具有高密度、高精度、短周期等特点，可有效地提高效率，降低成本。

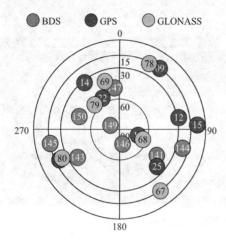

图 9.6-1　三星组合定位示意图

1. GNSS 三星定位技术基线精化

为了减小干涉基线误差影响，采用自主研发的"北斗卫星区域定位参数实时转换系统"，利用 BDS、GPS、GLONASS 三种卫星信号，实现了三星组合定位（图 9.6-1），综合运用静态、RTK、PPP（解释 PPP）测量技术，提高建筑密集区控制测量精度，通过控制点精化干涉基线解算结果，将残差基线的估计值加到初始基线中获得改进后的基线估计，使干涉基线解算得到精化，有效减少了由卫星轨道信息所产生的系统误差，如图 9.6-2 所示。

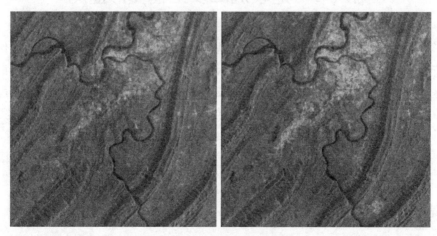

图 9.6-2　干涉基线解算精化前后对比

2. 多聚焦影像融合高相干点优选技术

针对山地城市低相干的难点，作者所在研究团队提出"基于核 Fisher 分类与冗余小波变换的多聚焦影像融合方法"，将永久散射体、正射影像、SAR 影像进行叠加分析，再通过辐射纠正和地理编码对高相干点选取进行优化，有效提高了高相干点选取的准确性，减小相位解缠误差影响，如图 9.6-3 所示。

3. 基于高相干点的时序 DINSAR 形变反演

为进一步削弱差分干涉的各项误差影响，项目采用拟合轨道面的方法对轨道误差进行

图 9.6-3 高相干点优选前后对比

削弱、利用高斯低通滤波减小大气效应的影响，并通过阻尼最小二乘算法估计 DEM 残余误差，从而有效获取毫米级精度的地表形变监测。项目通过时序 DINSAR 技术对常规的两轨差分干涉结果进行基于高相干点的时间序列分析，首次实现了重庆主城区大范围高精度高密度形变监测，如图 9.6-4 所示。

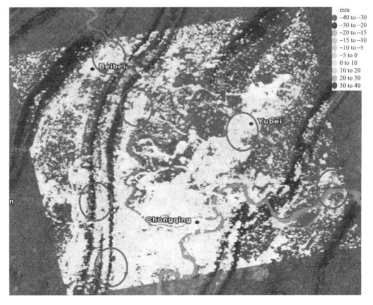

图 9.6-4 形变叠加

4. SAR 影像精配准技术

为了解决重庆山地城市相干性低、影像配准困难的问题，提出了一种基于目标特征信息的 SIFT（尺度不变特征变换）配准算法，减少相位解缠误差，提高监测精度，辅助 SAR 影像的配准，可有效提高配准精度在 0.1 个像素以内，满足精确配准的需求（图 9.6-5）。配准精度提高后干涉条纹明显增加。

5. 形变可视化与解译技术

为深入探究形变成因，本研究提出"大比例尺航测内外业一体化系统的控制方法"，

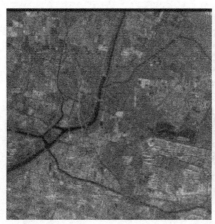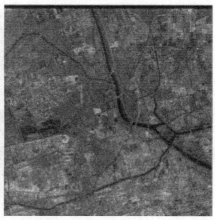

图 9.6-5 传统配准与改进配准对比

实现 4D 产品快速制作的全作业流程的数字化和一体化。将时序 DInSAR 监测得到的形变信息与该系统制作的 4D 产品有机结合，通过形变可视化进行形变解译分析，能有效监测由大范围回填土、隧道穿山开挖以及矿山开采等施工建设所产生的地表形变，同时对重庆市溶岩地质结构产生的地表形变也能实时监控，如图 9.6-6 和图 9.6-7 所示。监测结果能为重庆市主城区政府部门在规划建设、灾害应急与防治等方面提供辅助信息，从而能很好地规避地表形变带来的各种不利影响。

图 9.6-6 开挖前为山地　　　　　　　图 9.6-7 开挖后为房屋建筑区

6. 多源数据有机融合技术

引入高精度 DEM 优化差分干涉形变监测结果，充分利用似大地水平面精化成果对时序 DInSAR 监测结果进行校正，获取全测区的绝对形变量，并与同期高等级水准结合，对时序 DInSAR 技术监测精度进行验证，如图 9.6-8 所示，外符合精度为 3.8mm。

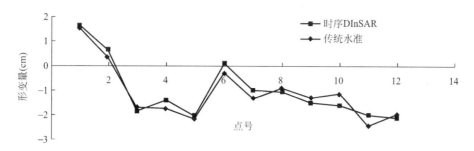

图 9.6-8　时序 DInSAR 结果与传统水准结果对比

（三）应用成效

项目对重庆主城区地表形变进行全面监测，有助于及时发现城市建设运行过程中存在的安全隐患，助力重大工程施工建设，服务地质灾害防治，减少因地表形变信息缺乏而引发的建设工程安全问题，降低了城市工程建设对环境的破坏，为经济社会发展保驾护航。

二、大型场馆监测

（一）工程概况

重庆国际博览中心位于重庆市渝北区悦来街道，是重庆市重点工程项目，历时 2 年建设完成。博览中心沿南北方向分布，外形似一只翩翩起舞的蝴蝶，东西宽约 800m，南北长约 1500m，总占地面积约 1.32km²，其中填方区域面积约 0.83km²，填方最大厚度 32m，场馆区域自嘉陵江而上，形成三阶弧形大型边坡，分为展馆区、酒店、多功能厅、宴会厅和沿江商业五部分，是整个悦来新城的核心，如图 9.6-9 所示。

图 9.6-9　重庆国际博览中心场馆及边坡平面影像

第一阶边坡即滨江路边坡，为滨江景观大道与嘉陵江之间边坡，边坡长度约 1700m，边坡高度 30～40m，填土厚度 10～33m 不等，为超高边坡；第二阶边坡即会展场地边坡，位于滨江景观大道与国际会展城主体之间，长度约2300m，边坡高度10~28m，填土厚度22~28m不等，坡体采用放坡处理，单级边坡高度约8~9m；第三阶边坡即会展公园边坡，位于国际会展城东侧，长度约2100m，为岩质挖方边坡，边坡高度一般20~50m，采用分级放坡，按1:2~1:4的坡率进行处理，部分段采用喷射混凝土护面处理，如图9.6-10所示。

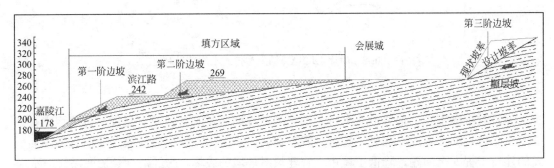

图 9.6-10　重庆国际博览中心场馆及边坡分布示意图

在地形地貌方面，悦来新城地貌属侵蚀河谷岸坡地貌。谷坡较陡，地形坡角10°~25°，局部达40°，河谷宽约65m，地面高程174~188m。因人类工程活动频繁，原始地形改变较大，地形总体趋势呈东西高、中部低，地面坡角一般为5°~20°，局部段较陡，达45°，高程范围174~250m，高差约76m。

在地质构造方面，项目场地位于川东南弧形构造带，华蓥山帚状褶皱束东南部，地质构造隶属悦来向斜东翼，无区域性断层通过，岩层呈单斜状产出，构造条件简单。岩层产状：倾向280°~290°，倾角3°~5°，优势产状285°∠5°。

岩体中主要可见2组构造裂隙：

J1，倾向70°~105°，倾角60°~70°，其优势产状约100°∠70°，裂隙面平直，裂隙宽度2~3mm，延伸长度5~8m，无充填或黏性土充填，间距1~3m。

J2，倾向170°~190°，倾角50°~60°，其优势产状约190°∠60°，裂隙面平直，裂隙宽度1~3mm，无充填，间距2~3m，延伸长度5~10m。

J1、J2裂隙均为硬性结构面，结合差。砂岩内部层面结合一般，为硬性结构面；砂质泥岩内部层面结合一般，为硬性结构面；砂、泥岩交界面性状差，局部有泥化现象，为软弱结构面。

在水文地质方面，工程项目场地地形总体特征东西高中部低，地形起伏较大，降水顺坡从高处向低处排泄，汇集于张家溪中，最终排入嘉陵江，水文地质环境总体较简单。地下水以松散孔隙水和基岩风化裂隙水为主，地下水总体较贫乏。主要为大气降水补给，水量大小受气候和季节性的影响，变化较大。

针对重庆国际博览中心主体钢结构及周边地质环境的复杂性，搭建了一套自动化监测系统，能够全面准确地把握场馆及周边地形的变形情况，使监测数据能实时反映建筑、地质结构的真实情况，反映变形量与相关变形因子间的统计关系，找出变形规律，合理解释各种变化现象，较准确地评价安全态势，并提供较为准确的分析预报。

该工程项目实施难点主要有三：一是地质结构复杂，监测区域大部分为高填方区，且已有建筑存在不同程度变形，对监测方案设计要求高；二是现场环境复杂，各工点较为分散，部分工点供电供网难度大，传感器安装需要登高车、桥检车；三是数据集成复杂，监测传感器类型多达10余种，各类传感器通信协议不同，监测采集器云平台接入协议不一致，导致数据集成复杂，项目同时涉及人工采集数据与自动化采集数据，需进行融合分析。

（二）技术方案

1. 监测对象

地质安全及大型构筑物安全监测对象如表9.6-1所示。

地质安全及大型构筑物安全监测对象　　　　　表9.6-1

序号	设施名称	监测设备	设施基本概况
1	4号人行地下通道	应变计、裂缝计	前期通道结构变形严重
2	5号人行地下通道	应变计、裂缝计、激光测距仪	通道北侧结构缝处严重变形、南侧墙体渗水
3	滨江公园路基及边坡	GNSS、深部位移、水位计、雨量计	路基沿线沉降
4	张家溪边坡	GNSS、深部位移、雨量计	边坡滑移、塌陷
5	国博台地边坡	GNSS、深部位移、裂缝计	属高填方区域，挡墙和边坡有沉降、裂缝
6	国博中心U形区域	GNSS、深部位移、裂缝计、倾斜计、水位计	变形较大
7	展馆主要钢桁架	激光测距仪、应变计、静力水准仪、倾斜计	沉降、变形
8	国博中心U形区域树杈柱	倾斜计、静力水准仪	沉降、变形
9	N2和N4馆部分结构	静力水准仪、裂缝计	沉降

2. 传感器选型

项目安装的传感器重点对结构应力、结构变形、位移、沉降、雨量与温度等参数进行监测，传感器数据的准确性决定了安全预警评估分析的正确性，因此，传感器选型必须满足可靠性、准确性、耐久性、实用性、自动化和可更换等原则。

（1）可靠性

传感器必须能够真实地量测到该项目需要反映的效应量，传感器的量程、精度、灵敏度、直线性和重复性、频率响应等技术指标必须符合有关要求。

（2）准确性

传感器测量值须具备必要的精度，能敏锐地反映出效应量的变化。选择传感器时，必须对结构部位的受力进行分析，选择量程高于设计最大值（该量程范围应是仪表的最佳工作范围）、精度满足监测要求的传感测试仪器及配套仪表。

（3）耐久性

选择的桥梁监测仪器设备必须能在复杂的环境下长期稳定可靠运行，其必须具备温漂小、时漂小和可靠性高等特点。尽可能选择已在大型工程中广泛使用并证明效果良好的监测仪表及传感设备。

（4）实用性

传感器须有合理的性价比，满足实用性的要求。

（5）自动化

传感测试及采集设备选型时，应从接口开放、便于调试、可远程控制等方面综合分析考虑，以便系统集成与自动化控制。

（6）可更换

在基础设施运营生命期内，传感器都会面临更换的问题。因此传感器应选择外装更换便捷的产品，并能满足更换时测试数据的连续性。

综合考虑，本项目采用的传感器设备如表9.6-2所示。

传感器设备选型 表 9.6-2

序号	监测参量	传感器类型
1	主梁挠度、结构沉降	静力水准传感器
2	水平收敛、拱顶沉降	激光测距仪
3	应变及温度	应变传感器(含温度)
4	深部位移	深部位移传感器
5	墩柱倾斜	倾斜传感器
6	裂缝	裂缝传感器
7	裂隙地下水位	地下水位传感器
8	雨量	雨量传感器
9	水平位移和竖向位移	GNSS

传感器设备安装如图9.6-11所示。

图 9.6-11 传感设备安装

3. 通信组网

项目建有数据监控中心和数据备份中心，利用有线、无线网络将现场各类型监测站获取的监测信息传输至数据中台，构建数据监控中心与备份中心的数据同步通道。现场组网如图 9.6-12 所示。

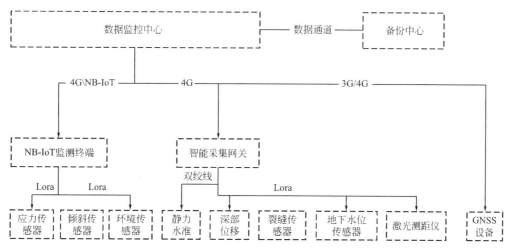

图 9.6-12　悦来地质安全及大型构筑物安全监测系统网络

本项目监测覆盖区域广，若全部采用自动化监测方式，建设成本高，将增加城市运维投入。项目根据设计要求和灾害等级、地质与建（构）筑物结构变形的特点，采用人工监测与自动化监测相结合的方式，实现了城市区域地灾与建（构）筑体的高精度监测。项目具有以下技术特点：

（1）复杂环境下的多传感器供电与通信自组网技术体系

针对有线供电困难的户外复杂工程环境下，为保证数据采集装备能够可靠工作，建立了一套适用于复杂环境的多传感器供电体系。供电体系综合采用太阳能和市电相结合的方式，并深入研究低功耗数据采集技术，降低设备功耗，解决恶劣监测环境下工程项目供电困难的问题。多传感器通信组网技术体系上，建立以 4G/Cat1、NB-IoT、LoRa 等无线网络通信为主，有线传输（双绞线、光纤链路）为辅的数据传输链路体系，实现对监测传感器的实时监控和数据采集。

（2）多传感器监测数据实时采集与融合分析

针对地质安全监测传感器类型多、数据集成复杂的问题，提出了一种基于规则引擎的数据处理机制，使多传感数据采集接入、统计分析、预测预报、安全评估等过程配置化、流程化，实现了多传感器监测数据实时采集与融合分析，显著提升了监测云平台的兼容性与数据计算能力。

（3）建立地质灾害动态预警机制

根据悦来片区被监测对象的地质状况、建（构）筑物结构、风险影响程度等方面设置监测预警控制值，建立适用于悦来片区地质灾害的动态预警机制，通过短信、电话、邮件、App 消息等方式实时推送预警信息，及时发布预警信息，提升城市智慧化管理水平。

（4）融合人工与自动化协同监测的工作模式

针对城市区域性地质灾害的特点，综合采用人工监测与自动化监测的工作模式，在关键风险点埋设高精度传感器进行自动化监测，出现预警及时组织人工现场复核，为城市地质灾害与建筑体结构安全的分析提供高质量数据。以项目一处深部位移监测点为例，在平台发出预警信息后，及时委派作业小组进行人工现场复核，管理单位组织人员，对人工与自动化高精度传感器监测数据进行综合分析，挖掘和甄别潜在风险，制定治理方案，通过治理及时消除了安全隐患。

（三）应用成效

在经济效益方面，采用自主研发的监测采集设备与安全监测云平台，节约软硬件成本超百万元；自动化监测方式大幅提升了作业效率，减少了大量人力、物力投入，相比定期人工监测，通过技术创新使监测成本降低 1/3。项目覆盖区域地质结构复杂，每年需投入大量成本进行人工巡查，项目建成后，自动化监测方式大幅提升该区域基础设施监测效率，为城市运营提供高效、准确的数据支撑，潜在的经济效益巨大。

在社会效益方面，通过引入自动化监测，减少人工监测频率，降低了作业安全风险，提高基础设施安全保障能力。项目通过信息化、智能化技术手段，为城市区域性安全监测实施起到了示范作用，促进了安全监测行业在城市管理中的推广应用，有效提升了城市治理、管理能力。

三、危岩滑坡监测

（一）工程概况

重庆红岩村隧道进口周边危岩位于陡崖下方，陡崖由厚度 25m 的砂岩形成，崖底高程 220～222m，崖顶高程 245～247m，地形坡角 65°～75°（与裂隙一致）；陡崖以上为坡度 30°～50°的陡坡，出露砂质泥岩。砂岩呈厚层状，卸荷裂隙发育，形成危岩，如图 9.6-13 所示。

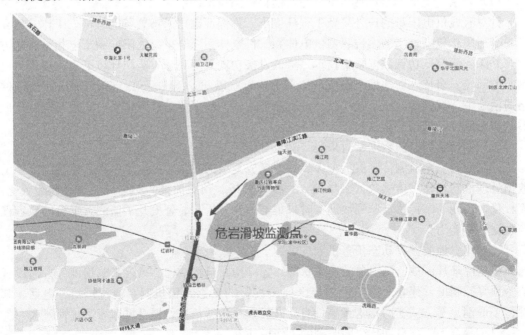

图 9.6-13　监测点平面示意图

本项目危岩在一般工况下稳定系数 $F_s=1.28$，处于基本稳定；当在地震情况下，稳定系数有所降低，$F_s=1.21$，也处于基本稳定状态，稳定系数小于稳定性安全系数，如图 9.6-14 所示。该危岩下方为 HB 匝道高架桥和嘉陵路，嘉陵路车流量大，民众活动频繁。施工时和道路运行期间，该危岩一旦失稳将危及下行嘉陵路的通行和施工安全，应进行清除或锚固。施工时应避免爆破开挖，同时采取必要的工程措施以避免影响下行嘉陵路的通行。

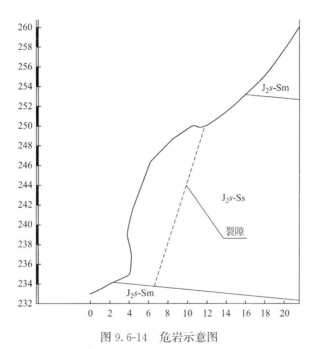

图 9.6-14　危岩示意图

HB 出洞口外有 2m 厚岩体未切除，位于陡坡边缘卸荷带，现状基本稳定。仰坡开挖范围内主要是砂岩，采用人工水钻开挖。开挖时采取竖向分层，平面分块的开挖方式，每层开挖深度约 0.6m，每层岩层开挖方式由西向东进行开挖，按照设计要求采取分级放坡+喷锚支护的开挖方式。对于坚硬的岩层采用岩水钻人工劈裂开挖，人工清运至卸料平台。图 9.6-15 方框位置为洞口待切除岩体。

对 HB 出洞口外 2m 厚岩体切除后，从危岩侧面进行竖直切割，暴露了危岩的横切面，岩体被 3 条斜向裂缝切割形成危岩体，HB 出洞口外 2m 厚的岩体被切割后，危岩的稳定系数降低，危岩体滑落可能性明显增加，为掌握危岩体的活动情况，需要采用实时监测手段监测危岩活动情况。

（二）技术方案

危岩灾害是指较陡斜坡上的岩体在重力作用下突然出现脱离母体崩塌、滚动、滑落，危岩地质灾害的发生具有突发性和不可预见性，同时具有较强的破坏性。本项目危岩下方有重庆市的主要交通干道，车流量大，危岩崩落将造成安全事故和不良社会影响。为确保危岩崩落前能及时发布预警，本项目报警值设置为 2mm，危岩监测设计如下：

（1）在切割面揭露的 3 条裂缝上，各布置 1 个监测点，监测裂缝宽度的变化情况。在裂缝的外侧（危岩体侧）固定一个立柱，在相对稳定的母岩体侧固定亚毫米级高精度拉伸

图 9.6-15　洞口待切除岩体

式位移传感器，用拉线将立柱和传感器进行连接，测量裂缝宽度的相对变化，传感器及采集器安装如图 9.6-16 所示。

图 9.6-16　自动化监测系统现场采集端布设

（2）采用无线网络通信技术，将现场采集的数据传送至自动化监测云平台。

（3）自动化监测云平台对现场采集器传输回来的数据进行存储和处理，每10s处理一次数据，未超过报警值，不对外发送数据，若超过报警值，每5min发送一次数据。裂缝宽度变化超出2mm后立即通过短信提示由各参建单位组成危岩安全管理小组，紧急召开会议确定处理措施和临时交通封堵方案。

（4）设置预警广播系统，在危岩下方道路（纵向）两侧各200m位置设计录制的语言报警和警示灯报警装置，由安全管理小组通过无线网关进行控制，发布预警信息。

（三）应用成效

2019年11月1日22：00至2日11：00时段，重庆有较大的降水。2019年11月2日凌晨2：15，危岩相对变化量超过2mm，发布预警短信；11月2日3：00，裂缝宽度回复初始位置，详见图9.6-17中椭圆形框。11月2日10：00至13：00，裂缝宽度急速发展，裂缝相对初始值扩张4.3mm，详见图9.6-17中矩形框，监测平台连续发布预警通知。本项目安全管控小组要求施工单位立即在危岩下方实施危岩被动防护措施，并要求设计、施工单位制定危岩解除方案。11月2日13：00至21：30，危岩裂缝张开后未回复初始位置；2日21：30至23：20，危岩裂缝宽度再次剧烈变化，半小时后，处于初始值扩张4.3mm的状态，详见图9.6-17中圆形框。

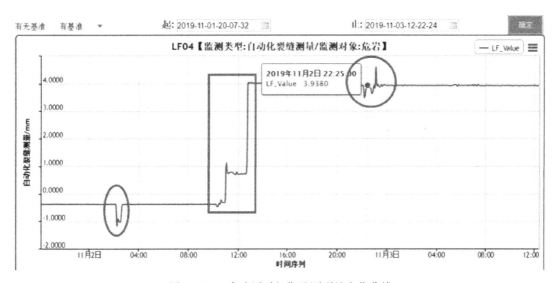

图9.6-17　危岩活动初期监测裂缝变化曲线

由于本项目危岩自11月2日凌晨2：15开始活跃，11月4日上午，本项目确定了危岩处置方案，先在外岩外侧挂被动防护网，然后采用预应力钢缆束缚危岩，再由上至下，采用水钻人工逐级解除。在预应力钢缆收紧危岩受力过程中，危岩自动化监测系统实时发送监测裂缝的变化情况，指导施工单位逐步施加预应力，避免危岩体受集中荷载影响而突然断裂，直接坠落。监测数据表明11月5日20：00至11月6日1：00，危岩在初始受力过程中，裂缝宽度处于剧烈波动状态，裂缝宽度最大达到5.9mm，详见图9.6-18。施工单位停止施工，改进施工方案，采用多股钢缆上下同时加载的模式束缚危岩，11月7日17：20，完成对危岩的主动束缚，裂缝宽度急剧收缩，相对变化量为裂缝宽度减小

10.3mm，详见图 9.6-19 矩形框。

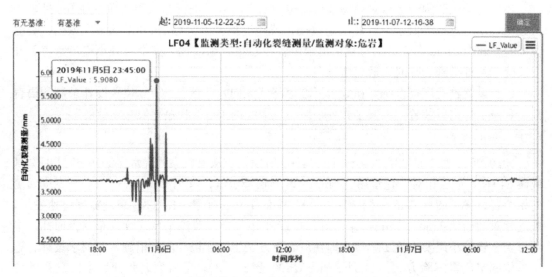

图 9.6-18　危岩体受外拉力和自身重力的作用裂缝宽度变化曲线

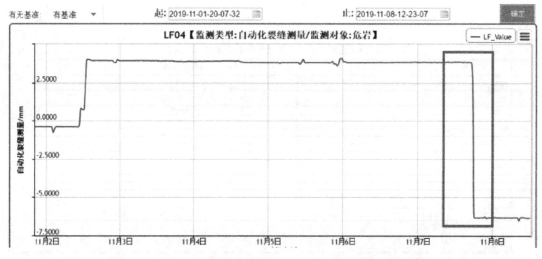

图 9.6-19　危岩活跃初期至危岩主动防护完成裂缝宽度变化曲线

　　通过应用自动化监测系统，由连续的监测数据可看出，危岩在受外力束缚时，若约束力的施加不当，将引起危岩向不稳定状态发展，因此在危岩处置时，即便是采用主动防护措施，同样需要慎重对待，避免危岩处置过程诱发危岩地质灾害的发生；同时，危岩周边的工程项目施工对危岩的稳定性有较大影响，将加剧危岩活动的活跃程度，降低危岩的稳定性。当工程项目附近有稳定或基本稳定的危岩时，应尽早对这类危岩进行处置，而后再进行工程项目的施工；大量的地表降水将加剧危岩由基本稳定向活动活跃的发展过程，本系统在应用过程中及时地发布了预警信息，避免了安全事故的发生，为精准危岩地质灾害预警提供了监测方法和指导。

四、桥梁结构监测

(一) 工程概况

重庆嘉华嘉陵江大桥（以下简称"嘉华大桥"）跨越嘉陵江，是连系重庆市南北主发展轴上的主要纽带。该桥于 2004 年 12 月 29 日动工兴建，2007 年 6 月正式通车。嘉华大桥为三跨预应力混凝土连续刚构桥，桥长 528m，主跨 252m，边跨 138m，对称布置。双向八车道，两侧各 1.5m 人行道。大桥道路的等级为城市快速路，设计车速 80km/h，设计荷载为公路-Ⅰ级。航道标准为三级航道，通航净空高度 10m，主通航孔净宽 180m。桥梁区位置如图 9.6-20 所示。

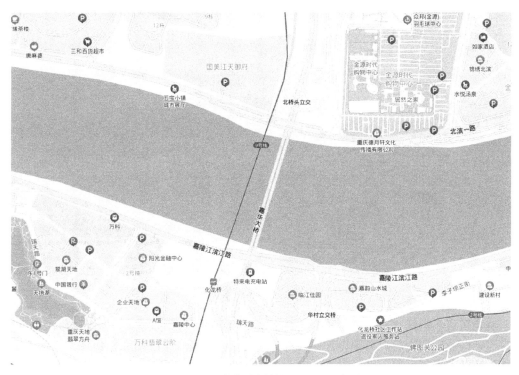

图 9.6-20 嘉华大桥桥梁区平面示意图

嘉华大桥主桥为预应力混凝土连续刚构桥，跨径为（138＋252＋138）m，全长 528m，北端引桥设置 1×25m 简支梁，南接华村立交，南引桥为预应力混凝土结构跨径布置为（51＋52＋51.5）m＋42.24m＋（30＋34＋34＋30）m＋30m。主桥分为上下行双幅桥，单幅桥面宽 17.8m，为 4m（防撞栏杆）＋0.5m（路缘带）＋2×3.75m＋3.5m（车行道）＋1.5m（人行道）＋0.3m（人行道栏杆布置），两幅桥间净距 2.0m。嘉华大桥上部构造为变截面单箱单室，垂直腹板。单箱顶宽 17.8m，底宽 9.8m，翼缘板长 4m，箱梁根部梁高 15.5m，为主跨的 1/16.3，跨中处梁高 5m，为主跨的 1/50，梁底按 1.5 次幂曲线变化。腹板变厚度 100cm（支点）～45cm（跨中），主梁零号梁段各断面尺寸适当增大。底板变厚度 110cm（支点）～32cm（跨中），顶板箱室内厚 30cm，悬臂端厚 20cm，根部厚 55cm。设支点横隔梁，0 号段墩顶处横隔梁厚 100cm，梁端横隔梁厚 150cm。中跨跨中设横向隔板 40cm。零号块长度 12m，悬臂施工梁段划分为 3m、3.5m 和 4m 三种，合龙段长度 2m。悬臂最大浇筑重量 350t。箱梁采用 C55 混凝土。箱梁顶面设 2‰ 单向横坡，腹板上设通气孔。

嘉华大桥主桥桥墩采用薄壁箱形单墩。主墩采用 C55 混凝土。顺桥向宽 7.0m，横桥向（不包括分水尖）宽 9.8m，壁厚分别为 80cm 和 100cm。上下游设分水尖。墩身内设隔板，墩底设圆弧倒角。边墩采用 C40 混凝土，边墩墩身形式与主墩相同，为单薄壁墩，顺桥向宽 3.5m，横桥向（不包括分水尖）宽 9.8m，壁厚分别为 50cm 和 60cm。墩身内设隔板。桥梁立面布置形式如图 9.6-21 所示。

图 9.6-21　嘉华大桥立面布置

桥梁在自然环境（大气腐蚀、温度及湿度变化等）、使用环境（荷载作用与频率增加、材料与结构疲劳加剧等）和外界各种因素作用下，会逐渐产生缺陷和损伤现象，这些缺陷和损伤随时间不断发展，且具有不可逆性和时变性，从而导致桥梁结构产生病害、出现损坏，严重影响桥梁的运营安全。

项目运用安全监测平台对桥梁结构关键部位进行实时监测，采用自动评估系统在线进行分析和评价，并与人工检查方式相结合，及时发现桥梁病害隐患，通过短信、广播等方式向管理人员发出预警，提早采取处置措施，有效预防倒塌等灾难性事故，保障桥梁运营安全。

（二）技术方案

通过对嘉华大桥的运营环境、结构特点及结构危险性分析，项目围绕主梁、主墩等主要构件，以监测环境参数及结构响应为目标，在满足安全预警和评估要求的前提下，遵循"代表性、实用性、经济性、少而精"的原则进行布设。嘉华大桥主要针对主桥进行监测。监测的项目主要有应变、变形、伸缩缝、地震动、温湿度、裂缝、动态称重等类型，如表 9.6-3 所示。

嘉华大桥结构监测测点汇总

表 9.6-3

序号	监测项目	单位	监测工作量
1	应变	个	70
2	变形	个	8
3	伸缩缝	条	4
4	地震动	个	4
5	温湿度	个	4
6	裂缝	条	2
7	动态称重	套	1
8	合计		93

1. 主梁应变监测

结构应力监测应反映结构的最不利受力情况。根据嘉华大桥结构特点，主梁直接承受车辆荷载，是应力监测重点。基于有限元模型计算结果，利用结构对称性，选取多个主梁特征截面进行应力监测。应变监测传感器内置温度传感模块，对监测数据进行温度补偿。主要布设在以下 5 个截面位置。

（1）边跨 1/3 截面位置，共布置 2 个监测截面（J1、J3），每个截面布置 14 个应变监测点；

（2）主跨跨中截面位置，布置 1 个监测截面（J2），截面布置 14 个应变监测点；

（3）主墩截面位置，共布置 2 个监测截面（J4、J5），每个截面布置 14 个应变监测点。

如图 9.6-22～图 9.6-24 所示。

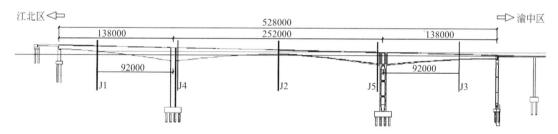

图 9.6-22 J1～J5 截面应变测试断面立面布置示意图

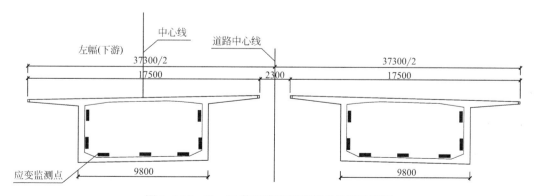

图 9.6-23 J1～J3 截面应变监测截面布置示意图

381

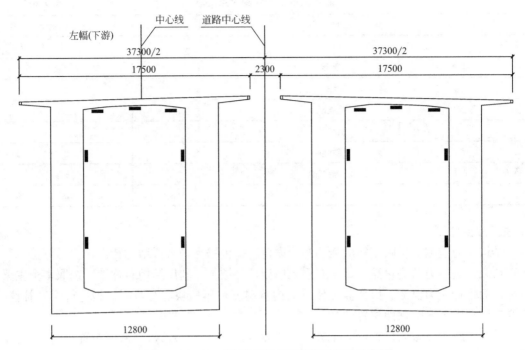

图 9.6-24 J4、J5 截面应变监测截面布置示意图

嘉华大桥结构应变监测测点布置及数量如表 9.6-4 所示。

嘉华大桥结构应变监测测点布置及数量   表 9.6-4

测点位置	测点数量
北边跨 $L/3$ 截面主梁左右幅	14
北桥头 2 号主墩截面左右幅	14
中跨 $L/2$ 截面主梁左右幅	14
南桥头 3 号主墩截面左右幅	14
南边跨 $L/3$ 截面主梁左右幅	14

2. 主梁变形监测

主梁竖向变形直接承受来自车辆的荷载作用，由于主梁的变形受到自身截面几何尺寸、构造形式、材料特性的影响，变形值不仅反映了梁体局部刚度的大小，也是桥梁结构整体工作性能的最直观表现，是结构安全预警的重要指标，必须进行监测。根据该项监测重要性、准确性、实时性要求，采用静力水准传感器进行监测。监测选取主跨的 1/2 截面和边跨的 1/3 截面，每个截面的左右幅各布设 1 个监测点。为保证监测精度还需要设置接测点、基准点。F1～F3 为变形监测断面，每个截面左右幅各布设 1 个传感器。F0 截面为基准点截面，F2 截面处要布设 2 个静力水准传感器用于数据接测，如图 9.6-25～图 9.6-27所示。

嘉华大桥主梁变形监测测点布置及数量如表 9.6-5 所示。

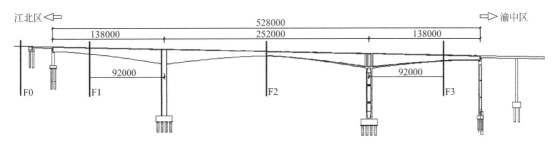

图 9.6-25　J4、J5 变形监测点布置立面图

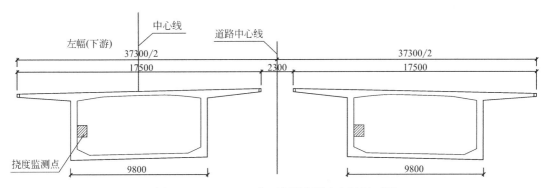

图 9.6-26　F1、F3 截面变形监测点布置断面图

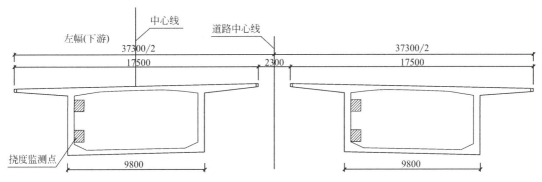

图 9.6-27　F2 截面变形监测点布置断面图

嘉华大桥主梁变形监测测点布置及数量　表 9.6-5

测点位置	测点数量
北边跨 $L/3$ 截面主梁左右幅	2
中跨 $L/2$ 截面主梁左右幅	4
南边跨 $L/3$ 截面主梁左右幅	2
基准点	2

3. 伸缩缝位移监测

　　主梁体系受温差及荷载的影响，沿纵向将产生一定的位移值，为保证纵桥向能量的释放，避免产生过大的次内力，同时考虑桥面体系的连续性，须释放梁端支座的纵向约束并

在桥面布设伸缩缝装置。而在桥梁运营期间，主梁和支座在荷载作用下可视为沿纵桥向协调变形，其纵桥向位移值能够反映出伸缩缝和支座处于正常工作状态，因此应对梁体的纵向位移（伸缩缝位移）进行监测。主要监测主桥连续刚构两端的伸缩缝变形，监测点布设在1号、4号墩处，布置伸缩缝位移监测装置。点位布置如下：

（1）1号墩截面，每个截面2个位移传感器；

（2）4号墩截面，每个截面2个位移传感器。

如图9.6-28和图9.6-29所示。

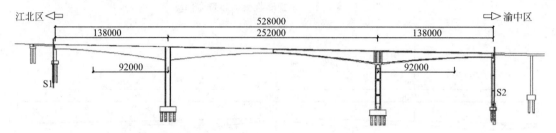

图9.6-28　S1、S2截面伸缩缝位移监测立面布置示意图

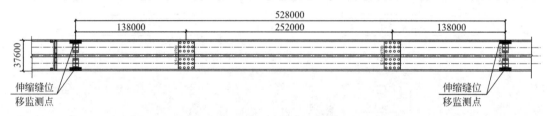

图9.6-29　S1、S2截面伸缩缝位移监测平面布置示意图

伸缩缝位移监测测点布置及数量如表9.6-6所示。

嘉华大桥伸缩缝位移监测测点布设位置和数量　　　　　　　　表9.6-6

测点位置	测点数量
北岸侧1号墩伸缩缝上下游	2
南岸侧4号墩伸缩缝上下游	2

4. 地震动监测

测量地震动的主要目的是掌握桥墩在地震作用或船撞作用下的动力特性，尤其是低阶振动特性。分别布设在2号和3号主墩上，如图9.6-30和图9.6-31所示。

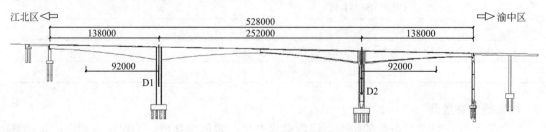

图9.6-30　桥墩地震动监测点布置立面图

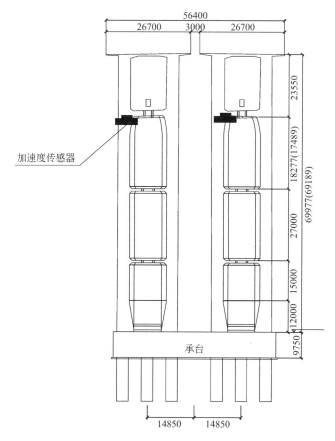

图 9.6-31 桥墩地震动监测点布置横断面图

嘉华大桥地震动监测测点布置及数量如表 9.6-7 所示。

嘉华大桥地震动监测测点布置及数量 表 9.6-7

测点位置	测点数量
北桥头 2 号主墩	2
南桥头 3 号主墩	2

5. 环境温湿度监测

环境温度改变常引起桥梁结构胀缩变形，其周期性变化对于桥梁体系的受力影响较为显著，温度测点布置主要考虑监测局部温度场的变化，作为荷载录入信息的一部分。结构温度测点布置在 WS1 截面，点位布置如图 9.6-32 和图 9.6-33 所示。

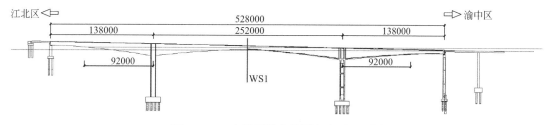

图 9.6-32 主桥温湿度监测点布置立面图

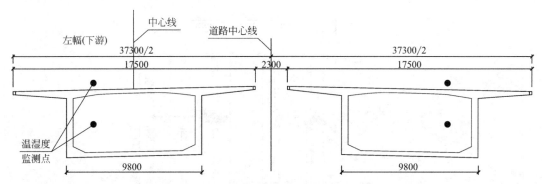

图 9.6-33　主桥温湿度监测点布置断面图

温湿度监测测点布置及数量如表 9.6-8 所示。

嘉华大桥环境温湿度监测测点布置及数量　　　　　　　　　　　　　　表 9.6-8

测点位置	测点数量
中跨跨中	4

6. 伸缩缝监测

选择全桥有代表性的两条伸缩缝进行监测。根据 2018 年嘉华大桥定期检查报告，嘉华大桥主桥伸缩缝主要有 3 条，选取其中 2 条典型伸缩缝，状况如表 9.6-9 所示。点位布置如图 9.6-34～图 9.6-36 所示。

嘉华大桥主桥（左幅）北边跨箱外缺损检查结果　　　　　　　　　　表 9.6-9

序号	缺损位置		X 坐标（m）	Y 坐标（m）	缺陷长度（m）	裂缝宽度（mm）	缺陷类型
1	FK1	13 号段底板	2.5	3.0	1.6	0.02	纵向伸缩缝
2	FK2	19 号段左腹板	0.0	5.6	0.8	0.02	竖向伸缩缝

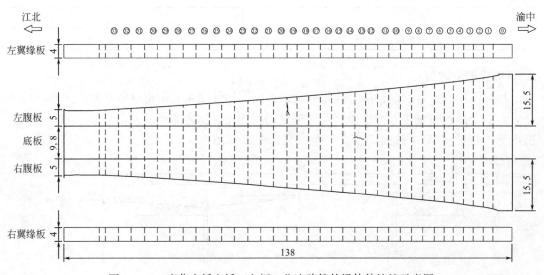

图 9.6-34　嘉华大桥主桥（左幅）北边跨箱外梁体伸缩缝示意图

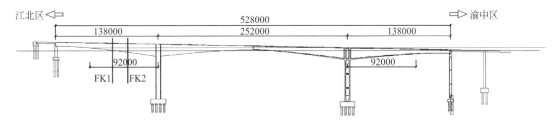

图 9.6-35　主桥典型伸缩缝宽度监测点布置立面图

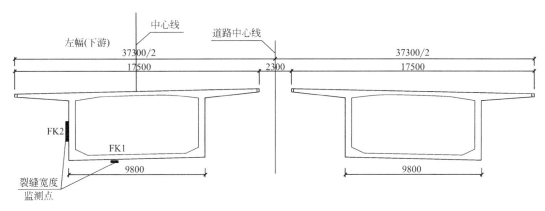

图 9.6-36　主桥典型伸缩缝宽度监测点布置断面图

伸缩缝宽度监测点布设位置和数量描述如表 9.6-10 所示。

嘉华大桥伸缩缝监测测点布设位置和数量　　　　　　　　　表 9.6-10

测点位置	测点数量
FK1 和 FK2	2

7. 动态称重系统监测

　　车辆荷载作为最主要的可变作用，是影响桥梁结构服役性能的重要因素，对构件疲劳性能及局部应力水平的影响显著。重载车辆的频繁往复除引起桥面铺装凹陷、拥包、网状裂缝等病害降低行车舒适性外，甚至危及桥梁的结构安全。因此须加强有关车流量、车重量的监测，从荷载源头进行监控，确保桥梁的正常安全运营。

　　嘉华大桥动态称重系统传感器选择压电式传感器，根据委托方要求，布置于北引道主线道路上，主要考虑从北环立交下来的载重车，覆盖主线双向八车道。配套抓拍、车牌识别等装置使用单悬臂支架，安装于称重系统附近，覆盖四车道（分别为靠人行道的两车道），如图 9.6-37 和图 9.6-38 所示。

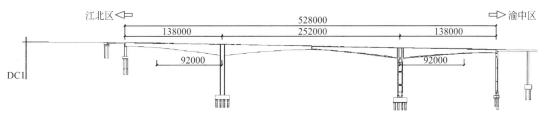

图 9.6-37　动态称重系统布置立面图

图 9.6-38　动态称重系统布置平面图

嘉华大桥动态称重系统测点布置及数量如表 9.6-11 所示。

嘉华大桥动态称重系统测点布置及数量　　　　　　　　表 9.6-11

测点位置	测点数量	传感器类型
北岸桥头	1	8 车道动态称重系统
测点数量总计:1		

(三) 应用成效

传统的桥梁监测在很大程度上依赖于管理者和技术人员的经验, 缺乏科学系统的方法, 往往对桥梁特别是大型桥梁的状况缺乏全面的把握和了解, 信息得不到及时反馈。如果对桥梁的病害估计不足, 就很可能失去养护的最佳时机, 加快桥梁损坏的进程, 缩短桥梁的服务寿命; 如果对桥梁的病害估计过高, 便会造成不必要的资金浪费, 使得桥梁的承载能力不能充分发挥。

本项目在重庆嘉华大桥上安装布设监测传感设备和健康监测系统, 确保该桥梁在特殊气候、交通条件下或桥梁运营状况异常严重时发出预警信号, 为桥梁的维护维修和管理决策提供依据与指导。桥梁健康监测系统不仅能够用于结构状态监控和评估, 而且监测数据还可用于辅助桥梁的结构设计, 为其他类似桥梁工程中的未知问题研究提供思路和借鉴。

五、轨道边坡监测

(一) 工程概况

化龙桥立交及李子坝连接道 A 线工程后续工程 (化龙桥立交) 位于渝中区西北部化龙桥、李子坝片区, 李子坝四村一带, 牛滴路与嘉陵路之间, 北临嘉陵江, 南靠佛图关。场地与北面嘉陵江相距约 200m, 嘉陵路从滑坡体前部通过, 交通便利, 如图 9.6-39 所示。

化龙桥立交为半互通立交, 该工程是嘉陵路、牛滴路以及华村立交之间的一个重要节点, 是片区交通转换体系的重要组成部分。化龙桥立交为华村立交桥的组成部分, 该立交桥的建设, 实现了嘉陵路、牛滴路、南北干道、高九路之间的完全互通。化龙桥立交工程内容包括化龙桥立交 M 匝道桥、N 匝道桥及嘉陵路加宽改造等部分, M 匝道为连接嘉陵路与牛滴路的匝道。由于嘉陵路与牛滴路距离较近, 约 70m, 高差约 11m, 受 M 匝道纵坡限制的影响, 因而在立交施工过程中需要将嘉陵路标高在 M、N 匝道处比现状降低 6~7m。

拟建项目在滑坡体前部开挖形成道路, 道路路幅构成: 3.0m (人行道) +22.0m (车行道) +1.5m (路缘带) +3.5m (人行道), 道路中心设计高程为 201.60~208.00m, 在道路南侧形成最大边坡开挖高度 11.0m, 道路北侧与长帆·江岸公馆间, 在既有下排抗滑

图 9.6-39　项目监测区域平面示意图

桩顶平整后形成人行道，设计高程 202.00m。

在拟建项目范围内，嘉陵路与牛滴路之间为已经建成的嘉韵山水小区、畔江楼小区和长帆·江岸公馆；嘉陵路南侧，为已建成的李子坝加油站、正在施工的李子坝变电所和重庆城市投资公司储备地块；南侧陡峭斜坡上，有轨道 2 号线佛图关站—大坪站高架段通过，工程范围内地下还有主城排水 B 管线穿过。

化龙桥立交及李子坝连接道 A 线工程后续工程（化龙桥立交），工程范围内主要包括抗滑桩板挡墙（上排 17 根桩，下排 35 根桩），抗滑桩施工邻近轨道 2 号线、主城排水 B 管线。

项目范围包括滑坡体、既有抗滑桩、在建抗滑桩、轨道交通 2 号线、主城排水 B 管线、既有道路等第三方监测。具体工作内容主要包括项目实施对滑坡体、既有抗滑桩、在建抗滑桩、轨道交通 2 号线、主城排水 B 线、既有道路等影响的第三方监测工作，包括但不限于监测网的建立，周边环境及岩土体等变化情况监测，轨道结构、主城排水结构、既有和在建抗滑桩相关结构、既有道路结构位移监测以及其他地表建（构）筑物的变形监测等。

该工程项目地质条件如下。

（1）在地形地貌方面，场地为一丘陵岸坡地貌，地势南高北低，南面为丘陵山体，北临嘉陵江。场地地貌受嘉陵江活动及岩性控制，由北向南依次为嘉陵江河道岸坡、I 级阶地、佛图关山前崩坡积带和佛图关陡坡或峭壁带，地貌形态呈缓坡～陡坡～峭壁相间台阶状。该段斜坡坡顶地面高程超过 290m，斜坡上部为陡崖，坡顶陡崖岩石主要为砂岩；临江地段最低处高程为 167.52m，相对高差达 122.50m。斜坡地面坡角 20°～45°不等，局部呈陡坎状。

（2）在地质构造方面，化龙桥立交场地位处化龙桥向斜东翼，岩层产状 250°～270°，一般为 264°，倾角约 8°～11°，一般为 9°。根据区域地质资料，场地内无断层发育，地应

389

力条件简单,应力水平极低。根据实地量测,基岩中有两组裂隙发育,特征如下:

J1,倾向335°~350°,一般为345°,倾角65°~85°,以70°为主,张性,裂隙面粗糙,宽度2~8mm,有黏性土部分充填,裂隙间距2~4m不等,属硬性结构面,裂面结合较差,主要出现于砂岩层中,在泥岩中少见。

J2,倾向50°~60°,一般为55°,倾角70°~80°以70°为主。压扭性,裂隙面较直,延伸长,闭合。无充填物或局部有部分方解石充填,裂隙间距1~3m。属硬性结构面,裂面结合较差。

(3) 在水文地质方面,本工程场地内地下水可分为孔隙水和基岩裂隙水两类:

孔隙水,主要赋存于填土、粉质黏土层内,多为降雨期形成的上层滞水。填土未经碾压,固结较差,孔隙相对发育,为地表水下渗提供了通道;粉质黏土夹不均匀块石、碎石结构,不利于径流通道的形成,且黏土相对隔水,限制了下渗水流的运移,形成上层滞水。

基岩裂隙水,场内侏罗系中统沙溪庙组砂质泥岩属相对隔水层,砂岩属相对透水层。裂隙水主要赋存于基岩裂隙中,受大气降水补给,沿构造裂隙向嘉陵江运移排泄,水位埋深大,未见明显地下水。

场区地形坡度较陡,南高北低,北面靠近嘉陵江,斜坡地形有利于地表水自然排泄,地下水贫乏,主要受大气降水补给,由南至北向嘉陵江排泄。

(4) 在不良地质方面,场地区域构造作用影响小,未见断层,泥石流、崩塌、塌陷、岩溶等不良地质现象。重庆长帆·江岸公馆基础施工时造成了其南侧斜坡土体滑动形成滑坡,并在其南侧轻轨2号线D208A-20墩附近发现有裂缝,通过在其基础开挖处设置桩板式挡墙,在轨道交通2号线D208A-19墩和D208A-20墩南侧分别设置抗滑桩对南侧土体进行支挡,目前该滑坡未见变形迹象,现状稳定。根据设计方案开挖后,在无支护状态下将存在失稳的可能性。通过对该滑坡进一步详细调查,现状边坡未发现表土移动等变形迹象和其他不良地质现象。

化龙桥立交及李子坝连接道A线工程后续工程(化龙桥立交)周边环境情况如表9.6-12所示。

工程周边环境情况   表9.6-12

序号	周边环境名称	周边环境描述	备注
1	滑坡体	滑坡体后缘位于坡顶陡崖下部,地面高程260m一线;滑坡体前缘位于长帆·江岸公馆基坑开挖189~190m高程一带;西侧边界基岩露头;东侧以轻轨D208A-18号墩及M匝道为界。该滑坡体纵向长度约145m,前缘宽约96m,后缘宽约66m,平面面积为11745m²,中前缘滑坡体平均厚度约16m,中后缘滑坡体平均厚度约8m,滑坡体的体积为$14.1×10^4 m^3$,主滑方向为346°	
2	既有抗滑桩	上排:轻轨D208A-19号和D208A-20号墩处的4根抗滑桩;下排:在滑坡体前缘设置下排抗滑桩对滑坡体进行加固,共设置抗滑桩17根,桩长21.00~28.00m	
3	在建抗滑桩	桩板挡墙分上下两排布置,共52根,其中上排桩共17根,下排桩35根。上排桩仅作抗滑桩,不需下挖;下排桩因嘉陵路下挖道路施工,需设置挡土板结构,桩顶设冠梁。下排桩板墙顶部设人行道,在冠梁顶设1.5m高悬臂式挡块。上下级桩均在桩顶设0.8m高冠梁,冠梁宽度与桩保持一致。桩身预留预应力锚孔用于施工期间安全保障措施,施工时不进行预应力张拉,当桩身变形超过设计值时再进行张拉锚索。设计道路右侧设第一级抗滑桩,距轻轨桥墩≥3倍桩宽(8.0m)的位置设置第二级抗滑桩	

序号	周边环境名称	周边环境描述	备注
4	轨道交通2号线	位于滑坡体后部受滑坡体稳定性影响的轨道交通2号线8个桥墩(编号分别为D208A-16~D208A-23),地面标高241~261m,基础形式为人工挖孔桩,墩间桥跨度为20m或22m	
5	主城排水B管线	滑坡体范围内长约97m,高程约为180m,埋深约为28~60m,尺寸为2.2m×2.8m,为雨污合流	
6	既有道路	包括嘉陵路、牛滴路,嘉陵路路面高程约为208m,牛滴路路面高程约为180m	
7	既有建筑物	包括轨道交通2号线南侧的建筑(砖2、砖、木)、北侧的建筑(砖3、砖)、长帆·江岸公馆A2号楼(混凝土32/-4层)及车库、畔江楼(混凝土12~14层)	
8	人防	洞底高程为209~215m,洞顶高程为212~218m,长约115m	

重点风险源见表9.6-13,风险源剖面见图9.6-40。

主要风险源及监测措施　　　　　　　　　　　　表9.6-13

序号	监测对象	风险描述	监测措施
1	滑坡体	滑坡体后缘位于坡顶陡崖下部,滑坡体前缘位于长帆·江岸公馆基坑开挖189~190m高程一带;西侧边界基岩露头;东侧以轻轨D208A-18号墩及M匝道为界。该滑坡体纵向长度约145m,前缘宽约96m,后缘宽约66m,面积约为11745m²,中前缘滑坡体平均厚约16m,中后缘滑坡体平均厚约8m,滑坡体的体积为14.1×10⁴m³,主滑方向为346°。化龙桥立交工程需将嘉陵路拓宽改造,并将现状高程降低约6~7m,道路南侧将形成最大边坡开挖高度11.0m,可能引起滑坡体失稳,发生滑坡等地质灾害,危及附近居民、嘉陵路通行车辆和人员、轨道交通2号线运营安全	1. 加强滑坡体巡查; 2. 加强滑坡体水平位移和竖向位移监测
2	既有抗滑桩	嘉陵路拓宽改造,开挖形成边坡,可能引起滑坡体失稳,滑坡体对既有抗滑桩的推力增大,进而导致既有抗滑桩失稳,危及既有下排桩附近长帆·江岸公馆和既有上排桩附近轨道交通2号线运营安全	1. 加强既有抗滑桩巡查; 2. 加强既有抗滑桩桩顶水平位移和竖向位移监测
3	在建抗滑桩	嘉陵路拓宽改造,开挖形成边坡,可能引起滑坡体失稳,滑坡体对在建抗滑桩的推力增大,进而导致在建抗滑桩失稳,危及既有下排桩附近嘉陵路拓宽改造施工安全和既有上排桩附近轨道交通2号线运营安全	1. 加强在建抗滑桩巡查; 2. 加强在建抗滑桩桩顶水平位移和竖向位移、沉降及桩体深层水平位移监测
4	轨道交通2号线	嘉陵路拓宽改造,开挖形成边坡,以及在建抗滑桩的开挖,可能引起滑坡体失稳,进而导致位于滑坡体后部可能受滑坡体稳定性影响的轨道交通2号线8个桥墩(桥墩编号分别为D208A-16~D208A-23)发生倾斜、沉降等变形,危及轨道交通2号线运营安全	1. 加强桥墩巡查; 2. 加强桥墩水平位移和竖向位移、沉降及倾斜监测
5	主城排水B线	滑坡体范围内主城排水B线长约97m,高程约为180m,埋深约为28~60m,尺寸为2.2m×2.8m,为雨污合流。主城排水B线高程低于最低滑坡体滑动面(高程约190m)约10m,低于嘉陵路拓宽改造后路面高程(201.57m)约21m,围岩为砂质泥岩。该工程施工对管线影响较小,但可能对主城排水B线的直通出气井、排水点等地面结构造成破坏	1. 加强主城排水B线巡查; 2. 加强主城排水B线地面结构水平位移和竖向位移监测

续表

序号	监测对象	风险描述	监测措施
6	既有道路	在建下排抗滑桩和嘉陵路开挖施工,可能引起既有嘉陵路路面沉降等变形,影响通行车辆和人员安全	1. 加强既有嘉陵路巡查; 2. 加强既有嘉陵路沉降监测
7	既有建筑物	嘉陵路拓宽改造,开挖形成边坡,以及在建抗滑桩的开挖,可能引起滑坡体失稳,发生滑坡等地质灾害,危及轨道交通2号线南侧的建筑(砖2、砖、木)、北侧的建筑(砖3、砖)、长帆·江岸公馆A2号楼(混凝土32/-4层)及车库的安全	1. 加强既有建筑物巡查; 2. 加强既有建筑物沉降监测
8	人防	洞底高程为209.40~215.16m,洞顶高程为212.85~218.5m,长约115m。人防至滑坡体边缘线最小水平距离约为37m,该工程施工对其影响较小	1. 加强人防洞门巡查; 2. 加强人防洞门沉降监测

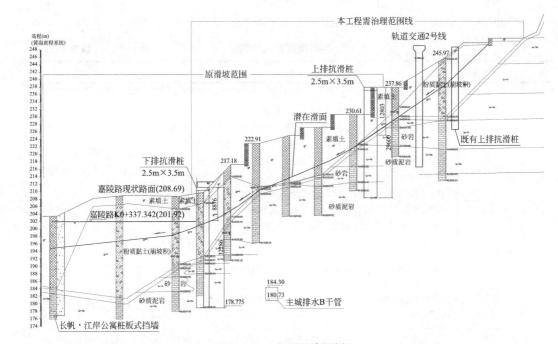

图 9.6-40　主要风险源剖面

(二) 技术方案

1. 监测对象

监测对象包括滑坡体、既有抗滑桩、在建抗滑桩、轨道交通2号线、主城排水B线、既有道路等。

2. 监测范围

监测范围包括项目区南侧沿线长约330m,宽约200m区域内监测对象的第三方监测。具体工作内容主要包括项目实施对滑坡体、既有抗滑桩、在建抗滑桩、轨道交通2号线、主城排水B线、既有道路等影响的第三方监测工作,包括但不限于监测网的建立,周边环境及岩土体等变化情况监测,轨道结构、主城排水结构、既有和在建抗滑桩相关结构、既有道路结构位移监测以及其他地表建(构)筑物的变形监测等。

3. 测点布置

监测项目及测点布置见表 9.6-14。

监测项目及测点数量　　　　　　　　　　表 9.6-14

监测对象	监测项目	测点数量	备注
滑坡体	边坡水平位移	14	既有上排抗滑桩上方、2 号线墩柱下方滑坡体表面布设 14 个水平位移、竖向位移共用点
	边坡竖向位移	14	
	裂缝	待定	
既有抗滑桩	桩顶水平位移	10	既有上排抗滑桩(4 根)、既有下排抗滑桩(17 根)分别布设 4 个、6 个水平位移、竖向位移共用点
	桩顶竖向位移	10	
	裂缝	待定	
在建抗滑桩	桩顶水平位移	29	在建上排抗滑桩(17 根)每根桩布设 1 个水平位移和竖向位移共用点、1 个沉降点,每 4 根桩布设 1 个深层水平位移测孔;在建下排抗滑桩(35 根)每隔 3～4 根桩布设 1 个水平位移和竖向位移共用点,每隔 2 或 5 根桩布设 1 个深层水平位移测孔;锚索应力测点与深层水平位移测孔同桩布设
	桩顶竖向位移	29	
	桩体沉降	17	
	桩体深层水平位移	11	
	锚索应力	待定	
	裂缝	待定	
轨道交通 2 号线	墩柱水平位移	8	可能受滑坡体稳定性影响的 2 号线 8 个桥墩(编号为:D208A-16～D208A-23)每根桥墩布设 1 个墩柱水平位移和竖向位移共用点、1 个墩柱倾斜点、1 个墩柱沉降点
	墩柱竖向位移	8	
	墩柱倾斜	8	
	墩柱沉降	8	
	裂缝	待定	
主城排水 B 线	结构水平位移	1	滑坡体范围内主城排水 B 线漏出地面的直通出气井(编号为:PS115)布设 1 个水平位移、竖向位移共用点
	结构竖向位移	1	
	裂缝	待定	
既有道路	道路沉降	24	对应于在建下排抗滑桩桩顶水平位移和竖向位移监测点,共布设 12 个断面,每个断面布设 2 个沉降点
	裂缝	待定	
既有建筑物	建筑物沉降	15	滑坡体范围内轨道交通 2 号线南侧的建筑(砖 2、砖、木)、北侧的建筑(砖 3、砖)分别布设 7 个、8 个建筑物沉降点
	裂缝	待定	
人防	洞门沉降监测	2	在人防洞门两侧分别布设 1 个沉降点
	裂缝	待定	

监测点布置断面见图 9.6-41。

(三) 应用成效

项目结合滑坡地质灾害突发性和轨道交通运行安全的高等级要求,建立了高精度、全天候、实时动态反馈的自动化监测系统,通过高精度测量机器人进行实时观测,采用视频对本项目中滑坡体和既有轨道进行实时巡查,及时掌握设备运行状态、滑坡体及轨道结构的现场情况,相比传统人工监测,大幅提升了作业效率,减少了大量人力、时间投入,极大降低了运营成本。

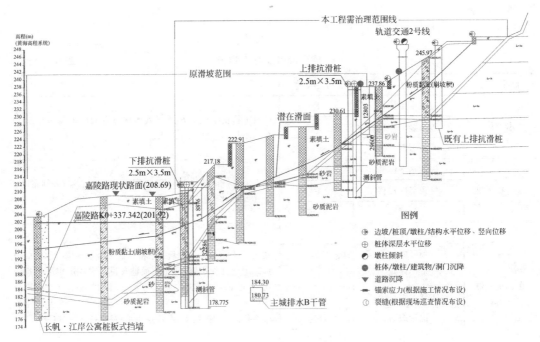

图 9.6-41　监测点布置断面

项目 BP29 自动化 TPS 监测点在 2017 年 5 月至 10 月间出现急剧变形，累计变化量超出控制值，监测系统及时发送了预警通知。施工单位得知情况后，立即采取了停工、增加抗滑桩、切坡、喷浆、封闭、加固等处置措施。稳妥处置后，边坡变形趋于稳定，处置效果良好，确保了滑坡体的稳定和轨道结构的安全，监测点数据曲线如图 9.6-42 所示。

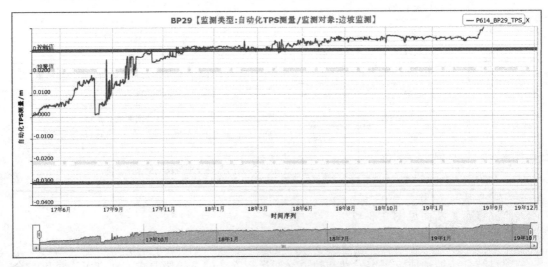

图 9.6-42　BP29 监测点数据曲线

通过项目实施使管理单位能够全面、准确、快速掌握风险点的变形情况，为保障工程建设过程中轨道交通运营和周边建筑物的安全提供了技术支撑。

六、矿山边坡监测

矿山资源是人类社会生存和发展的重要物质基础,然而在露天采矿中,随着采矿活动的深入,露天采场形成的边坡、尾矿库边坡等地形极易引发矿山滑坡灾害,威胁人员及设备安全,严重时甚至造成露天矿停产,产生巨大的经济损失。因此,对矿山边坡进行实时变形监测,掌握边坡灾害的过程,利用一定的数据处理方法分析和建立预报、预警系统至关重要。相关单位利用地基SAR开展了矿山边坡监测实践,取得了良好效果。

1. 浙江交投大皇山矿监测

浙江交投大皇山矿位于舟山定海区册子岛北部,主要生产建筑石料。监测采场南帮东部,为矿方认定潜在不稳定区域。利用地基合成孔径雷达对该矿山边坡进行持续监测和实时预警,使得矿山各部门人员与设备入场风险极大降低,矿山生产得以继续进行,如图9.6-43所示。

图9.6-43 浙江交投大皇山矿边坡监测

2. 广东云浮硫铁矿监测

广东云浮硫铁矿监测,采用边坡雷达监测预警系统、GNSS表面位移监测系统和ipile内部位移监测系统联合作业,对边坡进行全方位监测。各传感器监测数据在同一软件系统集中管理,关联分析,协助矿方更科学全面的掌握边坡稳定性动态,如图9.6-44所示。目前,边坡监测预警系统全面开放接口,可作为矿方安防体系自动化建设的基础平台不断拓展。

3. 四川攀钢朱家包铁矿监测

2015年8月,攀钢朱家包铁矿采场东山头边坡发生滑动,破坏了红旗坡1360m公路及采场中部排洪系统,滑坡下方的矿石无法开采,不能参与配矿,影响了企业生产。矿方引进边坡雷达监测技术,对东山头展开实时监测,如图9.6-45所示。期间雷达系统准确预警4次大型滑坡,监测区域无人员伤亡和设备损坏,有效地保障了铁矿安全生产。

图 9.6-44　广东云浮硫铁矿监测

图 9.6-45　攀钢朱家包铁矿采场监测

4. 内蒙古包钢白云鄂博铁矿监测

2020 年 8 月 28 日上午 9 时，边坡雷达监测数据显示白云鄂博铁矿主采场西南帮 1650 平台开始进入加速变形阶段，平均变形速度达 3mm/h，并呈持续增大趋势，同时加速变形区域的范围亦在不断扩大，中午 12 时边坡雷达监测预警系统发出黄色预警，监测人员核实后及时通知了矿方撤离该区域的作业人员和设备。29 日凌晨 1 时值班人员根据最新的变形数据分析与预测，确定了滑坡时间在上午 8 时左右，与视频监控系统记录的实际滑坡时间相比误差在 2h 以内（图 9.6-46）。

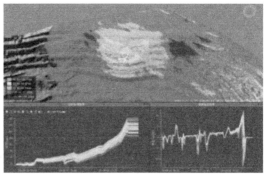

图 9.6-46　内蒙古包钢白云鄂博铁矿监测

第七节　历史文化遗产保护测绘

一、历史文化街区

历史文化街区，是指经省、自治区、直辖市人民政府核定公布的保存文物特别丰富、历史建筑集中成片、能够较完整和真实地体现传统格局和历史风貌，并具有一定规模的区域。

（一）磁器口简介

磁器口历史文化街区位于重庆市沙坪坝区东北部，始建于公元 998 年宋真宗咸平年间，浓缩了巴渝文化、宗教文化、沙磁文化、陪都文化和红岩文化，是重庆历史文化名城极其重要的组成部分，其总体布局极富地方文化及建筑技术特色，并有保护的条件和环境，是重庆历史文化名城重点保护项目不可忽视的组成部分。2015 年磁器口被住房和城乡建设部、国家文物局列为全国首批中国历史文化街区。

（二）保护测绘

研究团队综合运用三维激光扫描、实景三维建模等智能测绘技术，对磁器口历史文化街区开展保护测绘，为磁器口保护与修缮提供珍贵的数据源。

1. 倾斜摄影数据采集与处理

采用无人机搭载倾斜摄影相机获取多视角倾斜摄影数据，用于制作磁器口实景三维模型。采集流程包含：现场踏勘、相机检校、空域申请、航线设计、航空摄影、影像质量检查、成果整理与三维建模等过程。磁器口实景三维模型全貌如图 9.7-1 所示。

2. 三维激光点云数据采集与处理

采用地面三维激光扫描仪对磁器口历史文化街区进行数据采集，具体工作流程包含仪器检校、控制测量、扫描站布设、标靶布设、三维点云数据采集、点云数据拼接、降噪与抽稀、彩色点云数据处理、点云数据裁剪等。

三维点云数据的覆盖范围如表 9.7-1 所示。

图 9.7-1　磁器口实景三维全貌

三维点云数据的覆盖范围　　　　　　　　　　　　　　　　　　表 9.7-1

采集部位	全面测绘	典型测绘
周边环境	无航拍条件时应完整覆盖	无航拍条件时可覆盖
屋顶	应覆盖屋顶所有部位	无航拍条件时应覆盖
立面	应覆盖所有可视立面	应完整覆盖主要立面、沿街立面,宜覆盖其他立面
室内	应覆盖室内各层数据;应覆盖所有价值要素	应完整覆盖各层室内结构构件、门窗洞口、主要空间,宜覆盖室内非结构构件

磁器口三维点云数据如图 9.7-2 所示。

图 9.7-2　磁器口街巷点云

在测绘数据的支撑下，对磁器口历史文化街区内部分保护价值高、格局与造型保存完好的传统民居和店宅、四合院，以修缮保护为主，采取复原修缮的方式保持原貌，如图 9.7-3 所示。

(a) 修缮前　　　　　　　　　　　　(b) 修缮后

图 9.7-3　宝善宫修缮前后对比

对于价值较高，立面保存基本完好的传统民居和店宅，采取立面保护修缮，内部结构和功能更新的方式保持临街立面风貌，如图 9.7-4 所示。

(a) 修缮前　　　　　　　　　　　　(b) 修缮后

图 9.7-4　磁横街 3 号修缮前后对比

二、传统风貌区

重庆市渝中区十八梯传统风貌区是重庆最具传统市井生活特色的山地居住区。十八梯位于渝中区较场口，是从上半城（山顶）通到下半城（山脚）的一条老街道，是在自然地貌上联系老重庆上下半城的交通纽带，如今亦是上承解放碑 CBD、下接下半城及江岸区域的功能过渡节点。

为了保留十八梯这一重庆母城发源地的历史资料及建筑信息，延续老重庆的城市文脉，研究团队受委托对十八梯现存建筑及街巷进行保护性初步测绘，包括区内 7 条主街、6 条主要巷道及 284 栋传统民居。

（一）建筑现状调查与测绘

1. 法国领事馆旧址

法国领事馆建于 1898 年，建筑面积 2227.2m²，位于凤凰台 35 号。屋面为小青瓦铺面，青砖墙柱承重，墙面三合灰抹面，条石基础，木质楼板及楼道，内设豪华的壁炉。建筑形态为带内庭和回廊的合院式，西式的拱形柱廊共有 88 个，配以中国传统建筑、雕刻艺术，灰塑精致的柱头、卷拱造型和罗马式的外廊栏杆，建筑依然保存完好，如图 9.7-5 所示。它是重庆地区近现代建筑发展变革的例证，对于研究 20 世纪重庆近代建筑的发展历史具有重要的参考价值。

图 9.7-5 法国领事馆旧址

对传统风貌区内的历史建筑开展调查测绘，按全面测绘、典型测绘、简略测绘三种方式绘制历史建筑测绘图（包含总平面图，平、立、剖面图和大样图），如表 9.7-2 所示。历史建筑测绘图应对原始测绘资料进行建筑学专业的综合判读，清晰表达建筑的空间组织关系、结构逻辑、构造逻辑。

历史建筑测绘图比例要求 　　　　　　　　　表 9.7-2

图纸分类	图纸类型	绘图比例要求
全面测绘	总平面图	1∶200 或 1∶250
	平、立、剖面图	1∶100 或 1∶150
	大样图	1∶1,1∶5,1∶10,1∶15,1∶20,1∶25,1∶30
典型测绘	总平面图	1∶250 或 1∶300
	平、立、剖面图	1∶100、1∶150 或 1∶200
	大样图	1∶5,1∶10,1∶15,1∶20,1∶25,1∶30
简略测绘	总平面图	1∶300 或 1∶500
	平、立、剖面图	1∶200 或 1∶250
	大样图	1∶15,1∶20,1∶25,1∶30,1∶50

历史建筑平、立、侧面图采用传统测量手段或三维激光扫描方式获取的数据，经相关处理，制作历史建筑平、立、侧面图（图 9.7-6）。采用点云数据制作相关图形时，可运用点云数据软件的剖面截取功能，根据需要在不同位置、高度进行剖面截取制作数字断面。将数字断面插入 CAD 中，运用专业的建筑制图程序进行图形的绘制。

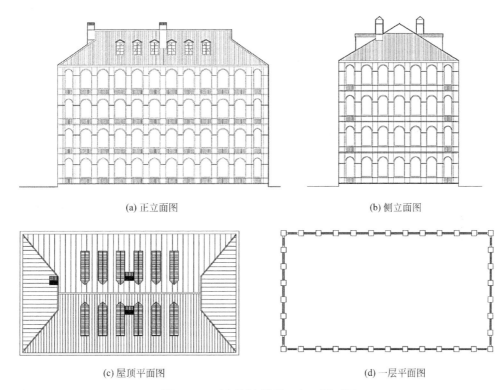

(a) 正立面图　　　　　　　　　　　　　　(b) 侧立面图

(c) 屋顶平面图　　　　　　　　　　　　　(d) 一层平面图

图 9.7-6　法国领事馆平、立、侧面图

建筑大样图是在采集建筑点云数据的基础上进行制作，即利用三维激光扫描的数据，对于需要表达的门窗、外廊拱券、柱式、柱头、栏杆、楼梯、窗台的详细结构，通过采用截取相关区域的点云数据制作数字断面，数字断面分辨率不应低于 0.5mm×0.5mm 单个像素，将绘制大样图形、数字断面和照片进行共同表达。大样图数据应标注相关尺寸，并能反映被测物体的空间立体形态。

2. 解放西路 158 号

解放西路 158 号为三层建筑，砖木结构，青砖、黛瓦、券廊。歇山式屋顶带女儿墙，小青瓦铺面，砖柱砖墙，墙面带有砖砌线脚装饰，立面砖柱排列有致，与拱形券廊构成强烈的韵律感，建筑挺拔雄壮、气派大方。该建筑是开埠建市风貌代表，反映了 20 世纪初重庆建筑的特色风貌，如图 9.7-7 所示。

研究团队综合运用现代测绘技术对解放西路 158 号进行精细化三维建模和历史建筑测绘，数据成果如图 9.7-8、图 9.7-9 所示。

（二）街巷空间调查与测绘

按照剖面尺度、剖面坡度、街面关系、街巷功能（纯交通、交通与商业混合、交通与居住混合等），对街巷宽度进行测量，定位台阶，制作街巷与台地分布图，如图 9.7-10 所示。

图 9.7-7　解放西路 158 号

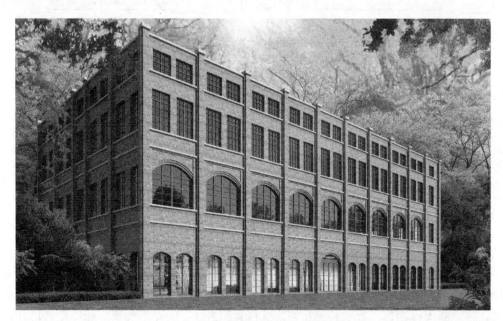

图 9.7-8　解放西路 158 号三维模型

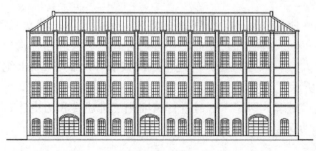

(a) 正立面图

(b) 侧立面图

图 9.7-9　解放西路 158 号平、立、侧面图（一）

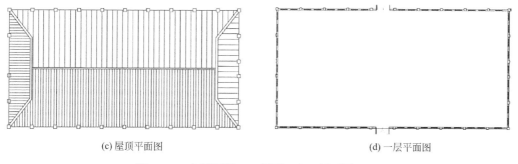

(c) 屋顶平面图　　　　　　　　　　　　(d) 一层平面图

图 9.7-9　解放西路 158 号平、立、侧面图（二）

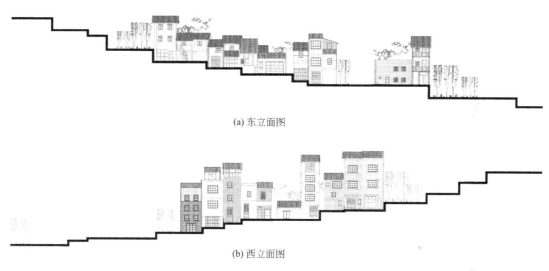

(a) 东立面图

(b) 西立面图

图 9.7-10　街巷空间立面图

三、历史建筑

历史建筑，是指经城市、县人民政府确定公布的具有一定保护价值，能够反映历史风貌和地方特色，未公布为文物保护单位，也未登记为不可移动文物的建筑物、构筑物。

（一）圆庐简介

圆庐位于重庆市渝中区李子坝嘉陵新村 190 号，是当年孙中山之子孙科在重庆的住所，又称孙科公馆旧址，如图 9.7-11 所示。圆庐由我国著名建筑师杨廷宝设计，馥记营造厂施工，该建筑建于 1939 年，为一栋圆顶砖石木混合结构建筑，共两层，占地面积 275.4m²，现存总建筑面积 520m²。2016 年，由重庆市人民政府公布为第一批优秀历史建筑。

该建筑因地制宜，依山地形势而筑，住宅主要入口设置在二层，各主要居室围绕中央圆厅呈放射性平面，整个建筑平面由内外两个同心圆组成，圆厅顶部设气楼一圈，以解决一层采光和通风问题，底层顶棚均匀设置 6 个通风口，经由上层管道拨风换气。该建筑主体上小下大，通高 10.3m，底层直径 17.4m，顶层直径 7.1m，基座及底层外墙全是坚固

(a) 圆庐，拍摄于20世纪80年代(摘自《杨廷宝建筑设计作品集》)

(b) 圆庐，拍摄于2022年

图 9.7-11　圆庐

的条石砌成，墙厚 400mm，内墙部分承重墙为砖墙，墙厚 240mm；二层及以上墙体采用青砖、混合砂浆砌筑，墙厚 240mm，内隔墙为 120mm 厚夹壁墙。

主体建筑东西延伸段设置一锥形耳房主要作主体建筑辅助用房，耳房一层，整体面阔 11.1m，进深 4.3m，通高约 5m，并与大门、台阶、绿化等组成紧凑的入口，环形的住宅视野广阔，造型别致、简洁与周边环境较为协调。

（二）保护测绘

由于石质风化、年久失修，圆庐受到不同程度的破坏。研究团队综合运用现代测绘技术对圆庐开展测绘建档，技术流程如图 9.7-12 所示。

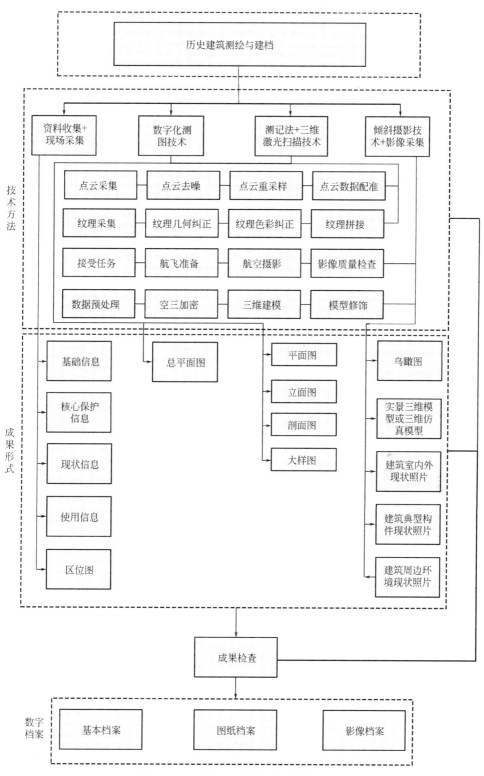

图 9.7-12　历史建筑测绘建档技术流程

历史建筑影像信息采集要求如表 9.7-3 所示。

历史建筑影像信息采集要求 表 9.7-3

采集部位	完整度要求
周边环境	1. 应包含建筑主入口、周边建(构)筑物、道路、广场、水域、山体、绿化等环境信息 2. 应重点采集古井、古树、院墙、院门、传统街巷、园林、庭院等历史环境要素
屋顶	应包含屋顶形式、屋顶构筑物、加建和改建情况等信息
立面	1. 应包含建筑所有可视立面,且应包含立面的完整信息 2. 应重点采集立面的材质、装饰和构造细节、门窗信息 3. 应包含立面残损和形变信息
室内	1. 宜包含所有可进入的空间信息;每个空间的图像不宜少于 3 张 2. 宜包含典型或具有重要历史、艺术价值的室内布置信息 3. 宜包含体现风貌特点的材质、结构、构造、装饰灯细节信息 4. 宜包含室内残损和形变信息

研究团队运用现代测绘技术获取圆庐的测绘数据,并结合建筑学专业知识,绘制圆庐的总平面图、分层平面图、立面图和剖面图,为圆庐的保护和修缮提供了第一手资料,如图 9.7-13 所示。

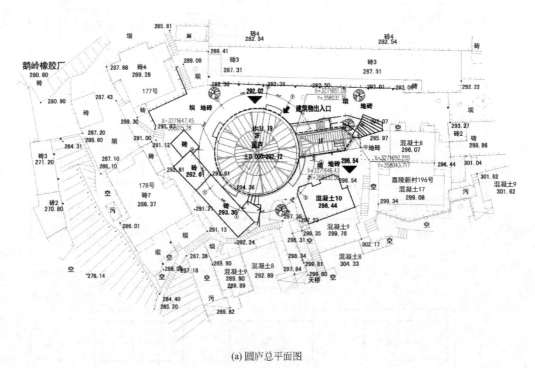

(a) 圆庐总平面图

图 9.7-13 圆庐保护测绘图(一)

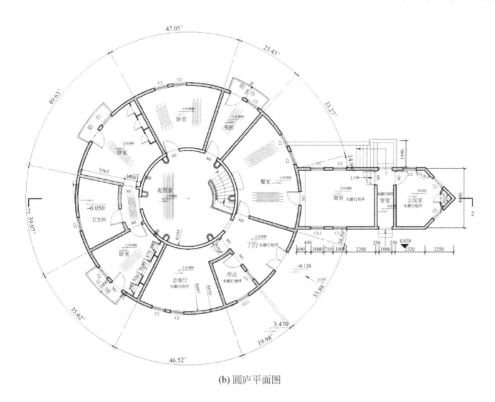

(b) 圆庐平面图

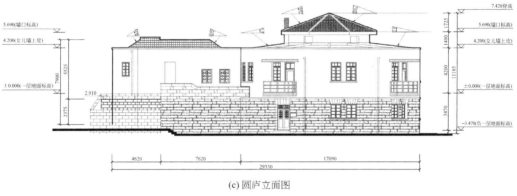

(c) 圆庐立面图

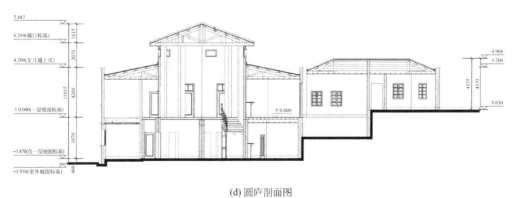

(d) 圆庐剖面图

图 9.7-13 圆庐保护测绘图（二）

四、文物保护单位

文物保护单位是对确定纳入保护对象的不可移动文物的统称，包括具有历史、艺术、科学价值的古文化遗址、古墓葬、古建筑、石窟寺和石刻。

（一）大足石刻简介

大足石刻位于重庆市的大足县境内，最初开凿于初唐永徽年间，历经晚唐、五代，盛于两宋，明清时期亦有所增刻，最终形成了一处规模庞大，集中国石刻艺术精华之大成的石刻群，堪称中国晚期石窟艺术的代表，与云冈石窟、龙门石窟和莫高窟相齐名，具有不可替代的历史、艺术、科学和鉴赏价值。1999 年 12 月，大足石刻被列入《世界遗产名录》。

大足石刻千手观音造像开凿于南宋年间，石龛高 7.7m、宽 12.5m，造像雕刻于 15～30m 高的崖壁上，有 1007 只手臂，状如孔雀开屏。每只手掌心中有一只眼睛，每只手中持一种器物。其姿势或伸、或屈、或正、或侧，显得圆润多姿，金碧辉煌，令人震撼，如图 9.7-14 所示。

图 9.7-14　大足石刻千手观音

在若干珍贵的历史文化遗产中，宝顶山卧佛摩崖造像当属大足石刻群中最大的一尊造像。宝顶山卧佛又名"释迦涅槃圣迹图"，是世界上最大的石雕半身卧佛像，距今已有 800 多年历史。卧佛全长 31m，头北脚南，背东面西，右侧而卧，两眼半开半闭，似睡非睡，安详，平静，身前是他的十八弟子，如图 9.7-15 所示。

（二）保护测绘

获取物质文化遗产的空间尺寸，绘制物质文化遗产的平面图、立面图、剖面图以及构建精细化的物质文化遗产三维仿真模型，是现代测绘在物质文化遗产保护方面的重要应用[1]。

不同于一般物体的建模，文物的三维重建对模型精度、细节的表现力以及逼真性要求很高，需要大量的三维空间数据。传统的文物测绘方法主要有直接测量法和近景摄影测量法。直接测量法使用直尺、角尺、垂球、经纬仪、全站仪等仪器设备直接量取文物的构件

图 9.7-15　大足石刻卧佛

尺寸，但工作量大，容易对文物造成破坏；近景摄影测量无需直接接触文物本身，精度有限、方法复杂[1]。因此，文物的三维重建要寻求一种精确、快速、可靠的技术方法。

三维激光扫描是一种非接触式获取物体表面三维信息的技术手段，可以快速地生成地物的高精度三维模型，具有全天候、全方位、高精度、非接触、自动化程度高等特点，被广泛用于文物古迹保护测绘。

本研究以千手观音和卧佛为对象，应用地面三维激光扫描系统获取激光点云，并通过对点云的拼接融合、编辑、构网和纹理映射等处理，开展文物的三维重建工作。

通过设置可控制整体场景的 4 个标靶，分左、中、右三站对千手观音造像进行三维激光扫描，扫描点间距为 1~3mm，同时用扫描仪顶部配置的高精度数码相机拍摄高分辨率同轴数字影像。工作现场如图 9.7-16 所示。

图 9.7-16　大足石刻保护测绘现场

1. 多视点云的全自动无缝拼接

扫描获得千手观音左、中、右三站激光点云数据，经过粗差剔除后，如图 9.7-17 所示。

(a) 左站采集的激光点云数据

(b) 中站采集的激光点云数据

(c) 右站采集的激光点云数据

图 9.7-17　采集的千手观音激光点云数据

　　扫描时在场地中设置 4 个不共线也不共面的标靶，通过标靶将独立坐标系下的三站激光点云数据统一到同一个坐标系中。去除重合的点云，将三站点云数据融合成整体，如图 9.7-18 所示。

图 9.7-18　拼接融合后的千手观音整体点云数据

　　将千手观音拼接融合后的整体点云数据局部放大，左、中、右三部分点云数据如图 9.7-19 所示。

(a) 左部放大图

图 9.7-19　千手观音点云三维模型局部放大图（一）

(b) 中部放大图

(c) 右部放大图

图 9.7-19　千手观音点云三维模型局部放大图（二）

2. 激光点云与数字影像的配准

同理设置标靶，在卧佛左侧架设仪器对其进行一站整体三维激光扫描并获取同步影像，扫描的点间距为6mm。激光扫描硬件系统实现了与数码相机的集成，系统获取的激光点云与数字影像能够进行最佳的套合，三维点云数据和二维影像数据一一对应，从而自动实现激光点云与数字影像的配准。将影像的颜色值赋给离散点云后，卧佛的彩色点云数据如图9.7-20所示。

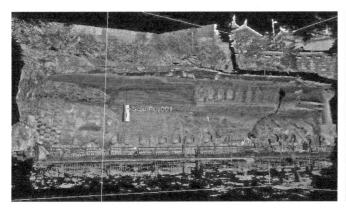 

图9.7-20　卧佛彩色点云数据及局部放大图

千手观音彩色点云数据如图9.7-21所示。

图9.7-21　千手观音彩色点云及局部放大图

3. 离散激光点云的构网

根据二维Delaunay三角网的剖分方法，对离散点云进行不规则三角网的构建，得到几何建模后的表面模型，很好地保持了重建对象的特征。构网结果局部放大，如图9.7-22所示。

4. 几何模型的纹理映射

根据激光点云与数字影像的配准结果，用同步影像对千手观音和卧佛造像构网后的几何模型进行纹理映射，并通过对明暗、高光、对比度和扩散系数等参数的设置对模型进行渲染，得到逼真的文物三维模型，如图9.7-23、图9.7-24所示。

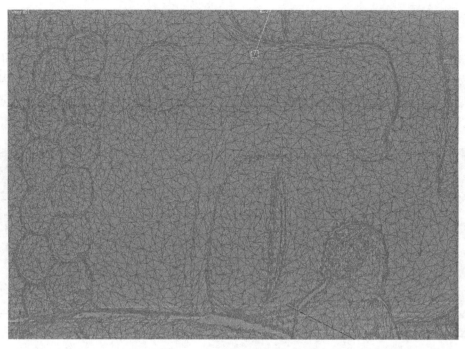

图 9.7-22　构网结果局部放大图

图 9.7-23　纹理映射后卧佛的三维模型

图 9.7-24　纹理映射后千手观音的三维模型

第八节　国土空间规划管理支撑服务

一、园区控规推演

在西部（重庆）科学城采用无人机加航拍的技术，形成了高精度的实景三维模型。采用先进的测绘装备，定期扫描片区的变化发展情况，完成片区的更新，通过对科学谷片区2013年、2017年、2018年、2019年、2020年实景数据进行整合，构建了科学城数字立体空间底座，如图9.8-1所示。

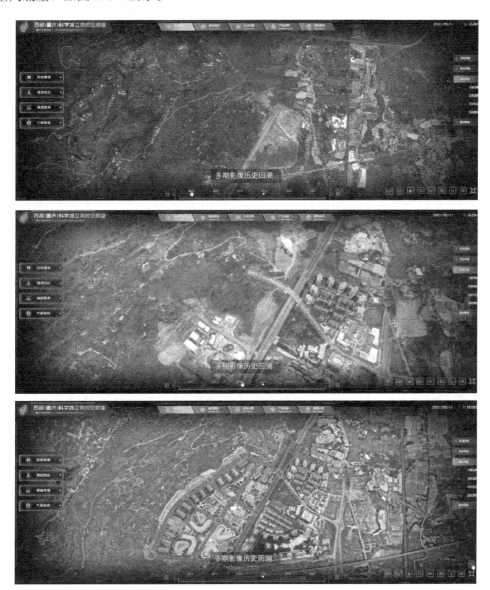

图 9.8-1　西部（重庆）科学城多期影像历史回溯

在所构建的立体空间底座上，对高新区直管区 313km² 的控制性详细规划（简称控规）开展推演，辅助控规快速落地。

对高新区直管区 313km² 的控规进行填挖深度的量化分析和三维道路模拟。现有控规用地较好地保留了城中主要山体和水系，而核心区域寨山坪南部延伸段的浅丘地段，由于集中规划了大量功能性用地，对原有的完整山体造成了一定的挤压，使得该区域规划与原始地形契合度较弱，分析如图 9.8-2 所示。

图 9.8-2　原控规推演

对现有控规全域范围内未建道路和用地的填挖深度做了空间量化和三维可视化分析，推演道路建成后的三维成果并快速测算土石方量。通过这些直观的分析、计算和模拟，优化路网线形标高和场地竖向设计，对方案进行不断优化和迭代，得到了新的优化方案，优化结果如图 9.8-3 所示。

(a) 控规优化前　　　　　　　　　　　　　　　　(b) 控规优化后

图 9.8-3　控规优化前后推演对比

从宏观层面来看，通过优化前后对比，大填大挖的情况有所减少；填挖方整体基本平衡，使净挖方从 6119 万 m³ 变为净挖方 739 万 m³。

从片区层面来看，高新大道北部区域由于骨架路网已基本形成，优化空间相对较少，而南部区域是新区，优化效果较为明显。主要矛盾集中在寨山坪周边坡地，包括金融街和科学谷片区，这一地区多处骨架路网已形成，受限于现状标高，片区整体优化较少。而高新大道南部地区属于新城，地形较为平坦，优化空间较大。

从路网上来看，优化前纵七路、横八路、新森大道存在深开挖的情况，优化后，这三条道路的挖方明显减少。以两个局部案例为例，第一个是科学谷案例，原控规道路对山地造成了深开挖，开挖深度达到 40m，优化方案将原规划平面交叉口改为分离，标高较高的道路服务高台地，标高较低的道路服务低台地，挖方高度缩小 20m，挖方减少 30 万 m³，如图 9.8-4 所示。第二个案例是金凤湖东侧片区，该片区弃方较大，将交叉口平均抬高 1~3m，实现小范围内挖填平衡，挖方和弃方分别减少 13 万 m³ 和 21 万 m³。

图 9.8-4 科学谷片区沿山道路优化

二、快速通道优化论证

两江新区至长寿快速通道项目位于重庆两江新区、渝北区和长寿区，起点接规划六纵线，下穿三环高速。终点至长寿区接现状菩提北路，与齐心大道相交。线路全长 23.61km，隧道以外主城段 11.66km，穿明月山隧道段 4.46km，隧道以外长寿段 7.55km，总长 23.61km。主线设计速度 80km/h，道路等级为城市快速路，全线设置互通立交 5 座。

该项目具有地形条件复杂、控制因素多、工程规模大的特点，在方案设计阶段运用地理信息高新技术手段对方案进行优化比选具有重要意义。优化工程规模、降低工程投资，辅助工程方案决策，如图 9.8-5 所示。

图 9.8-5 项目及周边环境

项目组基于实景三维模型、地形测绘资料和最新影像图，构建跨区域、大范围的数字空间底座，利用 CIM 平台开展全线通道、立交结点三维模拟、平面走向及竖向评估、优化论证，如图 9.8-6～图 9.8-8 所示。

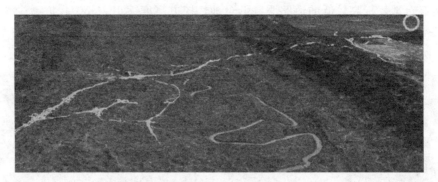

图 9.8-6　跨区域、大范围的数字空间底座

图 9.8-7　快速通道论证

图 9.8-8　立交节点优化

　　该项目运用自主研发的山地城镇规划设计技术进一步优化工程方案，减少对现状山体、水系、绿地等生态景观的破坏，力求城市发展和生态系统保护融为一体，契合生态优先、绿色发展的理念。项目主要通过减少桥梁、隧道、立交规模达到降低工程投资的目的，技术标准合理，建安投资得到较好优化，实现了全过程设计咨询工作可辅助工程进度控制，起到提高设计质量，控制工程进度。增强工程安全性、可靠性和合理性的效果，如图 9.8-9～图 9.8-12 所示。

图 9.8-9　山地城镇规划设计技术

图 9.8-10　三环连接道立交优化

图 9.8-11　河泉立交优化

图 9.8-12　齐心大道立交优化

三、片区规划优化

蔡家半岛（蔡家组团 J、K、L、R 标准分区部分用地）位于北碚区蔡家组团东部，总面积 13km²，以"精地出让"为战略思路开展规划竖向优化。

基于 CIM 平台，对片区 80km 控规路网、55 处水体、430 个地块进行三维景观模拟和土石方计算，原控规方案总挖方 5900 万 m³，总填方 4800 万 m³，需要外运 1100 万 m³。基于 CIM 平台开展竖向优化，共提出 73 项路网和 4 项水体优化建议。优化方案保护了重要生态景观资源，总挖方 4800 万 m³，总填方 5700 万 m³，回填 900 万 m³ 做预留，相比原规划减少挖方 1100 万 m³，优化幅度达 19.2%。如图 9.8-13 所示。

平面优化   竖向优化   场平及水系竖向设计

图 9.8-13 蔡家半岛控规优化

以典型路段官斗山 H8 路为例，原规划沿重要山体官斗山布局，将形成 50m 高切坡和 35 万 m³ 开挖，且破坏崖线景观，优化后的方案完整保留了官斗山山体，减少土石方开挖 217 万 m³。该咨询成果已纳入片区控规修编，实现控规方案的落地。如图 9.8-14 所示。

图 9.8-14 官斗山 H8 路优化前后对比图

四、建筑方案竖向审查

重庆是一座山地城市，其建筑方案设计与审查工作具有较大的复杂性。一方面，建筑方案要顾及土地开发效益和建设难度，另一方面又不能破坏人居环境和城市风貌。因此，竖向设计的合理性成为建筑审查工作的重点内容。

基于 CIM 平台，研究团队以国土空间规划竖向审查为典型案例开展应用实践，利用现有三维技术，以立体直观、定性定量相结合的方式辅助重要建筑方案竖向审查，在三维平台中对项目范围重要建筑竖向情况实时展示，构建现阶段切实可行的建筑方案三维竖向评估指标，针对重要建筑方案审查开展三维竖向专项评估，从而达到切实提升建筑规划方案竖向合理性的目的。

研究团队在充分研究竖向规划、竖向用地相关标准规范基础上，参考相关指标体系和专家知识，结合项目范围地形地貌特征，综合构建了建筑方案三维竖向评估指标，以某项目为例开展建筑方案三维竖向审查。

通过对区域内三维模型的构建和本底数据的梳理，对规划建筑进行竖向审查，图 9.8-15 是规划建筑和原始地形之间的关系，通过在平台中将原始地形半透明显示，明显而直观的体现规划建筑和原始地形之间的契合、挖填关系。

图 9.8-15　三维场景中建筑与地形的关系

基于构建的竖向指标体系，在三维仿真场景中对项目设计情况进行竖向审查和分析，包括自然地形契合度分析、高边坡分析、高挡墙分析以及步行空间分析等内容，如图 9.8-16～图 9.8-18 所示。

图 9.8-16　自然地形契合度分析及结果

图 9.8-17　高边坡分析及结果

图 9.8-18　挡墙分析及结果

　　基于 CIM 基础平台，构建重要建筑竖向合理性审查指标体系，旨在高效完成重要建筑竖向合理性审查。本次实践以某项目为范例，在三维平台中开展竖向审查工作。定性地，在三维平台中完成两江新区重要建筑竖向情况实时展示；定量地，构建现阶段切实可行的建筑方案三维竖向评估指标，针对重要建筑方案审查开展三维竖向专项评估并得出结论。重要建筑竖向合理性审查从科室对建筑设计方案的预审环节切入，自动化审查提升预审效率，三维可视化提升直观表达，增强了建筑设计竖向审查的普适性，通过审查、反馈、优化的迭代机制，使重要建筑设计落地更加合理、有效。

第九节　本章小结

　　研究团队综合运用三维激光点云技术、航空摄影测量与倾斜实景三维建模技术、变形监测技术，在高精度导航地图制作、地下环道智能导航服务、自然资源调查监测、资源环境审计、生态修复与保护、变形监测、历史文化遗产保护测绘和国土空间规划管理支撑服务等方向开展探索实践和应用服务。

　　在高精度导航地图制作方面，研究团队与中国汽研院合作，分别以重庆礼嘉片区自动驾驶比赛专用道路和汽研院内部无人驾驶测试场地为试验区，开展无人驾驶高精度导航地图制作与应用。

在室内智能导航服务方面，研究团队与武汉大学测绘遥感信息工程国家重点实验室合作，以重庆解放碑地下环道为例开展室内外导航一体化无缝集成技术实践与位置服务。

在自然资源调查监测方面，梳理了自然资源调查监测的技术体系，并开展了地理国情监测和明月山自然资源综合调查监测应用实践。

在资源环境审计方面，将资源环境审计业务工作需求与测绘地理信息技术深度融合，构建了资源环境审计平台，支撑资源环境审计工作全流程科学、高效、智能化实施。

在生态修复与保护方面，研发了"长江上游生态屏障（重庆段）山水林田湖草生态保护修复试点工程监管展示平台"，实现了多层次、立体化、全方位、可视化的生态修复项目监管和绩效评价体系，支撑了山水林田湖草生态保护修复试点工程。

在变形监测方面，综合运用智能测绘技术开展地表监测、大型场馆监测、城市隧道监测、跨江桥梁监测、市政边坡监测，提升了城市基础设施建设与运营安全保障。

在历史文化遗产保护测绘方面，分别开展了历史文化街区、传统风貌区、历史建筑、文物保护单位的保护测绘，为历史文化遗产修复与展示、保护规划制定提供了精确的数据支撑。

在国土空间规划管理方面，基于CIM平台实现了西部（重庆）科学城控规推演优化、蔡家半岛规划优化、建筑方案竖向设计审查，为国土空间规划管理提供良好的支撑服务。

参考文献

[1] 刘经南，詹骄，郭迟，等．智能高精地图数据逻辑结构与关键技术［J］．测绘学报，2019，48（08）．

[2] 陈锐志，陈亮．基于智能手机的室内定位技术的发展现状和挑战［J］．测绘学报，2017，46（10）．

[3] 自然资源部．自然资源调查监测体系构建总体方案（自然资源发［2020］15号）．

[4] 自然资源部．自然资源三维立体时空数据库建设总体方案［Z］．2021．

[5] 王庆瑜，陈翰新，等．山地城市特大型桥隧建设探索与实践［M］．北京：人民交通出版社，2008．

[6] 陈翰新，胡开全，柴洁，等．基于多要素耦合模型的资源环境承载力评价方法［P］．中国：CN105868923A，20160817．

[7] 陈翰新，吴明生．嘉华隧道立体交叉段设计要点［J］．现代隧道技术，2008，45（S1）：337-342．

[8] 陈翰新，吴明生．大跨度隧道施工爆破地震波监测及减震措施［J］．交通科技与经济，2010，12（4）：96-99．

[9] 刘浩，马红，李波，等．资源环境审计分析平台研究［J］．测绘地理信息，2022，47（3）：173-175．

[10] 杜贵嵩．国土空间生态修复监管信息系统设计与实现［J］．测绘通报．2021，（S2）：271．

[11] 滕德贵，张恒，王大涛，等．基于激光光斑检测实现亚毫米级自动化监测［J］．矿业研究与开发．2020，40（12）．

[12] 袁长征，滕德贵，李超，等．重庆嘉华大桥健康监测系统设计与建设［J］．测绘通报，2021，（S2）．

[13] 李超，滕德贵，胡波．一种城市基础设施安全监测数据报表的自动生成方法［J］．北京测绘，2020，34（12）．

[14] 胡波，滕德贵，张恒．跨平台移动变形监测系统设计与实现［J］．测绘地理信息，2019，44（4）．

[15] 郑跃骏．基于激光扫描的交通隧洞几何形变监测方法［J］．北京测绘，2018，32（11）．

[16] 王昌翰．大型工程场地及建筑物安全监测与分析［J］．测绘通报，2016，（S2）：108-111．

[17] 李哲，黄承亮. 基于激光扫描技术的历史建筑保护测绘 [J]. 测绘与空间地理信息，2020，43 （9）：169-170.

[18] 王昌翰. 三维激光扫描技术在文物三维重建中的应用研究 [J]. 城市勘测，2010 （6）：67-70.

[19] 胡本刚，应国伟，张金花，等. 三维激光扫描技术在物质文化遗产保护中的应用 [J]. 科技展望，2016，26 （18），125-126.

[20] 周鹏，李凯. 城市建成区建筑基坑开挖对周边道路的影响及其时空特征研究 [J]. 测绘通报，2021，（S2）.

[21] 薛梅. 基于地理设计的城市三维空间形态设计方法 [J]. 规划师，2015，31 （5）：49-54.

[22] 何兴富，谢征海. 基于地理设计的三维道路设计系统研究与实现 [J]. 地理信息世界，2013，20 （6）：72-76.

第十章

结论与展望

第一节　主要结论

一、学科间互促共进

现代科学技术是推进测绘行业实现跨越式发展的直接动力。在人工智能、现代通信、物联网、大数据、云计算、虚拟现实等科技的发展推动下，测绘与多学科深度融合，向智能化转型升级。

人工智能融入测绘行业，提升了数据获取、数据处理、数据管理与服务应用的智能化水平；现代通信技术的应用，打破了传统单一的空间测绘模式，有效提升了测绘工作效率，降低了工作强度、减少了时间和成本投入；物联网的快速发展促进了地理信息的自动感知、实时获取、实时监测，测绘技术也为物联网提供了空间定位和基础平台；大数据技术是地理信息数据挖掘的有力工具，利用大数据技术对海量异构地理时空数据进行处理分析，可得到对事物较为准确的认知和判断，为科学决策提供依据；虚拟现实技术推动三维地理信息技术的发展，两者密切结合，进一步发展出增强现实技术、自适应显示技术、地理信息全息显示技术，让用户在虚拟环境中也能获得很好的认知和体验。

由此可见，测绘学科的发展与现代技术的发展是紧密联系、互促共进的。测绘行业的发展需要打破学科划分藩篱，充分发挥各学科优势，进行跨界融合。

二、测绘技术发展规律

1. 测绘技术发展受应用需求驱动

模拟测绘时期，生产力水平较低，纸质地图基本就能满足这一时期的需求。到了数字测绘时期，用户需要快速生成特定范围和特定内容的数字测绘产品，4D产品不受图幅分幅和固定比例尺限制，可分要素、分层、分级进行提供。

进入信息测绘时期，信息技术、空间技术、通信技术和光电技术飞速发展，社会经济发展对地理信息服务的需求迅速增长，对测绘产品的形式和内容提出了更高要求。测绘服务方式发生了根本变化，从"数据提供"扩大到"网络服务"，真正实现任何人、任何时候、在任何地方都享受地理信息服务，信息测绘的本质是按需服务。

智能测绘时期，用户要求数据获取、处理实时化，位置服务泛在化，测绘行业创新发展在智能遥感、三维激光扫描、实景三维建模、基于深度学习的目标识别与提取等技术方面尤为突出。

测绘服务于国民经济和社会发展。随着经济社会发展，对测绘技术服务的现实需求也在变化和提高。经济社会发展提出更多更高的应用需求，驱动着测绘技术提高生产和服务效率。

2. 测绘技术发展依赖测绘仪器的变革

模拟测绘时期，测绘仪器主要是光学和机械仪器，具有代表性的有平板仪、经纬仪、水准仪、微波测距仪、立体测图仪等。测绘设备限于手工操作方式观测、手工记录和手工计算为主，辅以计算器及测量计算小程序来提高工作效率，用刻图和印刷完成地图产品的制版印刷。

数字测绘时期，计算机在测绘行业中的应用得到了迅速发展，数字测绘的典型特征是电子化和数字化。在仪器设备方面，全站仪、电子水准仪、光电经纬仪、光电测距仪、电子求积仪等电子仪器设备层出不穷，提高了自动化水平。

信息测绘时期，测绘行业自身的科学理论与技术方法不断创新和突破，仪器设备自动化水平不断提高，促使测绘朝着更高级、更现代化的信息化测绘方向发展，出现了旋翼无人机、倾斜数码航摄仪、调绘平板系统、多波束测深仪等仪器设备。

迈进智能测绘时期，测绘与大数据、人工智能等技术相结合，催生了测量机器人、三维激光扫描仪、地基合成孔径雷达、无人测量船等高精尖测量仪器设备。

3. 测绘技术发展得益于技术方法的改进

测绘方法的优化改进极大地推动了测绘技术的发展。

模拟测绘时期，外业工作以人挑肩扛为主，受自然环境和天气因素影响较大，工作时间长、劳动强度大、测量精度低；内业工作以刀刻手绘为主，手工作业分量较重，工作效率低。在数据处理方面，人工计算速度慢、精度低，难以应对大量复杂的解算，因此采用模拟法还原地物关系，从而避免大量计算。这一时期的技术方法有模拟法测图、模拟法摄影测量。

数字测绘时期，通过构建数字化测绘技术体系，大幅提升了测绘生产效率，测绘成果更新周期明显缩短。数字化测绘技术体系是以空间数据资源和4S技术为核心，结合网络、存储等技术，实现数据获取与采集、加工与处理、管理和应用的数字化。

信息测绘时期，综合运用各项先进技术获取空天地海一体化地理空间信息。与数字测绘技术体系相比，信息化测绘技术体系不论在技术层面、生产流程还是服务方式上都是一次重大的科学技术变革。它是以多元化、空间化、实时化信息获取为支撑，以规模化、自动化的数据处理与信息融合为主要技术手段，以多层次、网格化为信息存储和管理形式，能够形成丰富的地理空间信息产品，通过快速、便捷、安全的网络设施，为社会各部门、各领域提供多元化、人性化地理空间信息服务。

智能测绘综合运用移动互联网技术、众源地理信息技术和现代测绘技术等手段实现基础数据采集，并利用云计算、数据挖掘、深度学习等智能技术实现测绘地理信息大数据管理，逐步实现测绘从信息服务到知识服务的转变。智能测绘的技术体系主要包括众源地理信息泛在获取技术、地理空间数据智能处理技术、空间地理信息真实表达技术、地理信息资源互联共享技术、地理信息增值知识服务技术等。

4. 测绘技术发展源于测绘理论的创新

科学理论是技术发展的基石。测绘技术的发展同样离不开基础理论的奠定与创新。测绘学可细分为大地测量学、摄影测量学、工程测量学、海洋测绘学、地图制图学、遥感、地理信息系统等多个学科分类。各学科都建立了相应的理论体系，并不断创新，推动测绘技术的向前发展。

例如，大地测量学研究地球的形状、大小和重力场以及空间点位的精密测定，其基本理论包括大地水准面理论、平差理论、地球重力场理论等。摄影测量学利用摄影手段获取被测物体的影像数据，对所得影像进行量测、处理，从而提取被测物体的几何和物理信息，其基本理论包括共线方程、双向立体测图原理、摄影测量解析基础理论、空三测量理论等。地图制图学主要研究地图编制与应用，其基本理论包括地图投影、地图制图取舍、符号表达等基本理论。工程测量学主要研究在工程建设和自然资源开发各个阶段进行测量工作的理论和技术，其基本理论包括工程控制网基准理论、工程控制网优化设计理论、误差分配理论、精度匹配理论、灵敏度理论等。

基于测绘学的若干基础理论，发展出若干新兴测绘技术，推动测绘不断向前发展。

三、智能测绘应用服务

测绘已迈入智能测绘时期。智能测绘是以知识和算法为核心要素，构建以知识为引导、算法为基础的混合型智能计算范式，实现测绘感知、认知、表达。测绘的智能化发展和逐步成熟，实现数据获取实时化、数据处理智能化、地图制图自动化和位置服务的泛在化，推动测绘数据获取、处理与服务的技术升级，使信息获取拓展到泛在智能传感器支撑的动态感知，数据处理采取以知识为引导、算法为基础的混合型智能计算范式，使数据信息服务上升为在线智能知识服务。

智能测绘的技术体系主要包括众源地理信息泛在获取技术、地理空间数据智能处理技术、空间地理信息真实表达技术、地理信息资源互联共享技术、地理信息增值知识服务技术；智能装备有智能遥感卫星、智能无人机集群、三维激光点云扫描系统、测量机器人、合成孔径雷达、无人船测量系统、室内导航定位系统等；智能软件包括智能遥感处理软件、智能点云数据处理软件、实景三维建模软件、智能安全监测软件等。智能测绘应用前景广阔，已在智慧城市、自动驾驶等领域发挥重要作用。

第二节　主要创新

一、技术创新

对智能测绘技术在实际应用中所遇问题开展关键技术攻关，主要围绕测绘数据智能感知、分析处理、成果表达等技术方法进行集成创新。

1. 点云数据获取与处理

在系统整体标定方面，提出了顾及雷达结构的移动测量系统参数标定方法，有效提高了标定精度；在轨道交通数据采集方面，为解决地下无 GNSS 信号的问题，提出使用已有测绘成果的轨道线路与里程计实时模拟 GNSS 数据方式提供动态位置信息，获得较高精度的定位数据，数据处理过程中使用定位数据融合线路数据与外部控制点，对轨迹进行优化，获得厘米级精度的点云数据。

在基于点云的要素提取方面，基于多层次语义特征描述因子，提出一种建筑立面点云提取算法：首先通过点的高程值剔除低于建筑物的点云，同时提取出一定高度以上仅包含建筑物的高层建筑点云；然后将剩余点云及高层建筑点云投影到 XOY 平面并按一定尺寸划分格网，根据格网语义特征选取兴趣格网；最后对兴趣格网进行连通性分析得到对象区域，并基于区域语义特征实现建筑立面点云的精确提取。

在多源点云融合处理、海量点云组织管理以及点云数据流式处理引擎设计等方面开展技术创新，形成了一系列关键技术，并研发集景点云数据管理平台实现海量点云数据高效存储与管理。

2. 航测图库一体化构建

通过自主探索和研发，形成了基于属性驱动的图库一体化符号库，构建了图库一体化生产数据库，研发了智能化航测图库一体化平台，实现了数据制图和入库一体化，作业模式内外业一体化，避免了传统测绘作业模式下地形图制图和入库数据重复生产、分开管理等问题，形成了一套完整的航测图库一体作业体系。

3. 实景三维建设

在多源多尺度遥感影像获取、处理和应用方面，提出了"顾及建筑物密度的多源多尺度影像综合利用方法"；在多源多尺度遥感影像预处理方面，提出一种针对多幅多源多尺度影像进行匀光匀色的综合解决方案；针对多源影像色彩一致性处理问题，提出了"一种影像色彩归一方法"；在实景三维建模方面，提出了"一种实景建模集群的自动控制方法及系统"，实现了集群的自动化控制；针对山地特大城市的特点，通过综合分析，研究提出了"一种顾及建筑物密度的实景三维建模方法"。自主研发了集景三维智慧城市平台，实现了大规模实景三维模型的集成建库、管理、发布、可视化应用。

4. 变形监测

自主研发智能无线监测网关，实现对现场监测传感器的管理，并按照用户配置定时采集局域网内部监测传感器数据，将采集数据上传至远程服务器进行存储，同时响应远程服务器或便携控制终端指令，管理现场监测传感器。

基于海量智能感知物联数据，充分运用测绘地理信息、物联网、传感器、云计算、大数据等技术，以私有云为支撑环境，自主研发了拥有平台级、中心级、工程级的多层级体系架构的可配置、引擎式、分布式的"城市基础设施安全监测平台"。该平台集成了当前国际国内先进的安全监测技术如测量机器人自动测量控制技术、激光光斑变形监测技术、自适应振弦式数据采集技术等。

5. 城市信息模型构建

建立了动态性、逼真性、昼夜变化的三维场景，集成语音识别、人体动作识别、动态光学追踪为核心的指令识别系统，实现了虚实三维场景控制与智能化交互。以参数化规则驱动三维可视化分析评估引擎为核心，开展了规划限制条件可视化分析与建筑指标动态核算，创新了建筑 BIM 设计成果增强输出，提升了多项目施工统筹管理效率。

针对山地城市多源异构数据融合困难的问题，提出了全覆盖、全要素、全周期 CIM 数据框架，融合了 2D/3D GIS、BIM、倾斜摄影、激光点云、地质体、地理视频等多源异构空间数据，构建 CIM 立体空间数字底座，并基于统一空间单元编码开展政务、产业、民生等多领域数据集成。

研发建立了与场景数据量无关、支持多图形引擎的像素流推送集群与统一服务接口，实现了城市级海量数据高保真渲染、低时延交互与多终端适配；基于超高 I/O 建立了弹性微服务架构的 CIM 数据服务集群，实现了服务的动态授权、自动聚合、主动发现和自适应伸缩。

二、应用创新

综合运用智能测绘技术，在自然资源调查监测、生态修复与保护、建（构）筑物安全监测等多个领域开展应用创新。

1. 高精度导航地图制作

作者所在研究团队与中国汽车工程研究院股份有限公司（简称"中国汽研院"）合作，分别以重庆礼嘉片区自动驾驶比赛专用道路和中国汽研院内部自动驾驶测试场地为试验区，利用三维激光扫描技术获取高精度点云数据，并开展点云数据处理、目标提取、自动驾驶导航地图制作。经过精度验证，满足自动驾驶对测绘空间数据的精度要求，成果可用于汽车自动驾驶评估应用。

在室内高精度导航地图制作方面，作者所在研究团队与武汉大学测绘遥感信息工程国家重点实验室合作，共同研发重庆解放碑地下环道导航定位系统，实现车辆在解放碑地下空间的精准定位与导航。经测试和运行，室内定位精度为 3m，车道可分辨；室内导航信号连续可靠，跟随车辆无延迟，可支持 50km/h 车速；支持实时路径重新规划；定位装置采用市电供电，无需更换电池，可持久使用。

2. 自然资源调查监测

开展自然资源调查监测，掌握真实准确的自然资源基础数据，是推进国家治理体系和治理能力现代化、促进经济社会全面协调可持续发展的客观要求，也是加快推进生态文明建设、夯实自然资源调查基础和推进统一确权登记的重要举措。

作者所在研究团队在自然资源调查监测工作的基础上，将资源环境审计业务工作需求与测绘地理信息技术、大数据技术深度融合，探索构建资源环境审计平台，支撑资源环境审计工作全流程科学、高效、智能化实施，服务领导干部自然资源离任审计和各类专项审计。

3. 生态修复与保护

为更好地支撑山水林田湖草生态保护修复试点工程，自主研发了"长江上游生态屏障（重庆段）山水林田湖草生态保护修复试点工程监管展示平台"（简称"监管平台"）。该平台提供了生态修复项目监督管理、生态修复项目绩效量化评价、生态修复项目移动巡查数据采集、生态修复专家库和知识管理、生态修复项目地理信息可视化展示等功能，实现了多层次、立体化、全方位、可视化的生态修复项目监管和绩效评价体系，为构建"集中统一、全程全面"的生态修复项目监管体系提供支撑，为国家第三批山水林田湖草修复试点工程提供项目监管、资金监管、绩效评估、专家库等信息化、智慧化支撑手段。

监管平台支撑了重庆市山水林田湖草生态保护修复试点工程的精细化、智能化、可视化监管，保障了多个工程项目试点效果和资金监管，在全国范围内都具有良好的示范效应。

4. 建（构）筑物安全监测

综合运用智能化技术手段，对地表沉降（以重庆主城区为例）、大型场馆（以重庆国际博览中心为例）、危岩滑坡（以重庆红岩村隧道进口周边危岩为例）、桥梁结构（以重庆嘉华嘉陵江大桥为例）、轨道边坡（以化龙桥立交为例）等城市基础设施开展的安全监测和智能感知，为城市基础设施的智能化管理提供了可靠的数据源，有力保障了城市建设和运营安全。

5. 历史文化遗产保护测绘

综合运用三维激光扫描技术、实景三维建模技术，对历史文化街区（以重庆磁器口为例）、传统风貌区（以重庆十八梯为例）、历史建筑（以重庆圆庐为例）、文物保护单位（以重庆大足石刻为例）开展现状调查与保护测绘，构建实景三维模型，绘制历史建筑的平、立、剖面图，为历史文化遗产保护与修缮提供珍贵的数据源。

6. 国土空间规划管理支撑服务

基于构建的西部（重庆）科学城数字立体空间底座，对高新区直管区 313km^2 的控规进行规划评价，包括填挖深度的量化分析和三维道路模拟；对现有控规全域范围内未建道路和用地的填挖深度开展空间量化和三维可视化分析，推演道路建成后的三维成果并快速测算土石方量，开展控规优化。

基于 CIM 平台，对蔡家半岛片区 80km 控规路网、55 处水体、430 个地块进行三维景观模拟和土石方计算和竖向优化。

构建建筑竖向合理性审查指标体系，在 CIM 基础平台中进行自然地形契合度分析、高边坡分析、高挡墙分析、步行空间分析等竖向审查和分析。

第三节　展望

自然资源部印发的《自然资源科技创新发展规划纲要》提出构建新型测绘地理信息科技创新体系，为满足自然资源监管、生态保护服务、维护国家地理信息安全提供支撑。

新型基础测绘是对基础测绘的继承和发展，是指在新的发展时期，以基础测绘的新任务、新需求为服务面向，以保持基础测绘的公益性要求为前提，以重新定义基础测绘成果模式为核心和切入点，带动测绘技术体系、生产组织体系和政策标准体系全面升级转型。新型基础测绘是在保持基础测绘基础性、前期性、公益性的前提下，运用人工智能、大数据、物联网等新技术，采取"国家-省-市（县）"协同生产组织管理模式，遵循相关的标准规范形成的全新测绘产品体系，具有信息获取立体化、实时化，处理自动化、智能化，服务网络化、社会化的特征，是测绘发展进入新阶段，贯彻"两支撑、一提升"新理念，构建测绘体系新格局的重要工作。

新时期新型基础测绘的主要任务是围绕自然资源"两统一"管理需求，为履行好《测绘法》赋予的为经济建设、国防建设、社会发展和生态保护提供全方位服务的职责，对基础测绘产品体系升级改造，构建新型基础测绘产品体系；以信息化测绘为技术支撑，构建新型基础测绘技术体系；根据新时期基础测绘生产服务流程和技术体系的业务要求，优化基础测绘组织架构和生产分工，构建新型基础测绘组织管理体系，形成系列标准政策，建立与新型基础测绘相适应的组织管理模式。

目前，我国已在上海、重庆、武汉、西安等多个城市开展新型基础测绘试点，在新型测绘产品体系、技术体系、组织管理体系、数据标准体系等方向开展探索和实践。

2017 年 11 月，原国家测绘地理信息局批复同意上海市新型基础测绘试点项目立项（国测函〔2017〕121 号）。试点实施以来，上海市围绕基础测绘应用需求，开展基于地理实体的全息地理时空数据获取、处理、建库、管理和服务等研究，创新性地建立了基于地理实体的"智能化全息测绘"技术体系。

2018 年 9 月，自然资源部办公厅批复重庆开展"3D＋"全息空间数据建设与应用示范工作（自然资办函〔2018〕1099 号），同意开展新型基础测绘技术创新与模式探索、三维空间数据体系建设、服务平台建设、行业应用建设。文件指出，随着新技术的发展和需求的变化，迫切需要创新测绘地理信息产品形式、数据采集更新方式、服务模式。三维空间数据具有多尺度、多维度、多时态、直观、精细等特点，是测绘服务经济社会的发展方向，开展该领域的探索与示范十分必要。

2019 年 1 月，自然资源部批复同意武汉市作为新型基础测绘建设试点城市（自然资函〔2019〕41 号）。武汉市开展了基础地理数据库的实体化升级改造，推动传统单一比例尺数据库向实体化、一体化时空数据库转变。以基础测绘产品体系升级改造为牵引，开展技术体系、生产组织体系及管理体系的创新，初步形成了可在全国推广借鉴的阶段性成果。

2020 年 11 月，自然资源部批复同意西安市作为新型基础测绘建设试点城市（自然资函〔2020〕924 号）。西安市按照"三维化、实体化、语义化"的要求开展城市地理实体数据采集生产和地理实体数据库建设，探索新型基础测绘产品定义与分类；搭建服务平台开展典型示范应用，重构基础测绘技术框架，为城市新型基础测绘技术体系建设提供示范。

此外，广东、青海、宁夏、内蒙古等多个省（自治区）都先后开展了新型基础测绘相关探索和实践，为我国新型基础测绘建设奠定了良好的实践基础。

新型基础测绘是对传统基础测绘的智能升级，也是智能测绘的发展方向。随着人工智能、现代通信、物联网、云计算与大数据、虚拟现实等高新技术与测绘行业的深度融合，测绘必将向实时感知、智能处理、泛在服务的方向发展，作者认为以下三个方面将是重点发展和探索方向。

一、高精时空数据采集技术和装备研发

为响应国家开展超大城市精细化管理、全面推进城市数字化转型的战略需求，满足空间数据智能采集、处理以及城市运行智能监测的需要，研制具有自主知识产权的低成本、高精度、智能化的数据采集技术方法和装置设备。

（1）研制各类智能测绘新技术、新装置，从成本、应用、效能、精度等多方面实现智能测绘关键技术的提升；

（2）研制完全自主知识产权的支持全空间全景数据采集的激光雷达系统，研究"天-

空-地-网"一体化高精度、高效率全空间全景数据获取技术体系；

（3）研发基于图像的信息采集快速获取技术及装备。

二、智能城市泛在感知和认知技术研发

研究智能城市泛在感知和认知关键技术，构建基于新一代通信及传感设备的智能感知体系，实现多学科融合的构筑物安全评估预警理论与综合服务。

（1）构建基于新一代通信及传感设备的智能感知体系；

（2）建立多学科融合的构筑物安全评估预警理论体系；

（3）研发城市构筑物安全监测评估预警综合服务平台。

三、智能城市时空信息应用服务

构建和运维智能城市时空信息新型基础设施，大力推进技术成果转化，提高开放服务与合作交流水平。

（1）自然资源服务。开展三维立体自然资源时空数据库研究，构建数据"审查、监管、决策"的立体空间规划管控模式。

（2）国土空间规划服务。开展虚拟地理环境下三维协同规划设计，为工程项目规划落地、方案评审提供支撑。

（3）城市建设管理。建立 CIM 平台实现时空信息赋能城市建设管理，支撑产业智能化转型和集群发展。

（4）交通服务。面向公路、水路和航空等多种交通方式开展高精数据采集、挖掘和应用。